水文资料整汇编系统关键技术设计与实践

田中岳　马永来　郑宝旺
樊东方　郑春宝　曹春燕　编著

黄河水利出版社
·郑州·

内 容 提 要

水文资料整汇编系统软件采用 Borland Delphi 开发,数据库管理系统采用 Microsoft SQL Server。软件结构采用多文档模式,数据库连接方式采用 ADO,属于 C/S 结构。软件主要功能包括:河道水流沙、水库堰闸水流沙、降水蒸发、颗分、小河站、冰凌等水文数据的处理以及综合制表、对照表制作、资料汇编、水文年鉴格式转换、各种固态水位及降水数据的转换等。本书主要介绍了该系统软件的设计和操作方法,可供广大水文资料整汇编人员阅读使用。

图书在版编目(CIP)数据

水文资料整汇编系统关键技术设计与实践/田中岳等编著. —郑州:黄河水利出版社,2013.11

ISBN 978-7-5509-0581-8

Ⅰ.①水… Ⅱ.①田… Ⅲ.①水文资料-数据库管理系统-研究 Ⅳ.①P337-3

中国版本图书馆 CIP 数据核字(2013)第 256053 号

出 版 社:黄河水利出版社

地址:河南省郑州市顺河路黄委会综合楼 14 层　　邮政编码:450003

发行单位:黄河水利出版社

发行部电话:0371-66026940、66020550、66028024、66022620(传真)

E-mail:hhslcbs@126.com

承印单位:黄河水利委员会印刷厂

开本:787 mm×1 092 mm　1/16

印张:17.25

字数:420 千字　　印数:1—3 000

版次:2013 年 11 月第 1 版　　印次:2013 年 11 月第 1 次印刷

定价:48.00 元

前言

原水利部党组成员、国家防总秘书长兼防办主任鄂竟平在党的十五届五中全会上指出："水资源可持续利用是我国经济社会发展的战略问题。"水利部根据党中央、国务院确定的治水目标和方针，提出从传统水利向现代水利、可持续发展水利转变，以水资源的可持续利用支持经济社会的可持续发展的治水新思路。我们必须从社会经济发展对水利工作的迫切要求出发，解决我国当前面临的洪涝灾害、水资源短缺和水环境恶化三大水资源问题。要解决好这些问题，都必须依据水文资料。水文资料是一切与水相关联的国民经济建设的重要基础信息和决策依据。从历史上看，没有任何一个时期，社会如此迫切地需要水文资料。

水文是社会公益性事业，是经济社会可持续发展的基础性工作。水文资料是国家开展防汛抗旱、江河治理、水资源保护与开发利用、水生态与环境保护修复以及国民经济建设、社会发展必不可少的一项非常重要的资源性、基础性资料。

水文资料的作用主要有以下三个方面：

一是为地方水利建设提供基础服务，为水利工程的设计、立项、审批、建设提供准确可靠的水文依据。

二是为地方防汛减灾提供及时服务，为防汛抗旱减灾提供水文技术支撑。各水文站准确、及时、可靠的水文情报预报为地方政府、防办指挥决策和防洪抢险提供了科学的依据和及时的服务，充分发挥了水文情报预报在防汛工作中的耳目和参谋作用，为防汛减灾和保证人民生命财产安全做出了保障。

三是为地方水资源管理提供全面服务，为水资源管理和保护提供水文支撑。以水资源的可持续利用支撑和保障经济社会的可持续发展，是水文服务社会的永恒主题。

由于原始水文资料在时间上是离散的，不能满足使用要求，只有按照统一的标准和规格，整理成系统的简明的图表，汇编成水文年鉴或其他形式，才便于使用，因此水文资料整编工作担负着向社会提供准确可靠的水文数据的重任，是水文工作的重要组成部分，而水文资料整汇编系统是水文资料整编的重要工具。

2002 年，黄河水利委员会以水文基建投资计划（黄规计〔2002〕189 号）的形式向黄河水利委员会水文局下达水文资料整编系统投资计划，同年，黄河水利委员会水文局按照水利部水文局的要求开始组织开发水文资料整汇编系统（北方版）。在水文资料整汇编系统开发过程中，各省区、流域水文部门提供了大力支持，如宁夏、山西、内蒙古、甘肃、云南、河北、山东、辽宁等省区水文局对整编系统组织了大规模测试和资料试算，提出了大量的修改建议，因此没有这些水文部门的支持，水文资料整汇编系统是很难开发成功的。

编写本书的宗旨是向广大水文资料整汇编人员介绍整汇编系统的操作应用，以及系统的使用方法。由于水文资料整汇编系统的内容、功能众多，限于篇幅，本书中对于设计部分只进行了代表性描述，对于操作实践部分，则进行了详细介绍。水文资料整汇编系统是国家投资开发的，因此本系统是没有任何限制、完全向社会公开免费的公益性软件，软件的下载地址在水文业务软件应用交流群（QQ 群号：181543989）共享文件夹中。欢迎广大水文工作者在使用本系统时，提出修改建议，以促进本系统的进一步完善，更好地为水文事业服务。

由于编者水平和时间有限，书中难免有不妥之处，请读者批评指正。

编　者

2013 年 8 月

目　录

上　篇

第1章　绪　论

原水利部党组成员、国家防总秘书长兼防办主任鄂竟平在党的十五届五中全会上指出："水资源可持续利用是我国经济社会发展的战略问题。"水利部根据党中央、国务院确定的治水目标和方针，提出从传统水利向现代水利、可持续发展水利转变，以水资源的可持续利用支持经济社会的可持续发展的治水新思路。我们必须从社会经济发展对水利工作的迫切要求出发，解决我国当前面临的洪涝灾害、水资源短缺和水环境恶化三大水资源问题。要解决好这些问题，都必须依据水文资料。水文资料是一切与水相关联的国民经济建设的重要基础信息和决策依据。从历史上看，没有任何一个时期，社会如此迫切地需要水文资料。

水文是社会公益性事业，是经济社会可持续发展的基础性工作。水文资料是国家开展防汛抗旱、江河治理、水资源保护与开发利用、水生态与环境保护修复以及国民经济建设、社会发展必不可少的一项非常重要的资源性、基础性资料。

水文资料的作用主要有以下三个方面：

一是为地方水利建设提供基础服务，为水利工程的设计、立项、审批、建设提供准确可靠的水文依据。

二是为地方防汛减灾提供及时服务，为防汛抗旱减灾提供水文技术支撑。各水文站准确、及时、可靠的水文情报预报为地方政府、防办指挥决策和防洪抢险提供了科学的依据和及时的服务，充分发挥了水文情报预报在防汛工作中的耳目和参谋作用，为防汛减灾和保证人民生命财产安全做出了保障。

三是为地方水资源管理提供全面服务，为水资源管理和保护提供水文支撑。以水资源的可持续利用支撑和保障经济社会的可持续发展，是水文服务社会的永恒主题。

1.1　水文资料整编技术发展

水文资料整编是对原始水文资料按科学方法和统一规格进行整理、分析、统计、汇编、存储的技术工作。水文测验和水文调查所得的原始资料，篇幅浩繁，不能满足使用要求，只有按照统一的标准和规格，整理成系统的简明的图表，汇编成水文年鉴或其他形式，才便于使用。水文资料如果采用人工整编，工作量非常巨大，因此采用计算机程序进行水文资料整编是必然的选择。

水文资料整编技术的发展是与计算机信息技术的发展密切相关的。采用计算机进行水文资料整编始于20世纪70年代。20世纪70年代末期用ALGOL 60语言开发的全国通用整编程序(VAX机版)功能较强,基本能满足当时水文资料整编要求,为推动我国水文资料整编电算化和以后的国家水文数据库建设起到了重要作用。在80年代用Fortran 77语言编制了适用面较广的DOS版整编软件。90年代以后,又陆续用VB开发了Windows版整编程序。

20世纪80年代末期水文年鉴刊印工作停止,相应水文资料汇编工作也停止,国内流域机构、省区水文部门间水文资料交流日趋减少,水文资料整编系统也由各省区水文部门根据本辖区的需要自行组织研制,但部分省区水文单位仍在使用基于DOS环境的整编系统。全国各水文单位在资料整编及系统开发方面形成各自为政的局面。由于技术力量投入和经济发展水平不同,各水文单位资料整编的技术水平有了差异,这种情况在我国北方地区尤其突出。各单位水文资料整编成果格式的不统一,严重影响了水文资料的有效使用和《中国泥沙公报》、《中国水资源公报》的编制,也给水文资料交流带来了极大的障碍。

1.2 水文资料整编技术现状

随着2001年全国重点流域重点卷册水文年鉴汇编刊印工作的开展,为统一技术标准,改变当前多种整汇编系统版本并存、各应用单位各自为政、生成成果格式不尽相同的局面,保证流域片以及各省区整编成果的精度和一致性,水文系统急需一套通用统一的整汇编系统,实现水文资料整编成果输出以及数据库存储统一的水文数据格式,提高整汇编工作效率,满足我国水文资料整编和水文年鉴刊印、水文数据库的需要。为此,水利部水文局决定统一全国水文资料整汇编系统,并安排黄河水利委员会水文局负责北方片整汇编系统的开发工作,长江水利委员会水文局负责南方片整汇编系统的开发工作。

最初的北方片和南方片整编程序都是基于原DOS整编程序整合优化后,采用VB编写的,在系统结构上没有实质性的变化。2002年,北方片按模块组织多个单位编写整编程序,最终导致系统集成失败;2005年,黄河水利委员会水文局决定采用最新的计算机硬件技术和软件开发平台从零开始独自开发,此次组织开发工作进展迅速,效果明显;2007年,新的整编程序即在部分省区投入生产运行,实践证明,新整编程序较原VB整编程序有质的飞跃和发展。

由于我国幅员辽阔,水文特性各地差异较大,每个流域、省区各有特点,一套整编程序很难满足在全国范围使用的要求;在目前的生产应用中,北方片、南方片、各省区自行开发的整编软件并存,仍未统一。从现状看,要统一全国水文资料整汇编系统,仍需要做大量的工作,短时间内无法完成,可谓任重道远。编者作为北方片整汇编系统的开发人,在本书中主要介绍北方片整汇编系统的开发原理和系统操作实践,供行业内人员参考并提出改进意见,以促进我国水文事业的发展。

第2章 总体设计

由于本系统功能和内容较多,为便于论述,将系统的设计原理和操作实践结合论述,对系统设计部分只做简单介绍。

2.1 设计原则

水文资料整编系统软件的应用对象为全国各省区、流域的水文单位,由于适用面广泛,而各省区、流域的水文特性都有自己的特点,从而造成各单位的水文资料处理方法、成果要求、软件功能需求各不相同。如果要使一套应用软件适合不同区域水文资料的处理,那么该软件在功能上必须能够处理各种特性成果要求的水文数据,这就要求该软件必须具备功能全面、操作简单、能够进行多功能配置、容易扩展、结构清晰、易读易懂易维护等特点,从而可以保证该系统长期正常应用。

基于设计原则,水文资料整汇编系统采用应用最广泛的面向对象的结构化程序设计方案。

2.2 系统需求分析及功能定位

2.2.1 需求分析

水文资料主要包括水位、流量、泥沙、水温、冰情、水质、地下水、降水、蒸发、颗粒分析、淤积断面以及水文调查资料等,水文资料整编系统的基本功能应满足上述资料的原始数据处理、整理、整编、存储、查询、输出和各种整编成果的基本分析应用需求,同时应具有符合国家水文库要求的库表结构及转库功能,能够输出国家水文年鉴刊印要求的格式文件。

2.2.2 功能定位

根据上述要求,本水文资料处理软件的基本功能定位如下:

- 水位部分

水位数据来源于水位站、水文站,如果要对水位数据进行处理,程序应提供水位数据的录入功能;为保证数据的正确性,程序应具备数据的合理性检查功能;为满足汇刊的要求,程序应能按照水文资料整编规范要求,对水位资料进行整编,并输出汇刊需要的格式文件。

- 流量部分

流量数据来源于流量站、水文测站。这里的水文测站包括河道站、堰闸(水库)站、潮位站;对于河道站、堰闸(水库)站,其流量是根据水文要素关系推算出来的;对于潮位站,根据水文资料整编规范,需要编制实测潮流量成果表和实测潮流量统计表。

因此,系统功能划分如下:河道站流量数据处理由河道站整编程序完成,堰闸(水库)站流量数据处理由堰闸(水库)站整编程序完成,潮位站流量由综合制表部分完成。

由于流量成果需要汇刊,因此流量处理程序必须具备整编功能,并将整编成果保存到数据库中,通过数据库处理程序,将整编成果转换为汇刊要求格式。

- 降水部分

根据水文资料整编规范要求,降水处理程序应具备降水过程数据的录入、降水量的统计等计算功能,并能生成逐日降水量表、降水量摘录表、最大降水量统计表(1)、最大降水量统计表(2)四种成果表,并能将整编成果入库和转换为汇刊要求格式。

- 泥沙部分

根据水文资料整编规范要求,泥沙处理程序应具备含沙量、输沙率、实测悬移质颗粒级配、实测悬移质单样颗粒级配、悬移质断面平均颗粒级配的数据处理和制表功能,并能将成果转换为汇刊要求格式。

- 淤积断面

根据水文资料整编规范要求,程序应具备实测大断面数据的录入功能,并能将大断面数据转换为刊印要求格式的数据。

- 汇刊

根据水文年鉴刊印规范,按流域卷册划分情况,将水文资料整编成果输出成水文年鉴排版格式文件(资料汇编),以满足水文年鉴刊印需要(水文年鉴排版软件读取该文件后,即可输出水文年鉴)。

- 数据库

程序应具备原始数据入库功能、成果数据入库功能、数据库原始数据读取功能、数据库成果数据读取功能。如果要满足上述功能,程序应首先具备数据库的检索及检索结果的转换功能。

2.2.3 功能扩展

根据水文资料整汇编业务的需要,对本软件的功能进行了大量扩展。

扩展功能如下:

网络功能:本软件可以在网络上应用,从而实现水文资料的远程数据处理和资料共享。

数据转换及数据备份功能:可以在不同单位、不同计算机间进行数据汇总和数据交换。

数据检查功能:功能分原始数据合理性检查和计算数据合理性检查两部分,采用方法为计算机校对和程序综合判断。

图形绘制功能:水位、流量、泥沙过程线的套绘,大断面图的套绘,水位面积关系曲线的绘制等。

数据分析功能:大断面的固定冲淤计算、河段冲淤计算、面积计算等。

数据转换工具:对于20世纪80年代的通用整编程序要求的数据格式,各省区为适应自己的特殊情况对其进行了修改,数据格式目前已经存在多个版本,本程序是无法适应所有这些格式的。但是,为方便北方片各省区采用新程序处理旧格式的数据,编者开发了格式转换工具软件。该软件虽不能进行完全转换,但可以对数据量达90%以上的水沙过程、降水过程进行转换,从而将旧格式的数据导入到新程序中,大大节省了整编人员的数据输入量。

制表功能：水文资料涉及大量的表格数据，为方便整编人员制表，本软件提供了两种制表方式，一是写入 Excel 直接成表，二是利用本程序的制表工具直接制表打印。

原始数据加工软件：水文资料的原始数据量非常庞大，每次水文资料整编业务都要在原始数据录入上花费巨大的精力，而原始数据录入到计算机中后，数据的处理则由计算机来完成，因此整编人员最关心的应该是水文原始数据录入软件。所以，本系统将原始数据加工软件作为系统的核心功能来设计，原始数据加工软件设计的好坏也是本系统是否成功的关键标志。

2.3 系统数据结构组织

水文资料整编系统软件包括水位、流量、泥沙、降水、颗分、大断面、汇刊等功能数据的处理，如何对这些数据进行规划组织，是本系统能否设计成功的关键。因此，在程序设计之前，首先对系统数据结构进行组织定义，然后根据数据结构进行系统程序设计。

数据结构是指数据对象及其相互关系和构造方法，按逻辑关系可分为线性结构和非线性结构两类；数据结构的定义直接关系到算法的种类和实现难度。为便于实现整编程序的各项功能，又能设计出简洁明了的算法，需要对水文资料的原始数据、运行期数据等进行详细的分析，确定最佳数据结构设计方案。

水文资料面广量大，必须采用面向对象的数据结构设计方法。下面以河道站推流中的一元三点方法的推流节点为例，进行数据结构设计。

一元三点方法推流算法为传递到推流函数一个自变量，然后程序根据自变量在节点集合中利用一元三点方法插补出因变量，这个算法实际上需要的参数为一个自变量和 n 个节点记录集合。

如果采用普通算法，函数可以如下定义：

```
Function fun_TQYYSD(x:real;x1..xn:real;y1..yn:real):real;
```

为了简化算法，需要对数据结构进行组织，然后用两个参数即可实现，数据定义方法如下：

每个节点记录包括水位 H、流量 Q 两个元素，节点记录的数据结构定义如下：

```
Type
  TXYREC = Record                  //单个水位时间记录，包括两个元素
  H:real;                          //节点的水位
  Q:real;                          //节点的流量
End;
```

节点集合是个记录集合，由 n 个节点的记录组成，定义如下：

```
Type
  TXYRECS = Record                 //节点记录集合
  Recnum:integer;                  //节点集合中记录的数量，动态变量
  XYREC:array of TXYREC;           //动态数组(数量为 Recnum)，存放整个节点
                                   集合
End;
```

在数据类型 TXYRECS 中 Recnum 的值是未知的，其值在读取节点数据时才可确定；XYREC 为动态数组，数组的数量为 Recnum。在程序数据处理时，根据 Recnum 的数量开辟 Recnum 个大小为 TXYREC 的内存。因此，采用这种数据组织方法，可以处理任意数量的数据，而且还不浪费内存。有了以上的数据结构定义，推流函数就可以进行如下定义：

```
Function fun_TQYYSD(x:real;XYS:TXYRECS):real;
```

这个函数只需要两个参数，x 为水位，XYS 为节点集合。

因此，本系统中，进行程序设计时，首先对原始数据、成果数据组织形式进行分析，并结合算法，尽量设计出优秀的数据结构。这种做法有三个目的：一是程序符合结构设计原则，二是容易设计出优秀的算法，三是程序易读易维护。

2.4 系统总体结构

水文资料整汇编系统软件主要包括系统设置、基础信息管理、河道、堰闸、水库、多断面合成、潮位、降水、蒸发、颗分、综合制表、汇刊、淤积断面、水温、气温等数据的加工处理整编模块。

水文资料整汇编系统总体结构图如图 2-1 所示。

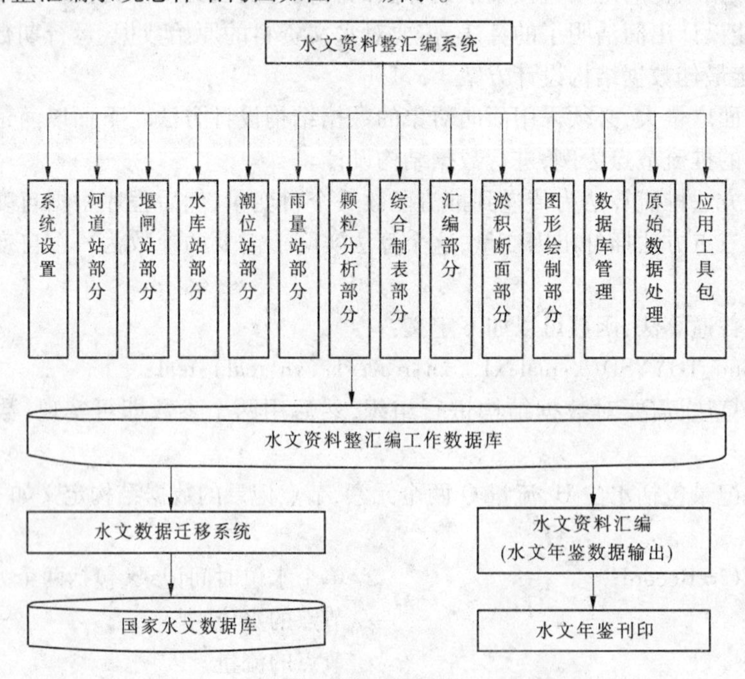

图 2-1　水文资料整汇编系统总体结构图

2.5 开发平台

目前，国际上比较流行的 C/S 结构的程序开发平台主要有 C++、Delphi、Java、.Net 等开发工具软件，美国 Borland 公司（现已被 CodeGear 公司收购）的 Embarcadero Delphi 开发效率最高、结构化程度最好、开发资源非常多，因此选用 Delphi 作为开发平台。最新版的水文资料整汇编系统软件采用 Embarcadero Delphi EX2 开发。

2.6 数据库

2.6.1 系统功能需求分析

由于水文资料规模庞大,特别是多年资料更是海量规模,一般的小型数据库管理系统是无法对其进行有效管理的,因此小型数据库管理系统不在考虑之列;而本软件是供整个北方片水文单位使用的,因此需要安装比较方便的数据库管理系统,并且数据库容易迁移。

综合以上分析,本系统软件需要的数据库管理系统定位于功能强大、能够支持复杂 SQL 语句、安装简便、操作方便、数据库迁移方便的数据库管理系统。

2.6.2 数据库管理系统

当前应用比较广泛的数据库管理系统主要有 SQL Server、DB2、Oracle 等。其中,SQL Server 与其他数据库管理系统相比具有显著的优点,如易用性、适合分布式组织的可伸缩性、用于决策支持的数据仓库功能、与许多其他服务器紧密关联的集成性、良好的性价比等。当然,与其他数据库管理系统相比,SQL Server 也存在一些缺点,如开放性、性能稳定性、客户端支持及应用模式等。经过综合性考虑,水文资料整汇编系统选用 SQL Server 作为数据库管理系统。

2.6.3 数据库连接方式

水文资料整汇编系统软件由于适用面较广,可以运行在单机上,也可以运行在网络上,因此数据库连接决定采用 ADO(ActiveX Data Objects)方式。

ADO 是微软提供的一种高性能访问信息源的策略,此技术可以很方便地整合多种数据源,创建易维护的解决方案。

ADO 使用 OLE DB 接口并基于微软的 COM 技术。ADO 能够编写对数据库服务器中的数据进行访问和操作的应用程序,并且具有易于使用、高速度、低内存支出和占用磁盘空间较少等特点,支持用于建立基于客户端/服务器的应用程序。

图 2-2 是数据库连接方案示意图。

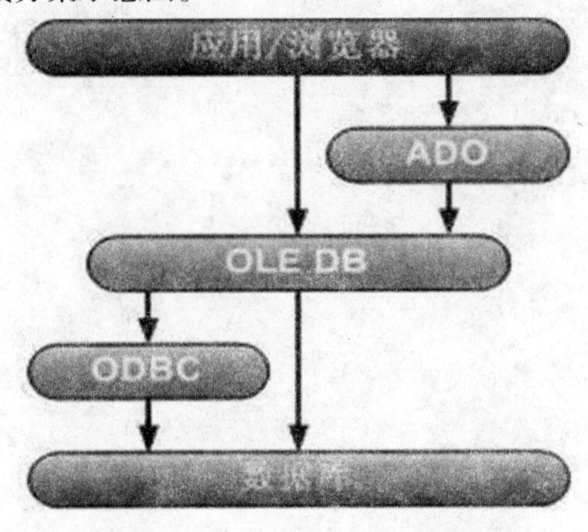

图 2-2 数据库连接方案示意图

2.7 系统设计模式

水文资料整汇编系统软件是一个处理多种类型水文数据的集成系统软件,如果系统不能同时打开多个应用程序,就会使系统的功能受到限制,应用也不方便。例如在进行河道站数据处理时,数据处理程序在计算过程中发现系统设置或原始数据有问题,如果程序作出用户不退出计算程序就无法修改原始数据的限制,会让用户感到非常不方便,因此本系统作出如下处理,即在不退出计算程序的情况下,也能进入原始数据加工程序,就像我们平时常用的 Word 软件一样,可以同时打开多个文档。

经过对多种设计模式的比较,根据水文资料的特点,水文资料整汇编系统软件确定采用多文档模式开发(即 MFC)。微软公司的 Excel、Word 等软件都是采用的这种开发模式。

2.8 软件运行环境

全国水文资料整汇编系统(北方版)在 2005 年底开始开发(采用 VB 编写的南方片水文资料整汇编系统在 2002 年即开始推广应用),基于当时的计算机软硬件状况,系统运行环境要求操作系统为 Windows 95 以上版本。随着计算机技术的发展,北方版水文资料整汇编系统也采用同期最新的计算机软件技术进行升级和完善,目前本系统可在 Windows XP、Windows 7、Windows 8 等操作系统上运行。

2.9 系统发行方式

安装程序分为两部分,数据库管理系统 SQL Server 单独安装,其版权属于美国微软公司,开发单位不提供安装程序。水文资料处理软件提供单独的安装程序,安装及升级程序以互联网下载的方式发行。

第3章 系统设置

3.1 服务器配置

水文资料整汇编系统软件可以运行在单机上,也可以运行在网络上。由于本系统采用SQL Server作为数据库管理系统,而SQL Server支持远程访问,因此必须对服务器进行配置。

对服务器的配置主要包括:指定要访问的服务器地址,指定服务器上数据库管理系统要连接的数据库名称,并配置数据库的访问权限(账户和密码)。

3.2 数据存储信息设置

水文资料整汇编系统软件在进行数据处理时需要访问和保存多种数据,为提高数据访问性能,防止程序频繁弹出让用户输入或选择信息的窗体,需要将一些常用文件的存放和保存位置固定下来,这样,在程序访问文件时,程序首先定位文件的默认位置,从而提高程序的性能;另外,这种设计还有利于用户记住文件的保存位置。

常用路径目前设计了五种:

(1)原始资料导入路径:系统提供资料导入功能,即将文本格式的资料导入到数据库中,进行数据处理。该功能的作用主要是简化整编人员选择文件路径的操作。

(2)文本文件导出路径:系统提供文件导出功能,这里设置的导出路径即是导出文件存放的位置。

(3)Excel文件路径:整编程序对水文资料进行计算处理后,生成的成果有两个去向:一是将整编成果保存到数据库中,二是以Excel成果表的形式输出整编成果。这里设置的路径即是整编成果存放的位置。

(4)汇编成果路径:目前整编程序输出的成果不能用于直接刊印(即输出水文年鉴),根据有关单位部门要求,整编程序需要输出符合特定要求的刊印格式文件,该文件由其他程序读取,然后转换成水文年鉴格式文件。这里设置的路径即是水文年鉴原始文件存放的位置。

(5)对每一成果表项设置一个路径。

路径信息存放在数据库中。

3.3 系统参数配置

水文资料整汇编系统软件设计应用范围广,由于各省区水文资料都有着自己的特点,系统的这一功能就是为了增加程序的灵活性,各省区可以根据自己的水文资料特点,对系统程序进行配置,从而增加系统的适用性。目前,这一功能还不太完善,但是,随着系统的应用,根据应用单位反映的情况，将对这一功能进行逐步扩展。

参数配置目前分水位输入法设置、计算参数设置、数值检查设置、文件命名规则设置、固态存储器数据格式设置等。

3.3.1 水位输入法设置

系统的这一功能是为了简化及加快水位数据的录入效率而设计的，由于不同的省区，甚至同一省区高程不同、水位变幅不同、水位整编精度不同，因此系统不可能用同一标准编出适应各省区的输入法程序。

本系统设计一种用户可配置的输入法转换方案，用户可根据测站特性，对水位特征信息自行定义，定义方案存储在数据库，使用时由程序自动调用。

3.3.2 计算参数设置

计算参数设置包括洪水要素摘录变幅、变率、降水摘录雨强、雨量设置等，程序在对要素摘录时将以该数值进行判断。

3.3.3 数值检查设置

在数据加工上，程序对主要时间序列、水沙变幅、水沙过程的匹配、控制数据及各部分的关系是否合理等信息进行检查。

在数据处理时，程序会对计算数据结果进行检查。

3.3.4 文件命名规则设置

水文资料整编规范对文件的命名有规定，但不直观，本系统兼顾整编规范要求和方便实用的原则，设计一套用户可自定义的规则，并存储到数据库中，由用户根据本省区要求来决定成果表的命名方法。

3.3.5 固态存储数据格式设置

目前各省区、流域使用的水文数据采集设备来自不同的生产厂家，数据格式各不相同。为兼顾不同格式数据的处理，本系统设计了一套可配置的数据格式转换工具，用户可根据固态数据格式灵活配置转换规则，并将转换规则存储到数据库中。在处理固态数据时，用户可根据数据格式类型，选择相应的格式转换规则，对固态数据进行解析转换。

3.4 基础数据管理

基础数据管理的主要功能是对水文测站的基础信息进行设置，另外还提供流域、水系、河流、测站的增加、删除、修改等功能。该部分的信息直接供数据处理系统调用。

基础数据管理程序采用树状视图模式对测站信息进行管理。操作界面分为两部分：左边是以流域为根节点、测站为叶子节点的信息树；右边是当前树中所选节点的叶子信息列表，该列表是动态的，内容由树中节点的级别决定。

测站中多年不变的内容都存放在基本属性库表中，如站别、类型、观测项目、输出表项等信息。

需要注意的是,本系统中增加了测站代码,即测站的拼音编码缩写,如高村,其代码可以定义为 GC。测站代码在《水文资料整编规范》中是不存在的,但是在检索高村数据时,如果用测站编码(八位)来检索,站码肯定很难记,如果用汉字“高村”来检索,输入又太麻烦,但是用 GC 检索,肯定是既好记又好输入。因此,本系统程序设计中,增加了测站代码属性,测站代码原则上是唯一的,但是规范中没有,故在设计数据库时取消了其唯一性限制。

3.5 格式转换

格式转换工具主要是为方便原始数据处理及程序试算测试而设计的。DOS 版通用整编程序在我国已经应用几十年,各省区、流域的水文部门大多都根据自己的实际情况对其进行了修改,因此各省区、流域的水文资料整编数据文件格式不尽相同,如果将整编程序开发到能够读取所有类型的格式文件,则工作量将非常大,实际上也没有必要。由于用新程序读取旧格式的资料,基本上只有在程序试算阶段才需要,因此可以根据新旧格式的特点开发一个通用的转换程序,最大程度地减轻程序测算人员的工作量。另外,本格式转换工具也可用于系统的资料录入,以更方便整编人员的数据输入。

水文整编资料一般包括控制资料、过程资料和少量的辅助信息。考虑到控制资料很少,这部分资料可以由测算人员直接输入;而过程资料,如水位过程、沙量过程、降水过程等,资料量非常庞大,这部分资料如果也由测算人员人工输入,则不现实。

3.5.1 解决方案

旧的数据文件格式非常散乱,如水位过程,时间单独形成一个集合,水位单独形成一个集合;新的数据文件格式是记录的集合,一个水位记录由时间、水位两个元素组成。因此,程序需要将旧程序的时间、水位两个序列合成为时间—水位一个序列,时间—水位序列文件可以供新程序读取。其他过程的处理与水位过程的处理原理相同。

另外,本功能也可以实现降水过程数据的转换,DOS 程序中降水数据与水位、流量、泥沙数据格式不同,其特点是时间、降水混在一起存放,程序需要分别解析。

3.5.2 算法描述

3.5.2.1 水位、流量、泥沙部分

首先,创建一个时间链表,读取时间序列,将每一个时间元素都存放在链表中的一个记录中。

其次,创建一个水位链表,读取水位序列,将每一个水位元素都存放在链表中的一个记录中。

再次,将时间、水位链表合并(两个链表的元素数量应是相同的)。

最后,将时间—水位记录集合写到文件中,供原始数据加工程序调用。

3.5.2.2 降水部分

首先,创建一个记录,该记录包括时间和降水两个元素。

其次,创建一个动态链表,链表的元素是时间和降水记录。

最后,读取原始数据到链表中,将链表中的数据保存到文件中。

3.6 数据库应用工具

3.6.1 功能需求

水文数据库规模庞大,仅仅依靠水文资料整汇编系统软件提供的查询功能,还不能满足用户的需要,因此需要开发一个单独的数据库查询系统。该系统能够接受用户输入的任何合法条件,将条件提供给数据库管理系统,由数据库管理系统解析这些条件,并返回查询结果给用户,而且提供查询结果的导出功能,供用户分析使用。

因此,数据库应用工具实际上是一个高级的数据库查询系统,水文资料整汇编系统软件提供该功能,主要应用对象是水文数据库系统的高级管理人员。

3.6.2 设计原理

数据库管理系统的检索需要的是SQL(结构化查询语言,专门供数据库管理系统使用的一种编程语言)语句,数据库管理系统接收到SQL语句后,进行解析,然后根据SQL语句的要求从数据库中查询数据,并将查询结果返回给用户。

数据库应用工具设计方法如下:程序启动后,首先检索计算机的系统数据源,并将所有的数据库别名以列表的方式显示给用户。应用工具设计为供查询水文数据库使用,实际上可以查询服务器中任何一个数据库,但是本应用工具设计采用BDE数据库引擎(美国宝兰公司开发的一套数据库引擎),而不是ADO,因此用户如果要使用该功能,应在计算机中安装BDE。

本功能是为有特殊需要的整编人员开发设计的。水文资料数据库规模庞大,资料烦琐,如果由程序设计人员开发一个能满足各方需要的查询程序,则非常困难;但是所有的查询结果都是由查询条件决定的,本程序正是基于这一原理,由整编人员编写查询条件,然后提交给数据库管理系统进行检索,本应用程序获取检索结果,再将结果提交给用户。

3.7 站码及年份修改

3.7.1 功能需求

如果在数据加工时,首先确定站码和年份,即确定本次数据属于哪个站码和年份,那么若加工数据输错了,可以通过站码和年份索引调取数据;但是如果将数据所属的站码和年份弄错了,那就无法在数据录入功能中进行修改,因此系统有必要增加这一功能,供整编人员专门修改站码和年份使用。

3.7.2 设计原理

站码和年份的错误分为以下两种。

3.7.2.1　**在基础信息建库时将站码输错**

对于这种错误,程序采用的修改算法是:首先输入要修改的站码;然后输入正确的站码,程序对数据库中的所有记录进行检索,只要发现错误的站码,就将其更改。

同时,程序中加入判定条件:一是错误的站码必须在数据库中存在,否则用户的修改没有意义;二是目标站码必须不存在,否则会发生键值冲突,用户的修改也不可能成功。

3.7.2.2　**基础信息是正确的,但在数据加工时出错**

这种错误又分为三种:一是站码错了,年份没错;二是年份错了,站码没错;三是站码和年份都错了。

但是,这三种错误类型有相同的特性,即测站基本属性没有错误,因此修改数据库时,不会修改测站基本属性表,而只对整编原始数据及成果数据进行修改。因此,三种情况的修改算法是相同的,只是键值冲突判断条件不同。

算法如下:

(1)确认错误的站码和年份。

(2)确认正确的站码和年份。

(3)程序对水文数据库进行检索,如果发现错误的站码和年份,就更新其记录。程序在修改数据库前,会自动判断是否有键值冲突,如果有,会提示无法修改。

第4章 主要程序关键技术设计

由于水文资料整汇编系统内容繁多、功能庞大,为节省篇幅,这里以河道站、堰闸站、潮水位、雨量站为例说明本系统的关键技术设计方案。

4.1 河道站关键技术设计

河道站整编是水文资料数据处理程序中较为复杂的部分,由于各省区、流域的水文特性不同,测站类型多样,测验方法和成果要求也各不相同,因此要开发出一套我国各水文测区都适用的水文资料整汇编软件非常困难。

4.1.1 功能需求及解决方案

4.1.1.1 测站类型分析

1. 测站观测类型

本系统将观测类型暂定为常年站、汛期站、巡测站三类,实际上还存在其他类型的测站,如站队结合方式的测站(简称站队结合站)、简化测验方式的测站(简称简化测验站)等,但是本系统规定站队结合方式的测站、简化测验方式的测站都归类为巡测站,然后程序对巡测站按特殊要求分类处理。

2. 测站类别

测站类别目前分为水位、水文、雨量、蒸发、气象五种。测站类别主要用于数据的分类检索,目前的水文规范规定一站可以存在多码,举例说明如下:泺口站同时观测水、流、沙和降水,对于水文站存在一个站码,对于降水站又存在另一个站码,因此泺口站有水文站、降水站两个不同的站码,按照这种规定,本系统可以按照站别进行数据检索。

另外,本系统提供按测验项目进行数据检索,测验项目包括水位、流量、泥沙、颗分、降水、蒸发、潮位、大断面等。

3. 测站类型

由于同一类别或观测类型的测站又存在多种情况,因此只用类别和观测类型是不够的。如常年站的水文站包括河道站和堰闸站等测站,而堰闸站又分平底堰、宽顶堰、实用堰、薄壁堰等多种类型,故本系统增加测站类型来解决这一问题。

本系统目前的测站类型包括河道站、堰闸站(平底堰、宽顶堰、实用堰、薄壁堰等)、抽水(水电)站、潮位站、水库站等。

4.1.1.2 观测要求分析

对于常年站和汛期站,《水文资料整编规范》中有明确规定,在数据处理时条件单一;但是,对于巡测站(含简化测验站、站队结合站),数据观测在不同的测区都有各自的特点。例如,有的站不测水位,只测流量(或含沙量);有的站可能多天测一次流量。再如,有的测站可能规定几日测一次水位(按规定停测),有时该测时,却又测不到等。虽然情况多种多样,但可以将观测类型分以下几种情况进行处理:

(1)没有数据:该时段不在数据处理范围内;

(2)要求有数据,但没有测:缺测;

(3)在计算范围内,但该日不应观测:按规定停测;

(4)河干:属于特殊水情,不属于没有观测;

(5)连底冻:属于特殊水情,不属于没有观测;

(6)正常情况。

河道水情分为瞬时水情以及日、月、年水情等几种情况。

瞬时水情:分河干、连底冻、正常3种情况。

日水情:分河干、连底冻、部分河干、部分连底冻、按规定停测、缺测、正常7种情况。

月、年水情分法同日水情分法。

程序在对水文数据处理时,按水情分条件处理。因此,本系统能够处理不同观测类型的水文数据。如果不按这种方法,开发出的程序是很难适用的。

4.1.1.3 成果要求分析

对于常年站和汛期站,规范中有明确规定,本系统按整编规范处理;对于巡测站,不同地区的成果要求有各自的特点。如有的测站某些月份虽然没有观测水位,但却要求流量成果或沙量成果。

解决方案如下:

系统提供按时段处理方法,对不同的成果、不同的时段,可以设置为输出数据或不输出数据,从而满足不同地区的成果要求。

数据输出时,按水情分类处理,不同日、月、年水情可以按不同的方法输出数据。

4.1.1.4 整编数据分析

(1)原始数据:包括测站基本属性(含输出表项、单位标志、合成信息等)、水位过程、沙量过程、附注信息等内容。

(2)控制数据:包括计算时段、推流方法、推流节点、推沙方法、推沙节点、整编项目、摘录时段、特殊要求等内容。

(3)成果数据:包括水文要素摘录表、各种日表等内容。

4.1.1.5 处理方法分析

本系统适用于单站,也适用于多站,因此需要提供单站处理功能和多站处理功能。单站处理功能是指一次只能处理一个站年的数据,多站处理功能是指一次可以处理多个站年的数据。

为方便数据处理,本系统应能处理不同站、不同年多系列的混合数据。

4.1.2 数据结构设计

4.1.2.1 数据组织图

通过分析河道站水文资料的组成要素,可以用数据组织图来表示数据结构,如图4-1所示。

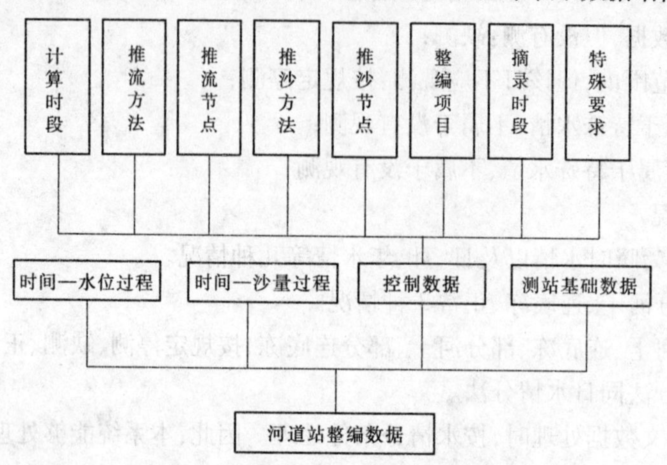

图4-1 河道站单站水文数据组织图

4.1.2.2 根据数据组织图进行数据结构定义

1. 时间—水位过程的数据结构定义

首先进行单个记录定义,然后进行水位过程定义。

(1)单个记录定义:

```
Type
  TTHREC = Record                      //单个水位时间记录,包括两个元素
  T:Tdatetime;                         //时间元素
  H:Real;                              //与T相应的水位
End;
```

(2)水位过程定义:

```
Type
  TTHRECS = Record                     //时间水位记录集合
  Recnum:integer;                      //水位过程记录的数量,动态变量
  THREC:array of TTHREC;               //THREC为动态数组(数量为Recnum),存
                                         放整个水位过程
End;
```

通过以上数据结构,我们就可以使用TTHRECS来访问整个水位过程记录集合。

2. 时间—沙量过程的数据结构定义

首先进行单个记录定义,然后进行沙量过程定义。

(1)单个记录定义:

Type

```
  TTSREC = Record                     //单个沙量时间记录,包括两个元素
  T:Tdatetime;                        //时间元素
  S:Real;                             //与T相应的含沙量
End;
```

(2)沙量过程定义:

```
Type
  TTSRECS = Record                    //时间沙量记录集合
  Recnum:integer;                     //沙量过程记录的数量,动态变量
  TSREC:array of TTSREC;              //TSREC为动态数组(数量为Recnum),存放
                                        整个沙量过程
End;
```

通过以上数据结构,我们就可以使用TTSRECS来访问整个沙量过程记录集合。

3.控制数据结构定义

控制数据包括水位记录精度、水文要素摘录时段、计算时段范围、整编项目类型、推流方法、推流节点、推沙方法、推沙节点等数据,可以归类为时段控制和系统控制两部分。

(1)时段控制:水文要素摘录时段、推流方法、推沙方法的数据结构有相同点,可以定义如下:

```
Type
  TSegRange = Record                  //时段记录
  NF:string;                          //所属年份
  XH:integer;                         //时段序号
  BTime,ETime:TDatetime;              //一个时段的开始、结束时间
  CompQXH:integer;                    //该时段对应的电算曲线编号
  CompWayNo:integer;                  //推流方法编号1~9;推沙方法编号1~8
  XYRECS:TXYRECS;                     //该时段相应的节点集合
End;
```

说明:

BTime,ETime:可以作为摘录的开始、结束时间,也可以作为推沙和推流的开始、结束时间;

CompQXH:存储推流、推沙的曲线编号;

CompWayNo:存储推流、推沙的方法编号;

XYRECS:存储推流、推沙的节点记录集合。

TSegRange类型只能存储一个时段的控制数据,而实际的控制数据是多个时段的,而且时段的数量是动态的,只有在处理具体测站时才可以确定。因此,测站的整个控制数据的数据结构定义如下:

```
Type
  TSegRangeS = Record                 //段集合
```

```
    Recnum:integer;                    //段的数量
    SegRange:array of TSegRange;
  End;
```

类型 SegRange 为动态数组,其数量由 Recnum 确定,类型 TSegRangeS 即可以存储整个测站的控制数据。

(2)系统控制:系统控制数据结构存储测站的基本属性、计算时段范围、整编项目类型、系统参数、特殊要求设置等信息。

数据结构定义如下:

```
Type
  TSTControlREC = Record
    STCD,YR:string;                          //站码、年份
    BRQ,ERQ:string;                          //数据处理时段范围
    KSW:string;                              //水位观测精度
    HQRS_Kind:integer;                       //整编项目类型
    STHDREC:TSTHDREC;
    Sconrec:TSysConfREC;
    NooutDH_SegRangeS:TSegRanges;
    NooutDQ_SegRangeS:TSegRanges;
    NooutDS_SegRangeS:TSegRanges;
    NooutDR_SegRangeS:TSegRanges;
    SumdQ:string;                            //径流量调节值
  End;
```

系统控制数据结构 TSTControlREC 中的 STHDREC 为测站基本属性数据结构;Sconrec 为系统参数设置数据结构;NooutDH_SegRangeS、NooutDQ_SegRangeS、NooutDS_SegRangeS、NooutDR_SegRangeS 为四个日表的时段范围特殊设置。

4. 测站基本属性数据结构定义

测站基本属性的元素众多,包括站码、站名、测站代码、站别、测验项目码、水资源分区码、观测类型代码、输出表项、流入何处、断面地点、至河口距离、基面高差、基面名称、最近刊印年份、观测场地点、绝对高程、器口高度、仪器形式、堰闸型式、堰闸形状等内容,这里只列出部分信息。

数据结构部分元素的定义如下:

```
Type
  TSTHDREC = Record
    STCD,STNM,STCODE:string;                 //站码、站名、拼音代码
    FLTOWH:string;                           //流向何处
    YR:string;
    AG,ADDVCD,ADDVNM:string;                 //领导机关、行政区代码
```

```
    STLC:string;                              //站地址
    ESLO,NRLA:string;                         //东经、北纬
    ESSTYM,WTSTYM:string;                     //设站年月、撤站年月
    NT:string;                                //附注
    RICD,RINM,HNETNM,VALLAYNM:string;
    BSDRA:string;                             //集水面积
    JHBZ,HLBZ,HSBZ,SSBZ:string;
    SSLBZ,XSBZ,TSHSBZ,TSSSBZ:string;
    RINO:string;
  End;
```

5. 附注信息数据结构定义

整编成果的四个日表需要输入附注信息,而附注信息的条数是动态的,因此数据结构也定义为动态数组,结构如下:

```
  Type
    TNoteRec = Record
    TableCOD:string;                        //附注所属的表编号
    Ord:integer;                            //附注序号
    Note:string;                            //附注内容
  End;
  Type
    TNoteRecS = Record
    Recnum:integer;
    NoteRec:array of TNoteRec;
  End;
```

类型 TNoteRecS 可以存储 n 条附注记录。

水文资料处理程序中定义的数据类型达数百个(目前为 245 个自定义数据类型),在这里只说明关键的数据结构。

至此,一个测站的整编原始数据结构基本定义成型,但是如果要对一个测站进行处理,就需要传递上面定义的多个数据类型,显然非常麻烦,因此我们将上述几个类型集成为一个数据结构,即测站数据结构,定义如下:

```
  Type
    TReorganizeData = Record
    STHDREC:TSTHDREC;                       //测站信息
    NF:string;                              //年份
    STCtrREC:TSTControlREC;                 //控制信息
    ZZL_SegRangeS:TSegRanges;               //水位(水文要素)摘录时段信息
    SZL_SegRangeS:TSegRanges;               //含沙量摘录时段信息
    Q_SegRangeS:TSegRanges;                 //推流时段信息
    S_SegRangeS:TSegRanges;                 //推沙时段信息
```

```
    NooutDH_SegRangeS:TSegRanges;
    NooutDQ_SegRangeS:TSegRanges;
    NooutDS_SegRangeS:TSegRanges;
    NooutDR_SegRangeS:TSegRanges;
    TSRECS:TTSRECS;                    //观测单沙过程
    TZRECS:TTZRECS;                    //观测水位过程
    NotRecS:TNoteRecS;                 //附注记录
    YearRec:TYearRec;                  //保存整编成果
  End;
```

可以看出,数据类型 TReorganizeData 中包括了对一个测站进行数据处理的所有信息,但是通过 TReorganizeData 只能对一个测站进行处理;如果一个水文部门汇编资料要对其所属的上百个测站进行处理,显然,这种方法是不方便的,那么我们再定义一种测站集合数据结构,该数据结构可以存储 n 个测站的整编数据,数据结构采用动态数组实现,定义如下:

```
  Type
    TReorganizeDataRECS = Record
    Recnum:integer;
    Rstnum:integer;                    //绘图使用
    RgData:array of TReorganizeData;
  End;
```

数据类型 TReorganizeDataRECS 可以存储 n 个测站的数据,将其作为参数传递到整编函数,进行循环,就可以一次完成 n 个测站的数据处理。

本系统通过结构化的分析方法,定义了合理的数据结构,使系统程序的设计及程序的实现都变得非常方便。

其他的数据结构在这里不再叙述。

4.1.3 程序设计思路

为便于整编人员对程序的理解,很多设计原理在操作手册中都作了说明,为避免重复,这里只对关键原理和算法进行叙述。

4.1.3.1 综合数据录入

综合数据录入定义如下:通过该数据加工程序,可以录入测站整编需要的所有信息。

为方便操作,程序设计中加入了数据合理性检查功能、图形绘制功能、电子表格编辑器(与 Excel 功能类似)、数据导入功能、时间水位的简化输入功能等,大大方便了整编人员的使用(见操作手册相应章节)。

4.1.3.2 水沙联合数据录入

该程序是为方便某些测站数据录入而设计的附加功能,因为在取沙时应观测水位,所以在数据加工时,水位和单沙具有相同的时间,如果水位过程和单沙过程分开录入,就会多输入一个相同的时间。因此,本程序提供时间、水位、含沙量三个要素作为一个记录同时输入的功能,可以使整编人员少输入一个时间,如果某测站的单沙很多,采用本方法录入数据,可以节省大量的时间和精力。

本录入方法与水沙分开录入是不矛盾的，即整编人员可以进行混合录入，而水位过程、沙量过程之间的分分合合都由程序自动完成，整编人员不用为此操心。

4.1.3.3 数据校对

该程序提供计算机的两录一校功能。

原理：两个整编人员各自输入同样的水文资料，然后将水文资料从数据库中导出，以文本文件的方式存储，这样可以得到两个文本文件，如果这两个文件完全相同，则认为资料正确，因为两个人犯同样错误的可能性很小。计算机校对就是比较这两个文件是否相同，如果不相同，则指出错误发生在哪里。

4.1.3.4 资料处理

本系统中资料整编程序可以一次性完成单个或多个水文站的数据处理，并将整理成果以成果表的形式输出到 Excel 中，也可以将计算成果保存到水文数据库中。

在数据处理程序中，可能存在水沙过程不匹配的情况，这时程序采用以下方案处理：

程序在资料整编时，如果有沙，则首先进行水沙合并（即将水位过程与沙量过程合并为一个水位沙量过程），合并后的数据集中每一个记录的时间都是唯一的，不可能存在两个时间相同的记录；由于水沙观测可能不同步，即数据集中可能出现某一时刻有水但没有沙或有沙但没有水的记录，因此程序会对缺少的元素进行插补。

插补原则：如果水位过程和沙量过程的开始、结束时间都相同，则插补数据可以正常进行；但是当沙量过程的开始时间早于水位过程时，则沙量过程的开始一段数据是无法插补的，这时程序采用平移的方式进行处理。如：水位过程从 010101.00 开始，沙量过程从 030101.00 开始，那么程序会认为从 010101.00 到 030101.00 的沙量都与 030101.00 时刻的沙量相同，整编人员在加工数据时一定要注意这一点。对于末段沙量过程，程序采用相同的处理原则。

对于中间部分，程序根据落水段、涨水段及数据加工方法的不同分别采用平移和插补两种方法。

处理类型见表 4-1。

表 4-1 处理类型

时间	水位	沙量(1)	沙量(2)
010100.00	12.56	平移^	0
010200.00	13.55	平移^	插补
010308.00	14.25	平移^	插补
010408.00	14.88	5.60	5.60
⋮	⋮	⋮	⋮
090805.00	12.56	12.2	12.2
090810.00	12.11	平移ˇ	插补
090812.00	12.07	平移ˇ	插补
090900.00	G(河干)	0	0
⋮	⋮	⋮	⋮

续表 4-1

时间	水位	沙量(1)	沙量(2)
100101.00	G(河干)	0	0
100203.00	12.07	平移^	插补
100301.00	12.22	14.11	14.11
⋮	⋮	⋮	⋮
122808.00	14.88	5.60	5.60
122908.00	15.11	平移ˇ	插补
123008.00	13.11	平移ˇ	插补
123124.00	14.00	平移ˇ	0

4.1.3.5 数据导出

数据导出有两项功能:一是导出的文件可以作为数据库的备份,即当数据库资料出现问题时,可以用导入备份文件进行恢复;二是导出的文本文件可以导入到其他计算机的数据库中,供其他计算机的整编程序使用,从而实现不同计算机间的资料交换。

4.1.3.6 数据导入

系统提供资料导入功能,即将文本格式的资料导入到数据库中,进行数据处理,在进行资料导入时,程序会弹出一个打开文件对话窗体,对话窗体的初始文件路径是系统设置的默认路径。

4.1.3.7 数据管理

由于水文数据量大,检索困难,因此本程序设计综合数据管理器的目的是方便整编人员对水文资料的管理、检索和检查。

查询条件:站类型为河道站,站类别为水位站或水文站,否则检索不到测站数据。检索结果目前有水位过程、沙量过程、推流表(前提是资料整编完成后,必须将成果入库,否则在这里检索不到推流表数据)。

4.1.3.8 合成计算

计算原理为:在测站基础信息中,如果是合成站,则该站的子站代码需要在断面合成页面中输入;在数据处理时,程序将读取各子站的推流表数据,程序采用合成方法将各子站推流表合成为一个推流表,然后计算处理。日值采用各分断面的日均值合成。

4.1.4 程序结构图

本系统函数众多,这里只列出部分典型函数的程序结构图。

(1)数据读取及预处理函数程序结构图,见图 4-2。

(2)数据处理函数程序结构图,见图 4-3。

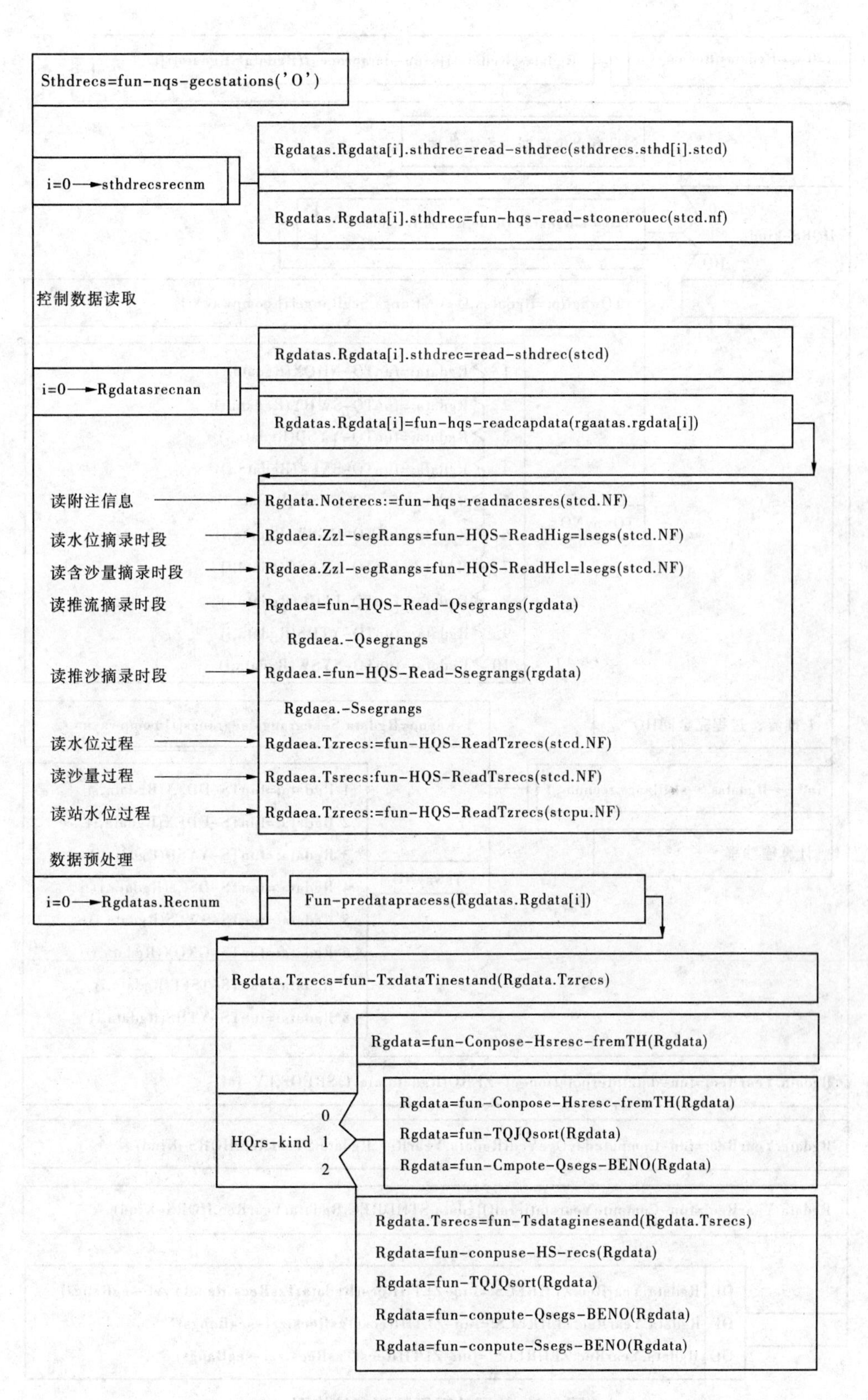

图 4-2　数据读取及预处理函数程序结构图

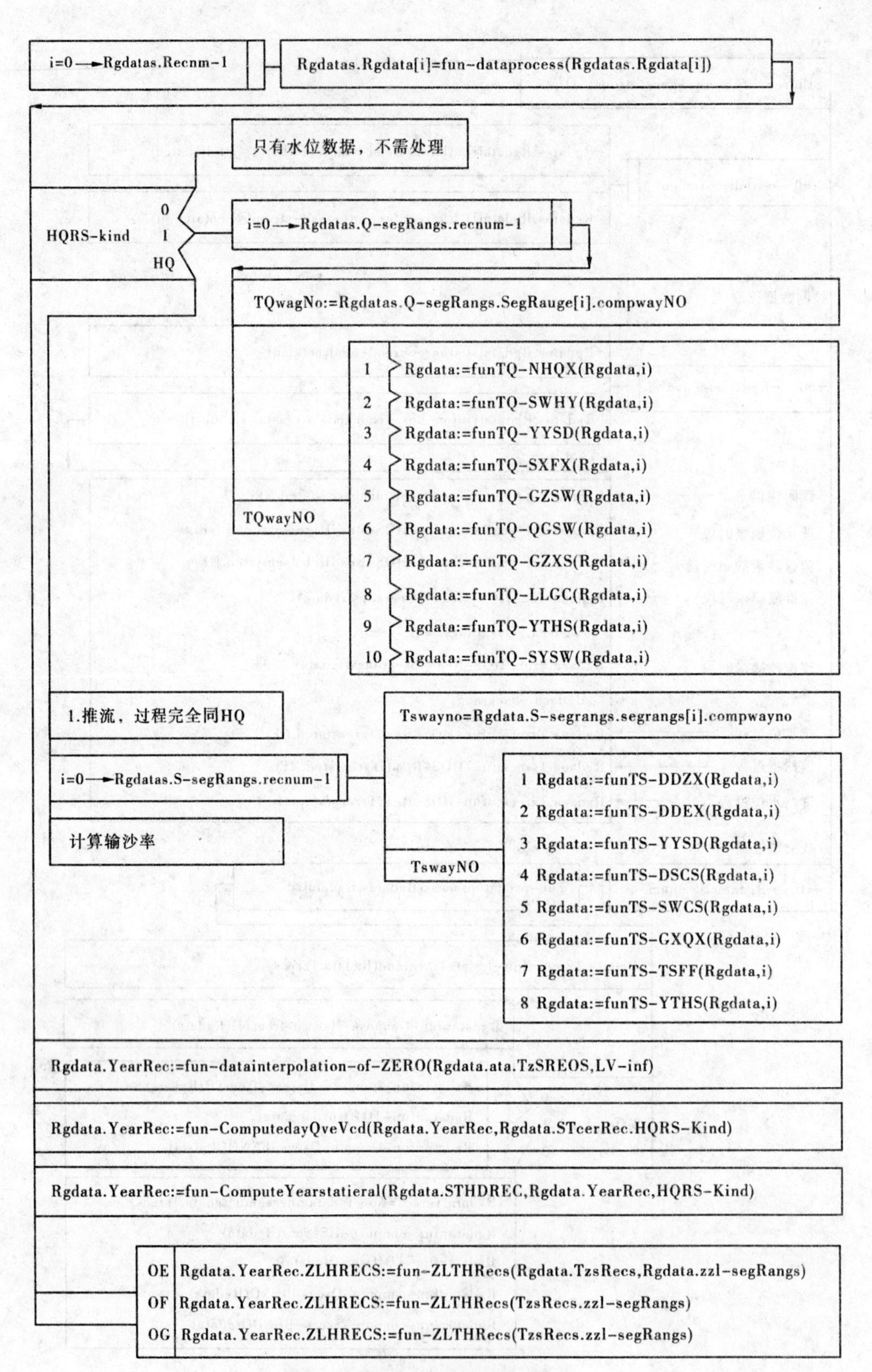

图4-3 数据处理函数程序结构图

(3)水情分析函数程序结构图,见图 4-4 和图 4-5。

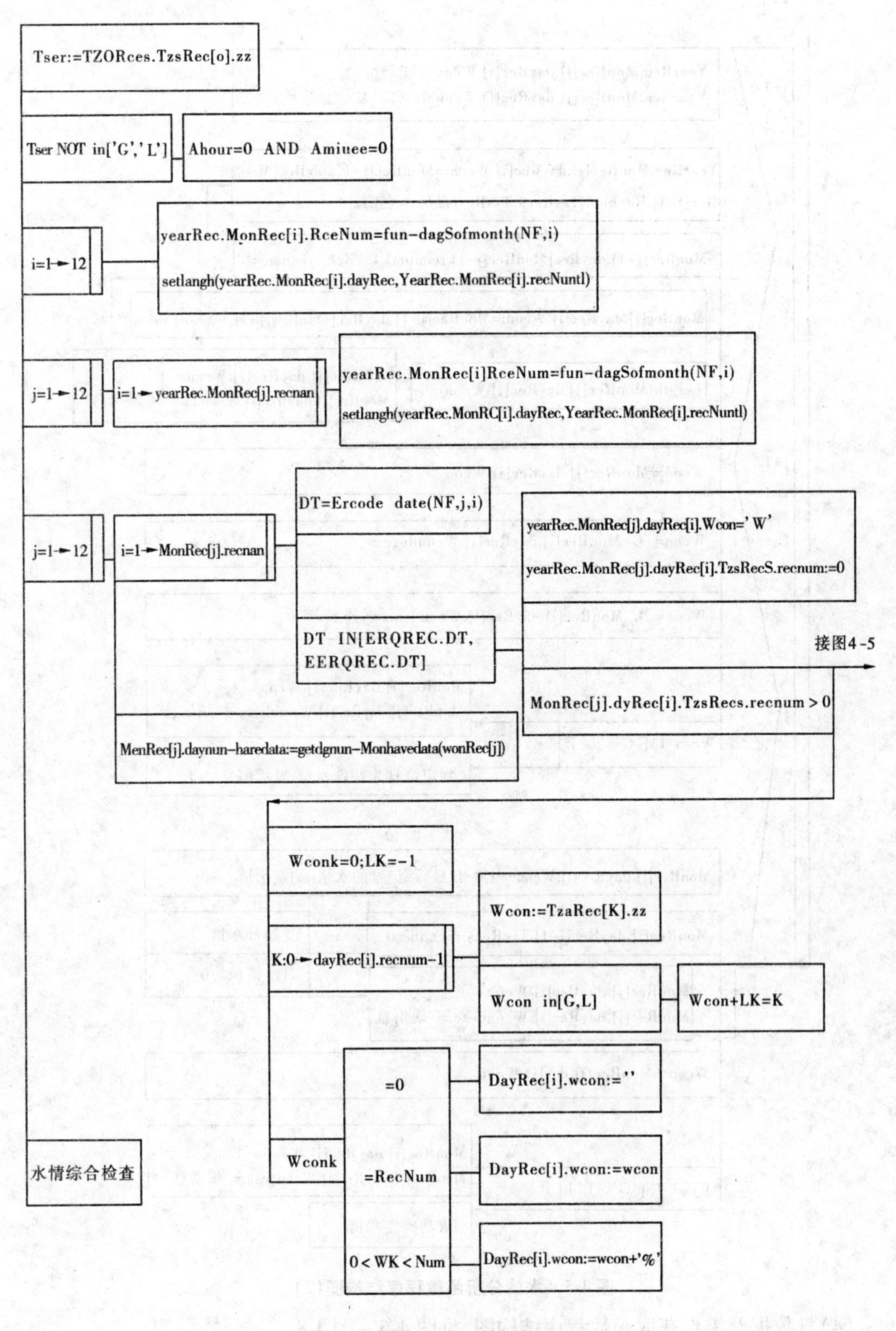

图 4-4 水情分析函数程序结构图(1)

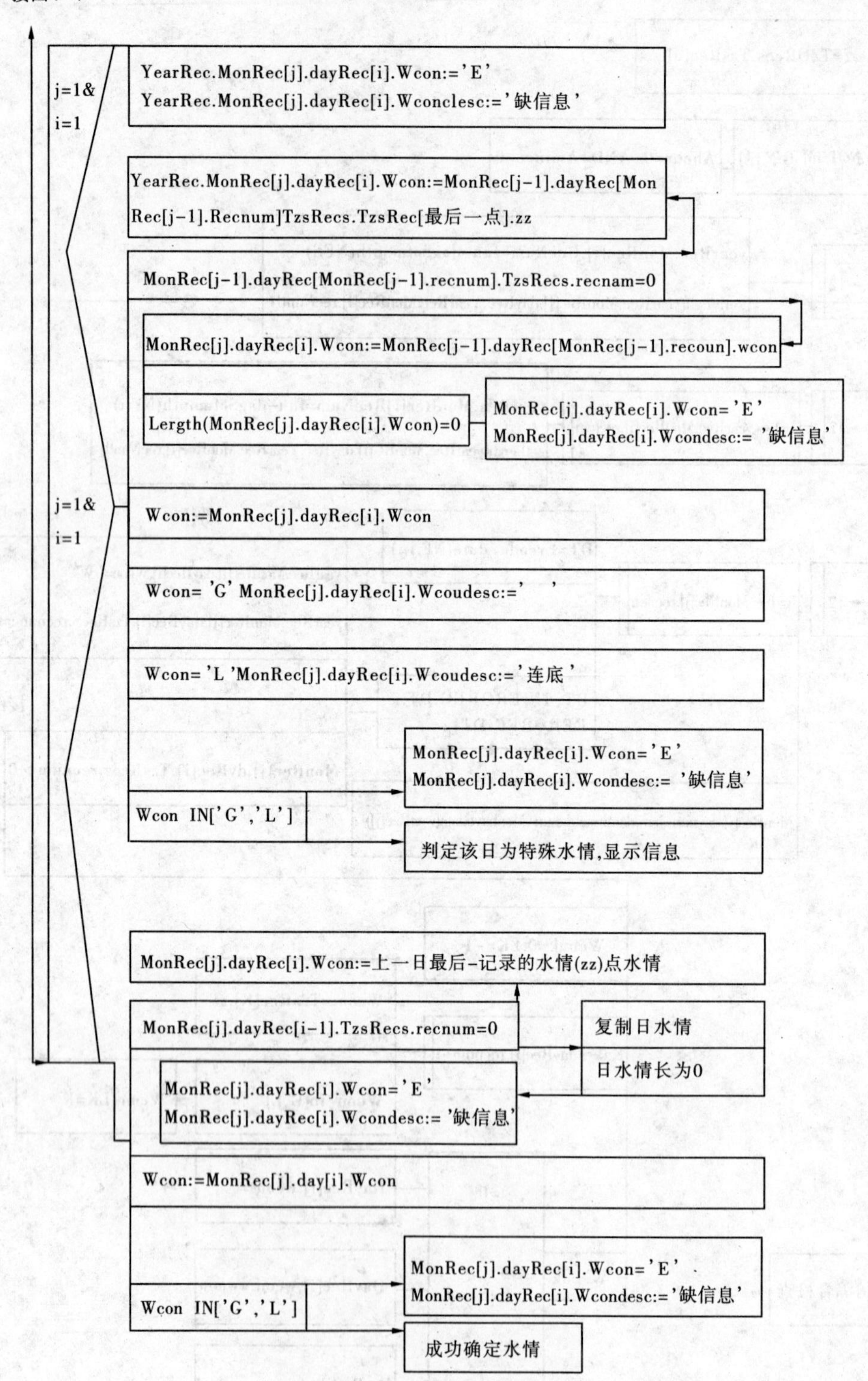

图4-5 水情分析函数程序结构图(2)

(4)日数据及零点获取函数程序结构图,见图4-6～图4-8。

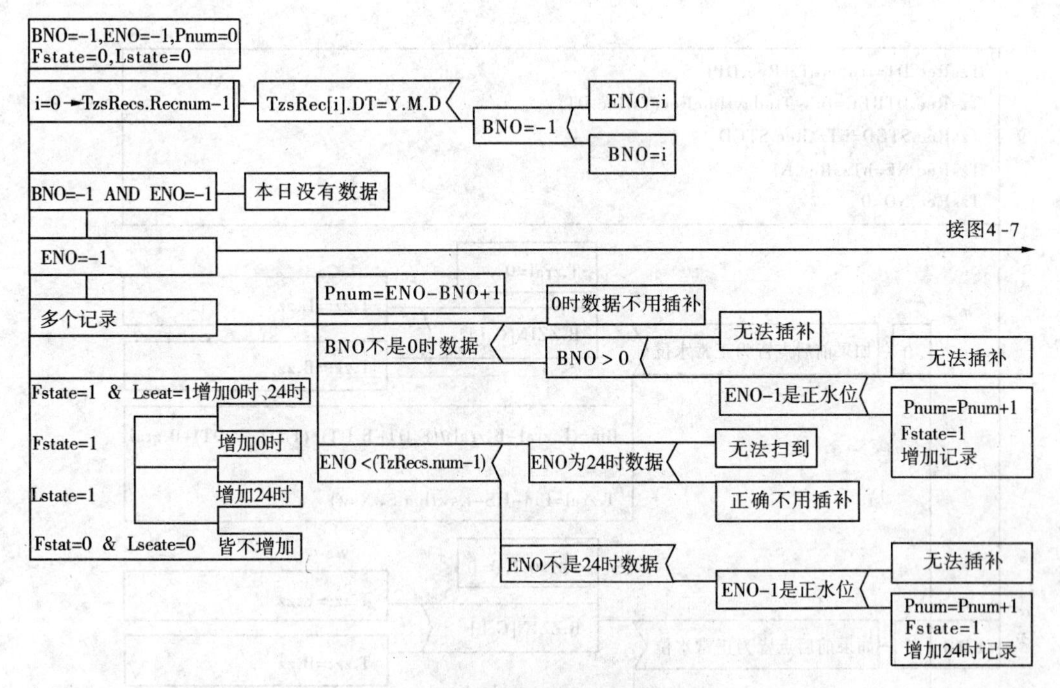

图 4-6　日数据获取函数程序结构图(1)

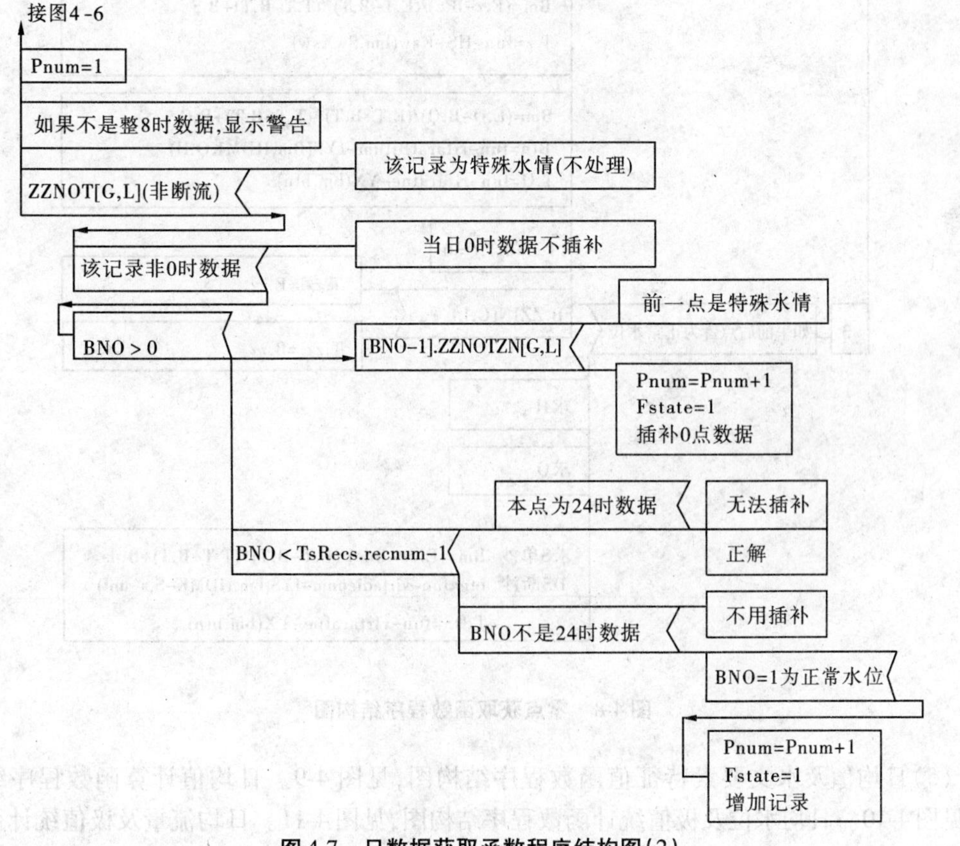

图 4-7　日数据获取函数程序结构图(2)

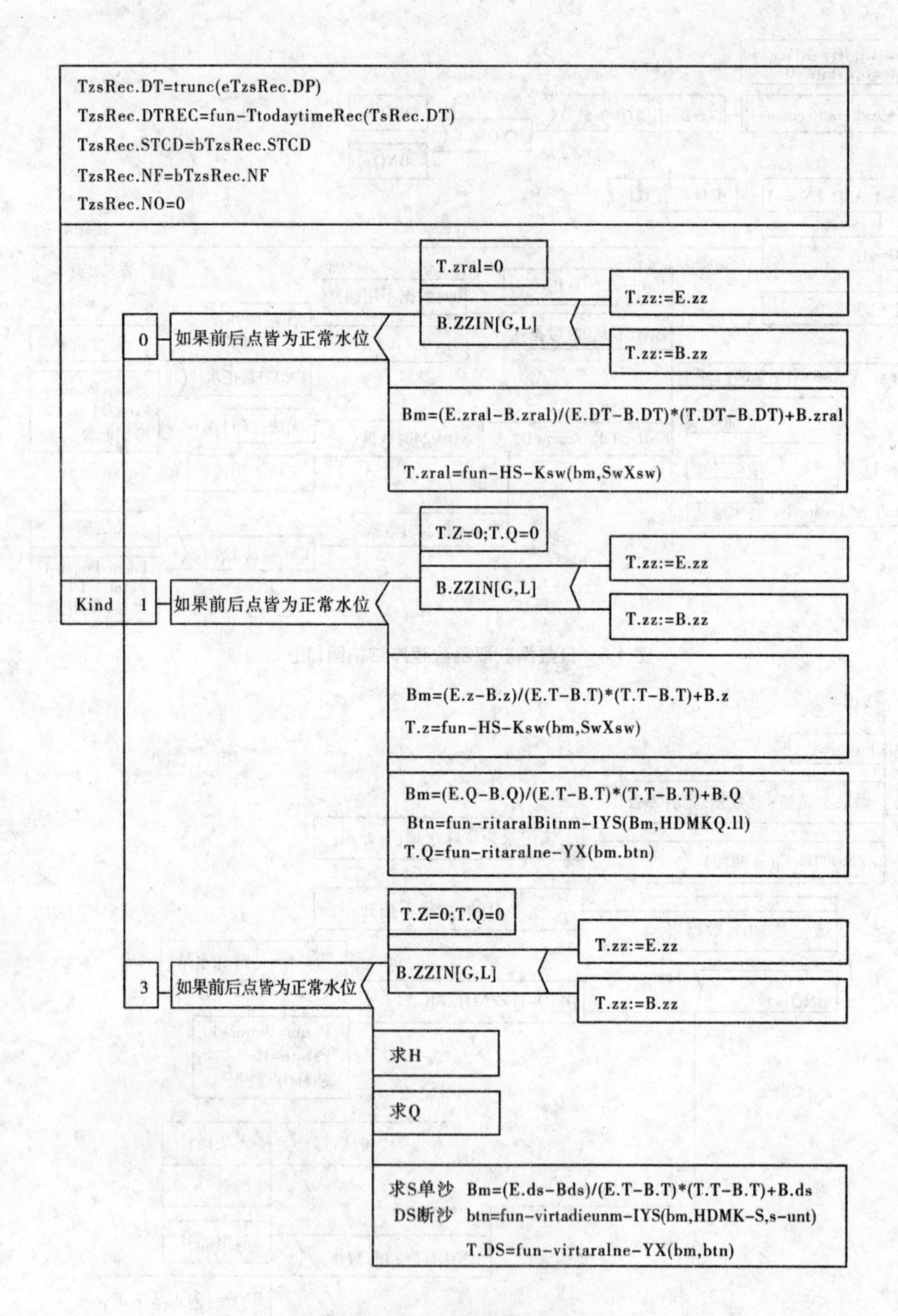

图 4-8　零点获取函数程序结构图

(5)日均值及水文要素特征值函数程序结构图,见图 4-9。日均值计算函数程序结构图,见图4-10。日均水位及极值统计函数程序结构图,见图4-11。日均流量及极值统计函数程序结构图,见图4-12。

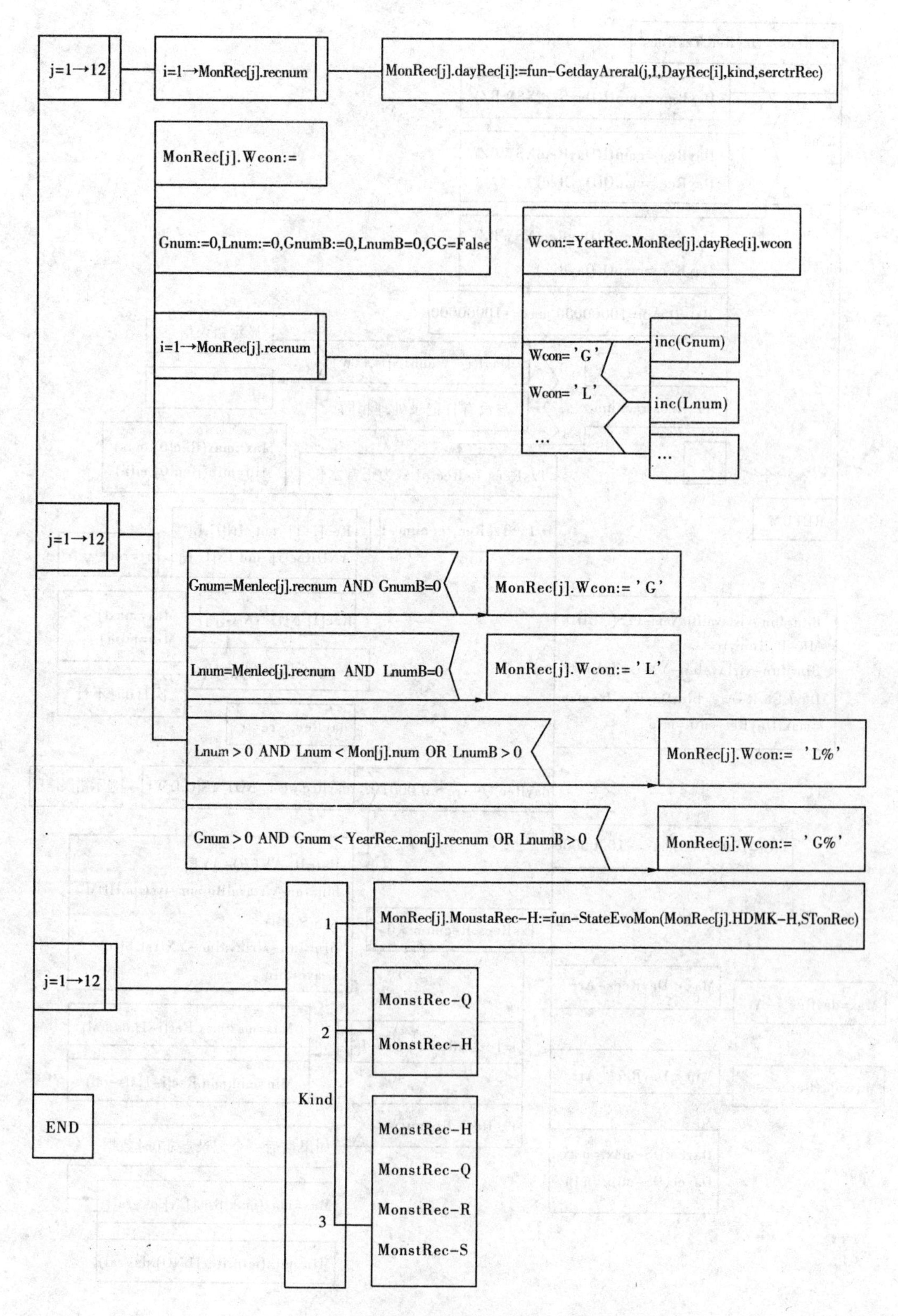

图4-9　日均值及水文要素特征值函数程序结构图

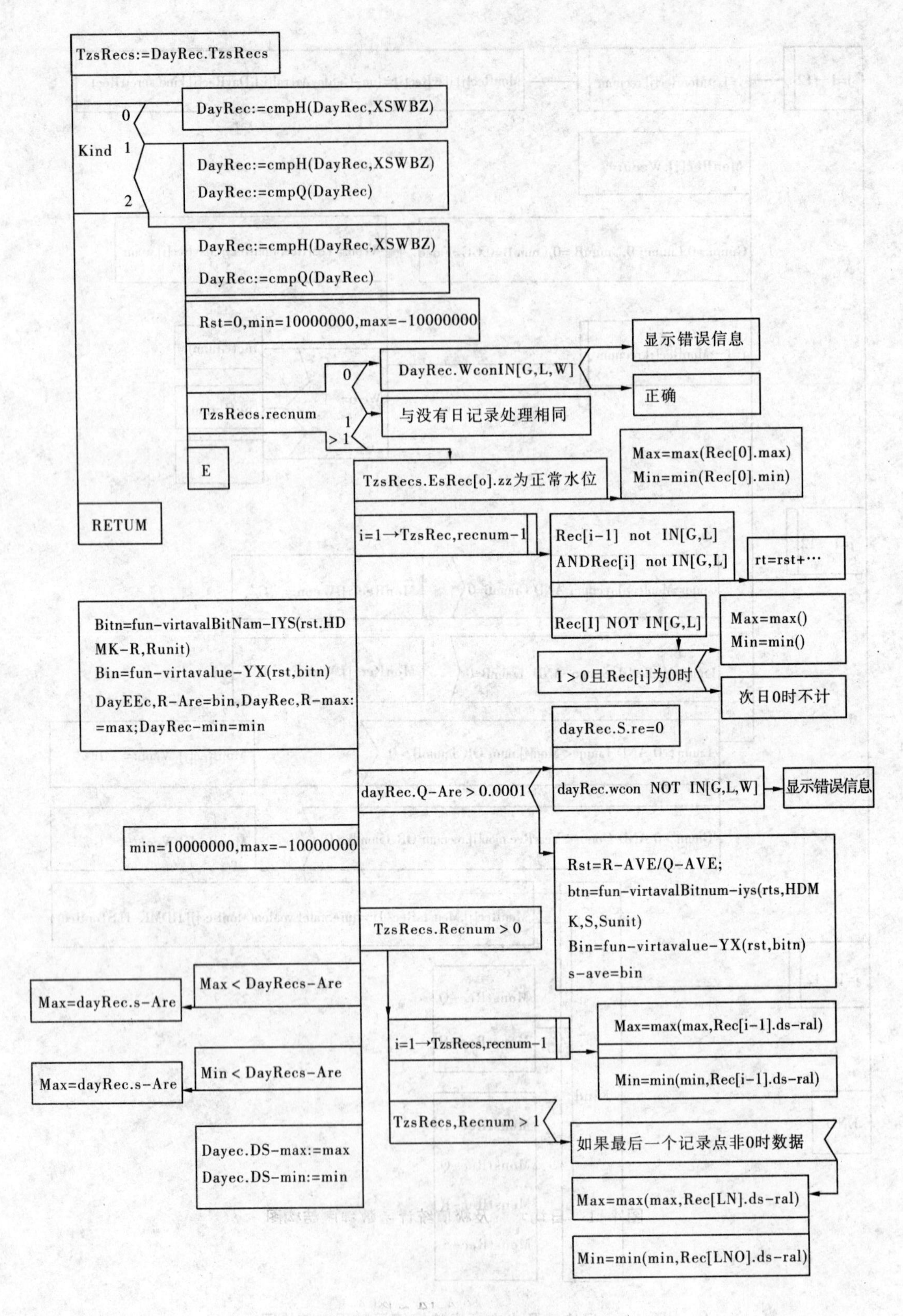

图4-10　日均值计算函数程序结构图

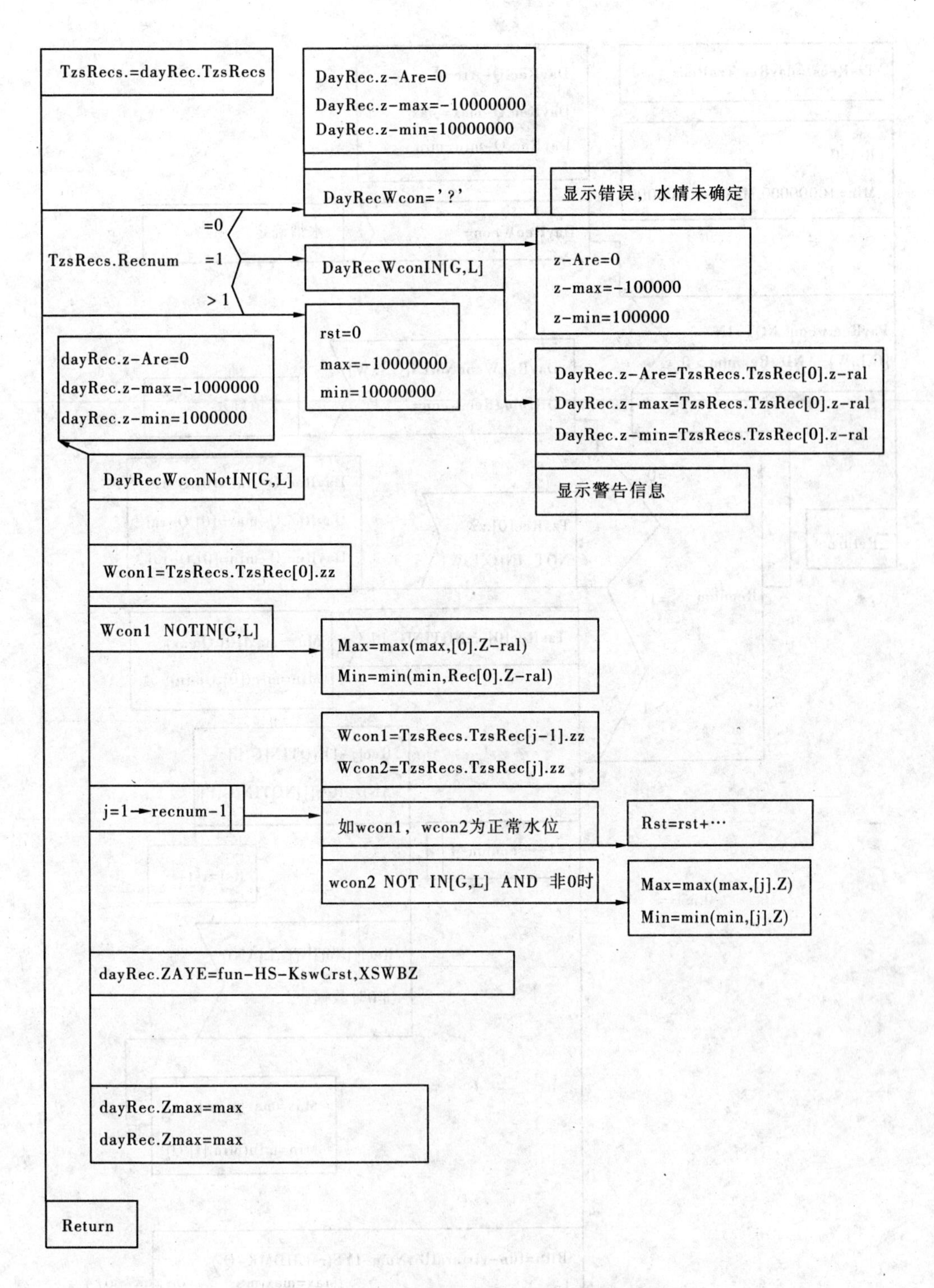

图 4-11　日均水位及极值统计函数程序结构图

(6)月特征值统计函数程序结构图,见图 4-13。

(7)年特征值统计函数程序结构图,见图 4-14 ~ 图 4-17。

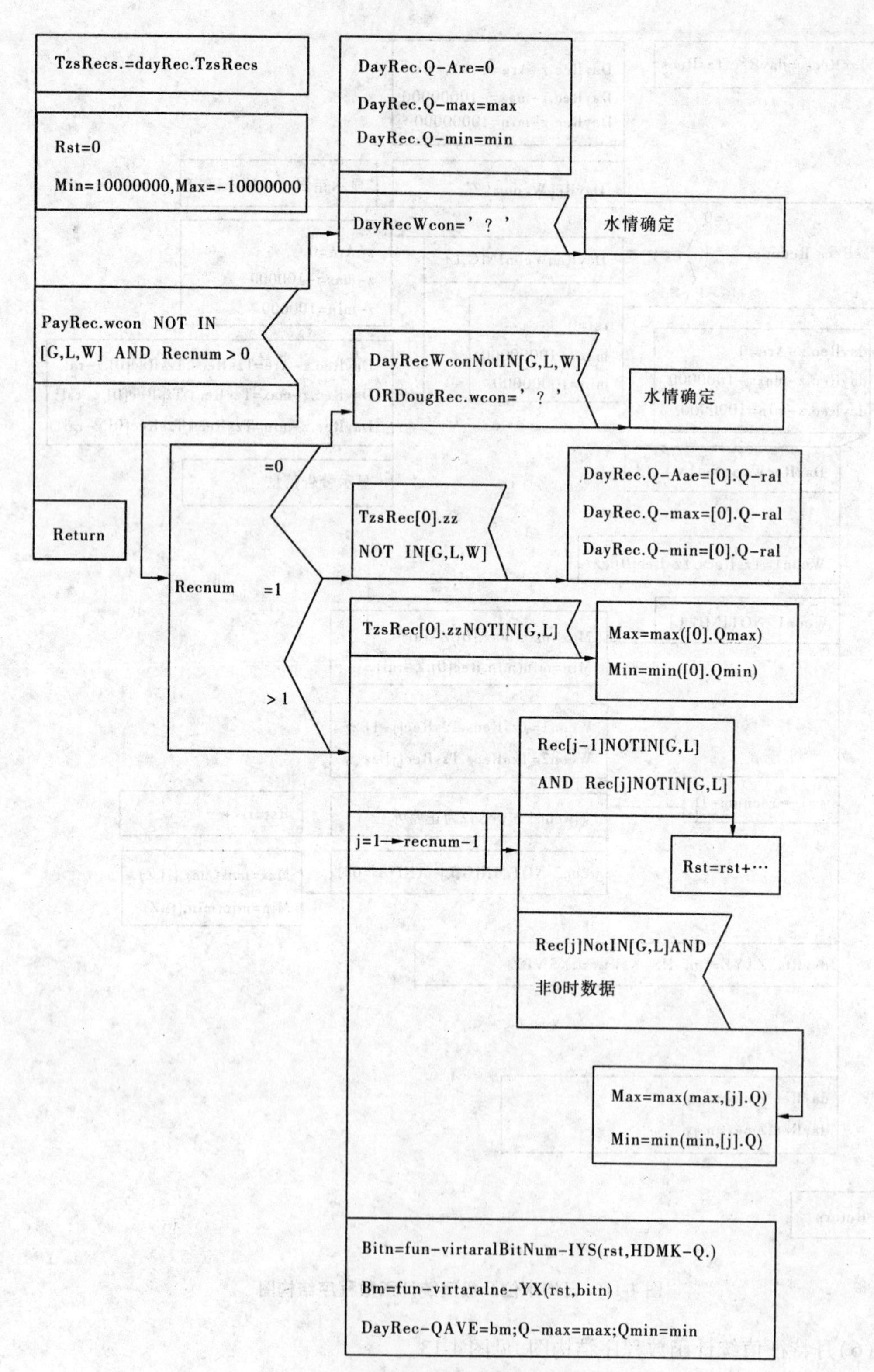

图4-12　日均流量及极值统计函数程序结构图

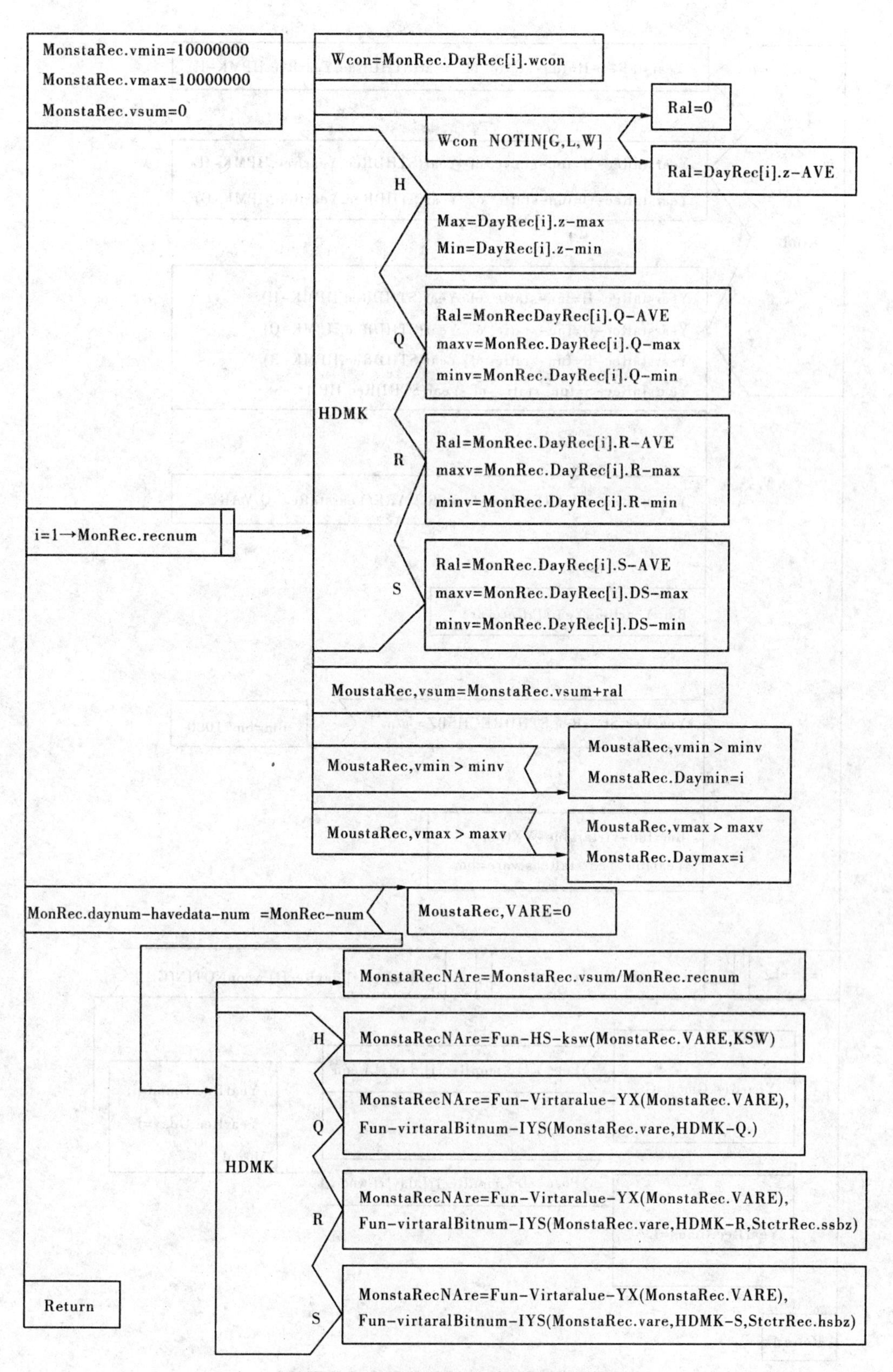

图 4-13　月特征值统计函数程序结构图

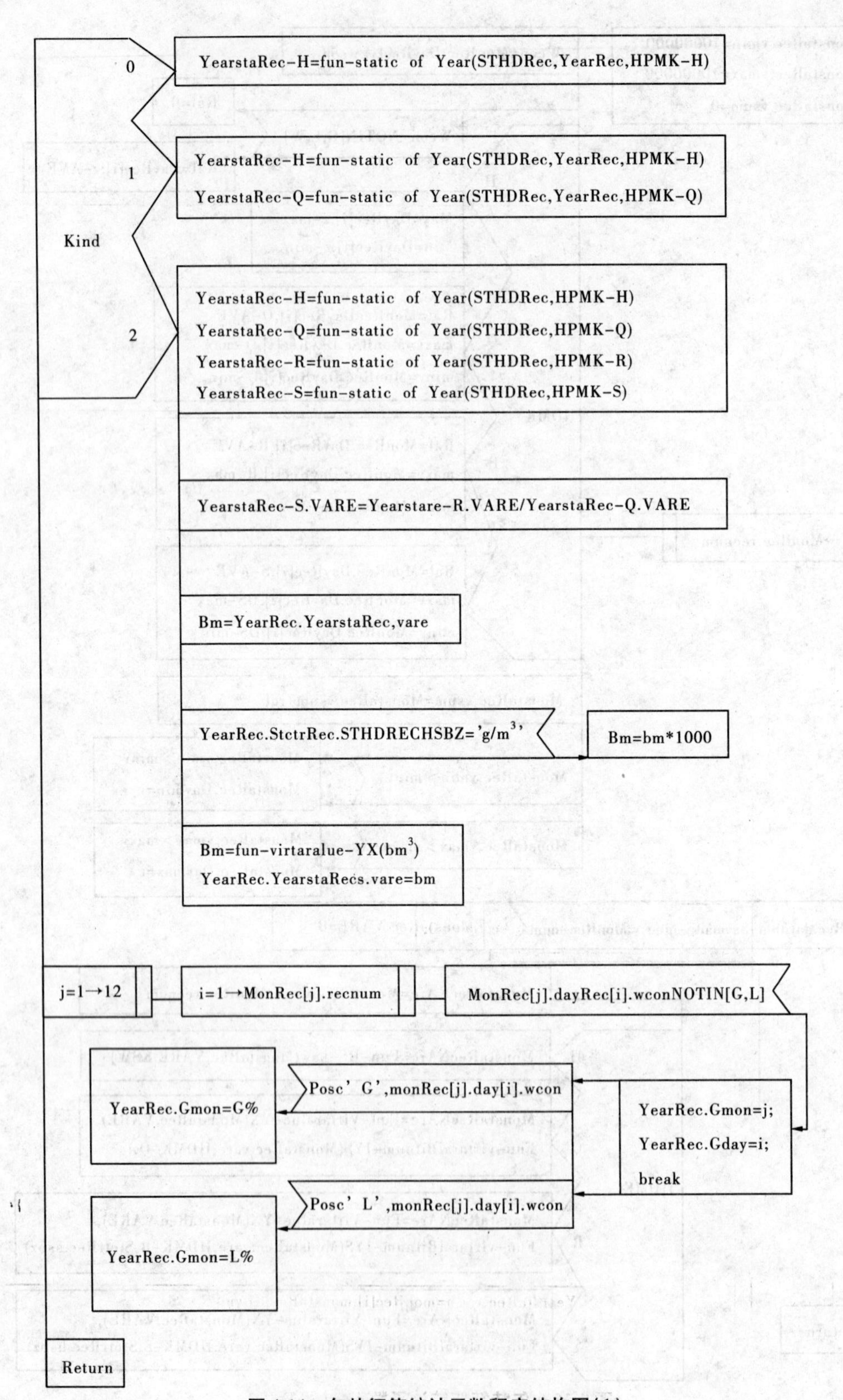

图4-14 年特征值统计函数程序结构图(1)

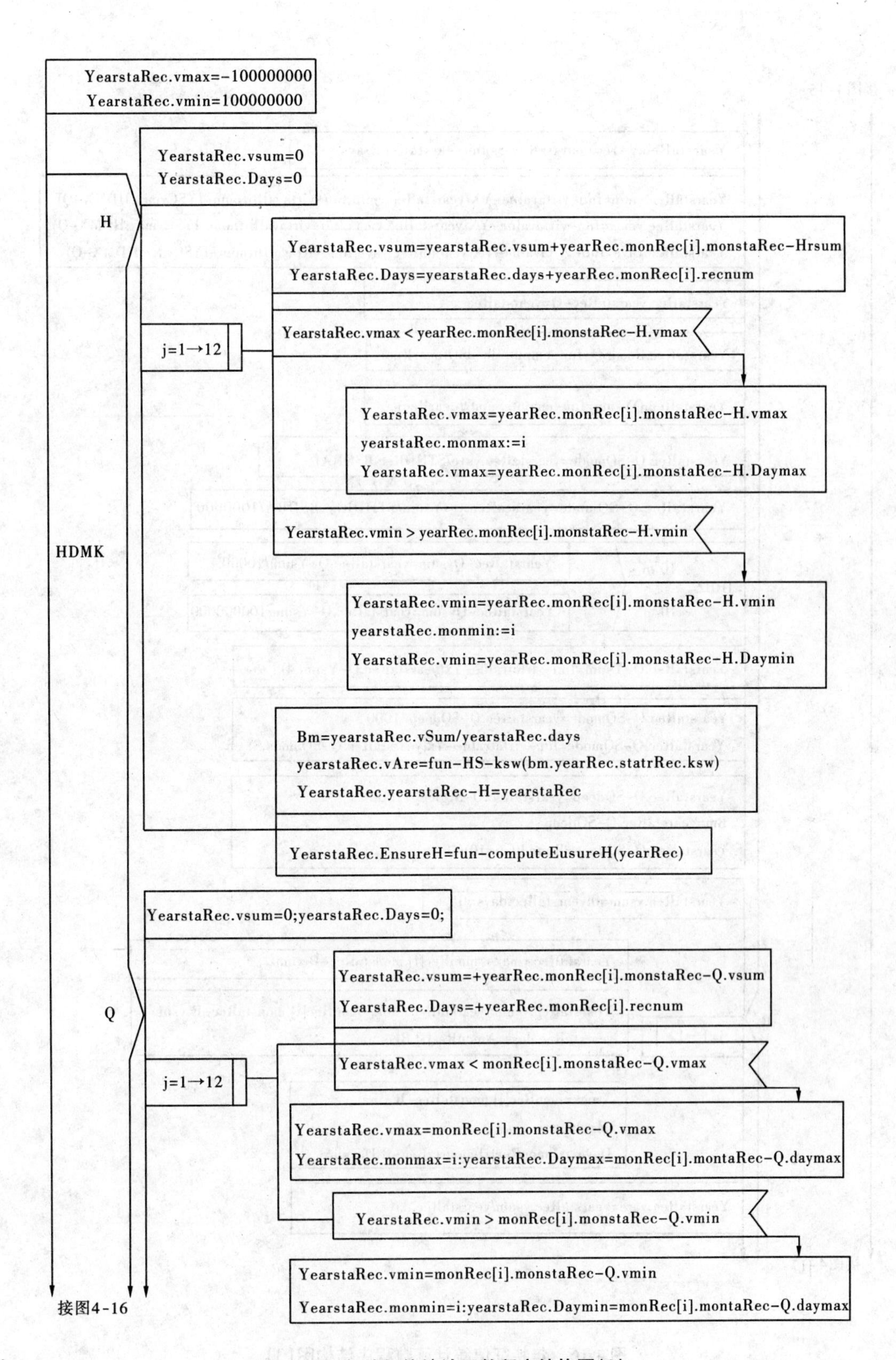

图 4-15　年特征值统计函数程序结构图(2)

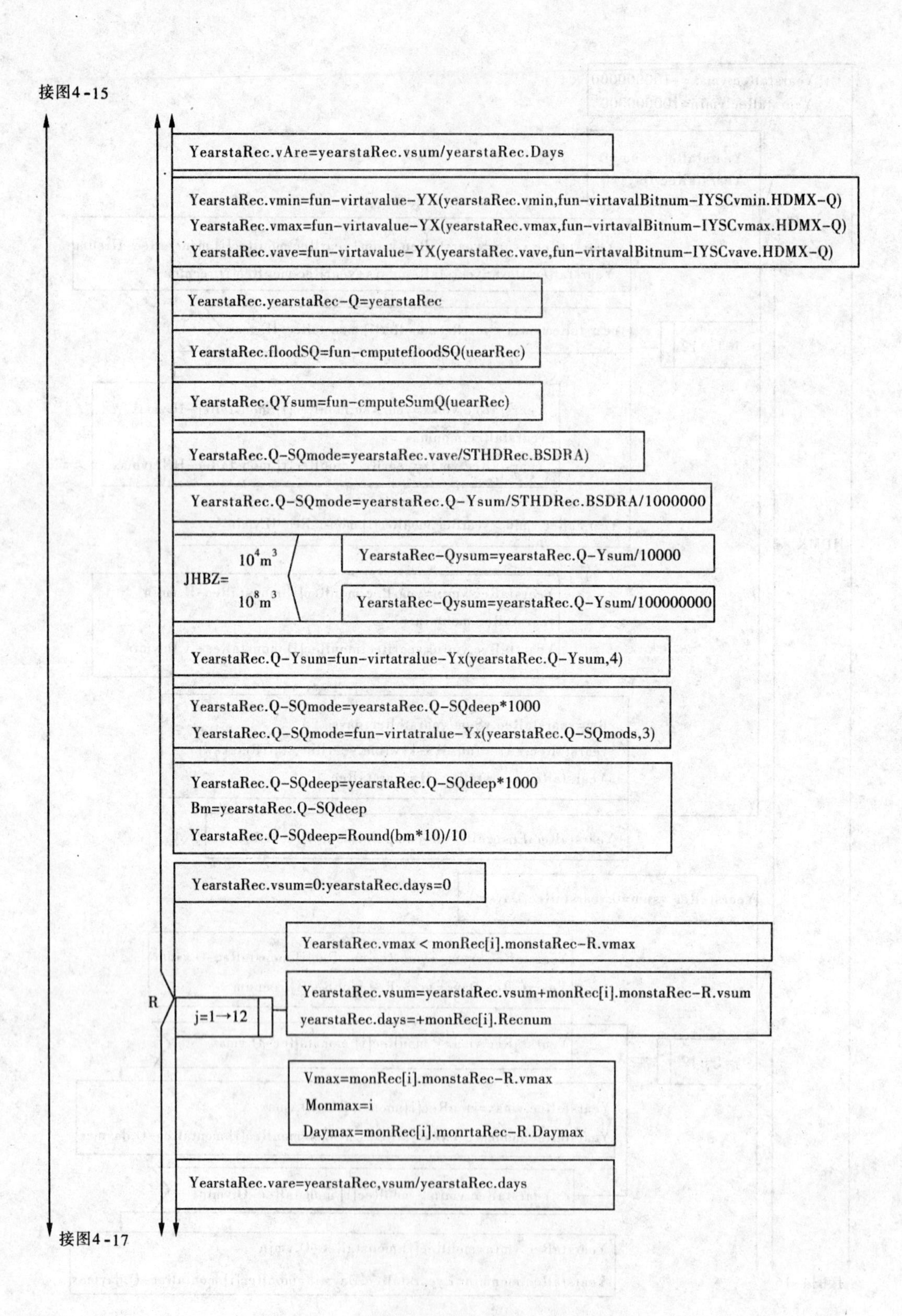

图4-16　年特征值统计函数程序结构图(3)

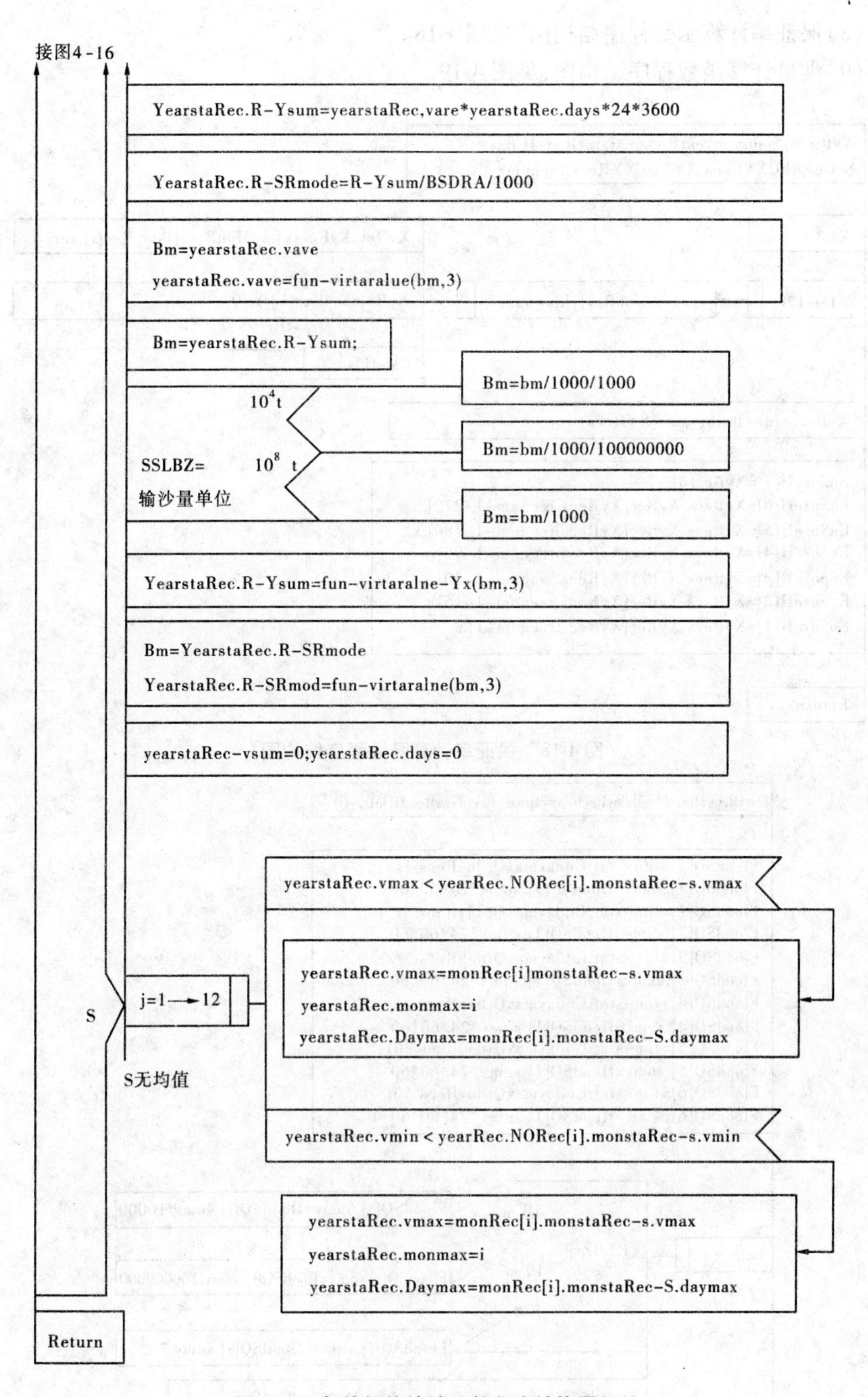

图4-17　年特征值统计函数程序结构图(4)

(8)保证率计算函数程序结构图,见图 4-18。

(9)洪量计算函数程序结构图,见图 4-19。

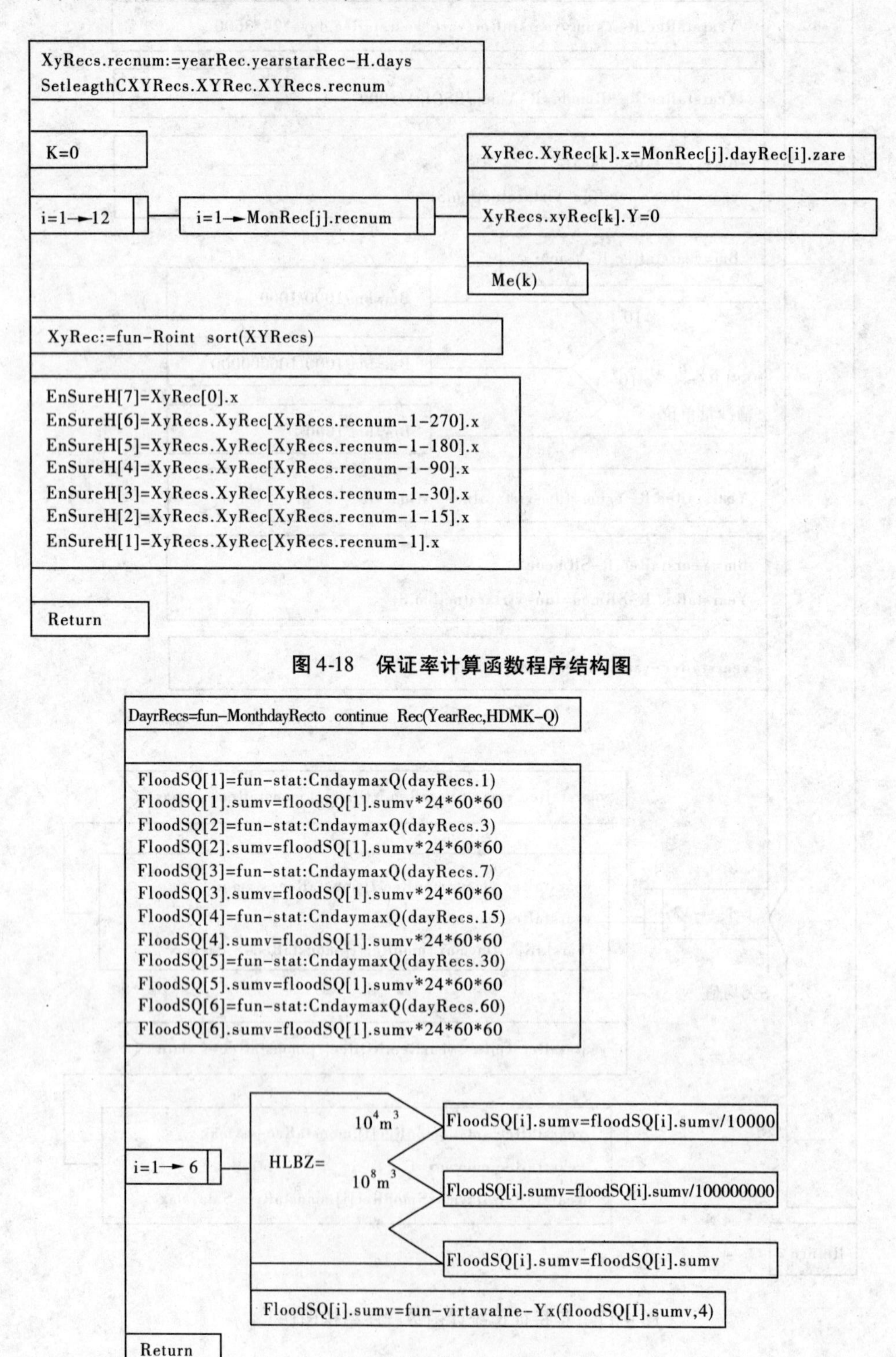

图 4-18 保证率计算函数程序结构图

图 4-19 洪量计算函数程序结构图

(10)水沙组合函数程序结构图,见图 4-20、图 4-21。

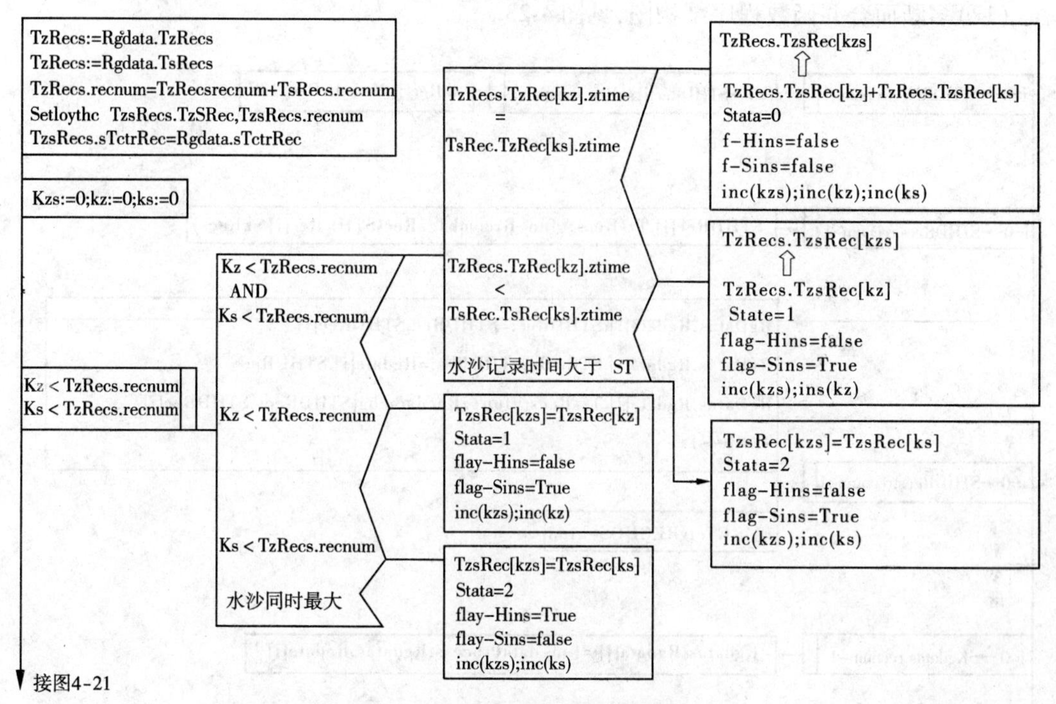

图 4-20 水沙组合函数程序结构图(1)

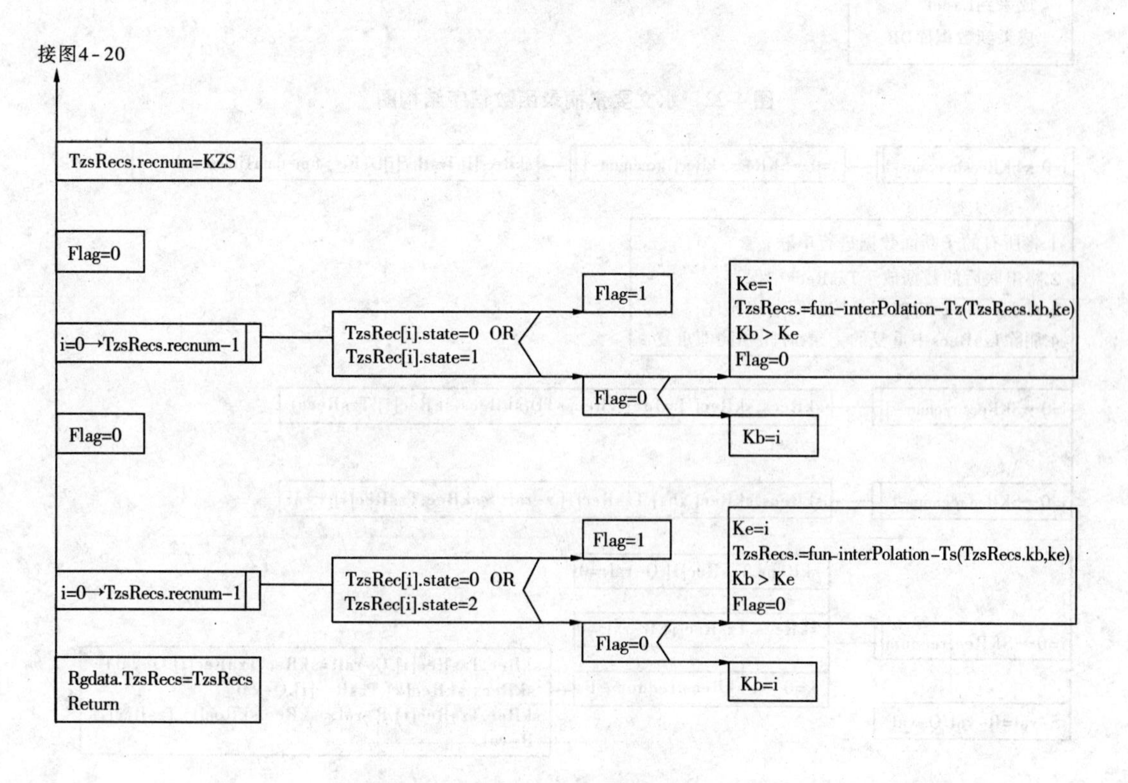

图 4-21 水沙组合函数程序结构图(2)

(11)水文要素摘录函数程序结构图，见图4-22。

(12)多断面合并函数程序结构图，见图4-23。

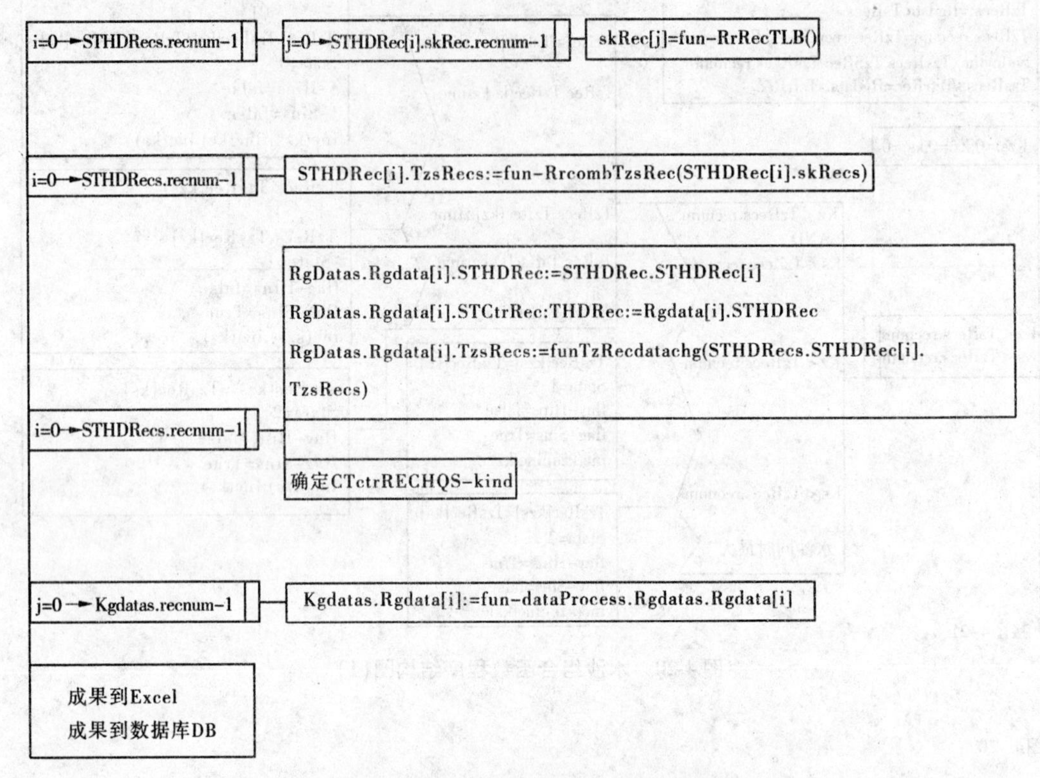

图4-22　水文要素摘录函数程序结构图

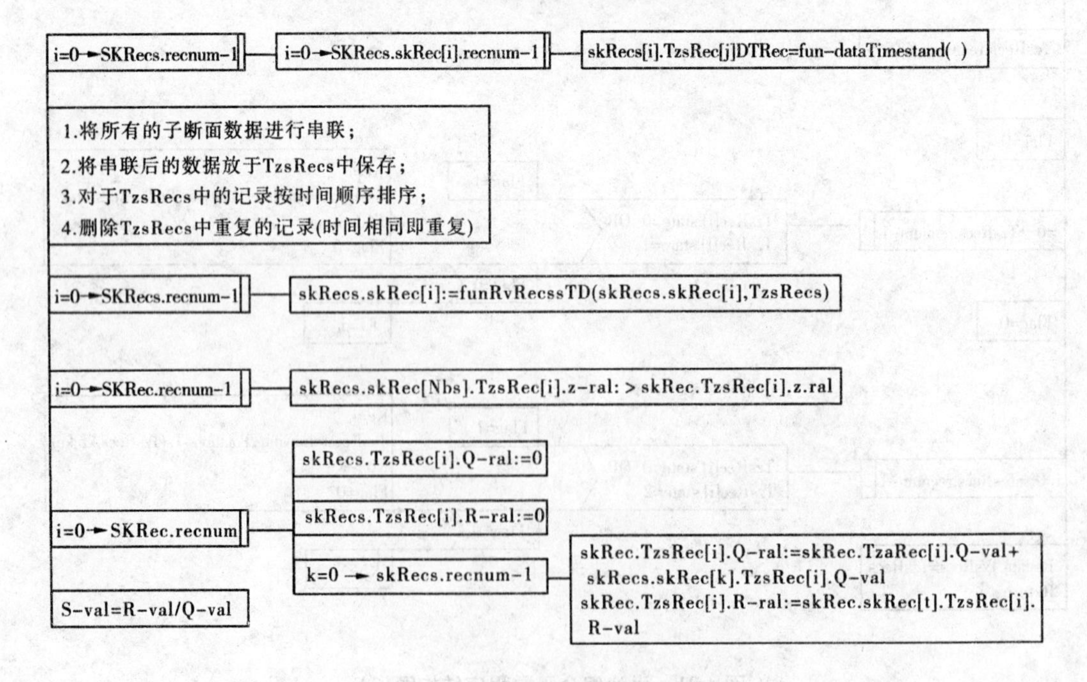

图4-23　多断面合并函数程序结构图

4.2 堰闸站关键技术设计

堰闸站资料整编与河道站类似，主要不同之处在于堰闸站增加了一个水位过程系列(分为闸上、闸下)，整编方法中增加了公式法及水库要素摘录等成果项目，其他内容基本相同。因此，堰闸站与河道站的数据结构定义与算法基本相同，这里只介绍部分典型函数的程序结构图。

4.2.1 数据处理主函数

数据处理主函数程序结构图，见图4-24。

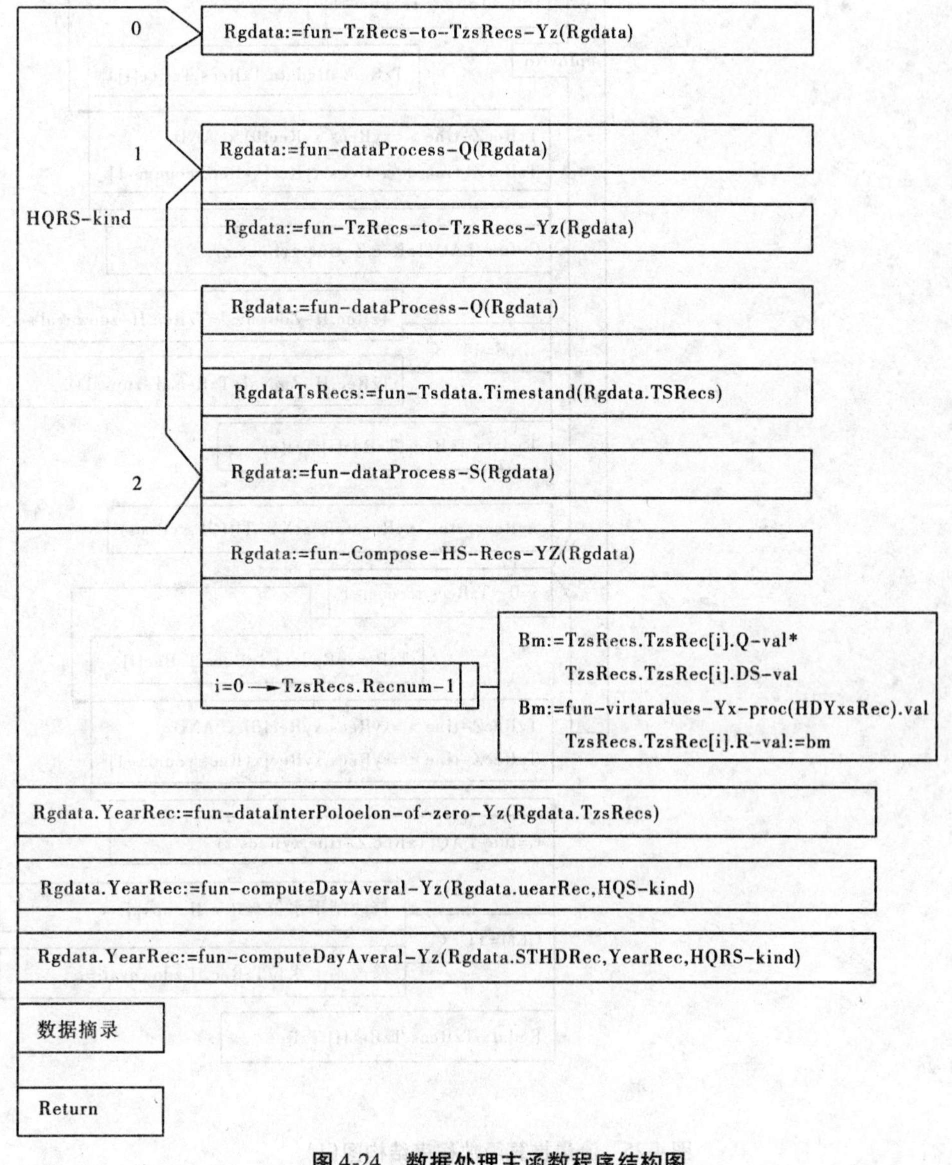

图4-24 数据处理主函数程序结构图

4.2.2 流量推算函数

流量推算函数程序结构图，见图 4-25 ~ 图 4-27。

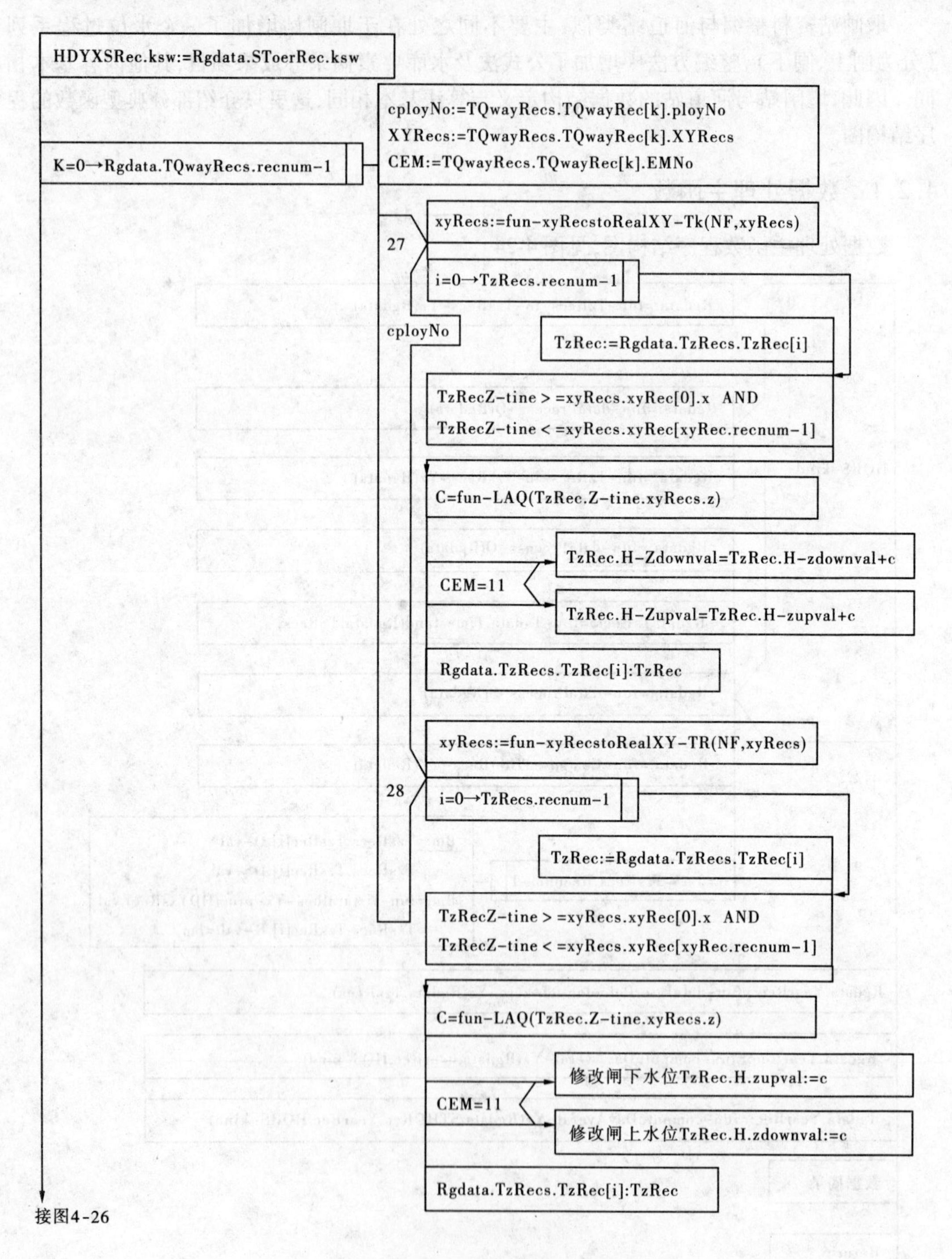

图 4-25 流量推算函数程序结构图(1)

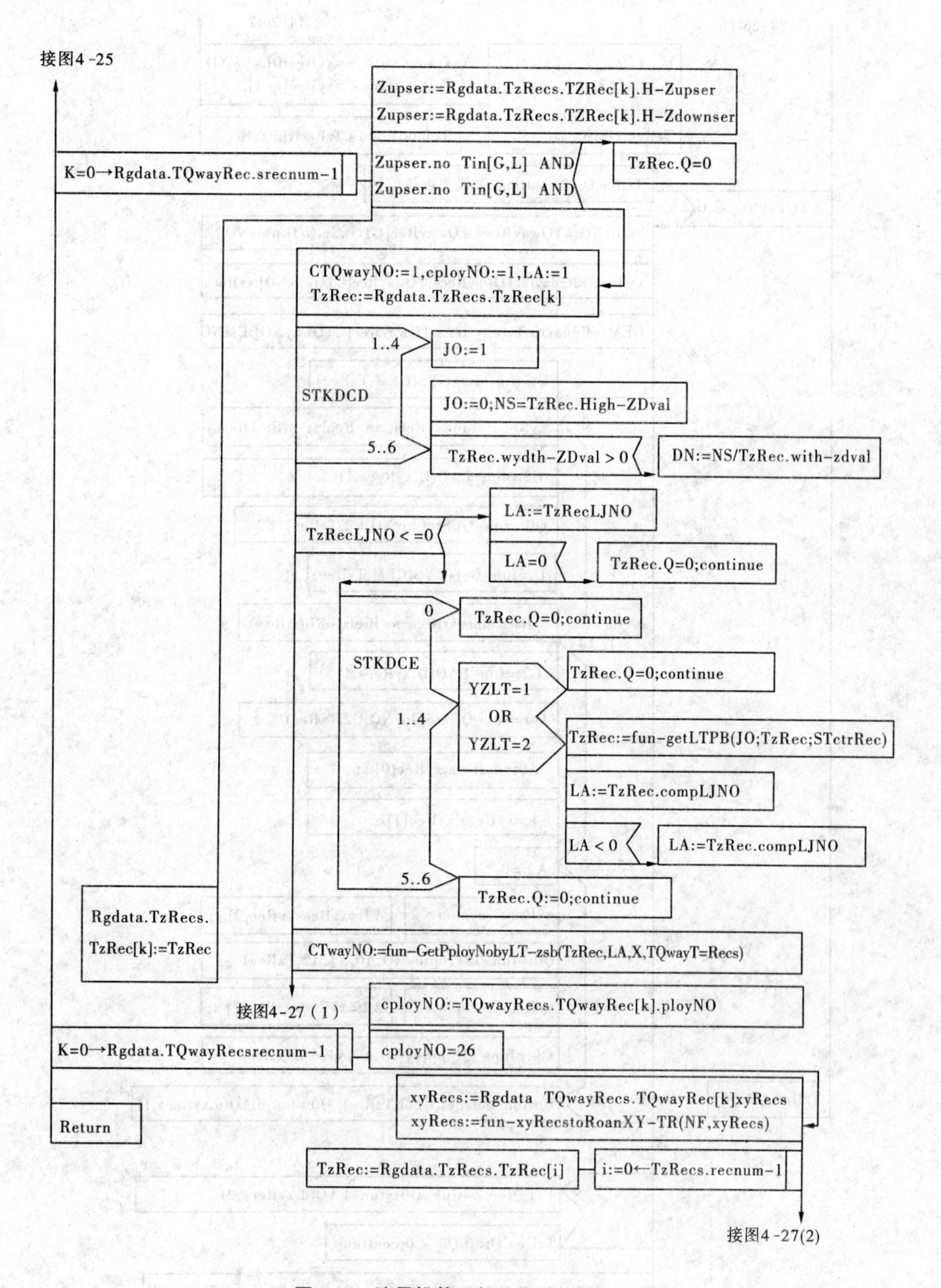

图4-26　流量推算函数程序结构图(2)

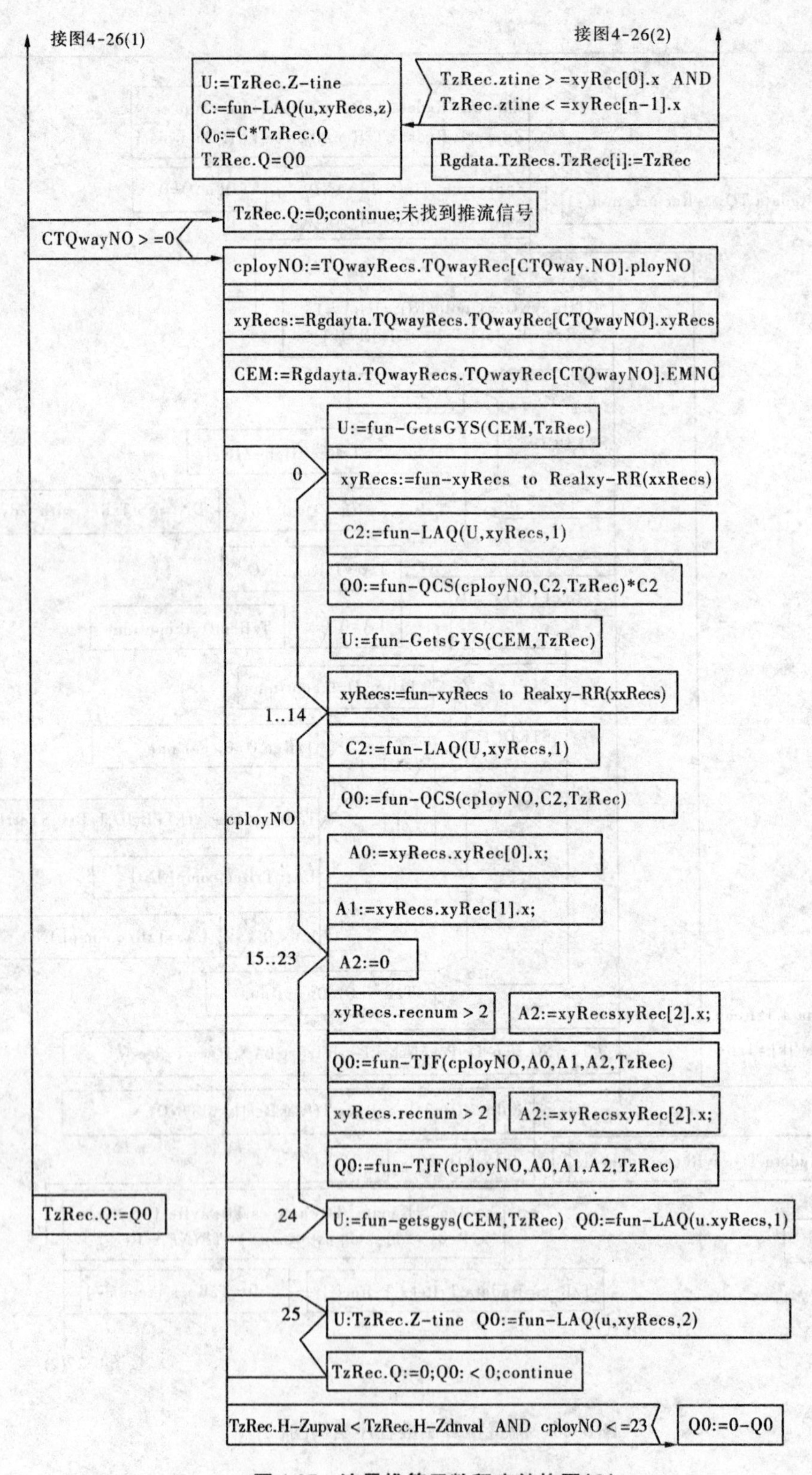

图 4-27 流量推算函数程序结构图(3)

4.2.3 沙量推算函数

沙量推算函数程序结构图,见图 4-28。

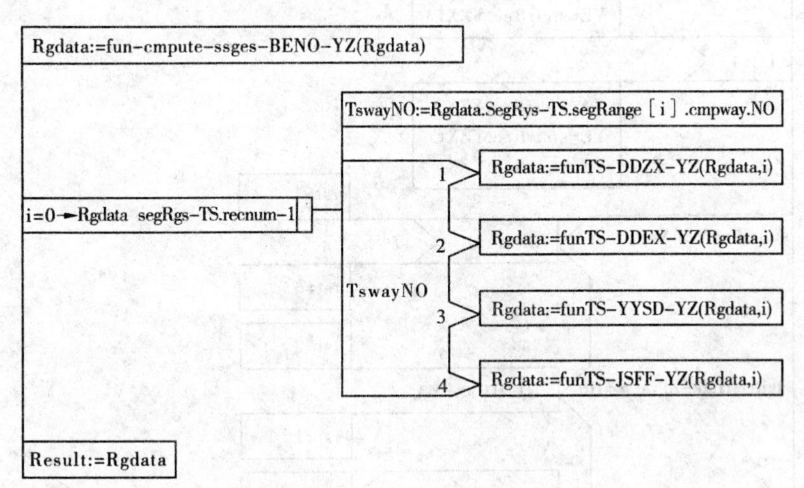

图 4-28 沙量推算函数程序结构图

4.2.4 流态推算函数

流态推算函数程序结构图,见图 4-29 和图 4-30。

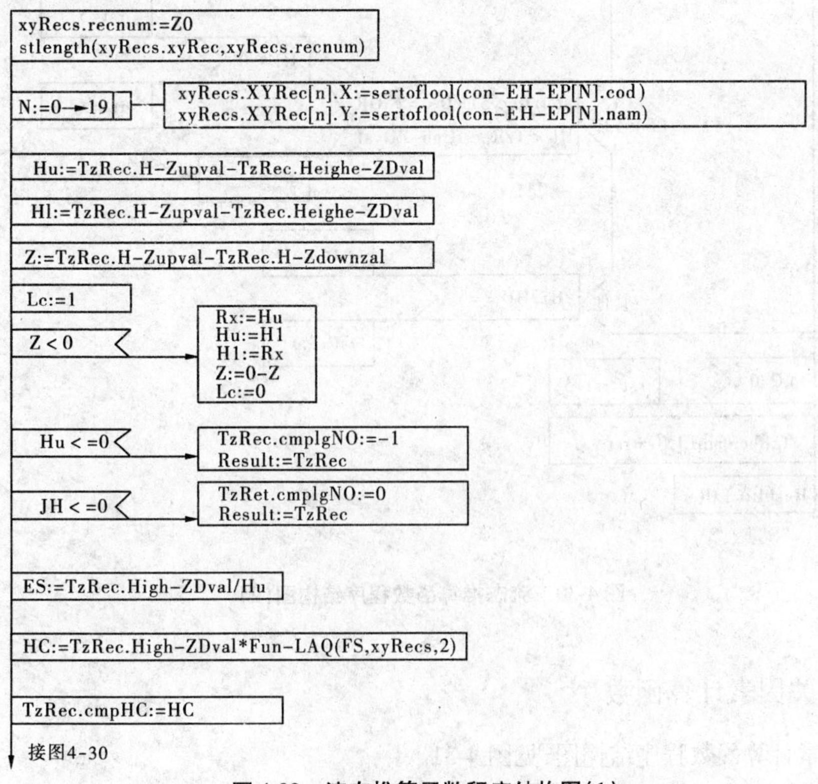

图 4-29 流态推算函数程序结构图(1)

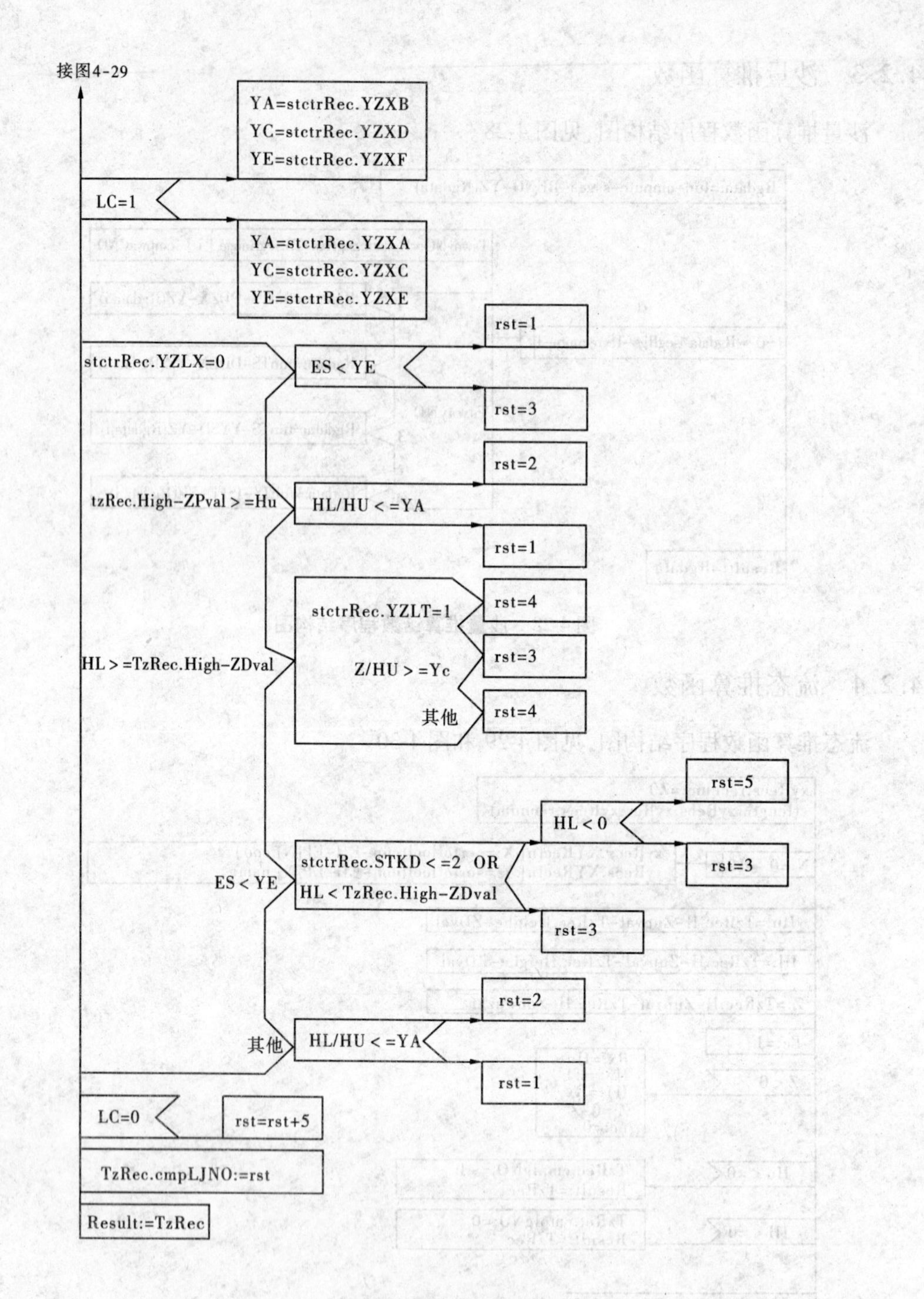

图4-30 流态推算函数程序结构图(2)

4.2.5 相关因素计算函数

相关因素计算函数程序结构图,见图4-31。

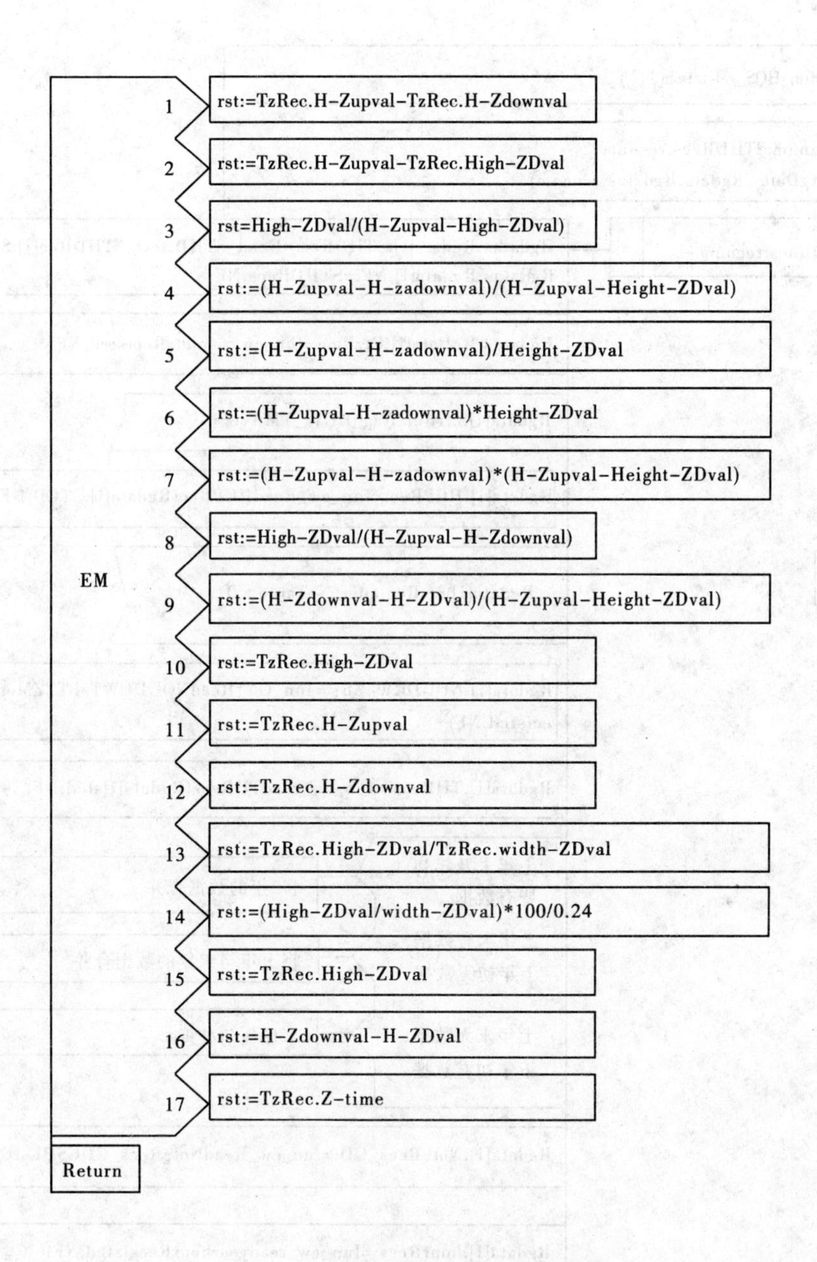

图 4-31　相关因素计算函数程序结构图

4.3　潮水位数据处理关键技术设计

4.3.1　数据读取及预处理函数

数据读取及预处理函数程序结构图,见图 4-32。

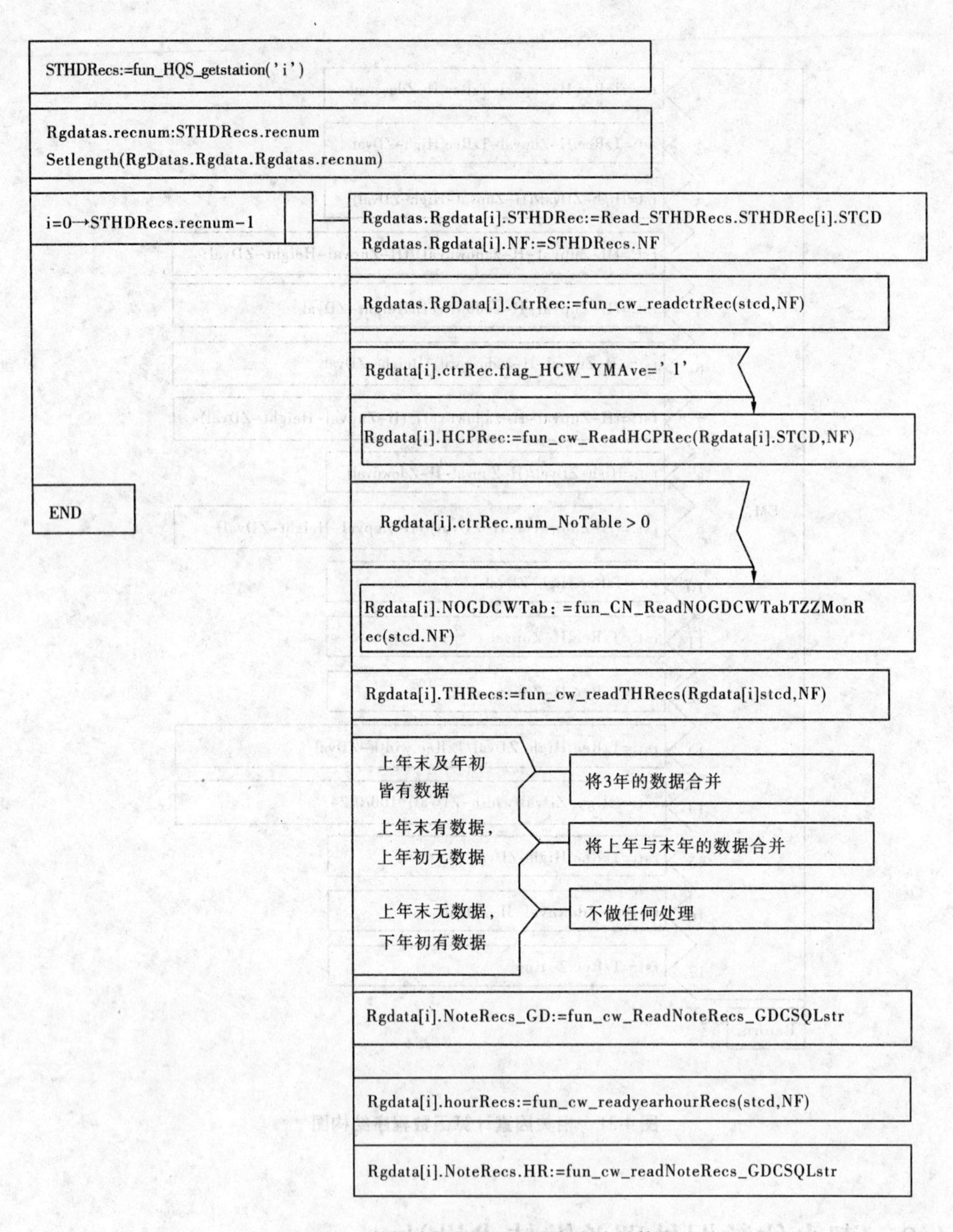

图 4-32　数据读取及预处理函数程序结构图

4.3.2　数据处理主函数

数据处理主函数程序结构图，见图 4-33。

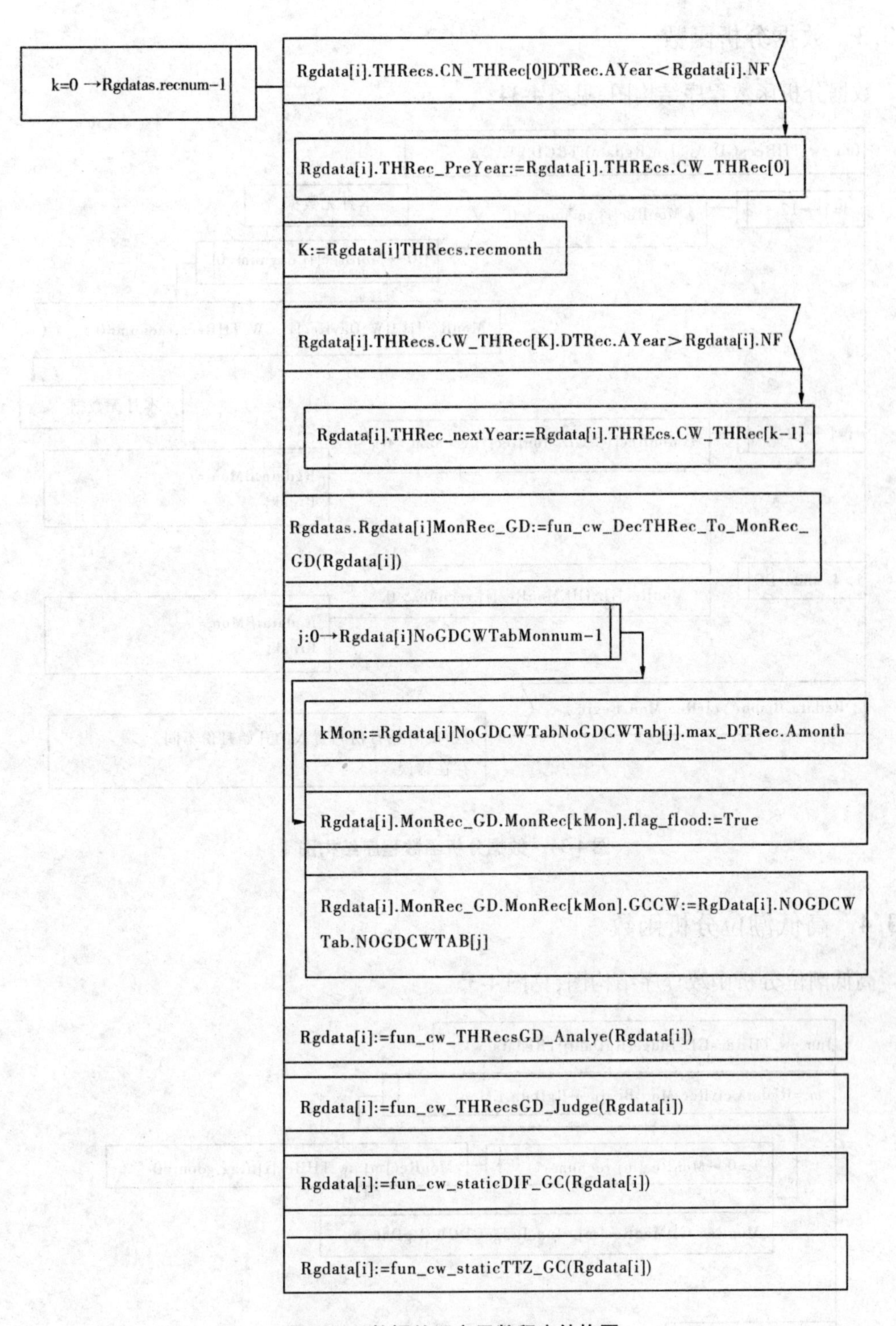

图 4-33　数据处理主函数程序结构图

4.3.3 数据分析函数

数据分析函数程序结构图，见图 4-34。

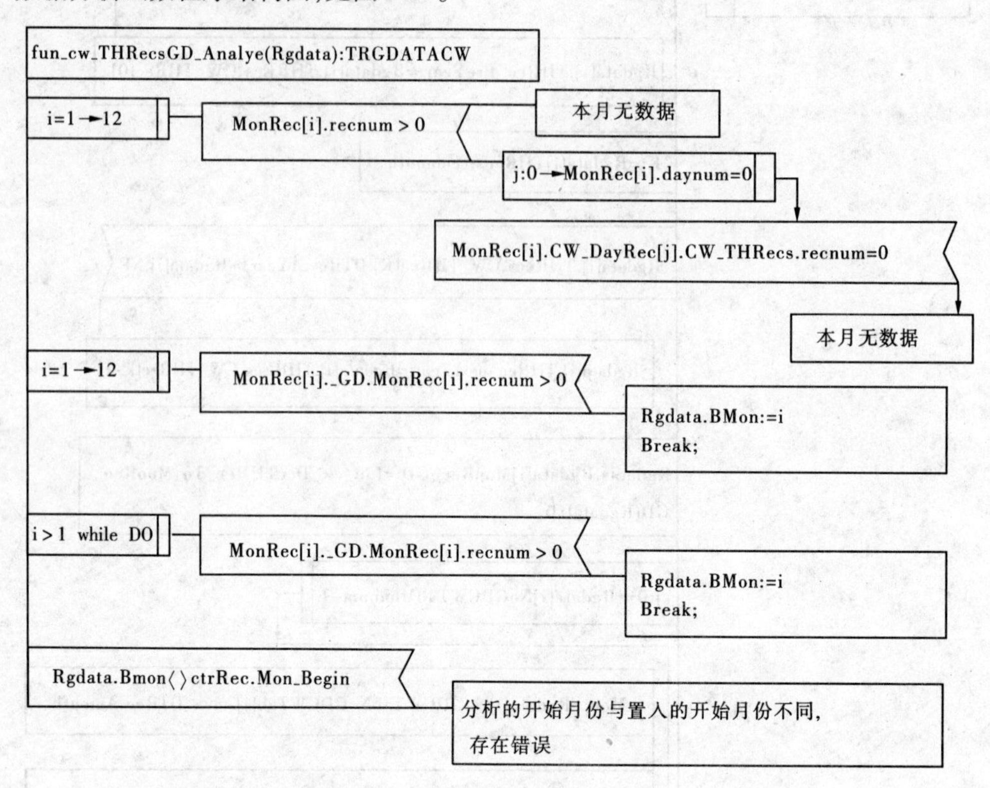

图 4-34　数据分析函数程序结构图

4.3.4 高低潮位分析函数

高低潮位分析函数程序结构图，见图 4-35。

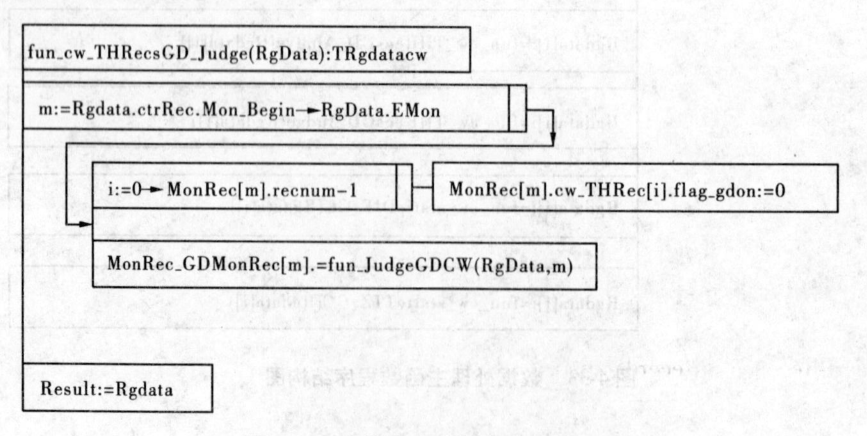

图 4-35　高低潮位分析函数程序结构图

4.4 雨量站关键技术设计

4.4.1 需求分析

根据水文资料整编规范,降水部分需要完成逐日降水量表、降水量摘录表、各时段最大降水量表(1)、各时段最大降水量表(2)四个整编项目,因此整编程序必须具备日、月、年降水量统计、不同段制雨强的降水量摘录以及对降水序列按不同分钟、小时数的滑动统计功能。

4.4.2 数据结构分析及定义

为便于实现整编程序的各项功能,又能设计出简洁明了的算法,需要对降水的原始数据、运行期数据等进行详细的分析,确定最佳数据结构设计方案。

4.4.2.1 原始数据结构定义

降水原始数据是按时段降水量进行整理的,时段降水量包括降水开始时间、结束时间、降水量、降水物、整编符号五个元素,这五个元素组成一个时段降水量记录。时段降水量在时序上是连续、完整的,年降水量由 n 个时段降水量记录组成。另外,降水时间记录以分钟进行统计,而降水原始记录的开始、结束时间是由月、日、时、分组成的字符串,为便于对降水时间进行处理,需定义时间记录,从该记录中可以直接得到分解的月、日、时、分及完整的时间(在计算机操作系统中,时间实际上是一个实型数值,该数值始于 1899 - 12 - 31,以日为单位,如 1900 - 01 - 01 的值为 2,因此利用时间的这个属性很容易实现降水量统计)。

(1)时间记录数据结构。

```
Type
  Ttzytimerec = Record
  Year,Mon,Day,Hour,Min:integer;          //分解的 年、月、日、时、分记录
  Time:real;                              //完整时间
End;
```

(2)时段降水量数据结构。

```
Type
  TsegPRec = Record
  BeginTime,EndTime:Ttzytimerec;          //时段的开始、结束时间记录
  Pseg:real;                              //时段降水量
  Pw,Ps:string;                           //降水物、整编符号
End;
```

(3)年降水量记录数据结构。

```
Type
  TyearPRec_sou = Record
  Segnum:integer;                         //时段降水量记录的数量
  SegPRec:array of TsegPRec;              //年时段降水量集合
End;
```

Recnum 时段降水量记录的数量是动态的,不同站年的数量是变化的,具体数值由实际数量确定,程序根据实际数量开辟内存空间,实行动态内存管理。原通用程序采用静态数组定义,定义的空间太大则会浪费内存,太小则可能造成空间不足,程序无法运行;本解决方案采用动态数组,完全避免了这些弊端。

4.4.2.2 运行期数据结构定义

由于最大降水量表(1)要求以分钟为单位对降水量进行统计,最大降水量表(2)要求以小时为单位对降水量进行统计,逐日降水量表要求以日、月、年为单位进行统计,因此在程序运行期间,需要创建分钟、小时、日、月、年五种数据结构存储各自的降水量,以方便统计。

(1)分钟降水量数据结构。

```
Type
  TMinPrec = Record
  Pmin:real;                              //分钟降水量
  Pw,Ps:string;                           //该分钟内的降水物、整编符号
End;
```

(2)小时降水量数据结构。

小时降水量由该小时内 60 分钟的降水量记录组成,数据结构定义如下:

```
Type
  THourPrec = Record
  PHour:real;                             //小时降水量总量
  Pw,Ps:string;                           //该小时内的降水物、整编符号
  minPrec:Array[0..59] of TminPrec;       //该小时内 60 分钟的降水量记录
End;
```

(3)日降水量数据结构。

日降水量由该日内 24 小时的降水量组成,数据结构定义如下:

```
Type
  TDayPrec = Record
  Pday:real;                              //日降水总量
  Pw,Ps:string;                           //该日内的降水物、整编符号
  HourPrec:Array[0..23] of THourPrec;     //该日内 24 小时的降水量记录
End;
```

(4)月降水量数据结构。

月降水量由该月内各日的降水量组成,数据结构定义如下:

```
Type
  TMonPrec = Record
  Daynum:integer;                         //该月内日的数量,值由年份、月份决定,动态
                                            变化
  PMon:real;                              //月降水总量
  DayPrec:Array of TDayPrec;              //该月内各日的降水量记录,数量为 Daynum
End;
```

(5)年降水量数据结构。

年降水量由 12 个月的降水量记录组成,数据结构定义如下:

```
Type
  TyearPrec_rlt = Record
  PYear:real;                              //年降水总量
  MonPrec:Array[0..11] of TMonPrec;        //该年内 12 个月的降水量记录
End;
```

由于已经存在存储原始数据的年数据结构,为方便程序设计和算法实现,需要将两个数据结构进行合并,合并后的数据结构定义如下:

```
Type
  TyearPrec = Record
  Segnum:integer;                          //原始数据中时段降水量记录的数量
  SegPRec:array of TsegPRec;               //原始数据中,年内 Segnum 个时段的降水量
                                             集合
  PYear:real;                              //存储统计的年降水总量
  MonPrec:Array[0..11] of TMonPrec;        //存储各月(含日、时、分钟)的降水量记录
End;
```

年降水量数据结构 TyearPrec 既可以存储年内各时段的原始数据,也可以存储年内月、日、时、分的统计数据,为方便理解年降水量数据结构的原理,绘制年降水量数据结构在内存中的影像图,见图 4-36。

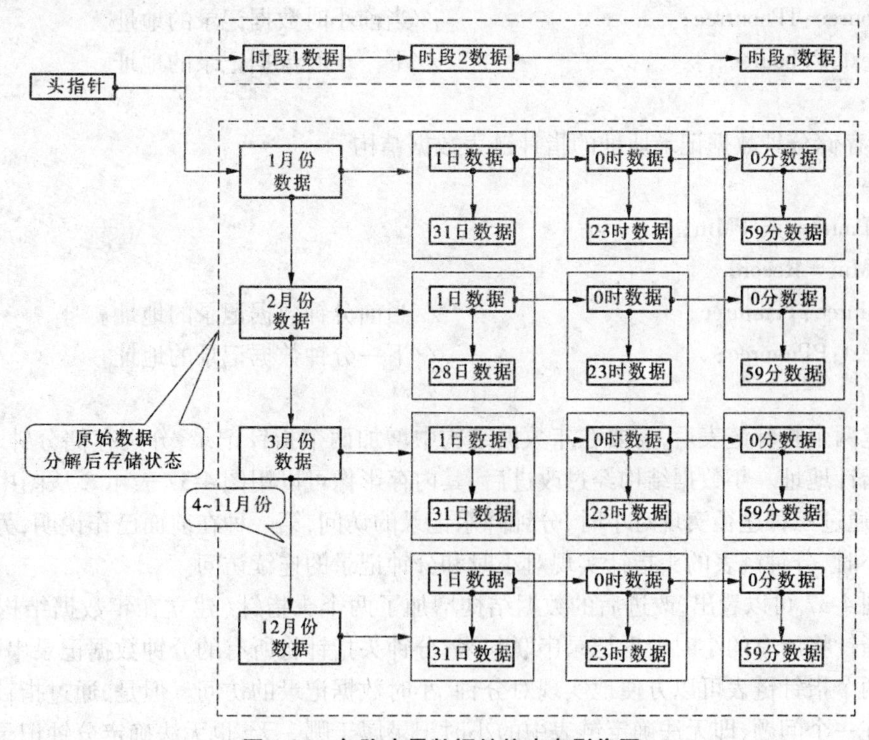

图 4-36　年降水量数据结构内存影像图

由图4-36可以看出,年降水量数据结构TyearPrec是一个图型数据结构,有一个头指针HPyprec,即年降水量数据在内存中的首地址,通过它可以访问年降水量原始数据任何一个时段的记录和某月、日、时、分的降水记录。如访问第n个降水时段的降水量,可以通过HPyprec. SegPRec[n]. Pseg获得;又如访问7月21日8时59分的降水量可以通过HPyprec. MonPrec[7]. DayPrec[21]. HourPrec[8]. MinPrec[59]获得。可以发现,通过这种年降水量数据结构,可以方便地进行年、月、日、时、分降水量的统计,用这种数据结构进行逐日降水量表的制作非常方便。但是用这种数据结构很难实现最大降水量表(1)和最大降水量表(2)的制作。对于最大降水量表(1),需要按分钟进行滑动统计,而在这种数据结构中不同小时的分钟数据在地址上是不连续的;同样,对于最大降水量表(2),其要求的小时数据在地址上也不连续,对分钟、小时数据的访问都需要通过月、日记录进行访问,所以要实现对小时、分钟数据的连续访问,需要对现有数据结构进行改进。

改进方案如下:由于分钟数据记录、小时数据记录都已在内存中存在,如果再单独创建新的数据结构存放分钟、小时的降水数据记录,就会浪费内存。对操作系统比较熟悉的人员都知道在内存中的任何数据都有唯一的地址,因此可以创建两个只存放地址的动态链表(指针),一个链表存放分钟记录的地址,另一个链表存放小时记录的地址,这样就可以通过两个指针链表实现对分钟、小时数据记录的连续访问,而且最大限度地节省了内存的使用量。

(6)存储小时数据记录地址的指针链表数据结构。

```
Type
  PPhourec =^PHour;
  PHour = Record
  hourec:TPhourrec;                    //当前小时数据记录的地址
  next:PPhourec;                       //下一小时数据记录的地址
End;
```

(7)存储分钟数据记录地址的指针链表数据结构。

```
Type
  PPminrec =^PMin;
  PMin = Record
  minrec:TPminrec;                     //当前分钟数据记录的地址
  next:PPminrec;                       //下一分钟数据记录的地址
End;
```

创建两个指针链表后,需要在年数据结构中增加两个指针记录,分别存储分钟、小时链表的头指针地址。年数据结构经过改进后,其内存影像可以用图4-37表示。从图中可以看出,可以通过三种途径实现对小时、分钟降水记录的访问,第一种在前面已作说明,另外两种是通过小时、分钟链表的头指针实现对小时和分钟记录的连续访问。

由图4-37可以看出,改进后的数据结构增加了两个头指针(建立在年数据结构内部),小时头指针将所有的小时数据记录串联起来,分钟头指针将所有的分钟数据记录串联起来,通过这两个指针链表可以方便地实现对分钟、小时数据记录的访问。但是,通过指针链表访问还存在一个问题,即无法确定链表中的小时记录属于哪一天,也无法确定分钟记录属于哪一小时,当然更不能确定该记录属于哪一月。要想解决这一问题,只有一种方案,即在小时

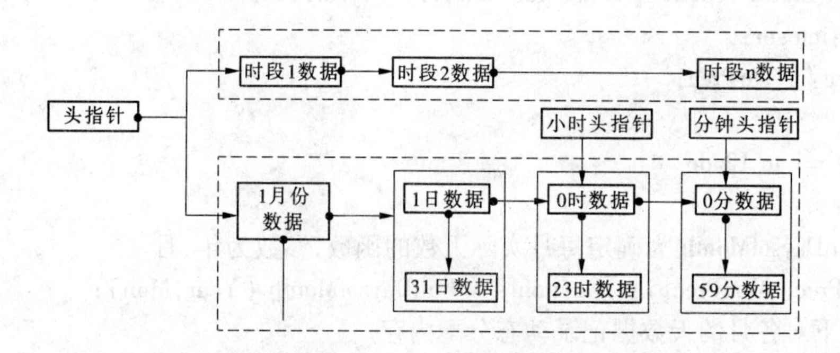

图 4-37　改进后的年降水量数据结构内存影像图

记录中增加月、日两个元素，在分钟记录中增加月、日、时三个元素。通过上述改进，就可以确定链表中的分钟、小时所属的具体时间。改进后的分钟、小时记录数据结构如下。

(8)分钟降水量数据结构。

```
Type
  TMinPrec = Record
  PMin:real;                          //分钟降水量
  Pw,Ps:string;                       //该分钟内的降水物、整编符号
  Timerec: Ttzytimerec;               //该记录确定分钟所属的具体时间
End;
```

(9)小时降水量数据结构。

小时降水量由该小时内 60 分钟的降水量记录组成，数据结构定义如下：

```
Type
  THourPrec = Record
  PHour:real;                         //小时降水量总量
  Pw,Ps:string;                       //该小时内的降水物、整编符号
  minPrec:Array[0..59] of TminPrec;   //该小时内 60 分钟的降水量记录
  Timerec:Ttzytimerec;                //该记录确定小时所属的具体时间
End;
```

降水资料整编程序涉及的关键数据结构主要是以上几个，限于篇幅，其他部分不再介绍。

4.4.3　程序设计及算法

数据结构直接决定程序算法的实现方式，根据以上数据结构定义，降水资料整编程序主要由以下 6 个过程组成：①年数据结构的创建；②小时及分钟数据记录地址的串联，即两个动态链表的创建；③原始时段降水量数据分配；④月日时降水量统计；⑤连续 n 分钟最大降水量统计；⑥连续 n 小时最大降水量统计。

4.4.3.1　年数据结构的创建

每年有 12 个月，这是固定的，但是有单双月之分，所以不同的月份天数不同，因此年数据结构是动态的，其在内存中占用的空间是随年月变化的。因此，年数据结构的创建需要年、月作为参数。

创建过程函数算法描述如下：

```
Function CreatPYearRec( Year, Mon: integer): TyearPrec;
Var i,j: integer;
YearPrec: TyearPrec;
begin
  for I: =1 to 12 do
  begin
  //FunDaysofMonth 为确定每月实际天数的函数,参数为年、月
  YearPrec. MonPrec[i]. Daynum: = FunDaysofMonth (Year, Mon);
  //以下对各月的天数据记录动态分配内存
  SetLength( YearPrec. MonPrec[i]. Dayrec, YearPrec. MonPrec[i]. Daynum);
  end;
End;
```

4.4.3.2 小时及分钟数据记录指针链表的创建

创建过程函数以年记录作为参数,并返回年记录,算法描述如下:

```
Function CreatHouMinLink( Y: TYearPrec): TyearPrec;
begin
  Y. PH_hrec: = New(PPhourec); phm: = Y. PH_hrec;     //创建小时记录头指针
  Y. PH_mrec: = New(PPminrec); pm: = Y. PH_mrec;      //创建分钟记录头指针
  for I: =1 to 12 do
  for J: =1 to Y. Monrec[i]. daynum do
  begin
  for h: =0 to 23 do                                   //对小时记录地址串联
  begin
    for m: =0 to 59 do                                 //对分钟记录地址串联
    begin
      Pm^. minrec: = Y. MonRec[i]. DayRec[j]. HourRec[h]. MinRec[m];
      Plast: = Pm;
      Pn: = New(PPminrec); Pm^. next: = Pn; Pn^. pre: = Pm; Pm: = Pn;
    end;
    Phm^. hourec: = Y. MonRec[i]. DayRec[j]. HourRec[h];
    Phlast: = Phm;
    Phn: = New(PPhourec); Phm^. next: = Phn;
    Phn^. pre: = Phm; Phm: = Phn;
  end;
 end;
 Plast: = nil; Phlast: = nil;                          //尾针地址处理
 Result: = Y;
 End;
```

4.4.3.3 原始时段降水量数据分配

将原始数据分配到年数据结构的每一分钟内。解决方案如下:首先计算降水时段(SegPRec[n])内每一分钟的降水量 Pmin,然后在分钟链表中将降水时段开始时间(SegPRec

[n]. Begintime)和结束时间(SegPRec[n]. Endtime)内的每一分钟数据记录中的降水量置Pmin即可。由于链表中的分钟记录与年数据结构中的分钟记录使用同一内存块,因此年数据结构中也有了降水量值。算法如下:

```
Procdure ProAllocateP;
  begin
    for I: =0 to yearPRec. Segnum - 1 do                    //降水时段循环
    begin
    Pmin: = ComputePmin(yearPRec. SegPRec[i]);              //计算时段的分钟降水量
    Proallocatemin(Bt,Et,Pmin, Y. PH_mrec);                 //对链表中同时段内的降水量
                                                              赋值
  end;
End;
```

4.4.3.4 月日时降水量统计

由于年数据结构中没有分钟,对月、日、时进行循环计算,即可得到小时、日、月、年的降水量,因为算法非常简单,这里不再进行描述。

4.4.3.5 连续 n 分钟最大降水量统计

由于建立了分钟指针链表,因此算法变得非常简单,描述如下:

```
Function fungetmaxpofnmin(n:integer;ph: PPminrec):real;
begin                       //n:找连续 n 分钟的降水量;ph:分钟链表头指针
  Pmax: =0;
  while PH < >nil do begin
    pt: = PH;               //从 pt 开始取连续 n 个记录之和
  Pval: =0;
  for i: =1 to n do begin
    if Pt < >nil then begin
    Pval: = Pval + Pt^. minrec. Pmin;
        Pt: = Pt^. next;
    end;
  end;
  if Pval > Pmax then Pmax: = Pval;
  PH: = PH^. next;
  end;
  Result: = Pmax;
End;
```

4.4.3.6 连续 n 小时最大降水量统计

连续 n 小时最大降水量统计算法与上相同,这里不再描述。

4.4.4 降水量数据处理函数程序结构图

(1)降水量数据读取函数程序结构图,见图 4-38。

(2)降水量数据处理主函数程序结构图,见图 4-39。

(3)降水量数据预处理函数程序结构图,见图 4-40。

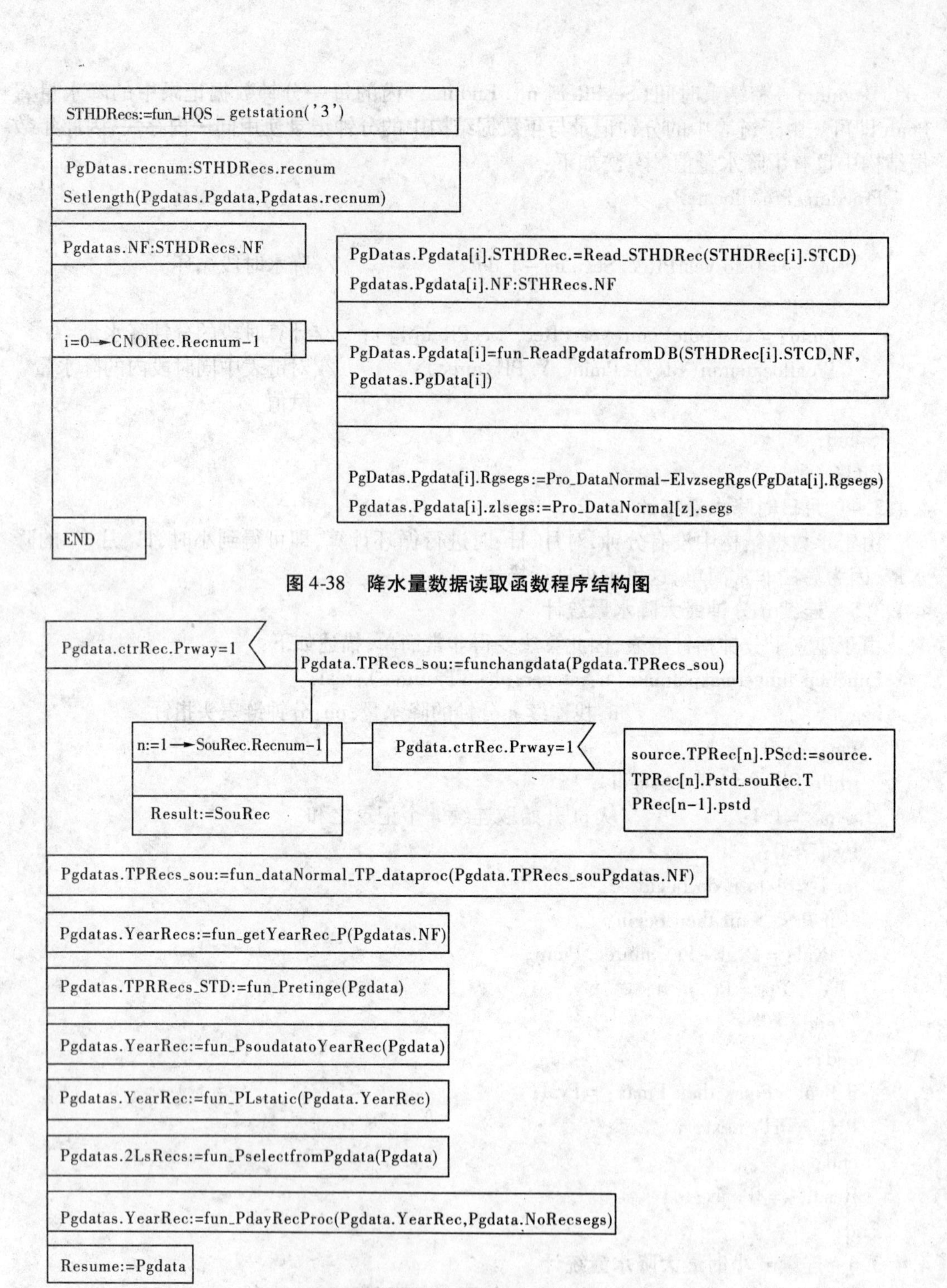

图 4-38　降水量数据读取函数程序结构图

图 4-39　降水量数据处理主函数程序结构图

(4)降水量数据正点处理函数程序结构图,见图 4-41。

(5)人工观测数据正点集合处理函数程序结构图,见图 4-42。

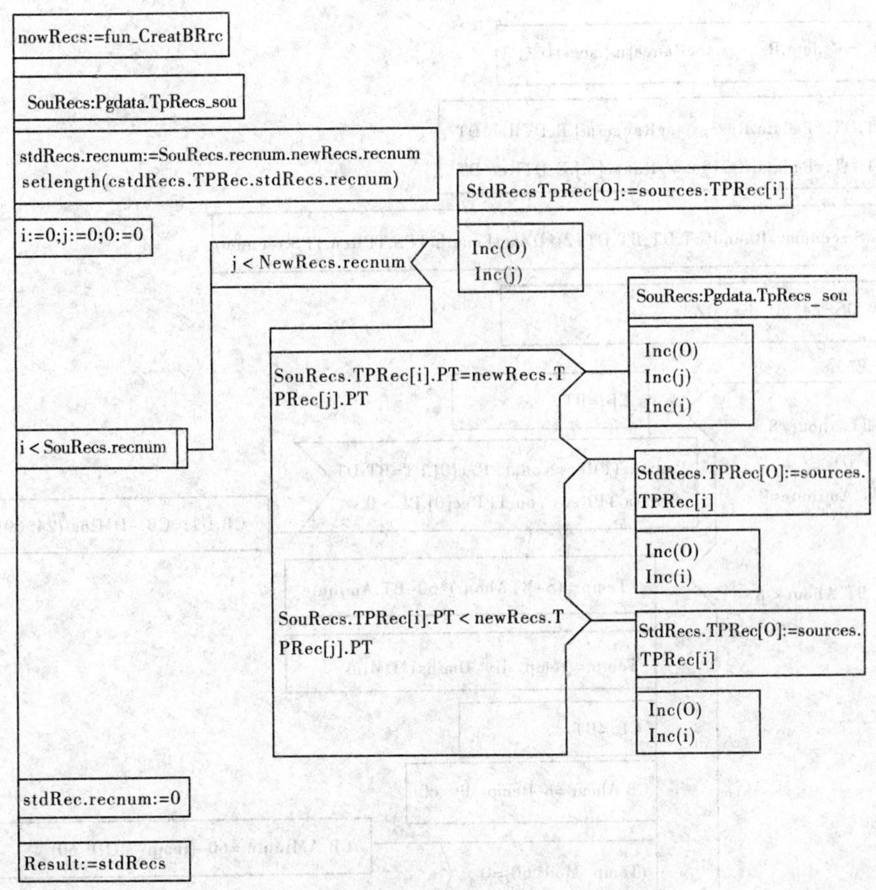

图 4-40 降水量数据预处理函数程序结构图

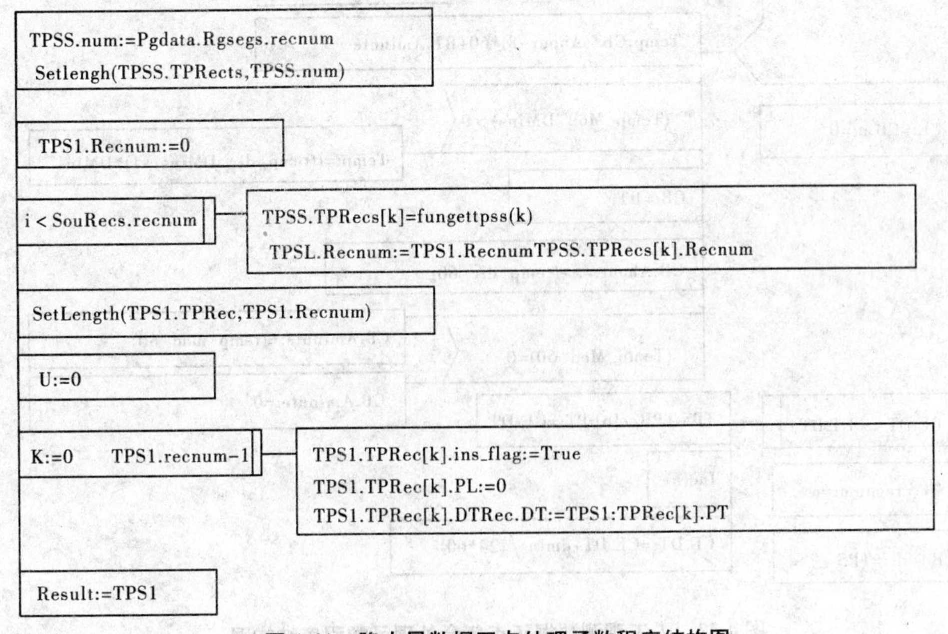

图 4-41 降水量数据正点处理函数程序结构图

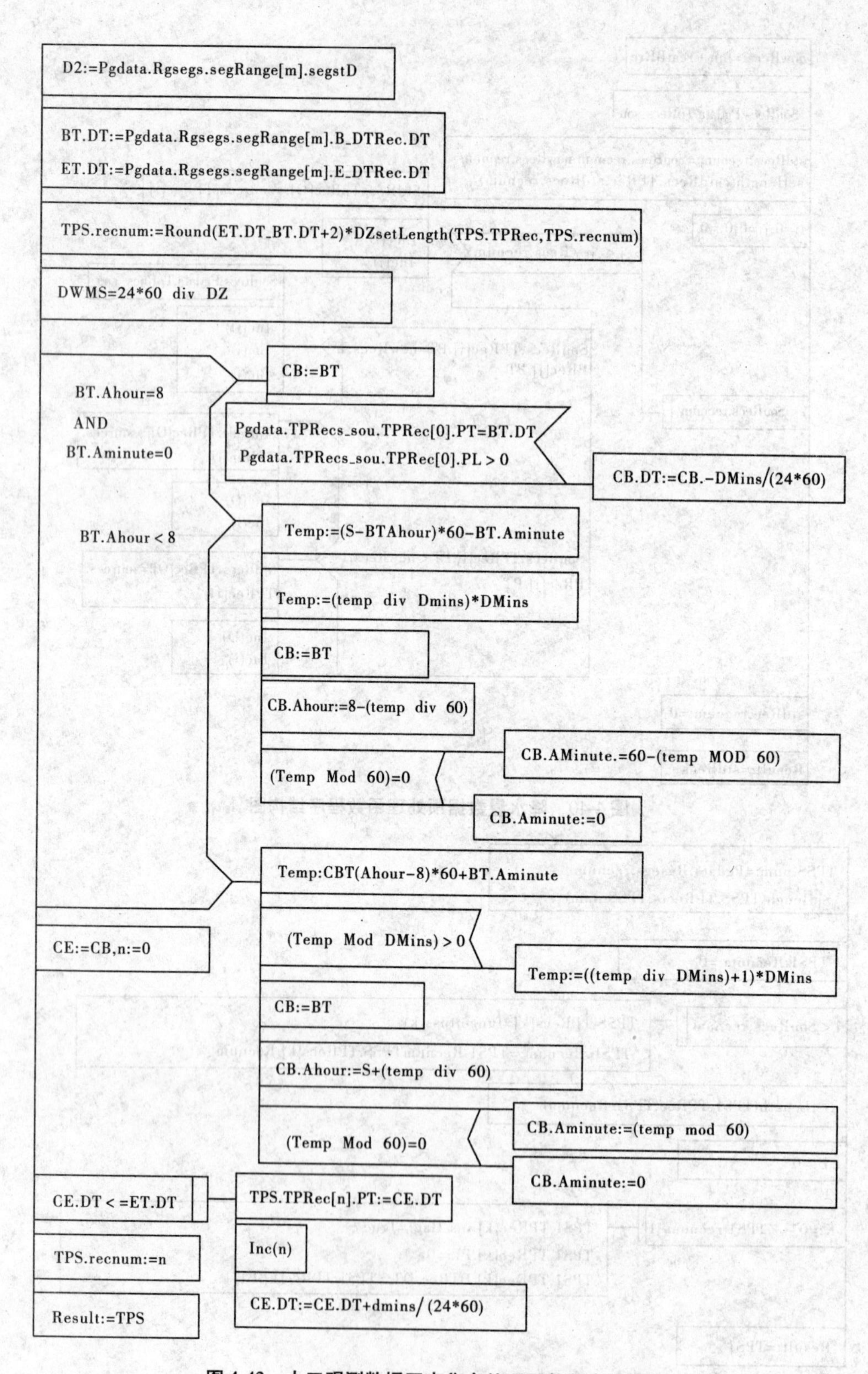

图 4-42 人工观测数据正点集合处理函数程序结构图

(6)降水量摘录处理函数程序结构图,见图4-43~图4-47。

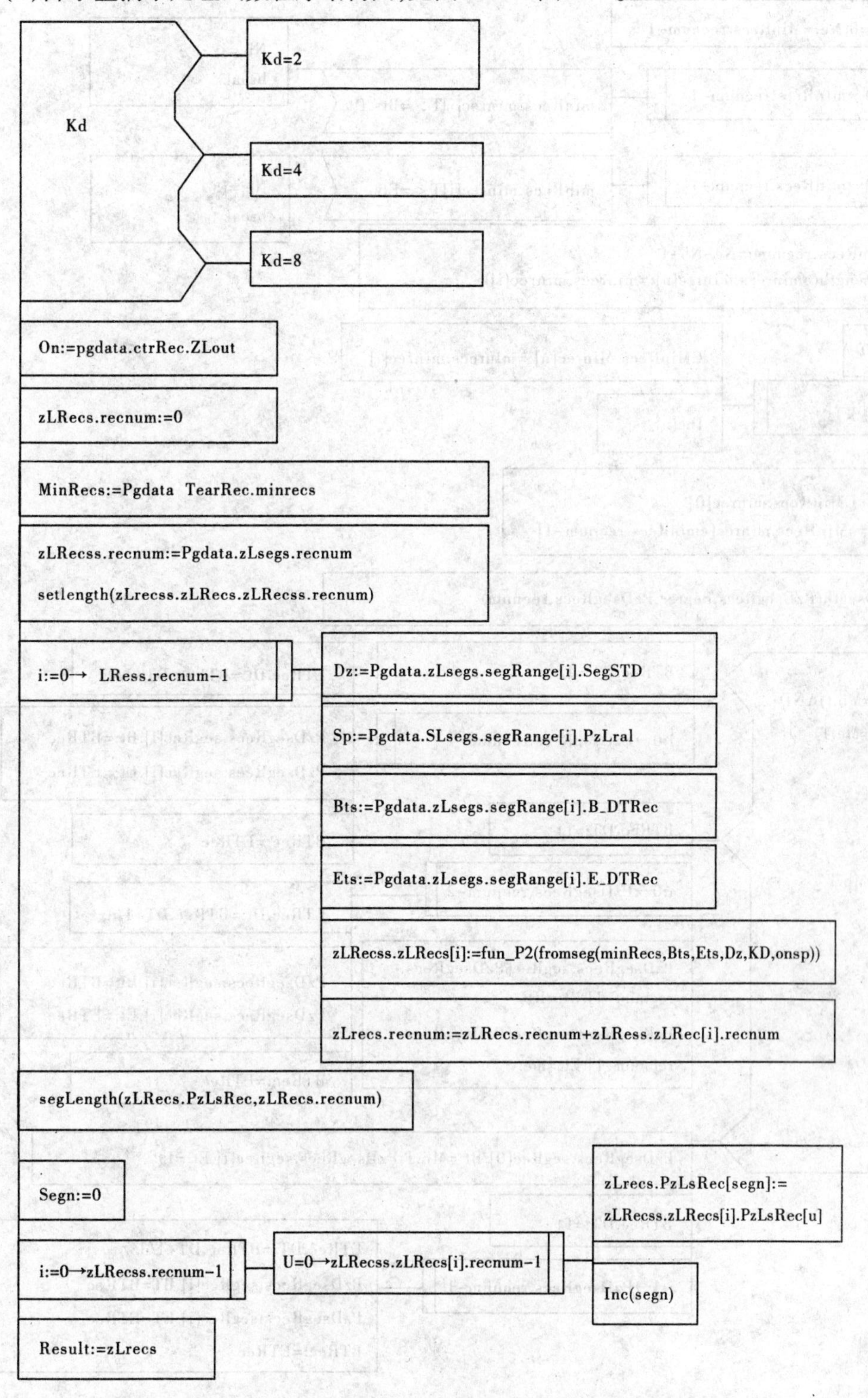

图4-43 降水量摘录处理函数程序结构图(1)

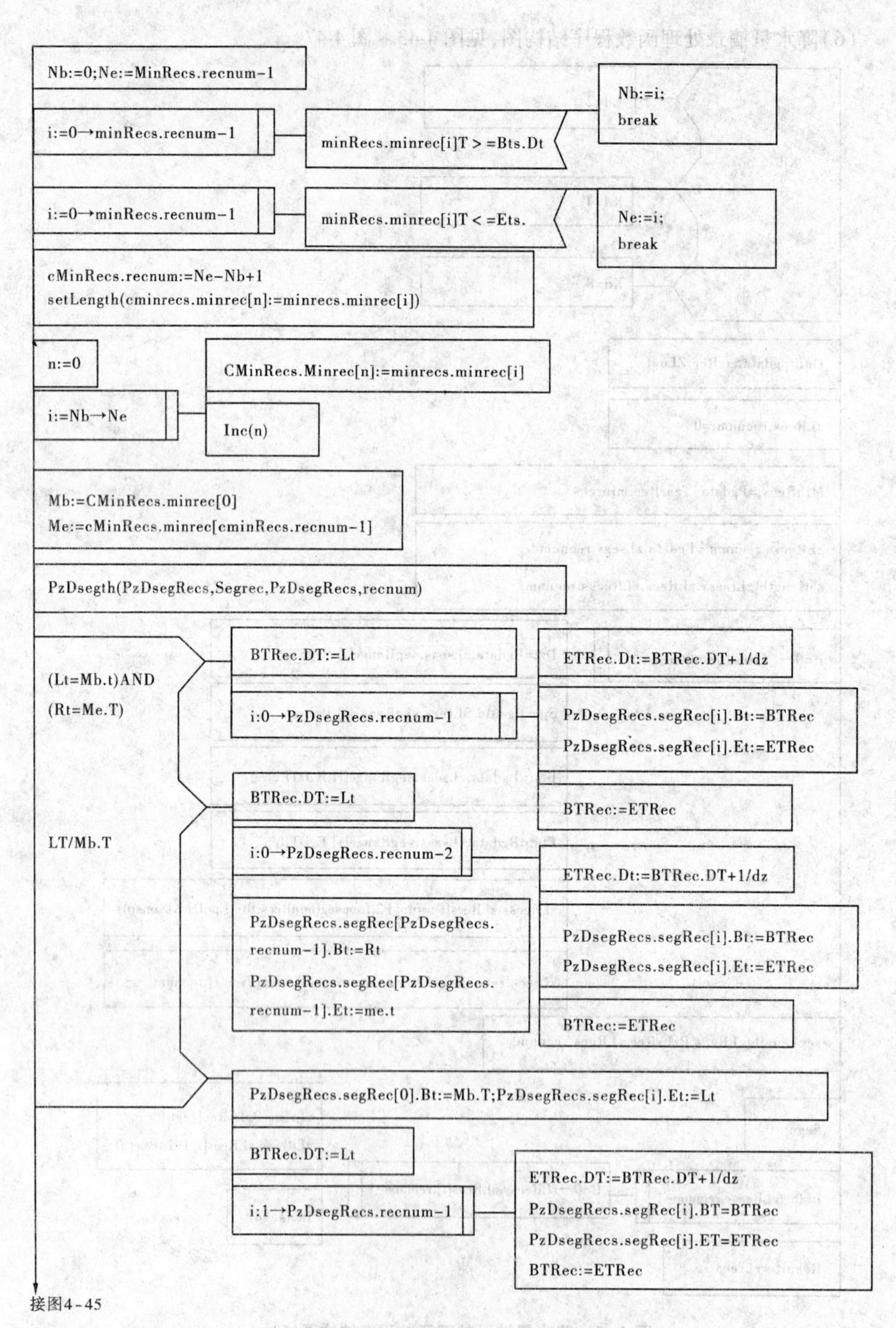

图4-44 降水量摘录处理函数程序结构图(2)

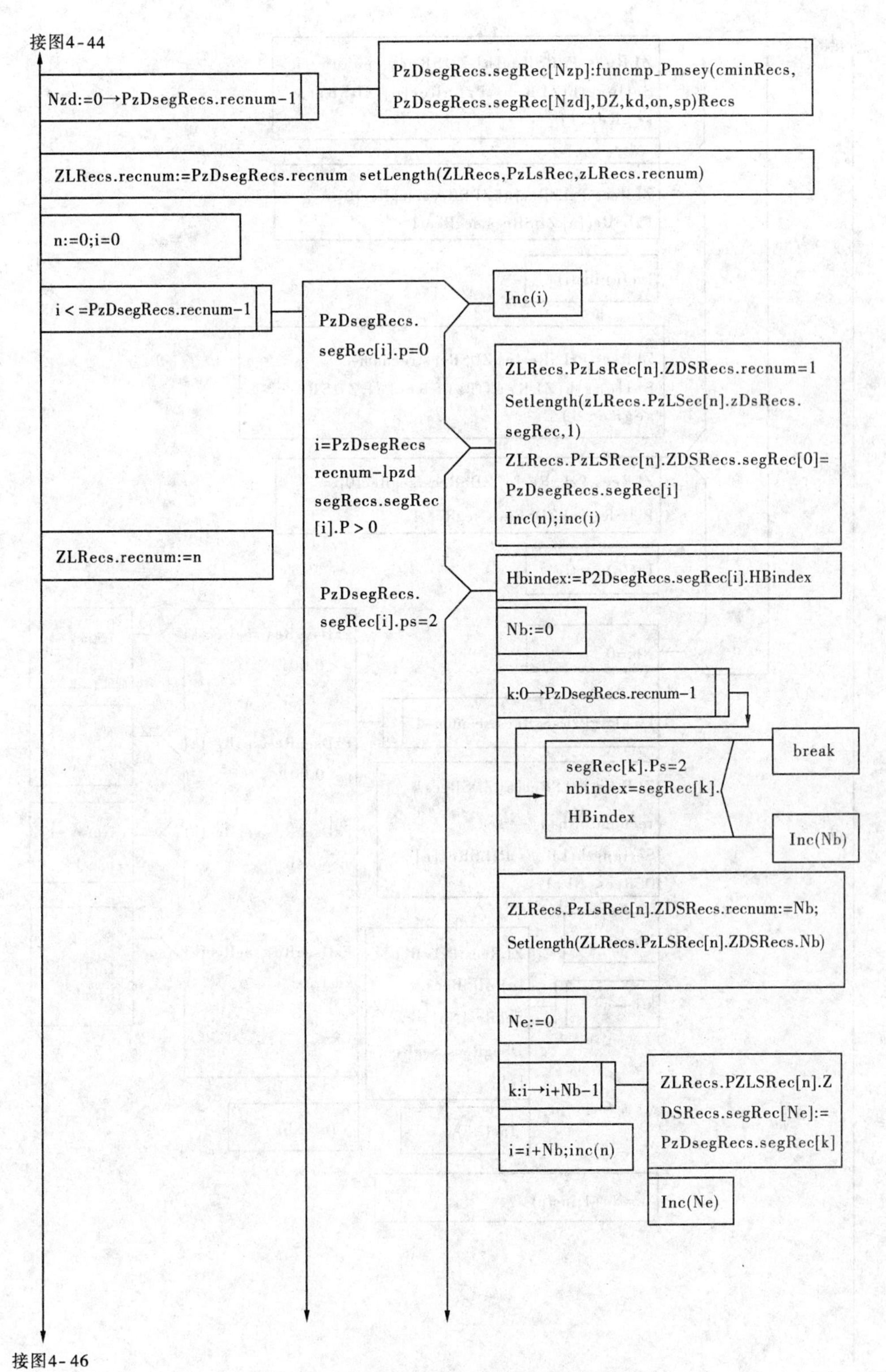

图 4-45 降水量摘录处理函数程序结构图(3)

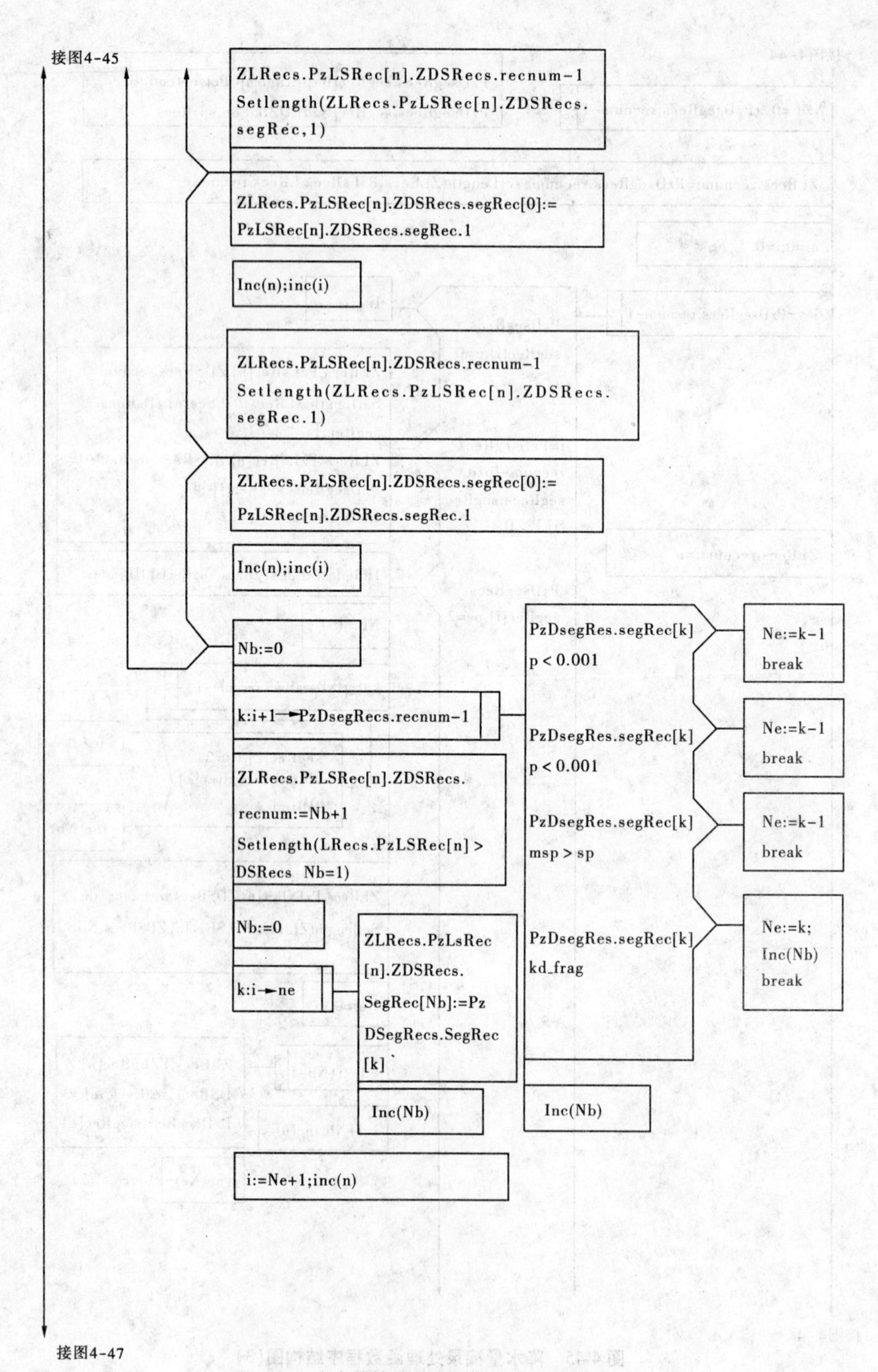

图4-46 降水量摘录处理函数程序结构图(4)

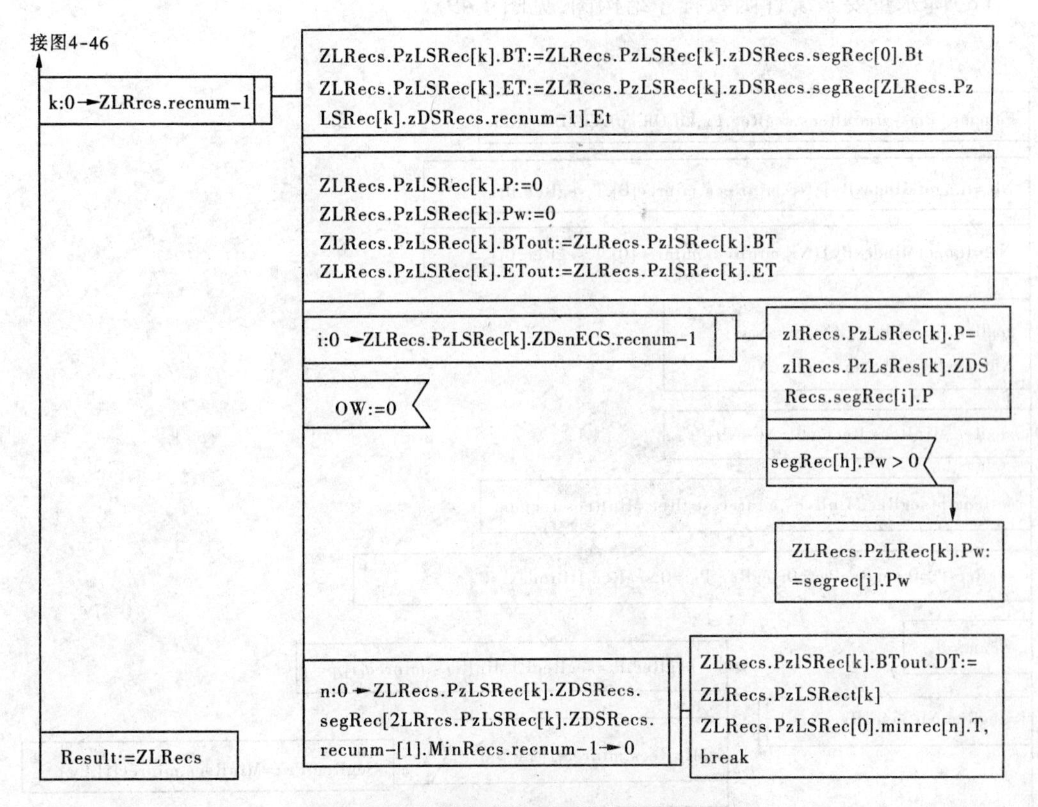

图 4-47　降水量摘录处理函数程序结构图(5)

(7)正点数量统计函数程序结构图，见图 4-48。

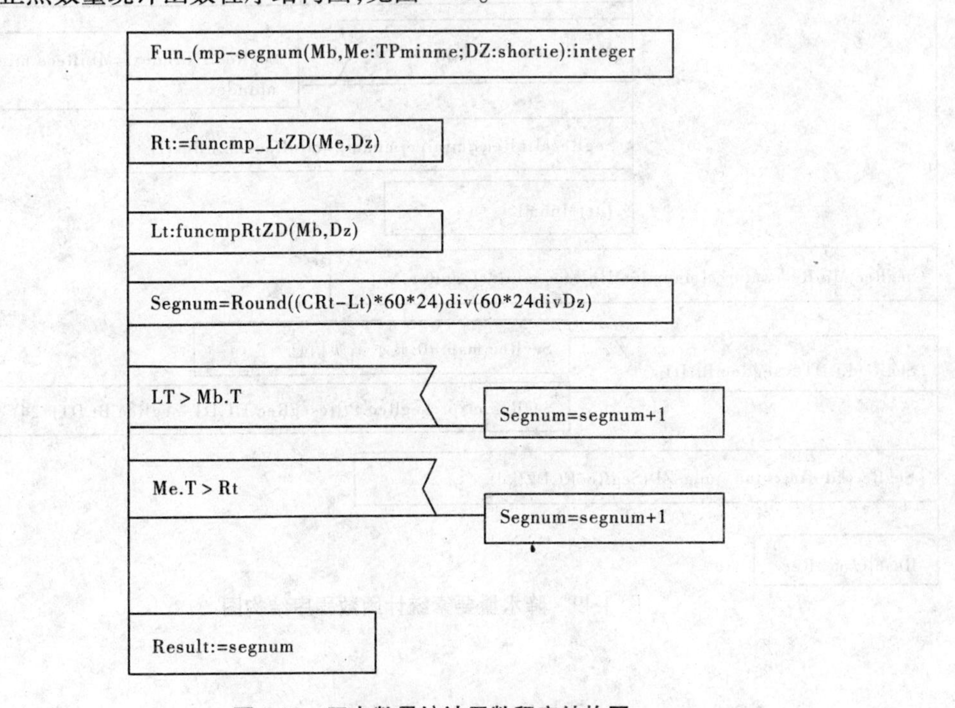

图 4-48　正点数量统计函数程序结构图

(8)降水量要素统计函数程序结构图,见图4-49。

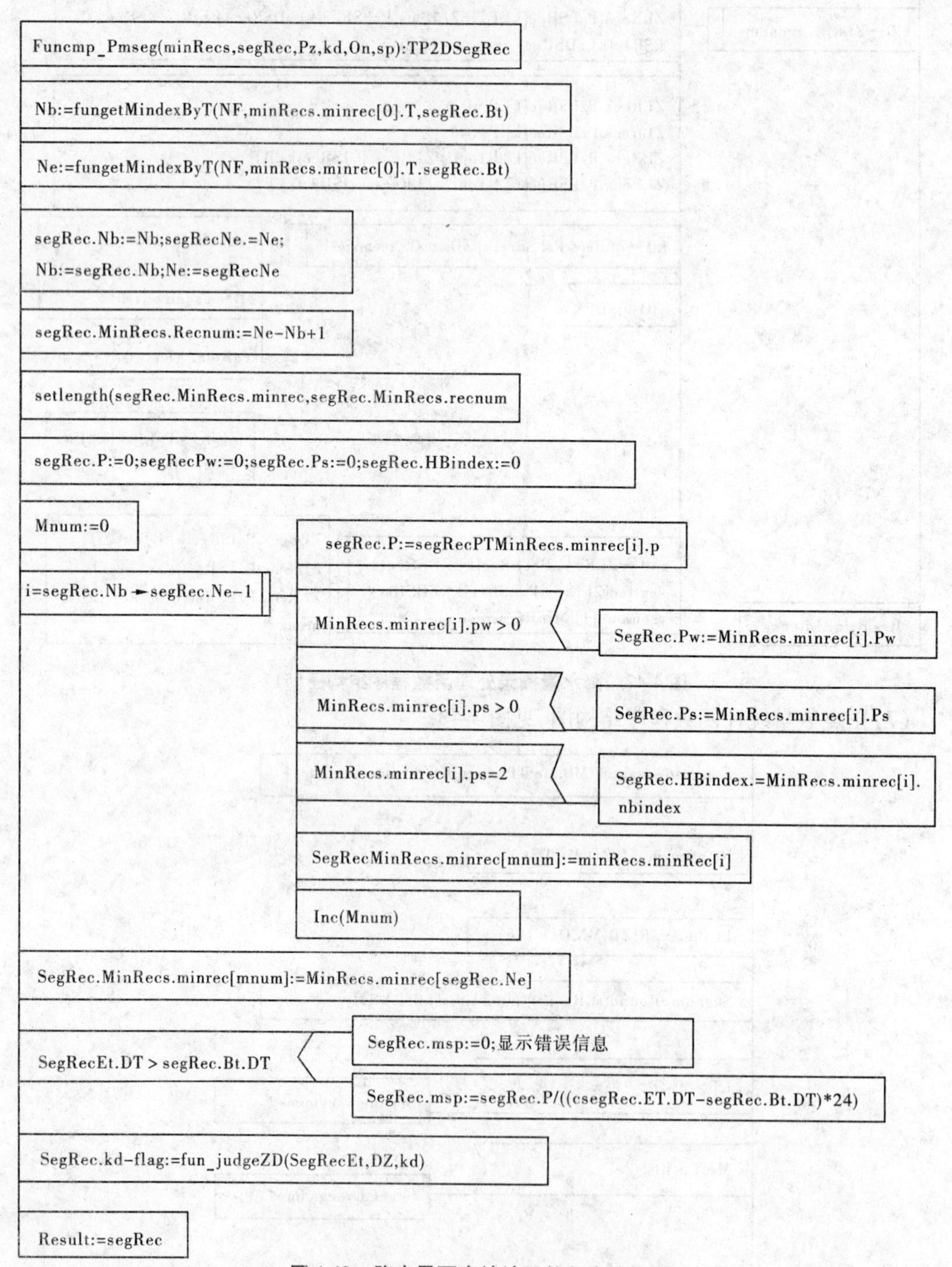

图4-49　降水量要素统计函数程序结构图

下　篇

第1章　系统安装及配置

本系统采用 SQL Server 数据库,版权为美国微软公司所有,SQL Server 需应用单位自行安装。整汇编软件的报表采用 Excel 制作,因此需要安装 Excel 到计算机中。

SQL Server、Excel 的安装请参照相关资料,这里不再进行说明。

1.1　整汇编系统软件的安装

首先安装 SQL Server,并正常运行;然后安装水文资料整汇编软件,整汇编系统已做成标准的程序安装包,运行 Setup. exe 文件,按照提示进行安装即可。

安装后,首要任务是用 SQL Server 管理水文整编数据库,有两种实现方法。

1.1.1　服务器配置程序

可以从本地计算机选择,也可以选择网络服务器。程序位置如图 1-1 所示,点击“运行”。

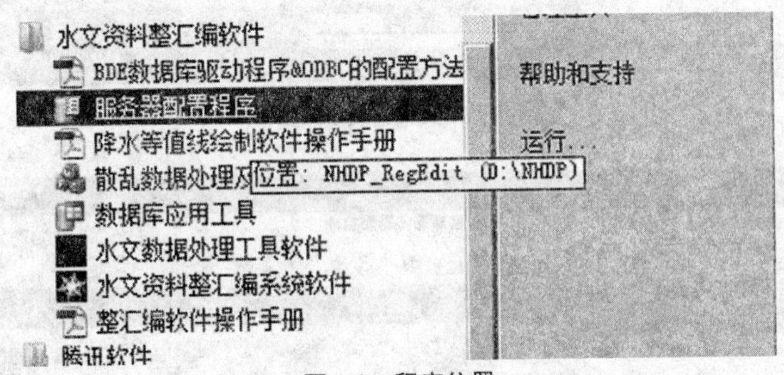

图 1-1　程序位置

服务器配置界面如图 1-2 所示。

本程序在初次安装时,可以按图 1-2 中左下角的按钮绑定数据库。也可以输入:应用单位名称、服务器的名称、服务器上的整编数据库的名称。如果数据库采用 SQL Server 认证,必须输入用户代码和密码,如果是系统认证,则可以不输入。

配置时,注意服务器的名字、数据库的名字与服务器的运行信息等要一致,它们之间的关系见图 1-3。SQL Server 服务器的启动方式见图 1-4。

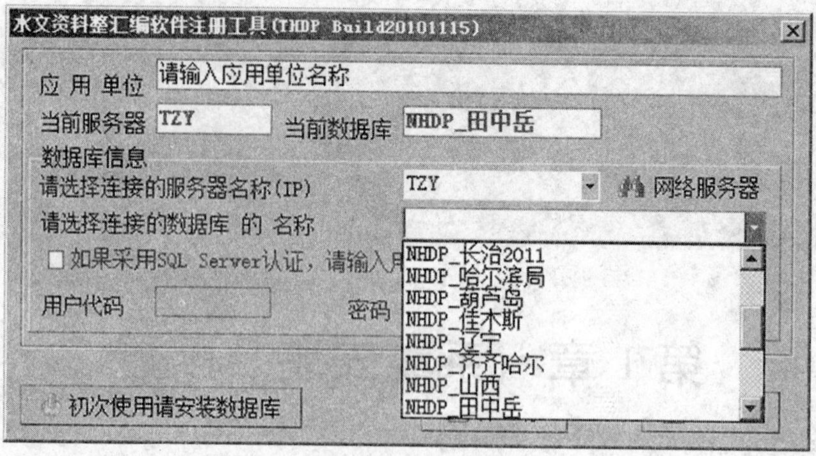

图 1-2　服务器配置

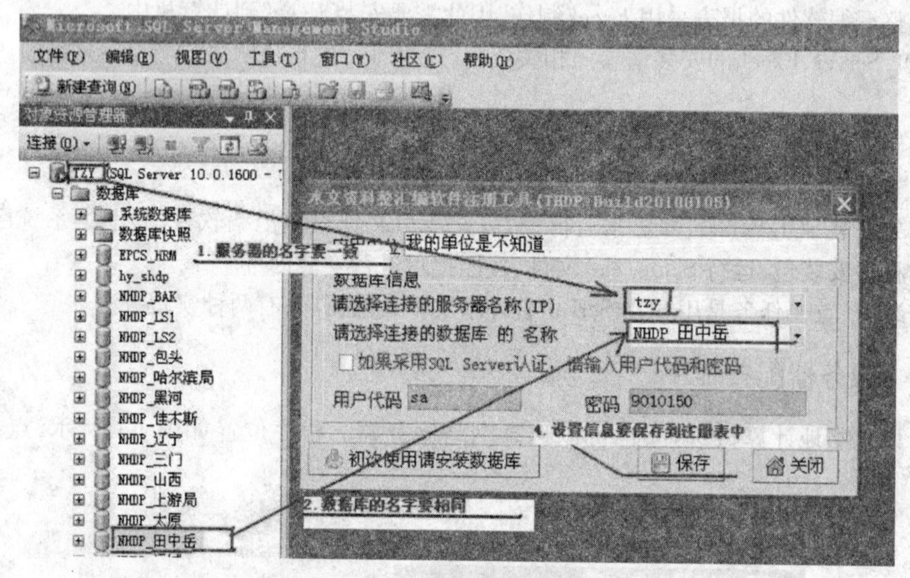

图 1-3　相关信息之间的关系

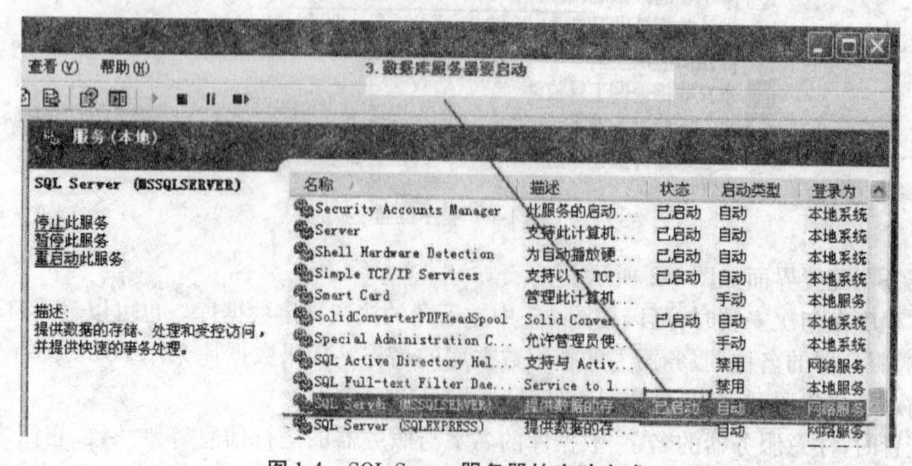

图 1-4　SQL Server 服务器的启动方式

1.1.2　SQL Server 的企业管理器

启动 SQL Server 的企业管理器，在数据库节点上按鼠标右键，进入“所有任务”，选择“附加数据库”菜单，如图 1-5 所示。

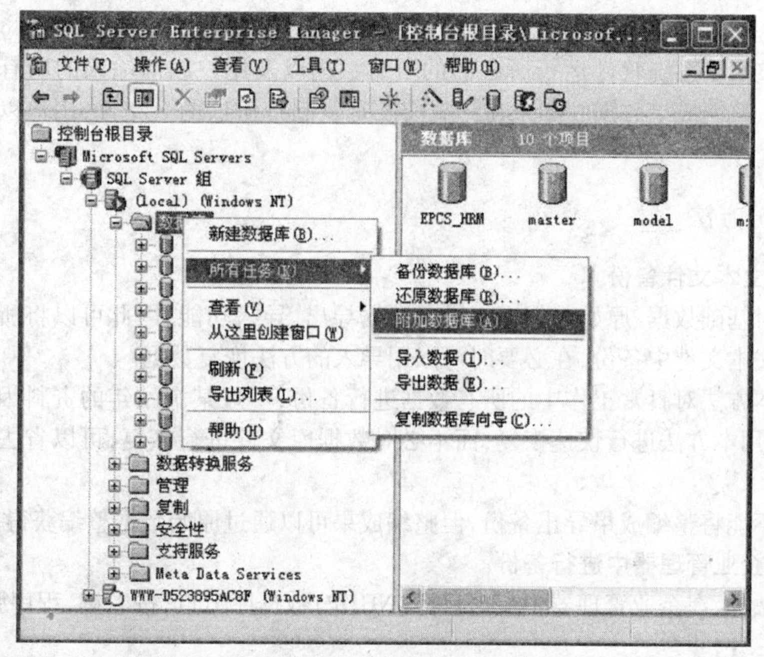

图 1-5　选择“附加数据库”菜单

选择“附加数据库”菜单后，程序会显示如图 1-6 所示的界面。

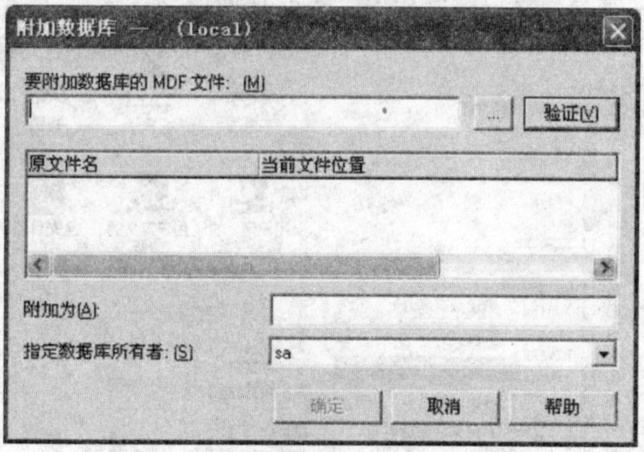

图 1-6　“附加数据库”对话框

在图 1-6 的窗体中点击“验证”按钮前的 ... 按钮，程序会弹出选择数据库会话窗口，选择安装目录下的数据库（NHDP_TZY），然后按“确定”按钮即可，程序安装结束。

操作系统的时间格式要求：

最好设置成 yyyy - mm - dd:hh - mm - ss；千万不要设置有汉字的时间格式，否则程序对时间解析时，可能产生错误，时间格式设置主要对小河站洪水特征值统计有影响。

1.2 整汇编系统软件的数据备份

在日常整编和系统卸载前,要千万注意:必须对数据库进行定期备份。数据库文件在安装目录的 DB 文件夹内,有两个文件:NHDP_TZY_Data. MDF 和 NHDP_TZY_Log. LDF;这两个文件包含整汇编系统软件运行所必需的所有数据以及用户以前输入的所有整编基础数据、原始数据、整编成果数据。如果在卸载前没有复制备份这两个文件,用户以前的一切劳动都白费了。

1.2.1 备份方法

1.2.1.1 用文本文件备份

本系统对基础数据、原始数据都提供了数据导出、导入功能,因此可以将所有可导出的资料导入到文本文件中备份,在必要时可以用导入的方法恢复数据。

建议用本方法对日常工作中的所有数据进行备份,一旦某个站年的资料因误操作而被删除,可以采用本方法进行快速恢复,而不必对数据库文件进行恢复,可以省去很多不必要的麻烦。

本方法不能将整编成果导出备份,但整编成果可以通过原始数据整编获得。

1.2.1.2 在企业管理器中进行备份

操作方法为,在企业管理器中点击目标(NHDP)数据库节点,按右键,程序弹出如图 1-7 所示的菜单。

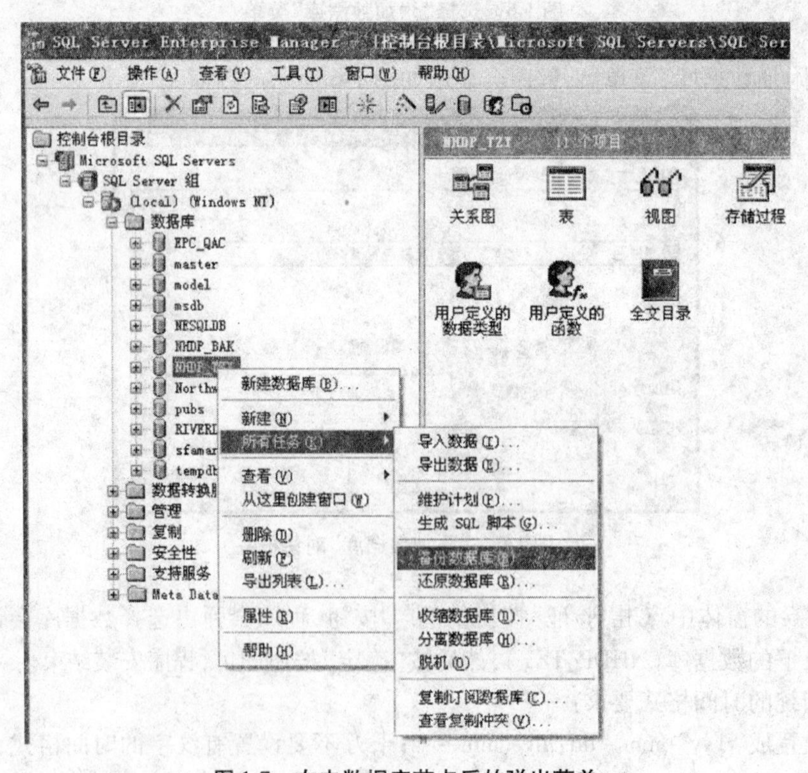

图 1-7 右击数据库节点后的弹出菜单

点击“备份数据库”，程序弹出如图1-8所示的界面。

在图1-8中点击“添加”，程序弹出如图1-9所示的界面。

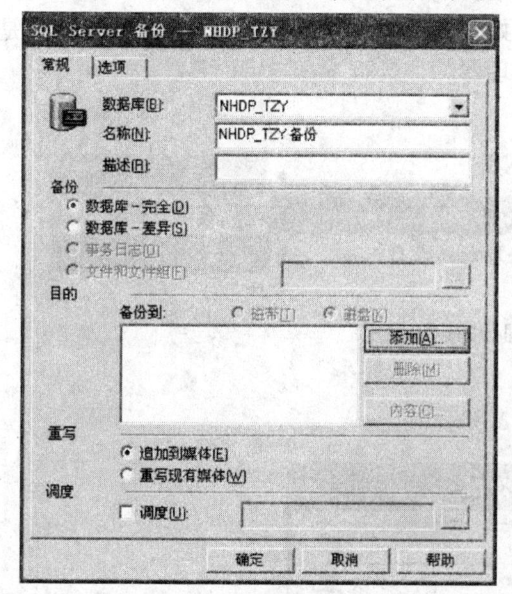

图1-8　点击“备份数据库”后的弹出界面

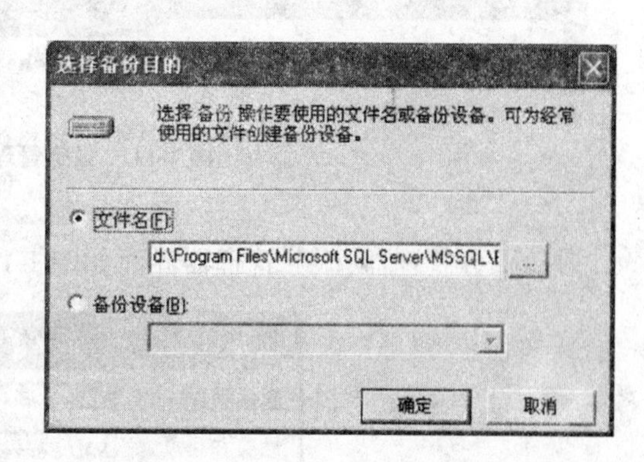

图1-9　点击“添加”后的弹出界面

在图1-9中点击“文件名”编辑框右侧的按钮，程序显示“备份设备位置”对话框，见图1-10。

图1-10　“备份设备位置”对话框

在图1-10中输入数据库备份数据存放的文件名，并指定文件存放在哪个文件下，然后按“确定”即可。将来数据库一旦出现问题，可以用“数据库恢复”功能进行恢复。

1.2.1.3　**用数据库文件进行备份**

本系统的数据库是以文件形式存在的,对数据库文件进行备份,首先要关闭 SQL Server 服务,在 SQL Server 服务运行状态,数据库文件始终被数据库管理系统锁定,数据库文件是无法复制的。因此,在备份前,应先关闭服务管理器。

服务管理器的启动位置见图 1-11。

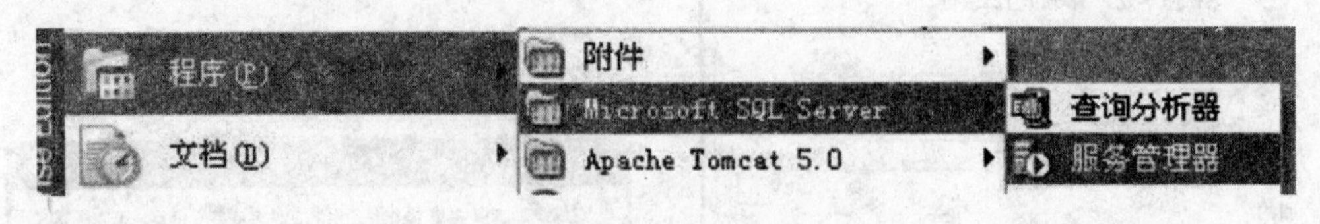

图 1-11　服务管理器的启动位置

启动服务管理器,服务管理器界面如图 1-12 所示。

图 1-12　服务管理器界面

按“停止”按钮,停止 SQL Server 服务,在安装程序的 DB 文件夹下,复制数据库文件,在安全的不易忘记的位置进行保存。如果数据库出现问题,可以用备份的数据库文件覆盖安装的数据库文件,在覆盖时也要停止 SQL Server 服务。

本方法复制的数据库文件包括整编系统所有的数据,包括原始数据、成果数据和系统运行的基础数据。建议采用本方法备份数据库。

1.2.2　收缩数据库

一般情况下,SQL Server 数据库的收缩并不能很大程度地减小数据库大小,其主要作用是收缩日志大小,应当定期进行此操作,以免数据库日志过大。

(1)设置数据库模式为简单模式。

打开 SQL Server 企业管理器,在控制台根目录中进行以下操作:

单击 Microsoft SQL Server→单击 SQL Server 组;

双击打开你的服务器→双击打开数据库目录→ 选择你的数据库名称(如论坛数据库 Forum);

点击右键选择属性;

选择选项→在故障还原的模式中选择“简单”,然后按“确定”保存 。

(2)在当前数据库上点击右键,看所有任务中的收缩数据库,一般里面的默认设置不用调整,直接点“确定”。

(3)收缩数据库完成后,建议将数据库属性重新设置为标准模式,操作方法参照(1)。日志在一些异常情况下往往是恢复数据库的重要依据。

1.3 整汇编系统软件的卸载

在确保数据库文件备份后,进行系统卸载。注意整汇编软件和 SQL Server 是相对独立的两个系统,卸载整汇编软件时不要卸载 SQL Server。

卸载前,首先关闭服务管理器,操作方法见上文,否则数据库文件卸载不掉。

卸载有两种途径:一是通过控制面板中的“添加删除程序”;二是在安装文件夹下运行 unins000. exe 文件。

卸载后的注意事项:由于卸载是在服务管理器关闭的条件下进行的,数据库管理系统并不清楚数据库文件是怎么丢失的,因此服务管理器启动后,数据库管理系统会自动查找你已卸载的数据库文件,由于找不到该文件,数据库管理系统会在你卸载掉的文件后加上置疑标志。在这种情况下,你如果重装系统是不可能成功的,见图 1-13。

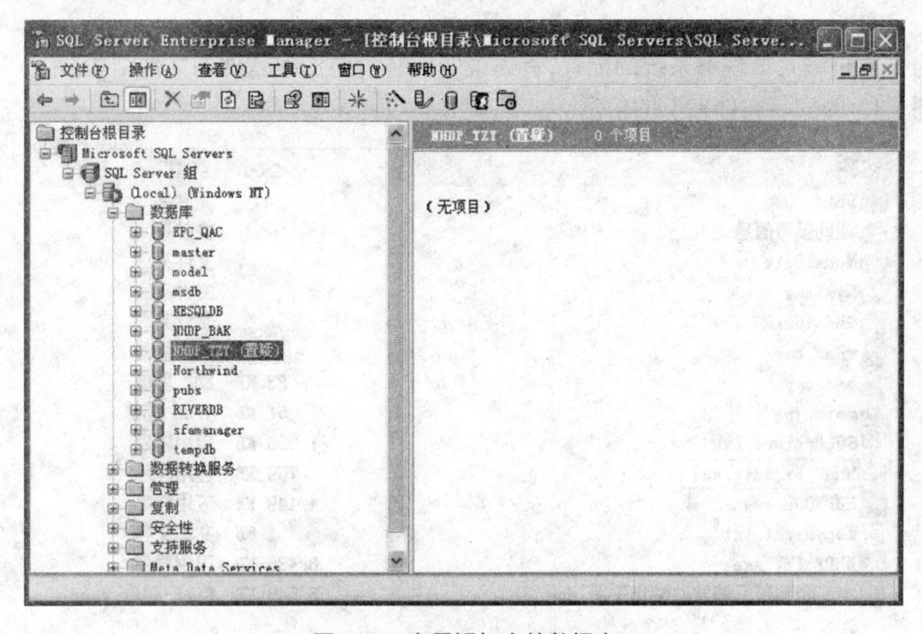

图 1-13　有置疑标志的数据库

因此,在重装系统前,先将有置疑标志的数据库删掉,见图 1-14。

注意:系统卸载后,如果再次进行安装,由于安装程序本身自带数据库,因此安装后,你需要将存放整编数据的备份数据库覆盖掉安装的数据库。覆盖前要首先关闭服务管理器。

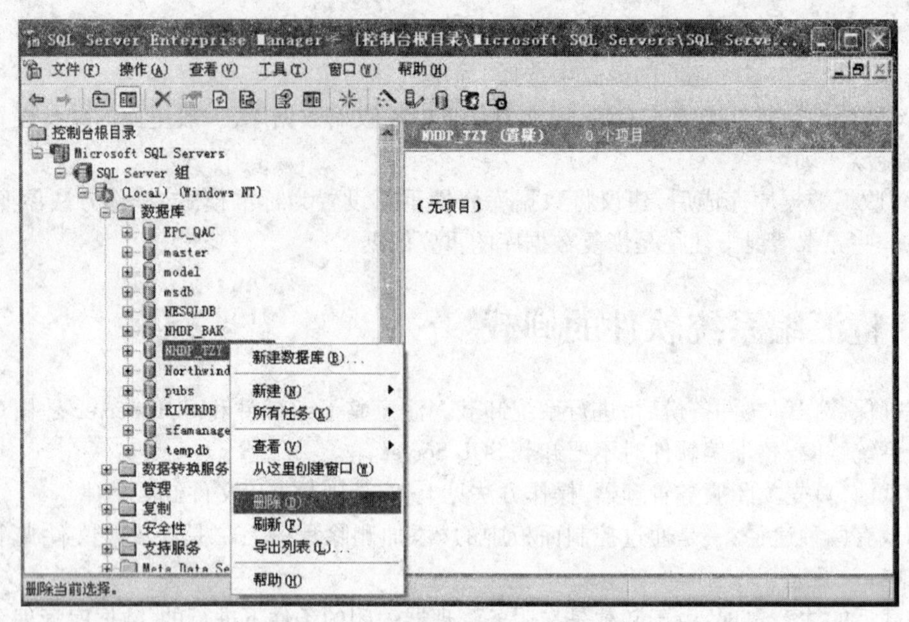

图 1-14 删除有置疑标志的数据库

1.4 整汇编系统软件的文件结构

为方便整编人员理解系统的配置，首先说明安装后整汇编软件的文件结构。图 1-15 为安装文件夹下的信息。

名称	大小	类型
DB		文件夹
辅助参考信息		文件夹
ModelData		文件夹
System		文件夹
GhostGrid		文件夹
cBar.bmp	7 KB	BMP 图像
bar.bmp	23 KB	BMP 图像
main.jpg	51 KB	JPEG 图像
SQLExplore.exe	1,058 KB	应用程序
NHDP_RegEdit.exe	759 KB	应用程序
HDPTOOL.exe	4,149 KB	应用程序
CopyRight.txt	1 KB	文本文档
NHDP_TZY.exe	8,436 KB	应用程序
水文资料整汇编软件操作手册.doc	55,548 KB	Microsoft Word ...

图 1-15 安装文件夹下的信息

(1)DB 文件夹存放整汇编程序需要的数据库文件(NHDP_TZY_Data.MDF，NHDP_TZY_Log.LDF)，在 SQL Server 的企业管理器中采用附加数据库操作，选择该数据库即完成数据库的安装；

(2)ModelData 文件夹存放成果表的 Excel 模板，本系统的成果表都是采用 Excel 制作的，为提高效率，预先定制了模板；

(3) System 文件夹存放表格模板，由于本系统的综合制表、颗分等部分的表格录入界面非常多，不可能全部编译到程序中，因此系统采用了模型的形式，将表格预先做好，使用时动态调用，模型后缀名为 gid；

(4) bar. bmp 是系统启动界面上的进度条，cBar. bmp 是程序工具栏界面的背景界面，main. jpg 是程序的背景界面，以上三个文件都是可配置的，软件使用人员可以根据自己的爱好选择其他图片文件替换程序自带的文件，但必须保证文件名的一致性，否则程序将找不到文件；

(5) NHDP_RegEdit. exe 是服务器配置程序，系统将服务器的配置信息保存到注册表中，以避免每次启动程序时配置服务器；

(6) NHDP_TZY. exe 是系统主程序，即整汇编程序；

(7) unins000. exe 是卸载程序（图 1-15 中未显示）；

(8) GhostGrid 文件夹下是网格数据处理程序。

第2章　系统设置

系统设置包括服务器配置、工作目录管理、系统参数配置、常用信息设置及固态存储器格式设置等，如图2-1所示；服务器配置功能已作为单独的程序实现，不再说明。

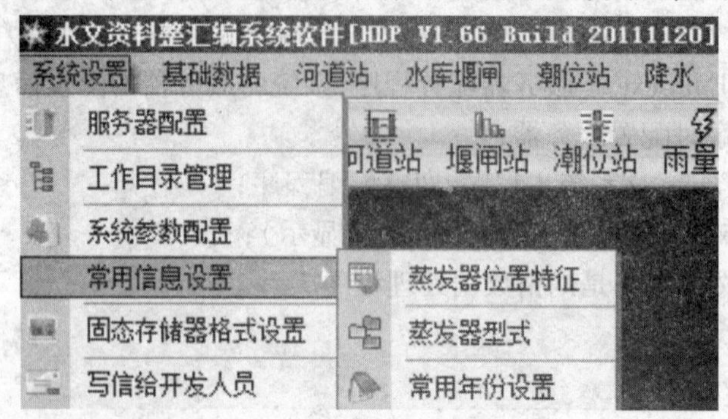

图2-1　系统设置菜单

2.1　工作目录管理

设置资料导入、导出的系统默认路径。系统提供两种路径管理方式：一是按文件大类进行管理，二是按成果表进行管理。

2.1.1　按文件大类进行管理

文件路径设置界面见图2-2。

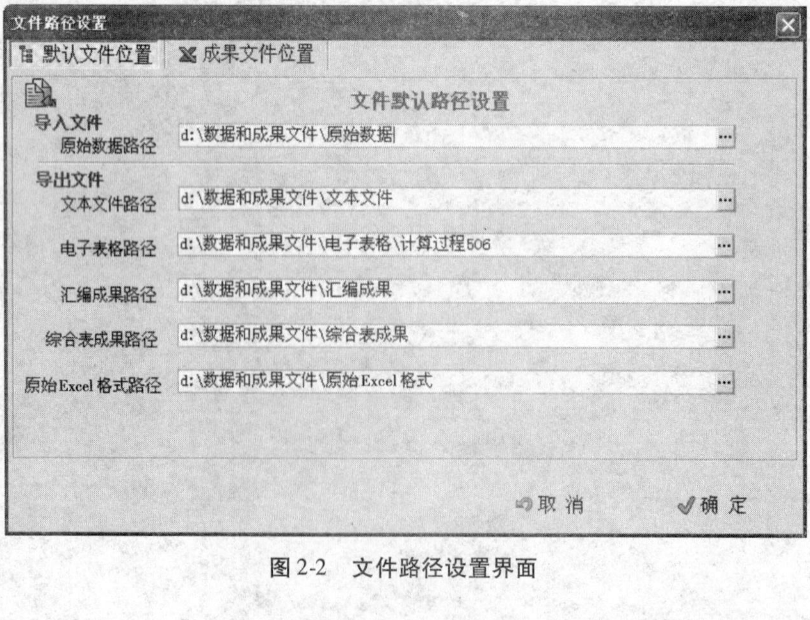

图2-2　文件路径设置界面

2.1.1.1 原始数据路径

系统提供资料导入功能，即将文本格式的资料导入到数据库中，进行数据处理。在进行资料导入时，程序会弹出一个打开文件对话窗体，对话窗体的初始文件路径即是这里设置的默认路径。该功能的作用主要是简化整编人员选择文件路径的操作。

2.1.1.2 文本文件路径

系统提供文件导出功能，系统运行时使用数据库资料，但是数据库中的资料可以以文本格式导出，导出的文本文件可以导入到其他计算机的数据库中，供其他计算机的整编程序使用。因此，导出的文本文件有两项功能：一是可以作为数据库的备份，即当数据库资料出现问题时，可以导入备份文件进行恢复；二是可以在不同计算机间进行资料交换。这里设置的导出路径即是导出文件存放的位置。

注意：路径可以手工输入，也可以选择获得，路径的盘符必须在硬盘上存在，否则在保存文件时会出现错误。

2.1.1.3 电子表格路径

整编程序对水文资料进行计算处理后，生成的成果有两种去向：一是将整编成果保存到数据库中，二是以 Excel 成果表的形式输出整编成果。这里设置的路径即是整编成果存放的位置。

2.1.1.4 汇编成果路径

目前整编程序输出的成果不能用于直接刊印（即输出水文年鉴），根据有关单位和部门要求，整编程序需要输出符合特定要求的刊印格式文件，该文件由其他程序读取，然后转换成水文年鉴格式文件。这里设置的路径即是水文年鉴原始文件存放的位置。

2.1.1.5 综合表成果路径

水文资料处理后，会产生一些不属于某个测站的成果表，如降水量对照表由多个测站组成，这类文件不能再按站码、站名存放。

2.1.1.6 原始 Excel 格式路径

系统提供将原始整编数据导入到 Excel 的功能，以便校对。在 DOS 时代，有加工表，文本格式；本系统虽然提供原始数据的文本格式文件，但不是供校对用的，而是供系统之间数据传递和数据备份用的，程序导出的 Excel 格式文件，对数据进行了分类，更加明晰，使用方便。

操作方法：在路径编辑栏的右侧有一个按钮[…]，用鼠标点击该按钮，程序会弹出一个对话窗体（见图 2-3），整编人员可以通过该窗体确定默认路径。

默认路径设置完毕后，按[确 定]保存设置信息，按[取 消]则取消操作。

注意：文件路径后面不要有斜杠。程序在读取数据库中的路径后，会自动加上斜杠，因此路径的后面不要再加上斜杠。举例如下：

输入设置的路径为 E:\tzy，正确，因为程序会将其转变为 E:\tzy\；

输入设置的路径为 E:\tzy\，错误，因为程序会将其转变为 E:\tzy\\（为不合法的路径串）。

2.1.2 按成果表进行管理

允许用户按照单位管理要求配置成果文件的存放地点。例如：要把所有测站的同年度

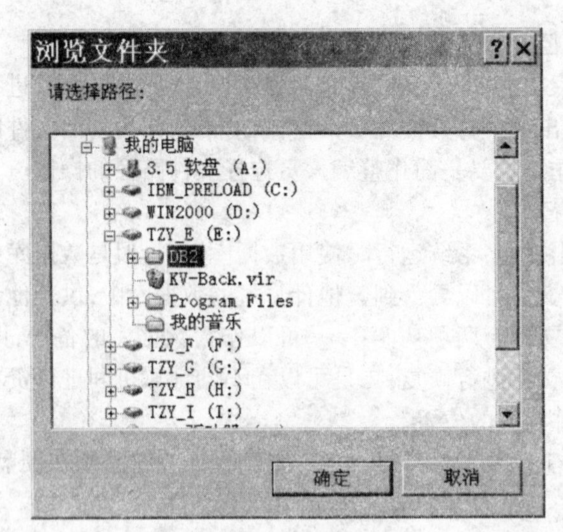

图 2-3　路径设置

降水日表放在同一文件夹下,就可以单独对降水日表的存放位置进行配置,如果输入了存放路径,则程序自动将各站的降水日表存放在该位置,如果不配置,则仍按默认位置处理。操作步骤如下:

(1)位置:在系统设置页;

(2)显示:PATH=[文件位置路径]+'\'+CHK[年份]+'\'+CHK[站码．站名]。

● 进入文件路径设置界面,见图 2-4。

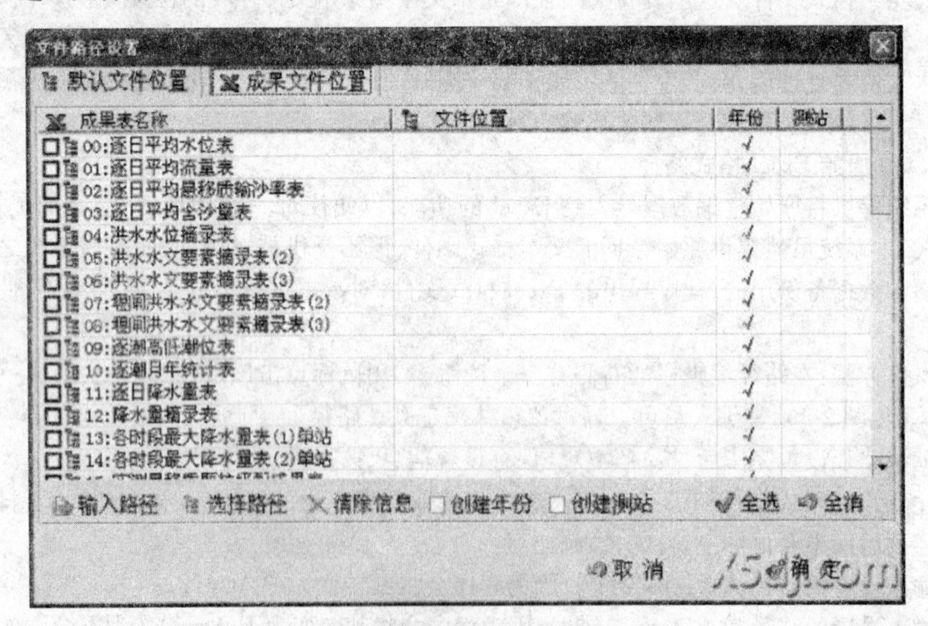

图 2-4　成果文件位置

(1)清除信息:将当前选择的成果文件的位置信息清除,即采用默认信息管理;

(2)全消:将当前选择的所有成果文件更改为不选择,因为在对文件位置设置时,可能对多个文件打钩，切换时不方便；

(3)全选：是对全消功能的反操作。

● 文件路径设置有两种方法，即输入文件路径和选择文件路径，见图 2-5 和图 2-6。

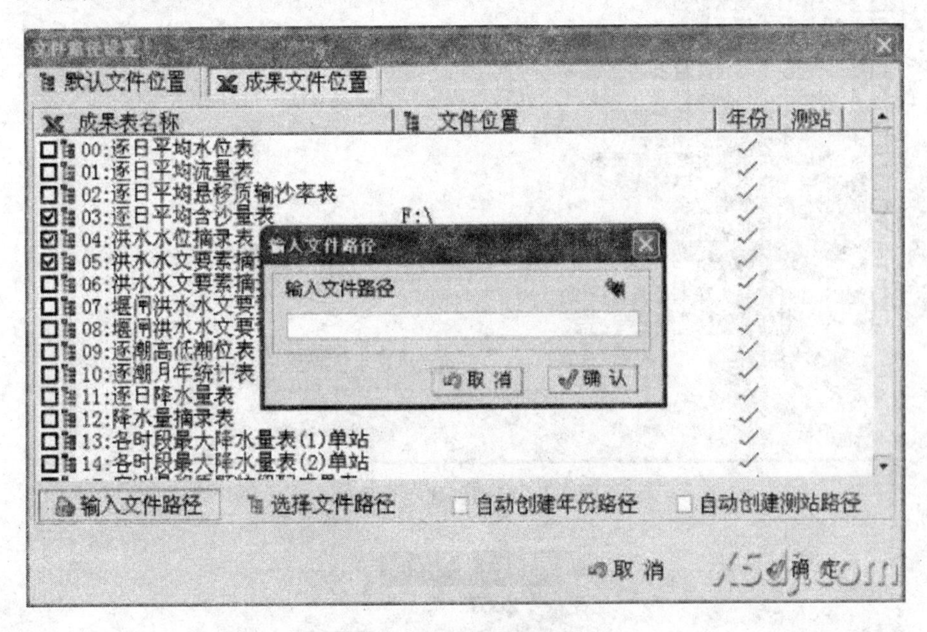

图 2-5　输入文件路径

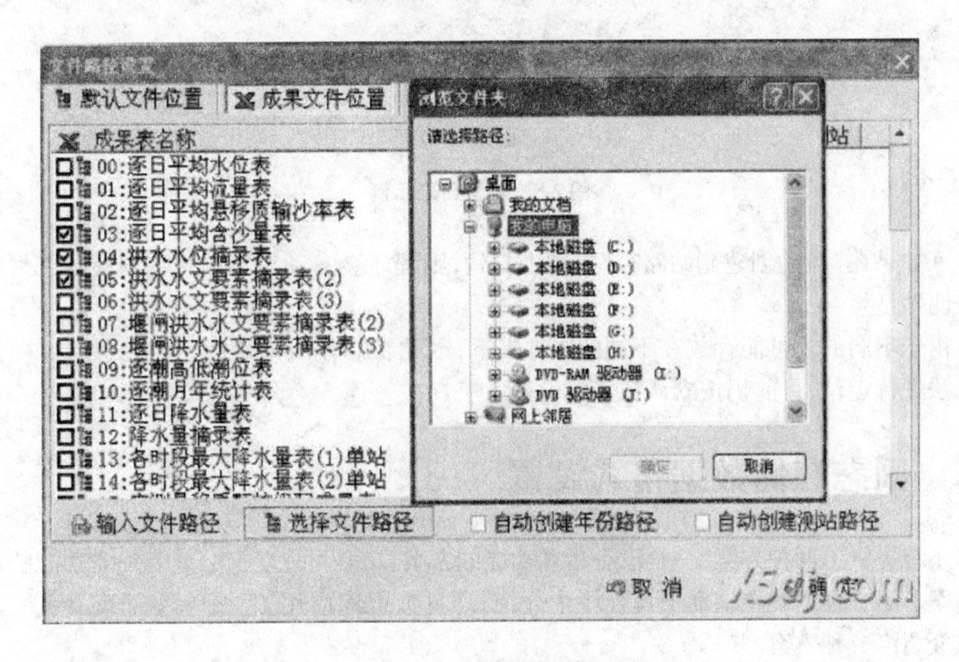

图 2-6　选择文件路径

● 如果在“自动创建年份路径”选项上打钩，则程序会自动对当前打钩的成果文件创建年份目录，见图 2-7 和图 2-8。

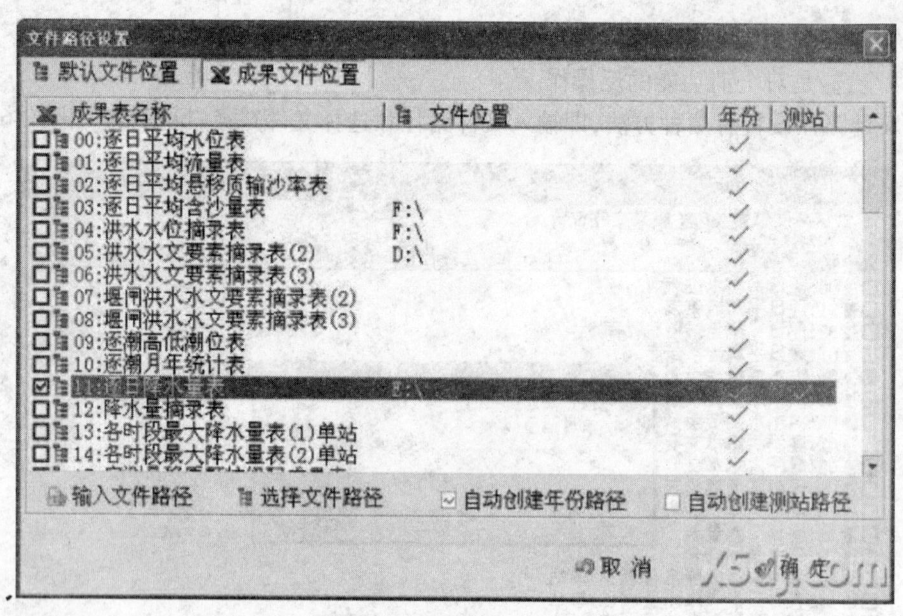

图 2-7　自动创建年份路径

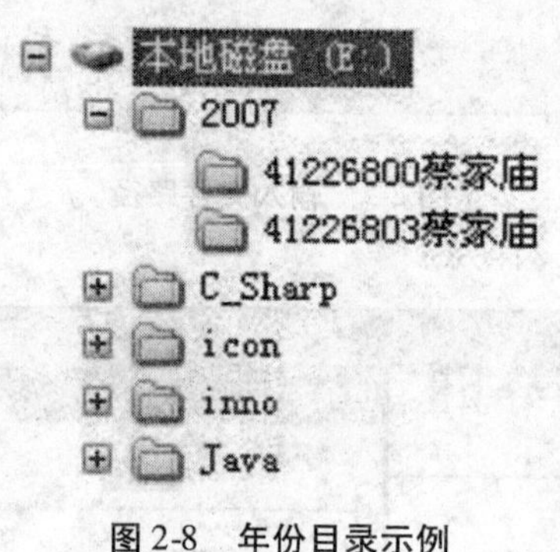

图 2-8　年份目录示例

• 如果在“自动创建测站路径”选项上打钩，则程序会自动对当前打钩的成果文件创建次级测站目录。

由于不同的表可能存放在不同的文件夹下，因此在制作成果表后，查看成果文件时，程序无法进行定位，目前仍按默认位置定位。

2.2　固态存储数据格式设置

系统提供了两种方案，一是没有运算功能的方案，二是可以定义公式有运算功能的可配置方案。第二种方案在辅助工具程序中介绍，详见数据库应用工具软件（见第 15 章）。这里只介绍第一种方案。

本方案只适用于文本格式、固定位宽的数据。对于用二进制存储或用分割符进行分割的数据无效。

程序界面如图 2-9 所示。

固态存储器格式设置
浏 览
新 增
修 改
删 除
关 闭
水位计
swd
swj2
雨量计
潮位计
编码
仪器名称
时间宽度
行记录数量
数据宽度
01 swd 11 6 7
01 swj2 2 2 2

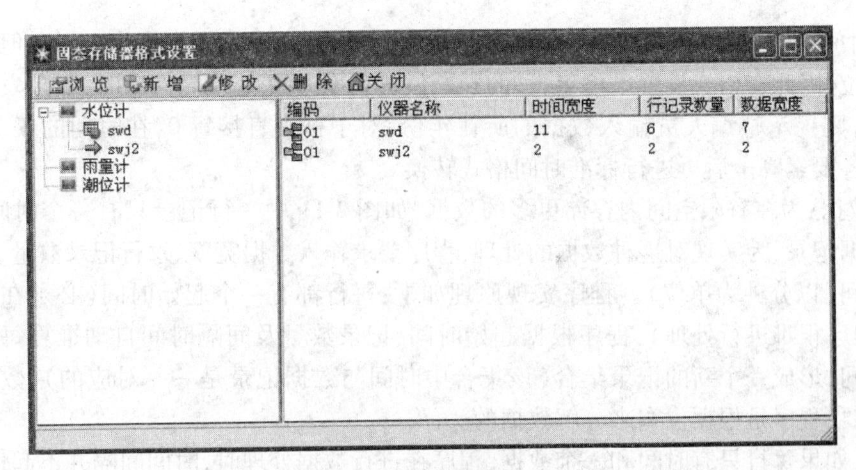

图 2-9　程序界面

本程序提供水位计、雨量计、潮位计的格式设置，功能如下：

● 浏览：当用鼠标选择了格式节点（第 2 级）时，程序会弹出格式的详细信息，界面如图 2-10所示。

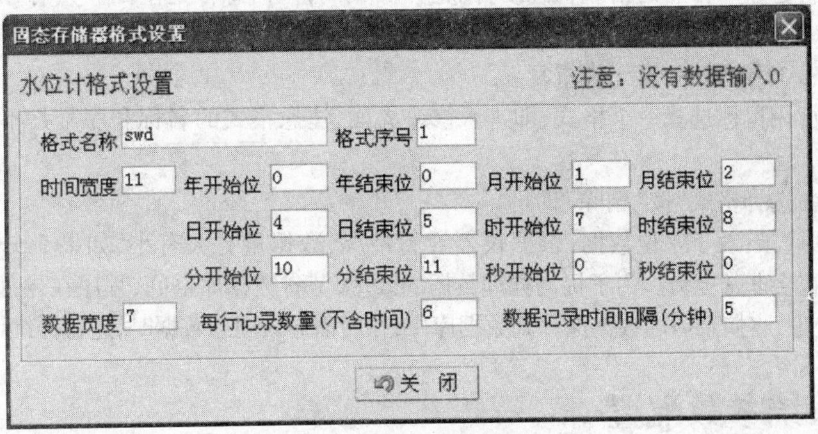

固态存储器格式设置
水位计格式设置
注意：没有数据输入0
格式名称 swd
格式序号 1
时间宽度 11
年开始位 0
年结束位 0
月开始位 1
月结束位 2
日开始位 4
日结束位 5
时开始位 7
时结束位 8
分开始位 10
分结束位 11
秒开始位 0
秒结束位 0
数据宽度 7
每行记录数量(不含时间) 6
数据记录时间间隔(分钟) 5
关 闭

图 2-10　格式设置信息

为方便理解，这里将互联网上公布的一种格式附上，如图 2-11 所示。

```
05/01 08:00 355.56 355.56 355.57 355.57 355.57 355.57
05/01 08:30 355.58 355.58 355.59 355.59 355.59 355.59
05/01 09:00 355.60 355.60 355.60 355.60 355.61 355.61
05/01 09:30 355.61 355.61 355.62 355.62 355.62 355.63
05/01 10:00 355.63 355.63 355.63 355.63 355.64 355.64
05/01 10:30 355.64 355.64 355.64 355.64 355.65 355.65
05/01 11:00 355.65 355.65 355.66 355.66 355.66 355.66
05/01 11:30 355.67 355.67 355.67 355.67 355.67 355.67
05/01 12:00 355.67 355.67 355.67 355.67 355.68 355.68
```

图 2-11　格式示例

(1)时间:结合设置界面和原始数据进行说明,原始数据中时间宽度为11位,但是没有年和秒的位,因此在格式设置中将年、秒的开始位置0,程序在处理时间串时,如果发现格式中没有年,则提示整编人员输入数据的所在年份,对于秒则直接置0,在时间的年、月、日、时、分、秒各要素齐全后再进行标准时间格式转换。

(2)数据:为在有限空间内存储更多的数据,如图2-11中一行记录只有一个时间,后面跟6个数据记录,为实现对这种数据的处理,程序要求输入数据宽度、每行记录数量、数据记录间隔时间(以分钟为单位)。程序实现原理如下:每行都有一个起始时间(必须在行的开始,否则程序很难进行处理),程序根据起始时间、记录数量及间隔时间自动推算每个数据的相应时间,形成一个新的记录集合(该集合中时间与数据记录是一一对应的),数据的位宽非常重要,程序是根据位宽来分解数据的。

注意:如果每行只有时间和一个数据,程序在进行数据处理时,时间间隔并不起作用,但是该位不能为空,随便填个整型值即可。

技巧:有些固态存储器的数据可能连小数点也省略了,对于水位过程,如果省略小数点,当水位的长度与基础数据水位设置的长度相同时,程序会加上小数点自动转换;否则,包括降水和潮位必须应用文本格式转换工具在数据列加上小数点,再进行转换。

- 新增:建立一种新的格式,界面与浏览界面相同,但信息栏是空的。只有在用鼠标选择根节点(水位计、雨量计、潮位计)时才能新建格式,每个格式都有一个名称和序号,名称和序号是格式表的索引,不允许重复。

- 修改:用鼠标选择一个格式,即进入修改界面,注意格式的名称和序号是不允许修改的。

- 删除:选择格式,按"删除"即可。

- 数据摘录:对于水位数据,根据仪器设置情况,数据量有大有小,如果5分钟保存一次,数据量将会非常庞大。为了提高处理数据的效率,节省数据库空间,程序在导入固态数据时进行预处理,将摘录后的数据保存到数据库中,在后面导入固态数据时,进行详细说明。

2.3 系统参数配置

由于各省区水文资料都有着自己的特点,各省区可以根据自己的水文资料特点,对程序进行系统参数配置,从而增加系统的适用性。

参数设置包括文件命名设置、降水控制设置、数值检查设置、水流沙控制设置、其他设置5项。

2.3.1 文件命名设置

《水文资料整编规范》对文件的命名有规定,但部分整编专家认为其不科学,为增加程序的适应性,程序中加入了这一功能,由用户来决定成果表的命名方法。

系统将成果表名分为6部分,只要在检测框中打上对号,该要素就会出现在文件名中。

注意:第二列的检测框只有在第一列启用时才可用。另外,对DOS名后缀的后两个检测框,程序作了限制,只能选择一个。文件命名设置界面如图2-12所示。

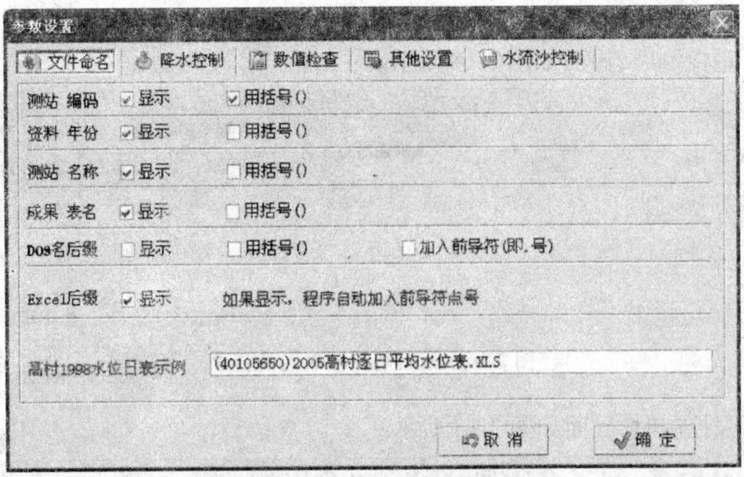

图 2-12　文件命名设置界面

2.3.2　降水控制设置

降水控制设置界面如图 2-13 所示。

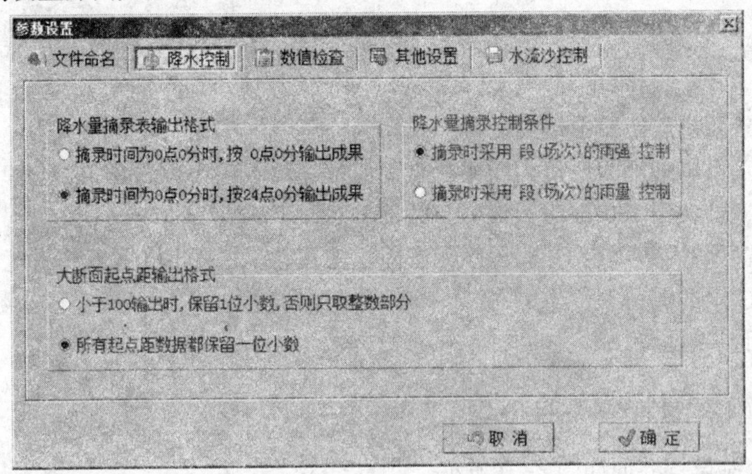

图 2-13　降水控制设置界面

2.3.2.1　降水量摘录表输出格式设置

按规范和传统要求一般时间输出格式为 24:00，但是，从国际时间标准格式上看，24:00 是不存在的，所以笔者在编写程序时按 00:00 输出，从而导致与传统格式冲突。为了符合传统，采用以下解决方法：增加按 00:00 输出、按 24:00 输出两个选择项，整编人员可以自己确定采用何种格式输出成果。

2.3.2.2　降水量摘录控制条件设置

由于规范 SL 247—1999 对降水量摘录方法描述不够明晰，不同省区的整编人员对摘录方法的理解也不同，整编程序中采用的按雨强控制方法不能满足一些省区的需要。根据这些省区整编人员的建议，在摘录时，提供按雨强、雨量两种摘录控制方式；采用何种方法，由应用单位主管部门确定。

在数据加工界面中,降水摘录控制部分的标题根据系统设置自动调整。

当采用雨量控制时,界面如图 2-14 所示。

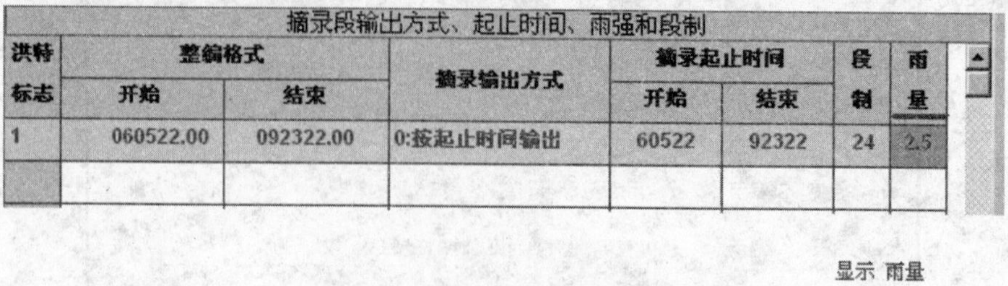

摘录段输出方式、起止时间、雨强和段制							
洪特标志	整编格式		摘录输出方式	摘录起止时间		段制	雨量
	开始	结束		开始	结束		
1	060522.00	092322.00	0:按起止时间输出	60522	92322	24	2.5

显示 雨量

图 2-14 采用雨量控制时的界面

当采用雨强控制时,界面如图 2-15 所示。

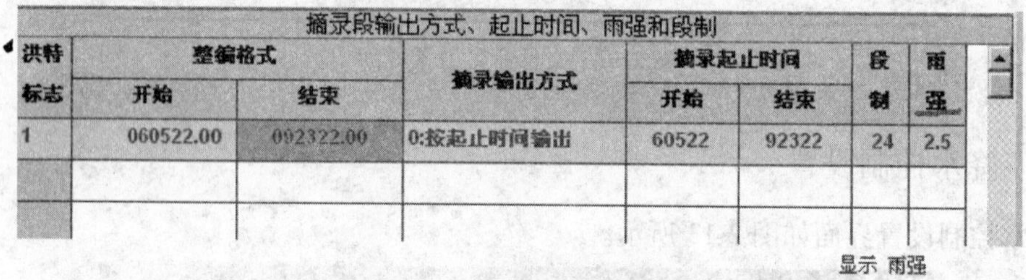

摘录段输出方式、起止时间、雨强和段制							
洪特标志	整编格式		摘录输出方式	摘录起止时间		段制	雨强
	开始	结束		开始	结束		
1	060522.00	092322.00	0:按起止时间输出	60522	92322	24	2.5

显示 雨强

图 2-15 采用雨强控制时的界面

2.3.2.3 大断面起点距输出格式设置

按照规范,可以理解为所有大断面起点距值都保留 1 位小数,也可以理解为小于 100 m 时保留 1 位小数,大于 100 m 时只保留整数部分。

由于各省区的内部规定不同,程序无法固定输出格式,因此根据不同省区的要求,提供两种输出格式,全部保留 1 位小数;大于 100 m 时保留整数,其余保留 1 位小数。可根据各省区管理部门要求设置。

2.3.3 水流沙控制设置

水流沙控制设置界面如图 2-16 所示。

2.3.3.1 洪水要素摘录斜率控制

洪水要素摘录斜率默认值为 0.4,程序在对要素摘录时将以该数值进行判断。实际上,对于同一测站不同年份该参数可能有变化,因此系统在原始数据加工程序中,也加入了该参数配置。

计算方法如下:

设有 3 点:N,C,P;Ph:P 点水位;Pt:P 点时间 ,其他变量含义类似。

$$PC = (Ph - Ch)/(Pt - Ct)$$

$$CN = (Ch - Nh)/(Ct - Nt)$$

$$变率 = (PC - CN)/PC$$

2.3.3.2 日平均输沙率计算方法选择

由于各地整编人员对算法要求不一致,目前程序将两种算法都包含在内,具体使用哪一

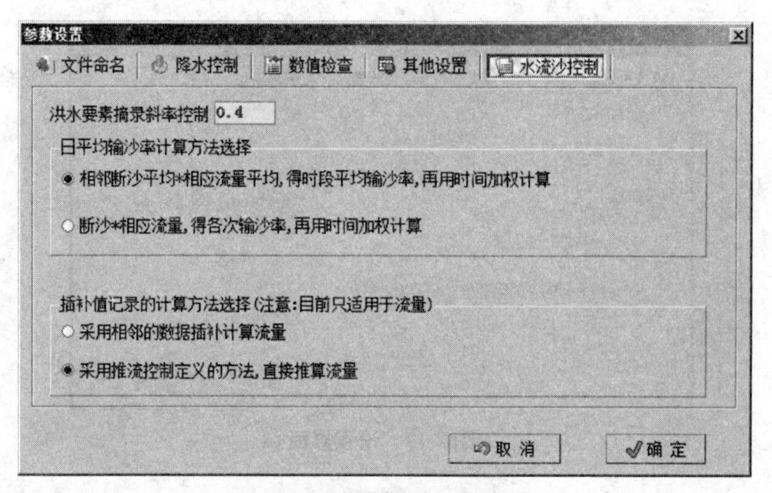

图 2-16　水流沙控制设置界面

种算法,由整编人员自己决定。

●96 加权算法:

rst: = rst + (TZSREC[i-1].S + TZSREC[i].S)/2 *
(TZSREC[i-1].Q + TZSREC[i].Q)/2 * (TZSREC[i].T - TZSREC[i-1].t)

●48 加权算法:

rst: = rst + (TZSREC[i-1].S * TZSREC[i-1].Q +
TZSREC[i].S * TZSREC[i].Q) * (TZSREC[i].T - TZSREC[i-1].t)/2

或表达为:

$$rst: = [\Delta t_1 Q_0 \rho_0 + (\Delta t_1 + \Delta t_2) Q_1 \rho_1 + (\Delta t_2 + \Delta t_3) Q_2 \rho_2 + \cdots + \Delta t_n Q_n \rho_n]$$

2.3.3.3　插补值记录的计算方法选择

水流沙(河道)整编时,有水位过程、沙量过程、实测流量过程参与排队,三个过程形成一个过程 TZSQ。

计算日平均值的方法:对 H、Q、R 一般采用面积包围法,而含沙量 S = R/Q。

为了计算日数据,一日的数据必须从 0 点到 0 点,而原始数据过程 TZSQ 则可能没有 0 点记录,因此需要插补 0 点记录。

插补有两种方法:

(1)对 0 点的 H 和 Q,都采用相邻的记录插补;

(2)对 0 点的 H 采用相邻的记录插补,对 Q 则用 H 根据水位流量关系或其他方法直接推算。

以上两种方法得到的流量 Q 是有可能存在差别的,虽然差别很小,但是也会影响到 Q 极值的挑选,即同一水位 H 对应的流量 Q 不同,从成果表上看,就会存在表面矛盾。

2.3.4　其他设置

其他设置界面如图 2-17 所示。

数据导出设置:本系统在导出整编原始数据时设计了两种方案,第一种方案是一个文件只包含一个站年的资料,在这种方式下,导出数据时程序不弹出对话窗口,会直接采用"站

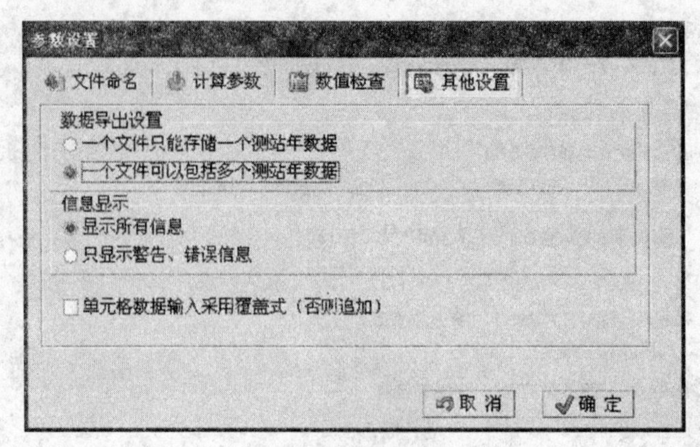

图 2-17　设置界面

名+站码．＊＊＊”的文件名存放到系统默认的文件夹里；第二种方案是将多个站年的资料存放到一个文件里，这些资料可能属于不同的测站，也可能不是同一年份的数据，因此在这种情况下，程序是无法对文件自动命名的，而是会弹出一个对话窗口，让业务人员对文件进行命名。

对于信息显示、编辑器输入方式的设置，目前程序还没有增加这两种功能。

2.4　常用信息设置

在常用信息设置菜单下，包括蒸发器位置特征、蒸发器型式和常用年份设置 3 个子菜单，蒸发器设置在综合制表部分介绍。

常用年份设置用来配置年份下拉列表中显示的年份，原则上将常用的年份放置在前面的位置，以方便选择。图 2-18 为年份编辑器。

图 2-18　年份编辑器

第 3 章　基础数据

基础数据指测站的基本信息（主要是测站一览表中的内容）和测站中用于数据处理的长期保持不变的控制信息。首次运行本系统，基础数据应从一览表导入；由于本程序的设计方案与以前的整编程序不同，导入一览表信息后，应通过本程序继续完善测站信息。

3.1　导入水文、水位站一览表数据

目前的数据成果表一般以 Excel 文件存在，本程序导入 ＊. cvs 格式的 Excel 文件（没有表格的文本文件）。

导入前，首先需要对 Excel 文件稍加编辑，形成如图 3-1 所示的样式。

水文、水位站一览表

年份：2006　　共1页第1页

站次	测站编码	水系	河名	流入何处	站名	站别	断面地点	坐标		至河口距离（km）	集水面积(km²)	设立日期		冻结基面与绝对基面高差(m)	绝对或假定基面名称	领导机关
								东经	北纬			年	月			
1	20106100	辽河	老哈河	西辽河	甸子(二)	水文	内蒙古自治区宁城县甸子镇甸子村	118°50′	41°25′		1643	1953	5	0.000	假定	内蒙古自治区水文总局
2	20107000	辽河	老哈河	西辽河	太平庄(二)	水文	辽宁省建平县老官地乡太平庄村	119°15′	42°12′		7720	1954	10	0.000	假定	内蒙古自治区水文总局
3	20107300	辽河	老哈河	西辽河	兴隆坡	水文	内蒙古自治区赤峰市元宝山区风水沟镇庄头营子村	119°26′	42°19′		19140	1977	1	0.000	假定	内蒙古自治区水文总局
4	20102800	辽河	西辽河	辽河	通辽(五)	水文	内蒙古自治区通辽市西门外	122°14′	43°37′			1934	6	0.000	大连	内蒙古自治区水文总局
5	20104900	辽河	西辽河	辽河	郑家屯(五)	水文	吉林省双辽市郑家屯镇	123°30′	43°31′	71	91368	1934	1	-0.000	大连	吉林省水文水资源局
6	20109700	辽河	黑里河	老哈河	西泉	水文	内蒙古自治区赤峰市宁城县黑里河镇西泉村	118°32′	41°25′		419	1971	6	0.000	假定	内蒙古自治区水文总局

图 3-1　水文、水位站一览表样式

然后去掉表头部分，保存为 ＊. cvs 格式即可。保存的 cvs 文件即可通过导入功能，导入到整编数据库中。

注意：表格中不要存在省略符。

3.2　导入降水、蒸发站一览表数据

导入前首先将 Excel 一览表加工成如图 3-2 所示的样式。

黄河流域　黄河水系　降水、蒸发站一览表

年份：20　　单位：高程，高度 m　　共 2 页　第 1 页

站次	测站编码	水系	河名	站名	站别	观测场地点	坐标		设立日期		测雨仪器			领导机关
							东经	北纬	年	月	绝对高程	器口离地面高度m	型式	
1	40543200	黄河	乌苏图勒河	兴顺西	降水	内蒙古自治区固阳县兴顺西乡兴顺西村	109° 59′	41° 06′	1961		1560	0.7	20cm雨量器	内蒙古自治区水文总局
2	40543450	黄河	乌苏图勒河	范家圪堵	降水	内蒙古自治区乌拉特前旗小佘太镇范家圪堵村	109° 38′	41° 08′	1958		1485	0.7	20cm雨量器	内蒙古自治区水文总局
3	40544100	黄河	黑水壕	十二分子	降水	内蒙古自治区乌拉特前旗朝阳镇十二分子村	109° 23′	40° 55′	1973		1270	0.7	20cm雨量器	内蒙古自治区水文总局
4	40545350	黄河	三湖河	哈业胡同	降水	内蒙古自治区包头市九原区哈业胡同乡哈业胡同	109° 29′	40° 38′	1976		1025	1.2	20cm JDZ-1	内蒙古自治区水文总局
5	40545800	黄河	哈德门沟	哈德门沟	水文	内蒙古自治区包头市九原区哈业脑包乡哈德门沟	109° 38′	40° 41′	1955		1150	1.2	20cm自记	内蒙古自治区水文总局
6	40546200	黄河	昆都仑河	高家村	降水	内蒙古自治区固阳县大庙乡高家村	110° 31′	41° 02′	1960		1860	0.7	20cm雨量器	内蒙古自治区水文总局

图 3-2　降水、蒸发站一览表样式

然后去掉表头部分,保存为 *. cvs 格式即可。保存的 cvs 文件即可通过导入功能,导入到整编数据库中。

3.3 基础数据管理

测站信息管理分四级,前三级节点的名称由应用单位自行命名,如一级节点可按卷册分,二级节点按省区分,三级节点按河流分,划分是任意的,测站挂在第三级节点上。根据4.0版水文数据库库表结构定义,流域、水系、河流的名称在测站基本信息中输入,成果表输出时,采用该表的信息。

3.3.1 操作界面说明

基础数据管理的主要功能是对水文测站的基础信息进行设置,并提供流域、水系、河流、测站的增加、删除、修改等功能。该部分的信息直接供数据处理系统调用,因此一定要正确设置。基础数据管理界面见图 3-3。

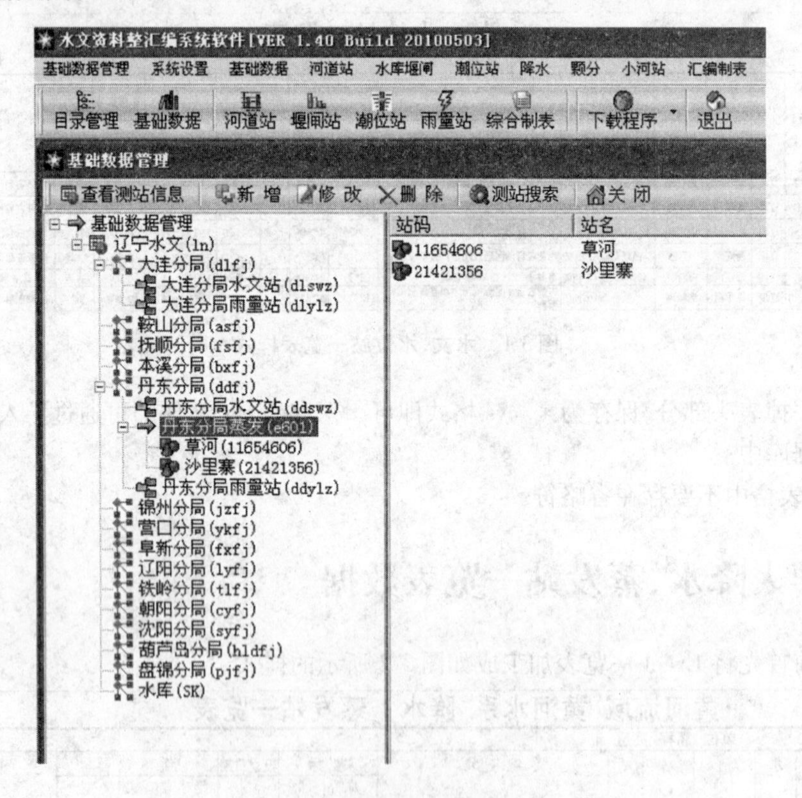

图 3-3 基础数据管理界面

基础数据管理程序采用树状模式对测站信息进行管理。操作界面分为两部分:左边是以流域为根节点、测站为叶子节点的信息树;右边是当前树中所选节点的叶子信息列表,该列表是动态的,内容由树中节点的级别决定。

3.3.2 操作方法

3.3.2.1 新增

新增功能分为四种,随节点的级别而变化。

(1)当鼠标定位0级节点时,可以新增一级节点信息。操作界面见图3-4。

(2)当鼠标定位一级节点时,可以新增二级节点信息。操作界面见图3-5。本信息的录入只有定位到指定上一级节点上时才可以进行,因此该窗口中一级信息为禁止修改状态。

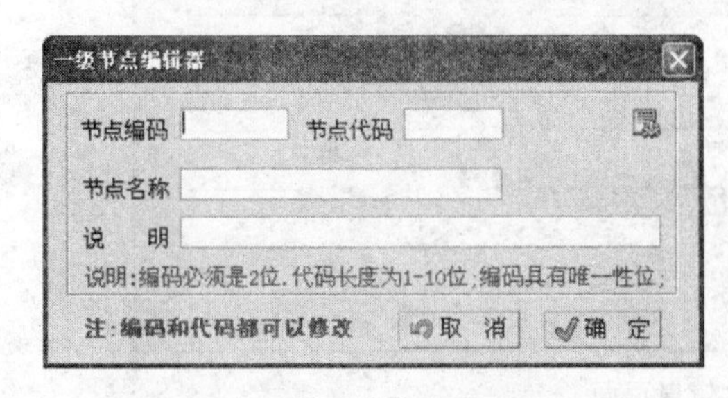

图3-4　新增一级节点数据输入窗口

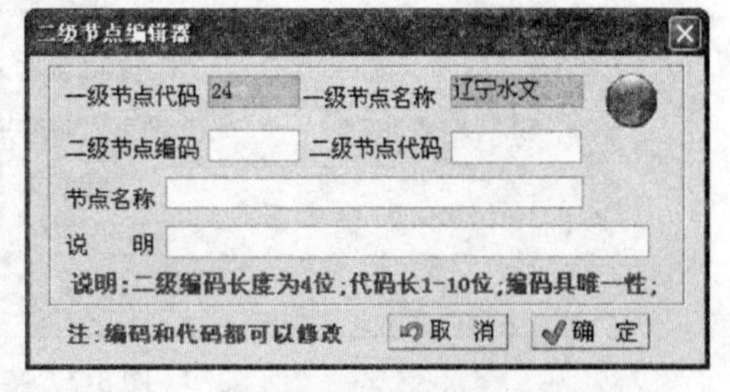

图3-5　新增二级节点数据输入窗口

(3)当鼠标定位二级节点时,可以新增三级节点信息。操作界面见图3-6。

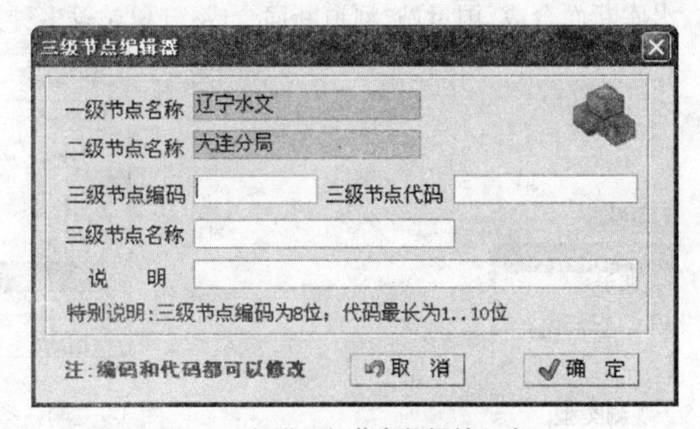

图3-6　新增三级节点数据输入窗口

(4)当鼠标定位三级节点时,可以新增一测站信息。

3.3.2.2 测站基础信息加工及说明

测站基础信息查看窗口由基本信息、测验信息、输出项目、堰闸信息、降水信息、合成设置、水位设置7个页面组成。

测站数据编辑框的转移支持Tab、Enter键,即输入一个数据后,按Tab键或Enter键,程序会自动调整焦点到下一个单元格。

1.基本信息

基本信息页面见图3-7。由于涉及的项目较多,这里只对需要注意的项目进行说明。

- 观测类型:点击观测类型组合框,程序弹出一个下拉选择窗(见图3-8),从下拉列表中选择一个类型即可。目前,程序提供了常年站、汛期站、间测站3种观测类型,根据需要,可以再增加类型。
- 测站类型:点击"测站类型"组合框,程序弹出一个下拉选择窗(见图3-9),从下拉列

测站基础信息查看

基本信息 | 测验信息 | 输出项目 | 堰闸信息 | 降水信息 | 合成设置 | 水位设置

流域名称	内陆河	水系名称	察汗淖	河流名称	不冻河
测站编码	01729200	测站名称	商都	流入何处	
观测类型	常年站	测站类型	雨量站	测站站别	水文
断面地点		东 经	113°35′	北 纬	41°43′
领导机关	内蒙古自治区水文总局	站 址	内蒙古自治区商都县屯垦队镇八大顷村		
行政区划		设站年月	195903	撤站年月	
集水面积		至河口距离		考证最近刊印年份	
冻结基面与绝对基面高差		绝对或假定基面名称		卷 10	册 6
附 注		测站代码	SHD	站 次	0

关闭

图 3-7　基本信息页面

表中选择一个类型即可。目前，程序提供了河道站、平底堰、宽顶堰、实用堰、薄壁堰、抽水站、水电站、潮位站、水库断面合成、雨量站、河道断面合成、气象站等多种类型。

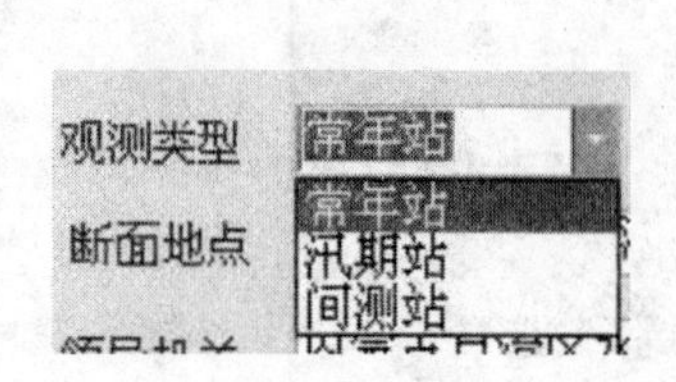

图 3-8　观测类型

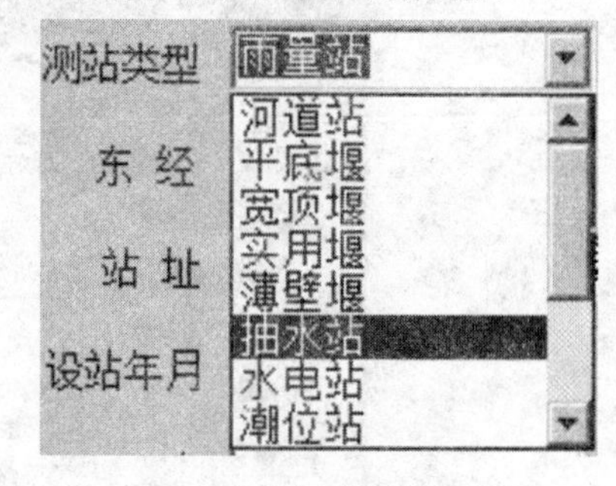

图 3-9　测站类型

注意：采用水库堰闸整编程序整编的站，其类型不得设为河道站，否则在整编选择测站时找不到该类型的测站。对于雨量站、潮位站、颗分的整编程序是以测验项目来判别的。由于河道堰闸站测验项目太多，程序采用测站类型来判别。对于采用功率、效率推流的测站选择水电站或抽水站；对于采用需要程序自动判断流态的测站要选择平底堰或宽顶堰；对于堰闸整编，如无特殊要求，一般设置为平底堰。

● 测站站别：点击“测站站别”组合框，程序弹出一个下拉选择窗（见图 3-10），从下拉列表中选择一个类型即可。目前，程序提供了水文、水位、降水、蒸发、实验、气象 6 种类型的测站站别。

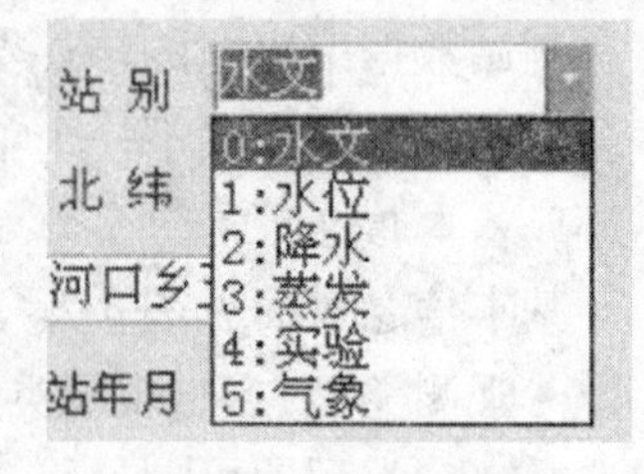

图 3-10　测站站别

● 行政区划：系统已经将全国的行政区划预置到数据库中，从组合框中选择一个即可。

● 设站年月、撤站年月：用鼠标点击信息栏右部的 … 按钮，程序弹出日期设置窗口。

设站年月、撤站年月为6位字符，年份为4位，月份为2位，可以手工输入(月必须为2位，小于10时，前补0)，也可以选择输入。

设站年份不可为空，月份可空；撤站年月皆可空。

- 测站代码：测站的拼音编码缩写，如高村，其代码可以定义为GC。测站代码在规范中不存在，本系统增加测站代码，是为了检索方便。
- 河流名称、水系名称、流域名称：要准确填写，在输出成果表时，使用该信息。
- 卷、册、站次：用于汇编制表，水文年鉴按卷册分类、按站次排序。
- 东经、北纬：要求字符串形式，精度可以到秒，如图3-11所示。

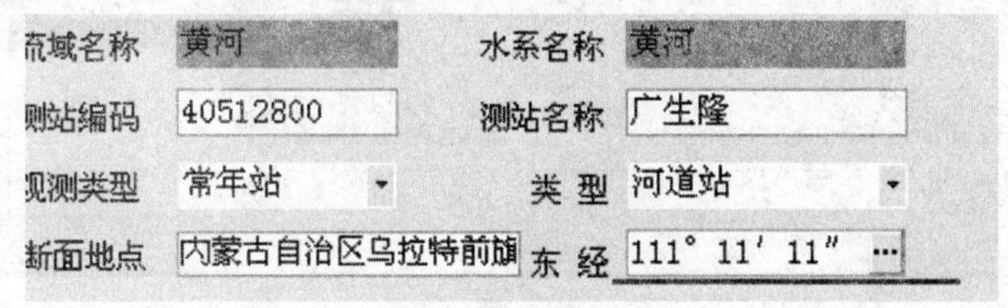

图3-11　经纬度示例

经纬度字符串内部不得有空格，字符串的前后也不得有空格。由于度、分符号不易输入，可以通过点击编辑框右部的…按钮，由程序自动填入，如东经 ° ′ ″…，然后人工填入数字即可。

如果精度为分，则将秒删除。

- 流入何处：按照新规范，最多16个汉字。
- 领导机关：按照新规范，最多15个汉字。
- 断面地点：10个汉字宽度。
- 站址：按照新规范，最多25个汉字。考虑到个别地区的特殊要求，本系统数据库表字段现设为80个字节，即可以存储40个汉字。
- 测站等级：1个字符(本版没有)。
- 附注：最多40个汉字。

2. 测验信息

测验信息页面见图3-12。根据测站的实际测验项目在相应的检测框中打钩(对于降水、颗分非常重要，否则资料处理时将检索不到)，从单位标志及默认整编方法中选择相应的项目。

- 水体载体类型：包括河道、渠道、水库、湖泊、沟、洼、淀等类型；由于在制作成果表时，存在河干、渠干、库干等情况，程序通过该选项进行判断。
- 无数据日，程序自动插补8时标志：该项是为适应不同省区的数据加工方法而增设的，对于有水稳定期，如果标记此项，中间时段可以不进行数据加工，程序会自动插补每日8时数据；如果不标记此项，程序则按没有观测数据进行处理。
- 库摘表不输出出库流量：根据个别省区的要求而增加，库容摘录表中只要水位和蓄水量，不要出库流量，如果应用单位有此要求，请打钩。这里只对非定义的摘录时段有效，详细信息参见堰闸水库站数据加工。

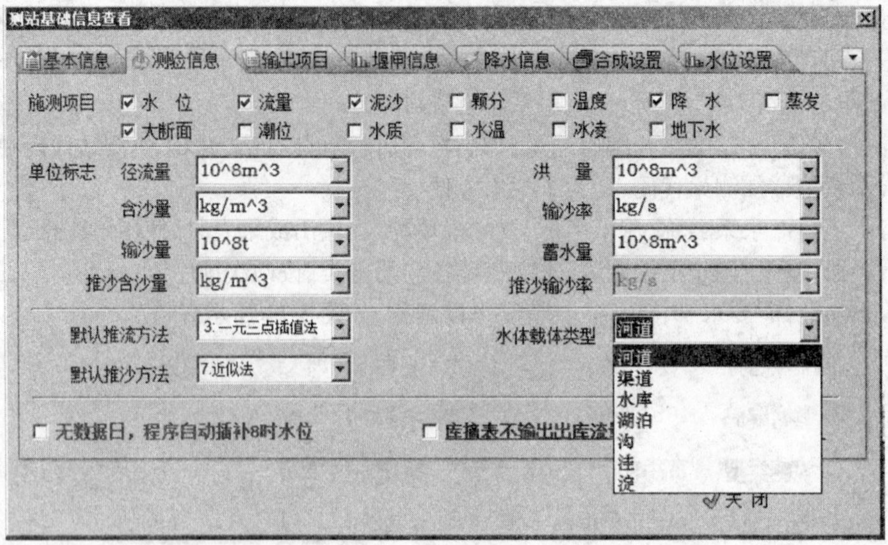

图 3-12　测验信息页面

3. 输出项目

配置窗口中列出了水文资料整编中可能存在的所有表项,由于不同的测站测验整编任务不同,整编成果要求也不同,因此可以通过本设置界面进行配置,在需要输出的成果前打钩即可。

如图 3-13 所示,界面分为两列,左边是需要输出成果表的项目,右边用来指定成果表项是否参与年鉴刊印。只有输出成果的表项才可以参与年鉴刊印。如果某些测站有特殊要求,如某些特征值可能不输出,可以通过特征值前的检测框进行调整。

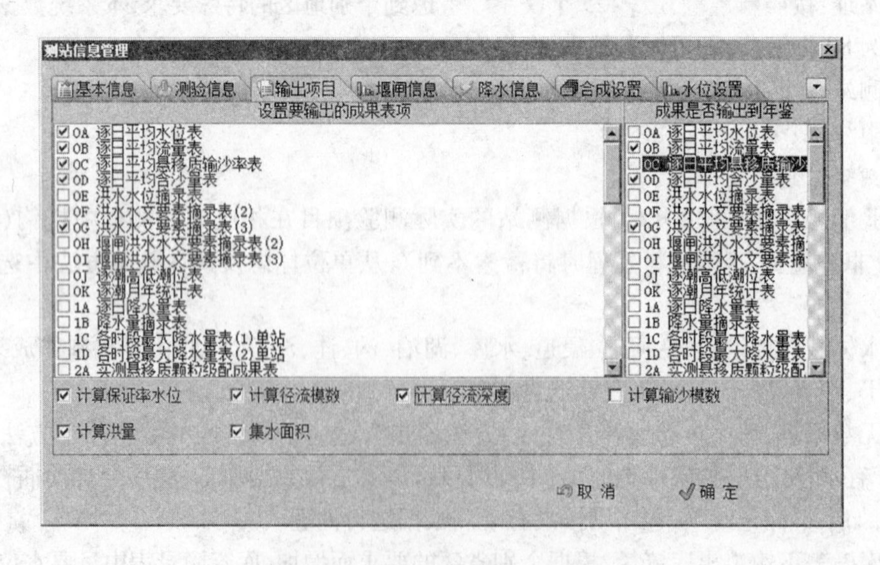

图 3-13　测站输出成果项目设置

4. 堰闸信息

堰闸信息页面见图3-14。左边6项内容属于堰闸的固定信息,在制表和数据处理时都要用到,应正确输入。堰闸站在资料处理时,可能同时处理闸上、闸下两个水位(两个不同的水位断面,每个断面都有自己唯一的代码),处理后会得到闸上、闸下两个水位表,为方便处理,堰闸站的水位断面代码必须在这里设置好,否则程序没有办法保存成果表,也没有办法将数据入库。

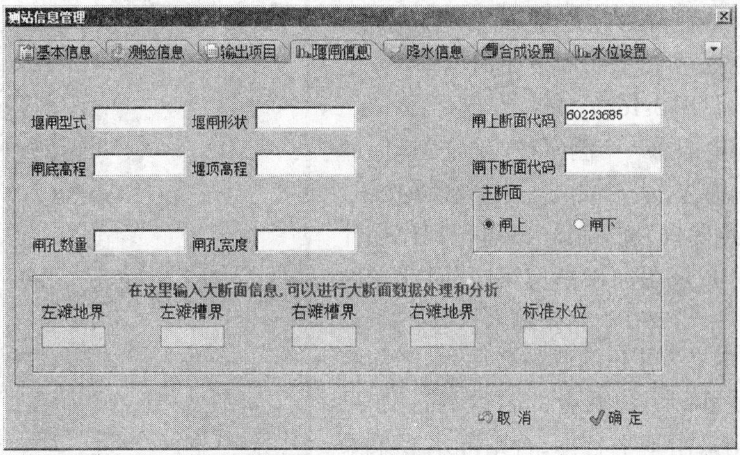

图3-14　堰闸信息页面

注意:闸上、闸下断面代码根据实际情况输入,有则输入,没有就不要输入,否则输出的水位日表就是错的。如在输出成果表时,会造成互相覆盖的可能(水位表),只有在该断面输出成果表时,才输入代码,否则不要输入。

滩槽界面信息在计算断面面积时使用。

5. 降水信息

降水信息页面见图3-15,该页面的信息包括观测场地点、绝对高程、器口离地面高度、仪器型式、小河站设置等内容。

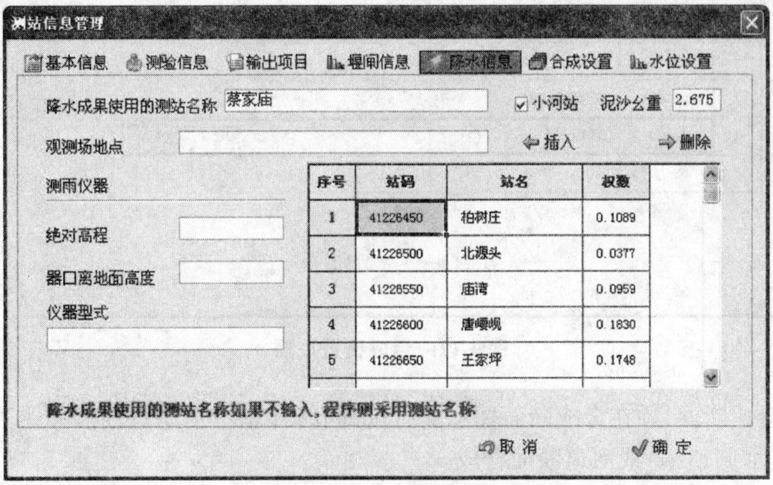

序号	站码	站名	权数
1	41226450	柏树庄	0.1089
2	41226500	北源头	0.0377
3	41226550	庙湾	0.0959
4	41226600	唐岘	0.1830
5	41226650	王家坪	0.1748

图3-15　降水信息页面

在小河站计算时,需要制作洪水特征值统计表,该表中需要多个雨量站的降水数据,为方便数据处理,应输入本站需要的其他雨量站的信息。

操作方法:如果是小河站,必须在检测框中打钩,否则在成果表制作时将找不到该站。输入泥沙重,程序默认值为 2.675,大河一般取 2.7,内陆河一般取 2.65。

测站的增加、删除必须通过插入、删除两个按钮来完成,在按插入按钮时,程序弹出选择测站界面,见图 3-16。

图 3-16 选择测站页面

在图 3-16 中选择一个测站按“确定”返回即可。在图 3-16 中选择一个测站,按删除按钮,程序弹出确认删除框,按“确认”即可。程序在计算平均降水量时,采用加权平均算法,因此在确定组合的测站后,需要在表格中输入权数。

对于降水成果表使用的测站名称,由于某些堰闸站同时观测降水,但两者的名称不同,如果该栏不输入,则采用基本名称,否则降水成果采用此栏输入的名称。

6. 合成设置

对于断面合成(包括河道、渠道、堰闸),本身并没有测验数据,其整编成果是由子站的推流表合并而成的。合成设置页面见图 3-17。

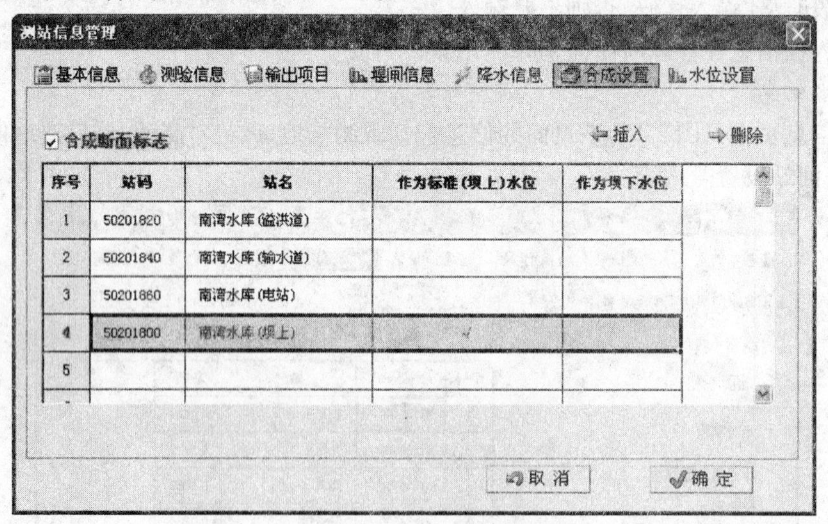

图 3-17 合成设置页面

如果是合成断面,须在合成断面标志前打钩,同时在基本信息页面测站类型中设置:水库断面合成(堰闸整编)或河道断面合成。

合成子站的设置与小河站相同,由于合成断面由多个子站组成,必须从这些断面中选择一个作为标准水位(即合成断面表中的水位;河道站只有一个水位;堰闸站可能存在两个水位，如果是两个，坝下水位也要进行标志）。用鼠标双击相应单元格，即可在选择、未选之间转换。注意：一列里面只能有一个对钩，如果有多个对钩，程序选取第一个对钩。

如果合成的断面数据需要相减，则在需要减的站码前加“-”号，如图3-18所示。

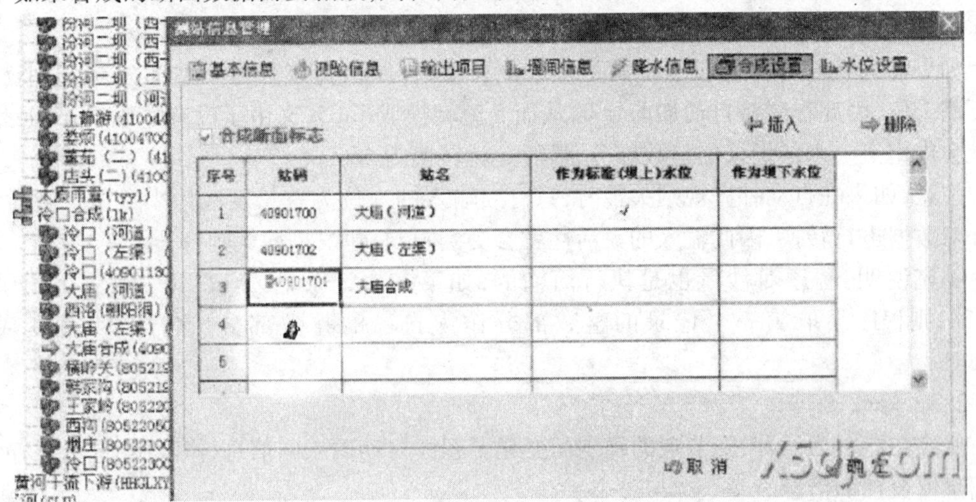

图3-18　在需要减的站码前加“-”号

7. 水位设置

水位设置功能旨在简化及加快水位数据的录入效率，由于不同测站的水位不同，整编人员需要对每一测站进行设置，见图3-19。

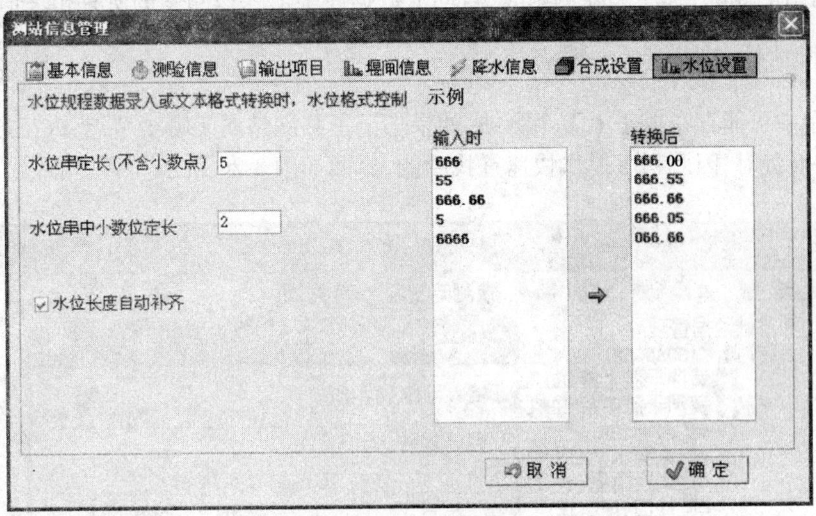

图3-19　水位设置页面

设置水位串定长、水位串中小数位定长、水位长度自动补齐三项。

水位串定长（不含小数点）：水位的整数部分与小数部分的总长度。以图3-19为例说明程序的判断规则（条件为自动补齐，规则为加前导0）。

如果输入6666，程序认为当前水位是一个完整的水位，并自动加上小数点，即在数据输入时，小数点是可以省略的。

如果输入666,程序认为当前数据是完整的,因为当前的水位小数部分为2位,而当前是3位,因此程序会自动将666转化为666.00。

如果输入55,程序认为当前的数据是小数部分,由于没有整数部分,程序会自动借用上一水位记录的整数部分,因此55就转化为666.55。

如果输入5,由于数据长度不满足小数位长度,程序认为该数为小数部分,由于小数部分不满2位,因此程序将自动加前导0,从而5就转换成了05,又由于没有整数部分,因此程序就会借用上一水位记录的整数部分,最后5就转换为666.05。

注意:如果在自动补齐规则关掉时,只有当输入的水位为总长度或为小数位长度时,程序才对数据进行转换,因此输入的灵活性就会受到限制,建议将该规则打开。

补充说明:程序对沙量也是执行简输的,如第一个记录输入123.12,第二个记录输入.34,则程序会取第一个记录的整数部分作为自己的整数部分,这样.34就变成了123.34。

3.3.2.3 修改

修改功能分为四种,随节点的级别而变化。程序自动调入旧信息,修改后,进行保存,用新信息覆盖掉旧信息。

3.3.2.4 删除

(1)一级节点、二级节点:只有在其没有子节点的前提下,才可以删除。

(2)三级节点:其子节点为测站;在删除本级节点时,程序会自动删除其下的所有测站(子节点),并从数据库中清除所删除测站的所有相关信息。

(3)测站的删除:程序删除测站时,自动从数据库中清除该测站的所有相关信息。

3.3.3 测站快速搜索

数据库中可能存在成千上万个测站,如果忘记了某测站属于哪个节点,人工通过节点逐级查找,会很费时,因此程序提供快速查找功能,界面如图3-20所示。

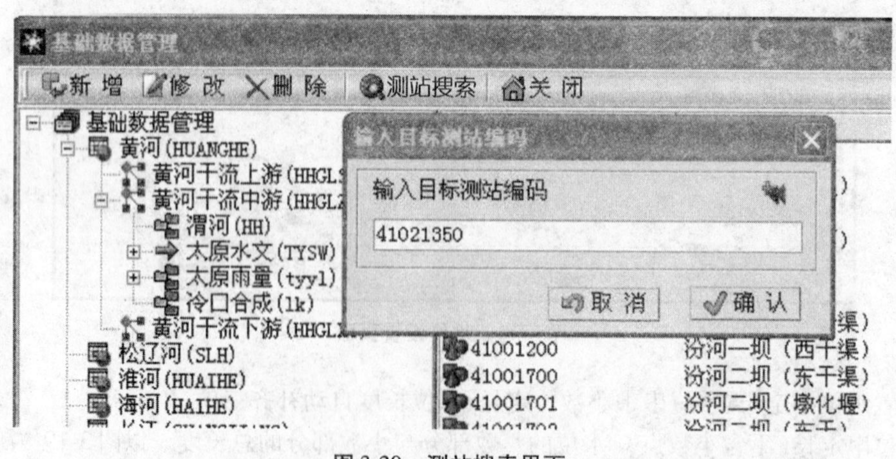

图3-20 测站搜索界面

点击“测站搜索”,程序显示测站编码输入窗口,输入目标测站编码后,按“确认”,程序检索数据库,显示该测站所属于的节点等提示信息,见图3-21。

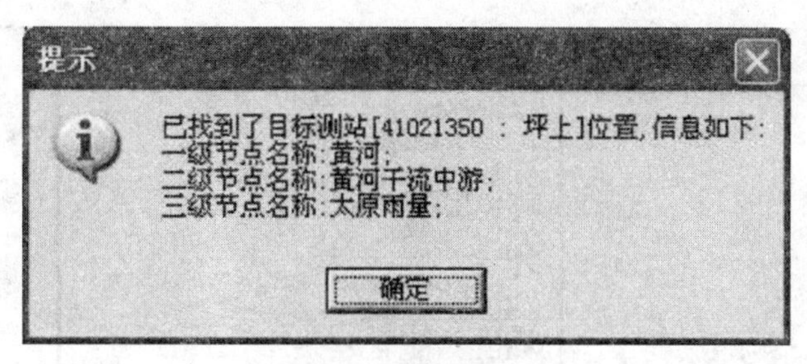

图 3-21　提示信息

3.3.4　测站迁移方法

在不同计算机间交换基础数据时，由于节点信息不统一，大量的测站节点被系统放置在根节点上，程序允许用户一次性选择大量的节点（可以是来自根节点和三级节点的测站节点），然后一次拖入到目标节点中。

注意，选择多个节点方法如下：首先按住 Ctrl 键，然后用鼠标在树状视图中选择，被选择的节点颜色变为暗蓝色，再用鼠标将其拖入目标节点中，如图 3-22 所示。

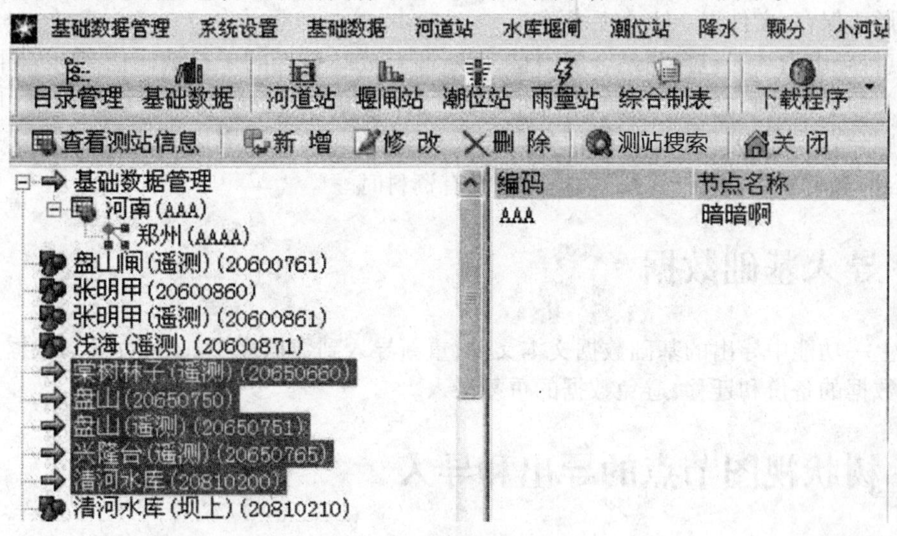

图 3-22　选择多个节点

3.4　导出基础数据

导出基础数据功能用于基础数据备份及不同计算间数据的传递。程序界面如图 3-23 所示。

首先选择要导出的测站，方法如下：确定开始、终止站码，通过选择方式获取（也可输入）；然后按“开始搜索”，程序则自动检索该区间的测站并显示。

你可以通过全选、全消或用鼠标点击检测框只导出部分数据（注意：这里只导出基本信息，不导出原始数据和成果）。

确定要导出的测站后，按“确定”返回主程序，然后按“保存数据”即可将测站基本信息

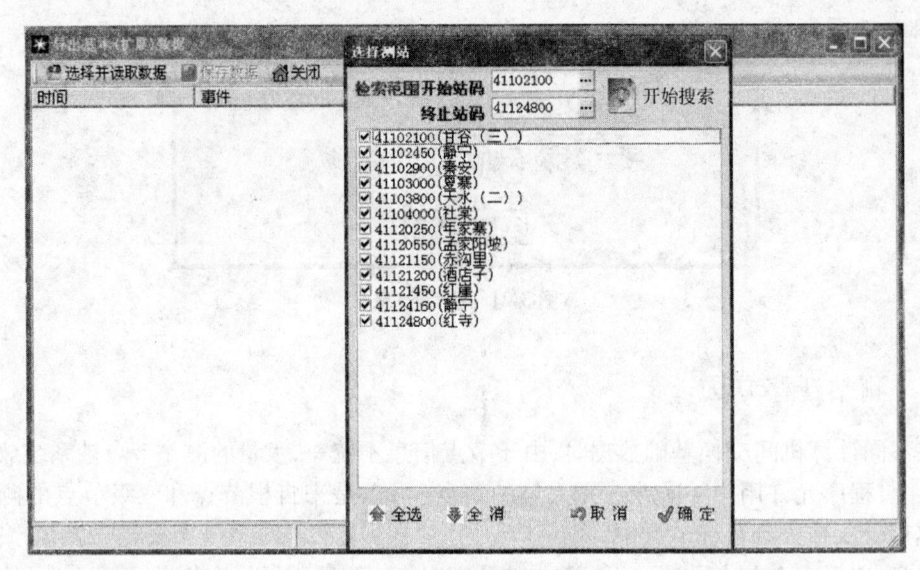

图 3-23　导出基础数据界面

以文件形式保存,文件以 . sth 为后缀名。

注意:导出的数据包含测站合成信息,即断面合成站包括的子站编码信息,以及降水小河站有关的子站编码信息。在导入基础数据时,合成编码信息以导入的数据为准(旧的数据会被删除)。为方便操作,程序在导出、导入整编数据时,自动完成本功能,因此这个功能不常用,主要用于新安装计算机,数据库中没有资料时。

3.5　导入基础数据

将上一功能中导出的基础数据文本文件,重新导入到数据库中。导出/导入数据主要用于基础数据的备份和迁移,避免数据的重复录入。

3.6　树状视图节点的导出和导入

功能:将一台计算机中的节点导入到另一台计算机中,通过文本文件传输实现,采用覆盖式。

由于测站基本信息转换文件中没有树状视图节点数据,当把一台计算机中的测站基本信息导入到另一台计算机中时,如果另一台计算机中没有相应的节点信息,测站节点将会放置在根节点上。如果节点信息和测站信息同时转移,则测站节点就不会放在根节点上。

最根本的解决方法如下:全测区统一对各级节点进行编码,并将该编码表导入到所有整编系统数据库中,则以后转移数据时,节点信息就可以不再转移,因为所有计算机的节点都统一了。

3.7　树状视图节点编码及管理方法

基础管理系统中树状视图提供测站的分类管理。由于省区情况不同、整编人员思路不同,设计的管理方法就不同。图 3-24 是三种设计的展现。

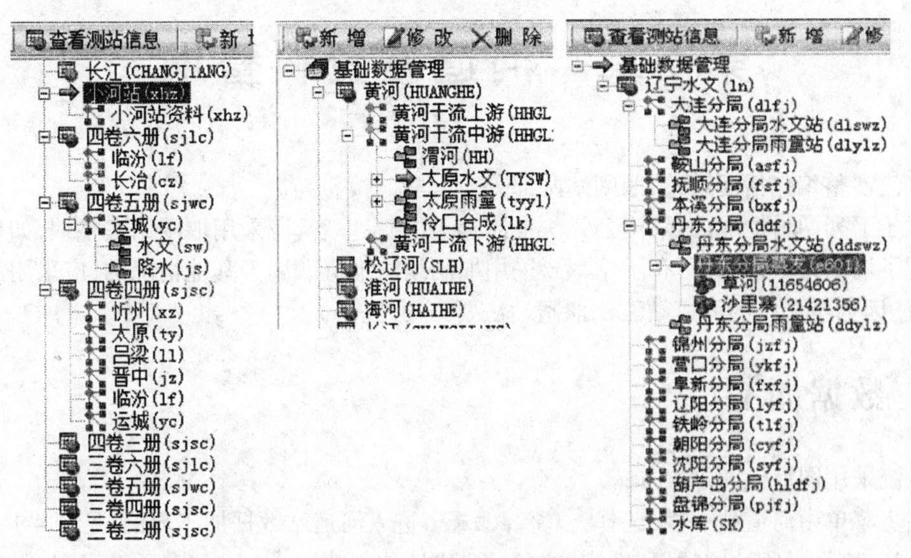

图 3-24　三种设计的展现

建议编码方案:由省区、流域管理部门统一制定测区编码,然后分发到基层应用单位,应用人员将编码文件导入各自的整编数据库,这样全区的测站管理分类就保持了一致性。如果不按照本方案,在省区流域资料汇总时就会发现,测站在基础信息管理类型树中位置顺序很混乱。这是因为整编人员的编码各不相同,汇总到同一个数据库中,整编系统综合考虑所有分类方法后,重新在树状视图中放置测站。

第4章　河道站资料整编

水流沙整编包括河道站、堰闸站两部分。

属于下列两种情况的：采用公式法推流、需要摘录库容，应采用堰闸站法整编，如果合成站采用了堰闸站法，则其所有子站都要采用堰闸站法推流。属于其他情况的，应采用河道站法推流（因为本系统的河道站法比堰闸站法要方便、完善）。

4.1　数据加工

系统采用图形界面录入方式。

在主菜单中河道站一栏，选择 综合数据录入，进入河道站数据加工界面，见图4-1。原始数据包括：摘录时段控制数据、推流控制数据、推沙控制数据、水位过程、单沙过程、附注及其他、特殊要求设置7个页面。录入时根据测站的整编要求有选择的录入。

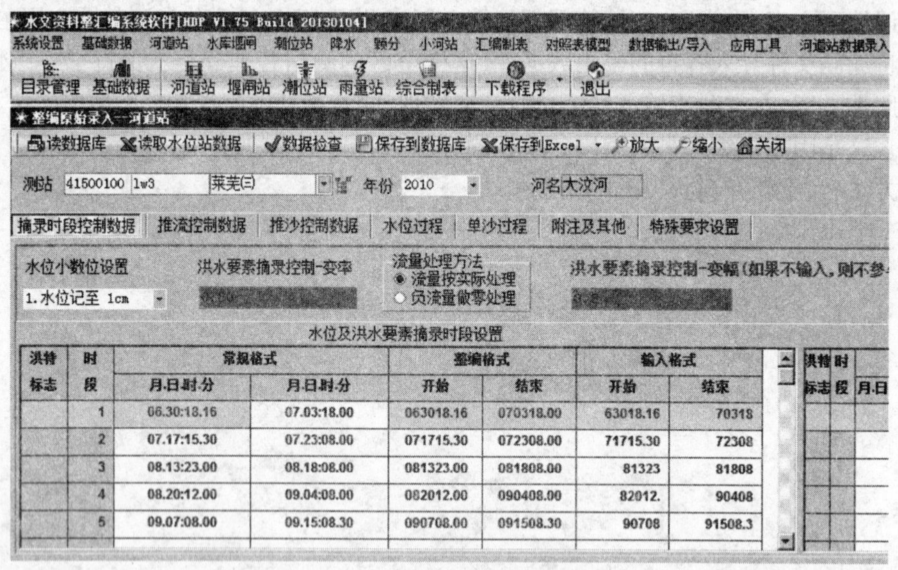

图4-1　河道站数据加工界面

4.1.1　测站及年份选择

在加工数据之前，应首先指定站码和年份。

4.1.1.1　测站选择

测站选择有四种方法：

一是直接点击下拉组合框 测站 11602100 hg 荒沟 ，程序显示测站列表，整编人员在列表中选择一个即可，如图4-2所示。

二是在测站编码栏中输入测站编码，没必要输入完整编码，程序会根据编码自动检索最

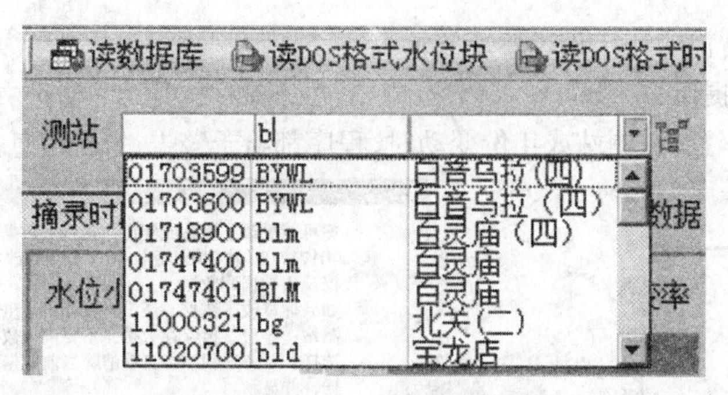

图 4-2　选择测站

匹配的记录并显示。如输入“1”,列表中只显示洛古河一个记录;如输入“4”,程序只显示以 4 开头的记录;如输入“61”,则程序只显示以 61 开头的记录,这样可以大大缩小检索范围,如图 4-3 所示。

图 4-3　输入测站编码

三是在测站代码栏中输入测站代码,程序会根据代码自动检索最匹配的记录并显示。

如果数据库中存在大量的测站,建议整编人员采用此种方式检索数据,快速而简单。

四是通过测站管理树选择方式,按▣程序即可弹出测站管理树,可以从测站管理树中选择一个测站,如图 4-4 所示。

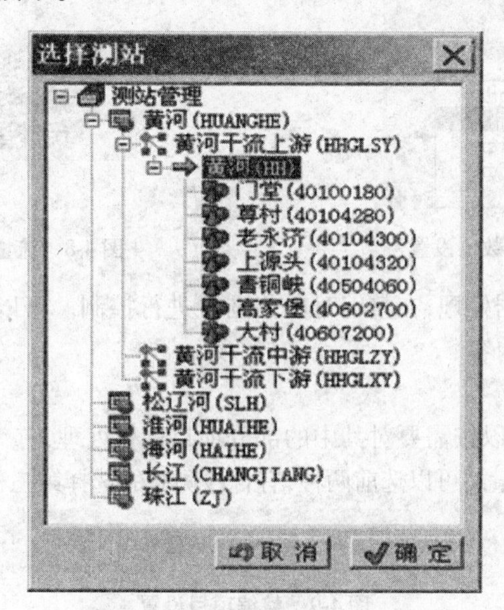

图 4-4　从测站管理树中选择测站

4.1.1.2　年份选择

通过下拉列表选择。点击下拉列表后,显示年份列表(见图 4-5),从中选择年份;年份列表通过系统设置的常用年份设置功能输入。

4.1.1.3 误操作提示

为防止张冠李戴，在测站或年份变动时，程序都给予警告，警告信息如图4-6所示。

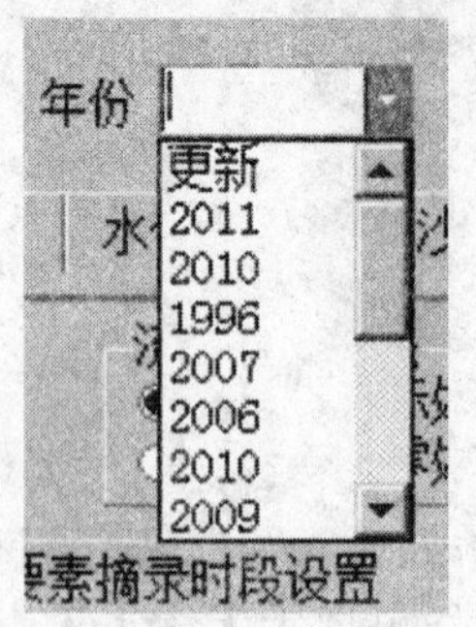

图4-5 年份选择

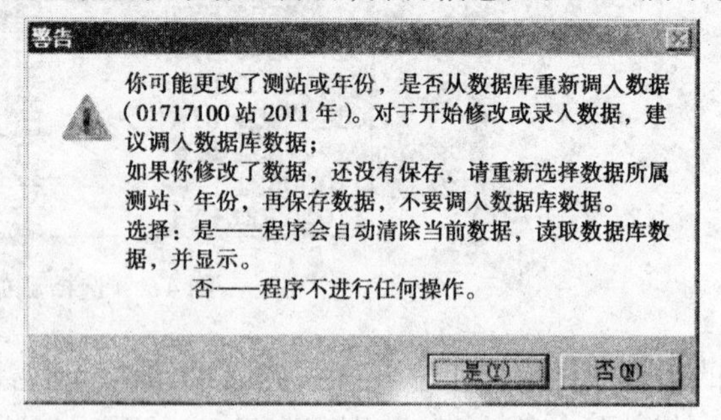

图4-6 警告信息

4.1.2 综合控制信息设置

4.1.2.1 水位小数位设置

该功能为设置水位精度，设置方法是在下拉框中选择一个即可，如图4-7所示。

4.1.2.2 流量处理方法设置

该设置只对多断面(渠道)合成有效，多断面合成时，存在加加减减的现象，因此合成的流量可能为负值，在特殊情况下，需要对负流量进行修正，如图4-8所示。

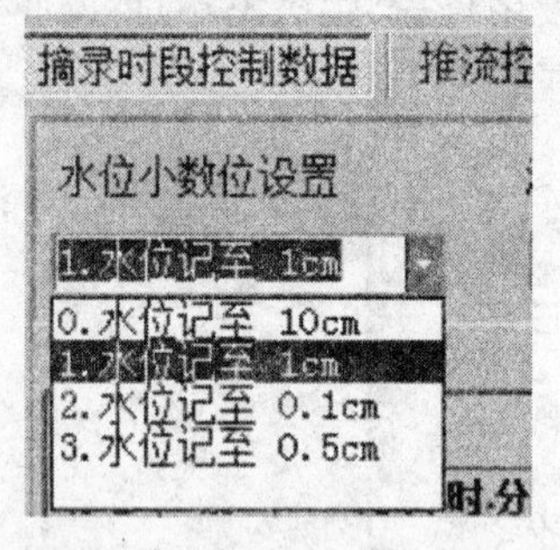

图4-7 水位小数位设置

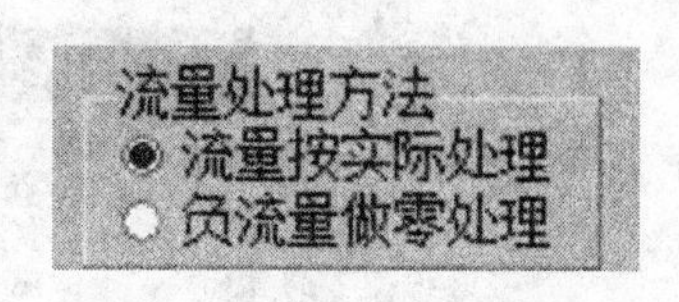

图4-8 流量处理方法设置

本程序支持时段数据处理，在整编时段范围中进行控制。可以通过整编项目设置和输出表项来控制数据处理内容。

4.1.2.3 整编项目设置

整编项目分三项，可以按需要对其中的部分项目进行处理，有三种选择方式。对于水位站只能选第一种，对于流量站可以选前两种，有含沙测验的选择第三种方式，如图4-9所示。

图4-9 整编项目设置

注意：整编项目选择由于基础信息设置一致，如水文站按水位站处理，基础信息的成果输出项目就不能输入流量日表，否则无法正常处理。

4.1.2.4 整编时段设置

在生产中,有时需要对一年中的某个特定时段进行整编,而不是全年,因此需要设置整编时段的开始日期和结束日期,如图4-10所示。程序目前只提供一个时段,程序默认全年。

图4-10 整编时段设置

4.1.2.5 径流量、引沙量调节值设置

径流量调节值:用于从河道中引水、退水的测站数据处理,径流量调节值的单位是立方米,从河道中引水符号为正,如果是退水,数值前加负号,如图4-11所示。

图4-11 径流量、引沙量调节值设置

引沙量调节值输入方法类似。提示:引沙量调节值的单位为吨。

4.1.2.6 需要在基础信息中设置的项目

这些信息是测站的基本属性信息,只需要设置一次,在前面的章节已做说明,这里只对整编处理要求的属性简单介绍。

(1)观测类型:根据需要选择,如图4-12所示。

(2)测站类型:对于水位站、水文站,只选择河道站,如图4-13所示;对于河道断面合成站,要选择河道断面合成,如图4-14所示。

(3)测站站别:选择水位、水文,不要选择其他的,否则会检索不到,如图4-15所示。

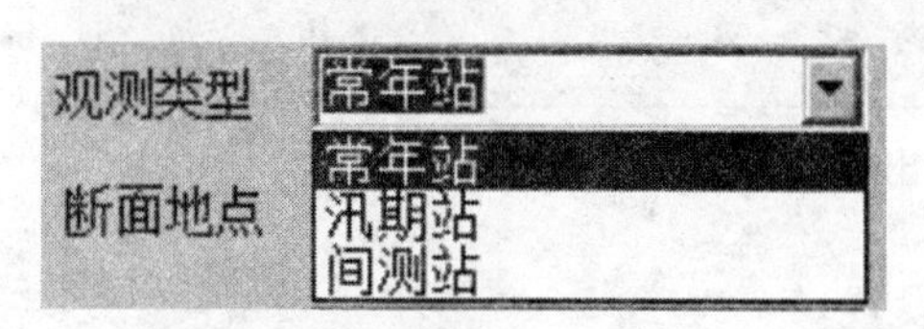

图4-12 观测类型设置

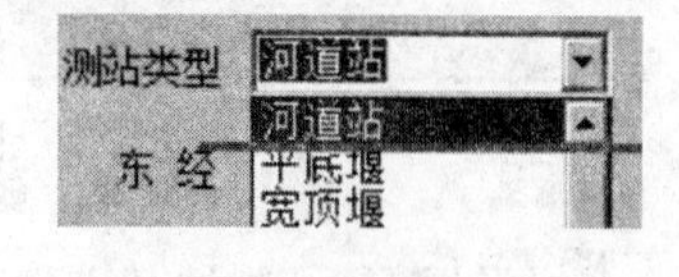

图4-13 测站类型设置(1)

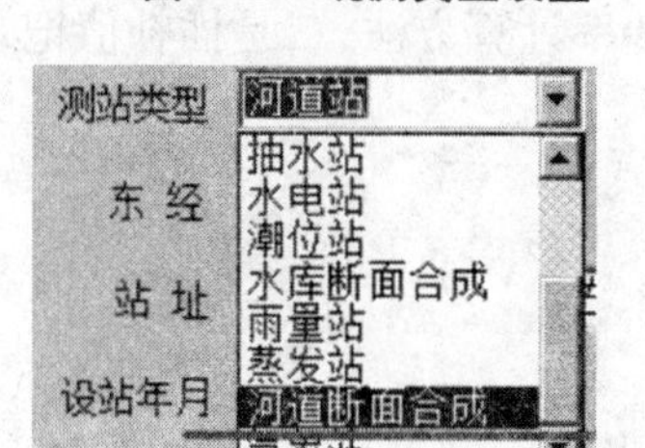

图4-14 测站类型设置(2)

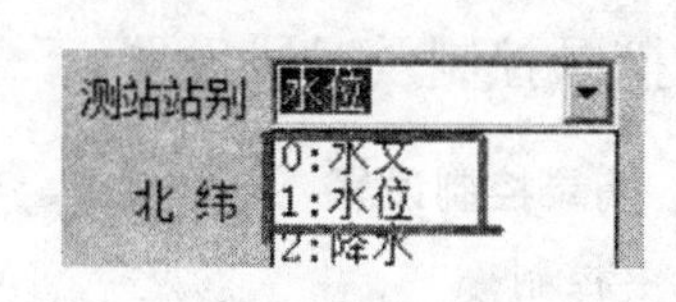

图4-15 测站站别设置

(4)集水面积:在输出的成果表中,某些项目计算需要此数据,如模数类项目,在 集水面积 中填写即可;在测站基础信息第1页中设置。

(5)计量单位信息:在测站基础信息第1页中设置,如图4-16所示。

图4-16　计量单位信息设置

(6)8时记录插补标志:各省区要求不同,对于人为省略数据,需要勾选此项☑无数据日，程序自动插补8时水位。

(7)水体载体类型:在水位、含沙量日表中,需要此项水体载体类型 河道。

(8)输出项目设置:本次处理需要输出哪些项目,需要在这里设置,如图4-17所示。设置项目要与"4.1.2.3 整编项目设置"一致。

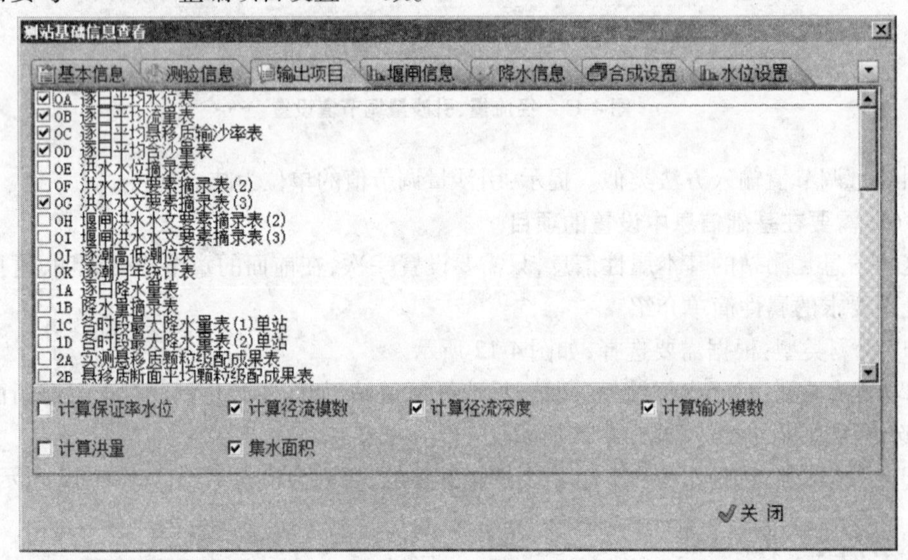

图4-17　输出项目设置

(9)水位设置:参见测站基础信息中水位设置。

4.1.2.7　需要在系统设置中配置的项目

需要在系统设置中配置以下项目:一是日平均输沙率计算方法,二是插补值记录的计算方法,如图4-18所示。

4.1.3　摘录控制及时段设置

4.1.3.1　摘录控制设置

1. 变率控制

通过变率来控制摘录数据的密度,一般设置变率为0.40,见图4-19。

2. 变幅控制

当水位持续上升或下降,变化量超过一定程度时,进行水位摘录,见图4-19。

备注:如果不需要变幅参与摘录控制,则不要输入数据。

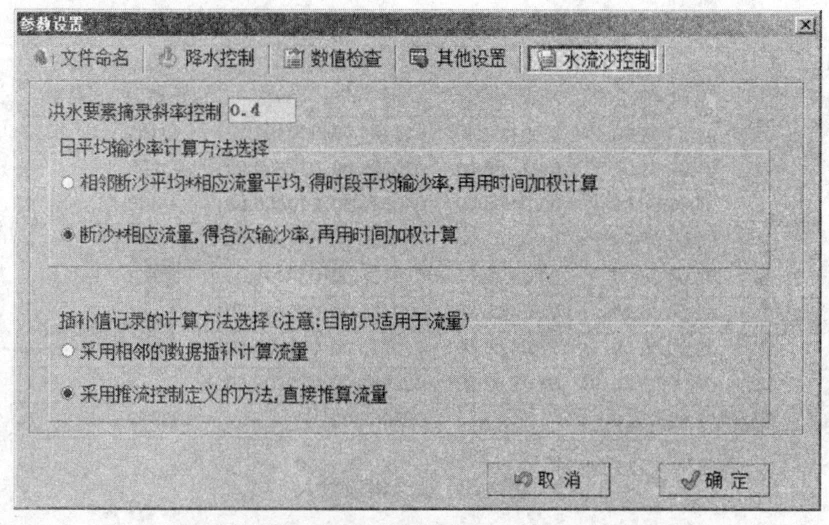

图 4-18　需要在系统设置中配置的项目

图 4-19　变率控制和变幅控制

3. 不摘录自动恢复的记录

如果勾选 □ 不摘录程序自动恢复的8时数据,则不对程序恢复的记录摘录,该选项与 □ 无数据日,程序自动插补8时水位相对应。

➢ □ 不摘录程序自动恢复的8时数据位置:数据加工－特殊要求页,见图 4-20。

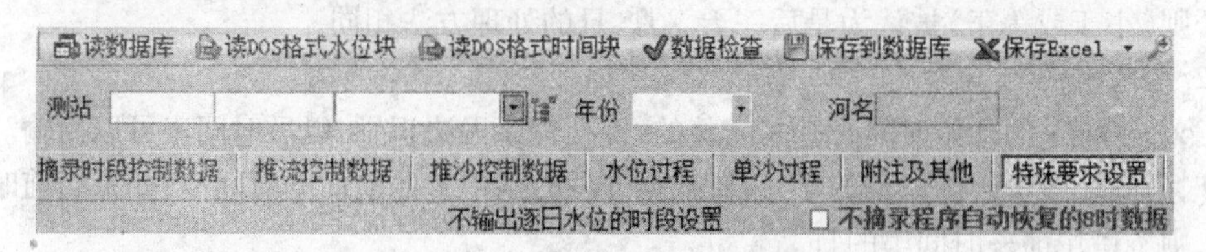

图 4-20　控制信息设置所在位置(1)

➢ □ 无数据日,程序自动插补8时水位位置:测站信息管理－测验信息页,见图 4-21。

图 4-21　控制信息设置所在位置(2)

4.1.3.2　摘录时段设置

1. 输入格式

输入格式包括开始时间、结束时间。程序按简输法设计,见图 4-22。

水位及洪水要素摘录时段设置							
标志	时段	常规格式		整编格式		输入格式	
		月.日.时.分	月.日.时.分	开始	结束	开始	结束
	1	01.01:01.00	01.01:01.30	010101.00	010101.30	10101	.30
	2	01.02:08.00	01.03:00.00	010208.00	010300.00	208	0
	3	01.03:08.00	01.04:00.00	010308.00	010400.00	308	0
	4	01.04:08.00	01.05:00.00	010408.00	010500.00	8	0
	5	01.04:08.00	01.04:08.03	010408.00	010408.03	[illegible]	[illegible]
	6	02.04:08.00	02.04:08.30	020408.00	020408.30	[illegible]	[illegible]
	7	02.05:00.00	02.06:00.00	020500.00	020600.00	[illegible]	[illegible]
	8	02.06:03.00	02.07:02.00	020603.00	020702.00	3	2
	9	09.99:62.00	. : .	099962.00		99962	0

图 4-22　摘录时段输入

时间格式:时间串标准格式为 mmddhh. mm,即月、日、时、分加分割符点号共 9 位,但是为在数据输入时方便,程序允许简输,简输的数据应能转换为标准格式,否则程序将无法识别。

(1)分钟:如果时间串的分钟为 0,则分割符点号及分钟 0 可以不输。如 1 月 21 日 23 时 0 分,可以输入为:12123,程序会将该时间串转换为 012123. 00 并显示在整编格式一栏;如果分钟为 1 位数,如 3 分钟,则输入 12123. 03;如果分钟为 2 位数,如 30 分钟,则输入 12123. 3 或 12123. 30 皆可。

(2)月、日、时:位于分割符点号前,如果当前的时间串只有时,程序将自动借用前一时间串的月日,如果当前的时大于前一时间串的时,则当前时间串与前一时间串被认为是同一天,否则(小于或等于)被认为是后一天。月、日的处理方法相同。

2. 输入规则

第一个记录的开始时间必须是完整的,否则程序无法识别,以后时间串可以简输。如果当前时间串能够解析为完整的年月日,数据处理时则不参照前面的时间串;如果当前时间串含日,则不借用前一时间串的日。

3. 整编格式

该列数据为程序自动显示,是只读的。

4. 常规格式

该列显示的是分解后的时间串,便于整编人员查看,程序自动处理。

5. 洪特标志列

将制作洪水特征值统计表的列打钩,鼠标点一下为打钩,点两下为去钩。相关内容在小河站部分详细介绍。

4.1.3.3　摘录时段编辑器使用方法

鼠标选择的行(即焦点行)为黄色,鼠标选择的单元格(焦点格)为亮蓝色。在编辑器中定位时,也可以使用上、下、左、右箭头。

(1)修改:只能在输入格式列进行修改(其他四列属性为只读),定位为到错误单元格修改即可。注意:如果修改的单元格后面的时间串是简输的,当前时间串修改后,其后的时间会相应变化,直到一完整时间串为止。

(2)删除:将错误的行删掉。首先定位到错误行,按鼠标右键,程序弹出子菜单,按“删除”即可,见图 4-22。

(3)插入:如果输入时漏掉一行,可以按“插入”(见图 4-22)增加一行,插入的行开始、结束时间默认为 0,整编人员进行修改即可。

(4)编辑器的列宽可以用鼠标进行调整。

(5)编辑器支持自动换行、列的功能,当输入开始时间后,按回车键,焦点格自动移到结束时间列,在结束时间列按回车键,焦点格将自动移动到下一行的开始时间列。这是为方便整编人员提高数据录入速度而设计的。

整编程序的各个模块,如果没有特别说明,都具备时间简输和行列自动变换功能,数据量较大的输入表格还具备横向输入和纵向输入功能。

以后与此相同功能的编辑器不再介绍。

4.1.4 推流控制数据加工

基本步骤:先加工推流时段;再对每个时段编入线号;然后对每条线选择推流方法;最后输入每条线的节点数据。

注意:不同的推流时段可以引用相同的曲线(同一线号)。

图 4-23 为推流控制数据输入界面。

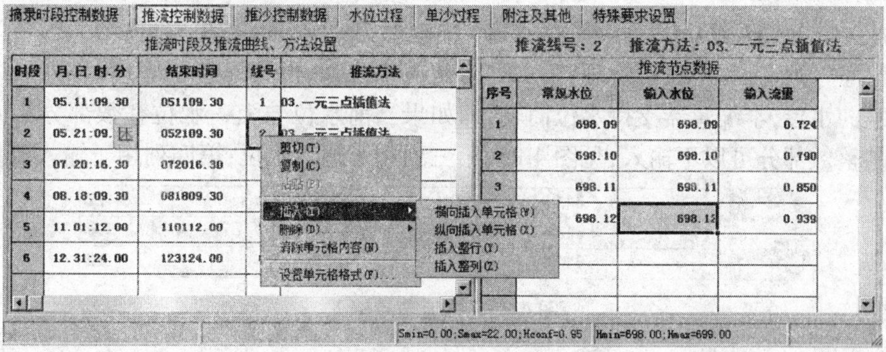

图 4-23 推流控制数据输入界面

4.1.4.1 控制部分

推流方法表格共有 5 列,第一列为时段,由程序自动管理;第二列为结束时间的常规格式(便于查看),由程序自动管理;第三列是输入列,整编人员在这里输入结束时间,支持简输,输入方法同摘录时段;第四列为线号,需人工输入;第五列为推流方法,该列只能进行选择,不能输入。

- 推流方法的确定

推流方法设计为 10 种,已经内置到程序中,不可更改。用鼠标在推流方法一列定位,这时焦点格会变为一个下拉窗口,所有的推流方法都在其中列出,从中选择一个即可,见图 4-24。

注意:对于一行,如果该行的结束时间列或线号列无数据,即使焦点定位到推流方法列,程序也不会弹出下拉窗口,只有在以上两列同时有数据时才能选择推流方法。因此,先输入结束时间,按回车键,再输入线号,用鼠标点击推流方法列,从下拉窗口中选择方法。

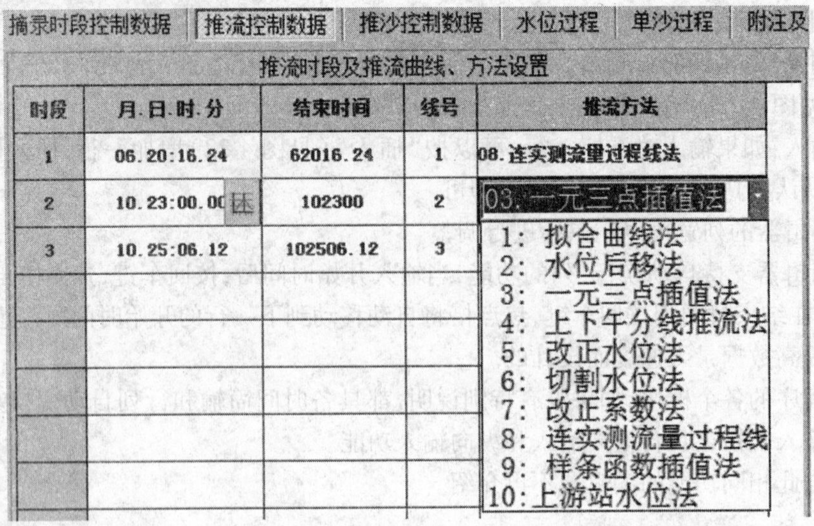

摘录时段控制数据 | 推流控制数据 | 推沙控制数据 | 水位过程 | 单沙过程 | 附注及

推流时段及推流曲线、方法设置

时段	月.日.时.分	结束时间	线号	推流方法
1	06.20:16.24	62016.24	1	08.连实测流量过程线法
2	10.23:00.00	102300	2	03.一元三点插值法
3	10.25:06.12	102506.12	3	

1: 拟合曲线法
2: 水位后移法
3: 一元三点插值法
4: 上下午分线推流法
5: 改正水位法
6: 切割水位法
7: 改正系数法
8: 连实测流量过程线
9: 样条函数插值法
10: 上游站水位法

图 4-24 确定推流方法

提示:在推流时段输入时,请使用竖向录入,在结束时间和线号确定后,再选择推流方法,以上信息确定后,再输入推流节点。

4.1.4.2 节点部分

用鼠标在推流方法中指定一个推流时段,推流节点表格上部会显示当前选择的线号和推流方法,如**推流线号: 45　推流方法: 03. 一元三点插值法**。推流节点表格为4列,第一列为序号列,由程序自动管理;第二列为常规水位列,由程序自动管理,该列只读,用于显示完整的水位,本编辑器支持水位简输,即如果当前水位与上一水位整数部分相同,则当前水位的整数部分可以不输入,见图4-25;第三列用于输入水位;第四列用于输入流量。

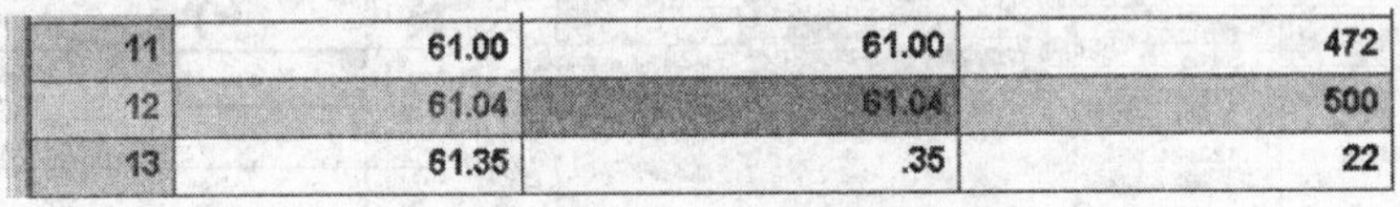

11	61.00	61.00	472
12	61.04	61.04	500
13	61.35	.35	22

图 4-25 推流节点输入

如果后一时段与前一时段的推流节点相同,程序会根据推流线号自动调出推流节点,不用重复输入。

推流节点的删除:在编辑器后两列按鼠标右键,在弹出菜单中选择“删除”即可,见图4-26。

注意:必须是在后两列按鼠标右键。

➜如果是连实测流量过程线法,且最后一个时间是年底,则输入123124.00。

4.1.4.3 推流方法说明

由于推流方法有多种,不同的推流方法要求节点信息不相同,为方便整编人员的数据录入和减少错误,节点信息界面是随推流方法而变化的。下面介绍10种推流方法的相应节点附注信息输入界面。

(1)拟合曲线法:只输入水位、流量节点,如图4-27所示。

(2)水位后移法:如图4-28所示。

推流线号：2　推流方法：03.一元三点插值法

推流节点数据			
序号	常规水位	输入水位	输入流量
1	97.49	97.49	3.84
2	97.51	97.51	
3	97.76	97.76	
4	97.80	97.80	
5	97.88		
6	97.90		
7	97.92	97.92	18.5

剪切(T)
复制(C)
粘贴(P)
插入(I)...
删除(D)
清除单元格内容(N)
设置单元格格式(F)...
横向删除单元格(W)
纵向删除单元格(X)
删除整行(Y)
删除整列(Z)

图 4-26　推流节点的删除

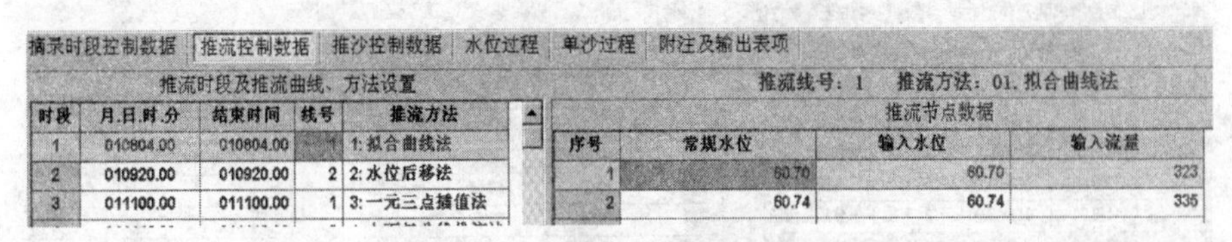

时段	月.日.时.分	结束时间	线号	推流方法
1	010804.00	010804.00	1	1:拟合曲线法
2	010920.00	010920.00	2	2:水位后移法
3	011100.00	011100.00	1	3:一元三点插值法

序号	常规水位	输入水位	输入流量
1	60.70	60.70	323
2	60.74	60.74	335

图 4-27　拟合曲线法

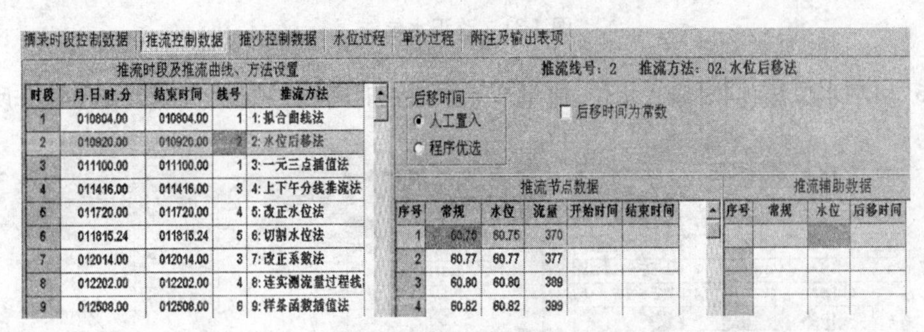

时段	月.日.时.分	结束时间	线号	推流方法
1	010804.00	010804.00	1	1:拟合曲线法
2	010920.00	010920.00	2	2:水位后移法
3	011100.00	011100.00	1	3:一元三点插值法
4	011416.00	011416.00	3	4:上下午分线推流法
6	011720.00	011720.00	4	5:改正水位法
6	011815.24	011815.24	5	6:切割水位法
7	012014.00	012014.00	3	7:改正系数法
8	012202.00	012202.00	4	8:连实测流量过程线
9	012508.00	012508.00	6	9:样条函数插值法

序号	常规	水位	流量	开始时间	结束时间
1	60.75	60.75	370		
2	60.77	60.77	377		
3	60.80	60.80	389		
4	60.82	60.82	399		

序号	常规	水位	后移时间

图 4-28　水位后移法

当后移时间不为常数时，则在推流辅助数据表中要输入水位和后移时间，如图 4-28 所示；当后移时间为常数时，则不需要输入推流辅助信息，但要输入后移时间，如图 4-29 所示。

推流时段及推流曲线、方法设置

推流线号：2　推流方法：02. 水位后移法

后移时间
人工置入
程序优选

后移时间为常数

后移时间(分钟) 30

时段	月.日.时.分	结束时间	线号	推流方法
1	010804.00	010804.00	1	1:拟合曲线法
2	010920.00	010920.00	2	2:水位后移法
3	011100.00	011100.00	1	3:一元三点插值法
4	011416.00	011416.00	3	4:上下午分线推流法
5	011720.00	011720.00	4	5:改正水位法
6	011815.24	011815.24	5	6:切割水位法
7	012014.00	012014.00	3	7:改正系数法
8	012202.00	012202.00	4	8:连实测流量过程线
9	012508.00	012508.00	6	9:样条函数插值法
10	021716.00	021716.00	7	10:上游站水位法
11	022804.00	022804.00	8	03.一元三点插值法
12	030508.00	030508.00	9	03.一元三点插值法
13	030620.00	030620.00	10	03.一元三点插值法

推流节点数据					
序号	常规	水位	流量	开始时间	结束时间
1	60.75	60.75	370		
2	60.77	60.77	377		
3	60.80	60.80	389		
4	60.82	60.82	399		
5	60.84	60.84	409		
6	60.88	60.88	432		
7	60.90	60.90	445		
8	60.92	60.92	458		

图 4-29　输入后移时间

图 4-29 中的时间为测流开始时间、结束时间。

(3)一元三点插值法：同拟合曲线法。

(4)上下午分线推流法:需要输入分界时和推流节点,如图 4-30 所示。

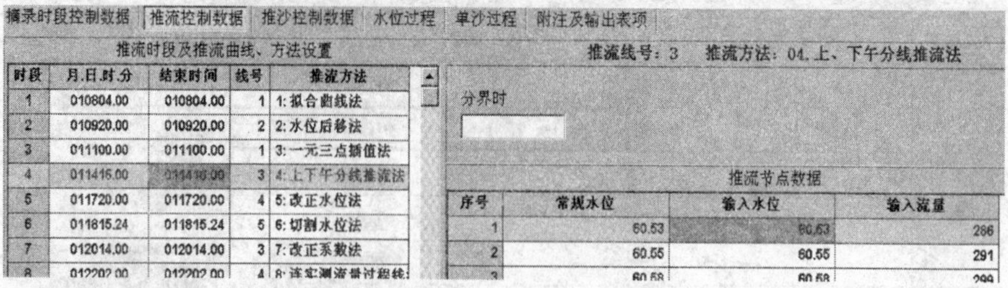

摘录时段控制数据 | 推流控制数据 | 推沙控制数据 | 水位过程 | 单沙过程 | 附注及输出表项

推流时段及推流曲线、方法设置

时段	月.日.时.分	结束时间	线号	推流方法
1	010804.00	010804.00	1	1:拟合曲线法
2	010920.00	010920.00	2	2:水位后移法
3	011100.00	011100.00	1	3:一元三点插值法
4	011416.00	011416.00	3	4:上下午分线推流法
5	011720.00	011720.00	4	5:改正水位法
6	011815.24	011815.24	5	6:切割水位法
7	012014.00	012014.00	3	7:改正系数法
8	012202.00	012202.00	4	8:连实测流量过程线

推流线号:3　推流方法:04.上、下午分线推流法

分界时

推流节点数据

序号	常规水位	输入水位	输入流量
1	60.53	60.53	286
2	60.55	60.55	291
3	60.58	60.58	299

图 4-30　上、下午分线推流法

(5)改正水位法:同时输入水位、流量节点和改正时间、改正水位数据,如图 4-31 所示。

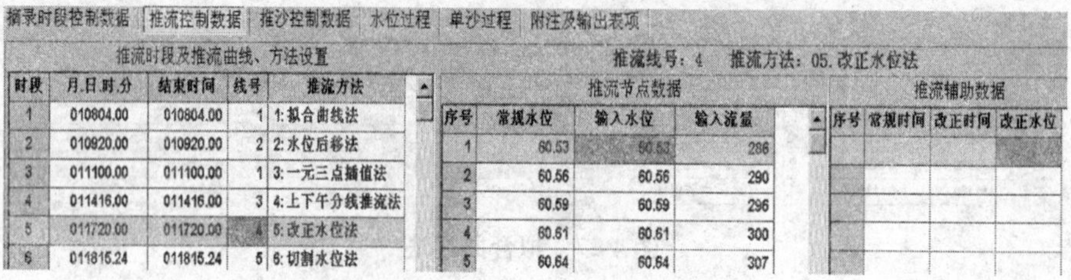

摘录时段控制数据 | 推流控制数据 | 推沙控制数据 | 水位过程 | 单沙过程 | 附注及输出表项

推流时段及推流曲线、方法设置

时段	月.日.时.分	结束时间	线号	推流方法
1	010804.00	010804.00	1	1:拟合曲线法
2	010920.00	010920.00	2	2:水位后移法
3	011100.00	011100.00	1	3:一元三点插值法
4	011416.00	011416.00	3	4:上下午分线推流法
5	011720.00	011720.00	4	5:改正水位法
6	011815.24	011815.24	5	6:切割水位法

推流线号:4　推流方法:05.改正水位法

推流节点数据

序号	常规水位	输入水位	输入流量
1	60.53	60.53	286
2	60.56	60.56	290
3	60.59	60.59	296
4	60.61	60.61	300
5	60.64	60.64	307

推流辅助数据

序号	常规时间	改正时间	改正水位

图 4-31　改正水位法

(6)切割水位法:同时输入水位、流量节点和改正时间、切割水位数据,如图 4-32 所示。

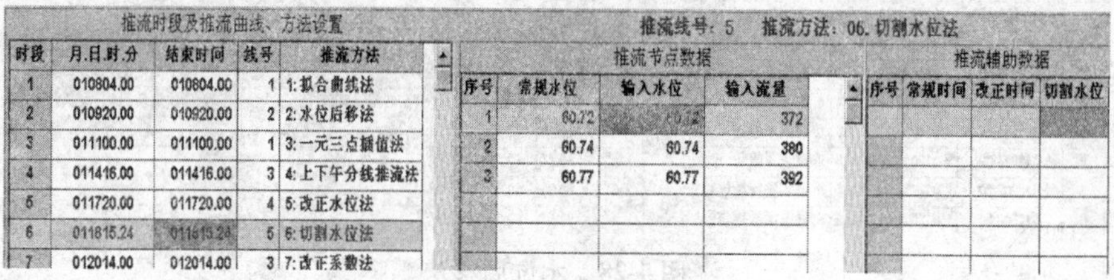

推流时段及推流曲线、方法设置

时段	月.日.时.分	结束时间	线号	推流方法
1	010804.00	010804.00	1	1:拟合曲线法
2	010920.00	010920.00	2	2:水位后移法
3	011100.00	011100.00	1	3:一元三点插值法
4	011416.00	011416.00	3	4:上下午分线推流法
5	011720.00	011720.00	4	5:改正水位法
6	011815.24	011815.24	5	6:切割水位法
7	012014.00	012014.00	3	7:改正系数法

推流线号:5　推流方法:06.切割水位法

推流节点数据

序号	常规水位	输入水位	输入流量
1	60.72	60.72	372
2	60.74	60.74	380
3	60.77	60.77	392

推流辅助数据

序号	常规时间	改正时间	切割水位

图 4-32　切割水位法

(7)改正系数法:同时输入水位、流量节点和改正时间、改正系数数据。

注意:推流节点集合跟着线号走,即不同的时段可以共享同一曲线,但是推流辅助节点集合(如改正水位、切割水位、改正系数)并不绑定到线号上,对这一点程序作如下考虑:因为不同的时段即使共用同一曲线,其改正数也可能存在差别,因此程序设计改正集合跟着时段走。这一方案会带来一些不便,如删除了某个时段,该时段对应的改正数集合会绑定到其下一时段上,实际上,改正数集合的时段号并没有改变,而是推流时段向上移动了一行。因此,整编人员在删除或增加时段时,需要修改辅助节点集合(可以先加工推流时段,然后再加工节点)。

(8)连实测流量过程线法:节点部分输入时间和流量数据,时间可以简输,由程序自动转换,如图 4-33 所示。

注意:最后一个节点的时间如果是次年 1 月 1 日 0 时,必须输入 123124:00,不得输入其他数值,其他部分的时间按常规输入即可。

第一个记录的时间串,月、日、时、分要完整,否则处理时无法组成有效时间,其他的时间

摘录时段控制数据 | 推流控制数据 | 推沙控制数据 | 水位过程 | 单沙过程 | 附注及其他 | 特殊要求设置

推流时段及推流曲线、方法设置

时段	月.日.时.分	结束时间	线号	推流方法
1	03.15:09.30	31509.	1	08.连实测流量过程线法
2	04.30:17.00	43017	2	03.一元三点插值法
3	05.05:08.00	50508	3	03.一元三点插值法
4	05.18:01.00	51801	4	08.连实测流量过程线法
5	05.25:17.00	52517	5	03.一元三点插值法
6	05.27:10.30	52710.3	6	03.一元三点插值法
7	05.31:22.00	53122	7	03.一元三点插值法
8	06.15:13.00	61513	8	03.一元三点插值法
9	06.30:12.00	63012	9	03.一元三点插值法
10	08.01:23.30	80123.3	10	03.一元三点插值法

推流线号: 1 推流方法: 08.连实测流

推流节点数据

序号	常规时间	输入时间	输入流量
1	010100.00	10100	2.19
2	010210.20	10210.2	2.02
3	010710.00	10710	2.32
4	011211.00	11211	1.73
5	011711.30	11711.3	1.66
6	012211.00	12211	1.82
7	012710.50	12710.5	1.70
8	020110.40	20110.4	2.00
9	020610.00	20610	1.84
10	021111.00	21111	1.48

图 4-33 连实测流量过程线法

记录可以进行简输(同水位过程),程序自动补齐省略的数据,补齐数据放于第二列,在第二列按回车键时触发刷新事件(堰闸站程序也如此)。

(9)样条函数插值法:节点部分输入水位和流量数据。

(10)上游站水位法:输入水位、流量、测流起止时间数据,同时要输入上游站码,如图 4-34所示。

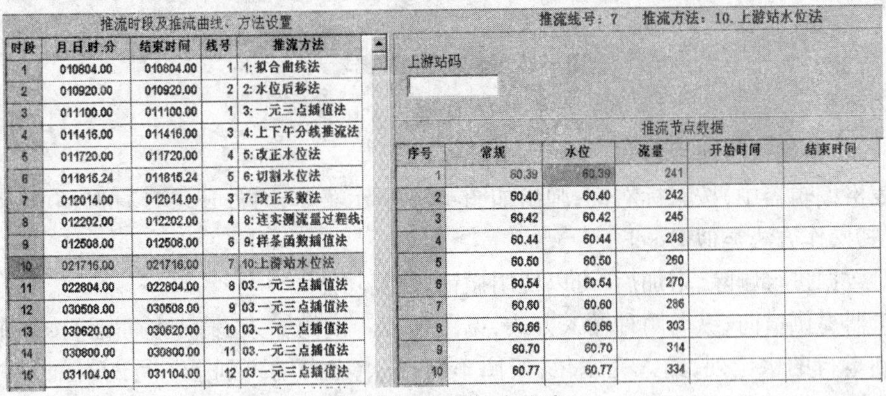

推流时段及推流曲线、方法设置

时段	月.日.时.分	结束时间	线号	推流方法
1	010804.00	010804.00	1	1:拟合曲线法
2	010920.00	010920.00	2	2:水位后移法
3	011100.00	011100.00	1	3:一元三点插值法
4	011416.00	011416.00	3	4:上下午分线推流法
5	011720.00	011720.00	4	5:改正水位法
6	011815.24	011815.24	5	6:切割水位法
7	012014.00	012014.00	3	7:改正系数法
8	012202.00	012202.00	4	8:连实测流量过程线
9	012508.00	012508.00	6	9:样条函数插值法
10	021716.00	021716.00	7	10:上游站水位法
11	022804.00	022804.00	8	03.一元三点插值法
12	030508.00	030508.00	9	03.一元三点插值法
13	030620.00	030620.00	10	03.一元三点插值法
14	030800.00	030800.00	11	03.一元三点插值法
15	031104.00	031104.00	12	03.一元三点插值法

推流线号: 7 推流方法: 10.上游站水位法

上游站码

推流节点数据

序号	常规	水位	流量	开始时间	结束时间
1	60.39	60.39	241		
2	60.40	60.40	242		
3	60.42	60.42	245		
4	60.44	60.44	248		
5	60.50	60.50	260		
6	60.54	60.54	270		
7	60.60	60.60	286		
8	60.66	60.66	303		
9	60.70	60.70	314		
10	60.77	60.77	334		

图 4-34 上游站水位法

4.1.4.4 编辑器功能

编辑器具备增加、删除(按鼠标右键,在弹出菜单中选择)、自动行列变换等功能,参照摘录时段的输入。

注意:推流节点表格只显示当前推流曲线的节点,而不是显示所有节点;用鼠标定位到哪一个推流时段,则推流节点表格就显示哪个推流时段(该段的曲线)的节点。

另外,推流方法改变后,节点数据并不同时刷新,节点的刷新,需要在节点的加工表格中按回车键触发。

4.1.5 推沙控制数据加工

与推流控制数据加工相同,参照上文。

4.1.6　水位过程数据加工

水位过程数据加工能够完成实时图形绘制、特殊水情、顺逆流加工、编辑器的撤销和恢复等多种功能。

表格编辑器中水位过程数据可以有三种来源：一是从数据库中读取，二是从文本文件导入，三是在本编辑器中直接输入，见图4-35。

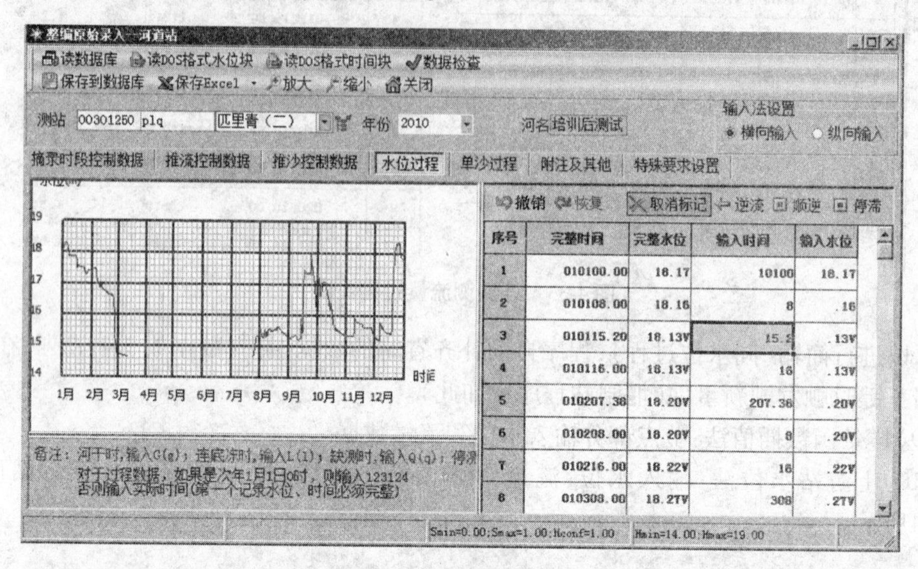

图4-35　水位过程数据输入

4.1.6.1　表格编辑器使用方法

在表格编辑器中，按鼠标右键，弹出如图4-36所示菜单，另外还可进行选择、移动、复制等操作，其操作方法类似Excel。

在对数据进行删除、增加后，可以使用撤销、恢复功能。

编辑器提供横向、纵向两种输入方式，见图4-37。横向输入：输入时间后，按回车键，焦点则跳到本行的水位列，输入完水位，按回车键，焦点则自动跳到下一行的时间列，如此反复。纵向输入：输入一个数据后，按回车键，焦点自动跳到本列下一行的单元格。

在输入数据时，不要使用鼠标变换位置，要使用回车键，每输入一个数据，按一次回车键，则输入焦点会自动定位到下一个要输入的单元格。

编辑器有5列，第一列为序号列，由程序自动管理；第二、三列分别为完整格式的时间、水位数据，它们是由第四、五列的数据转换而来的，也是由程序自动管理的；第四、五列为输入列，见图4-36。

4.1.6.2　时间格式

支持简输，同传统DOS整编时间格式，如图4-38中第二列为左边第四列程序自动转换的完整时间数据。

4.1.6.3　正常水位数据加工方法

系统支持水位录入的智能判断，判断原则是根据基础信息中水位的整数部分、小数部分

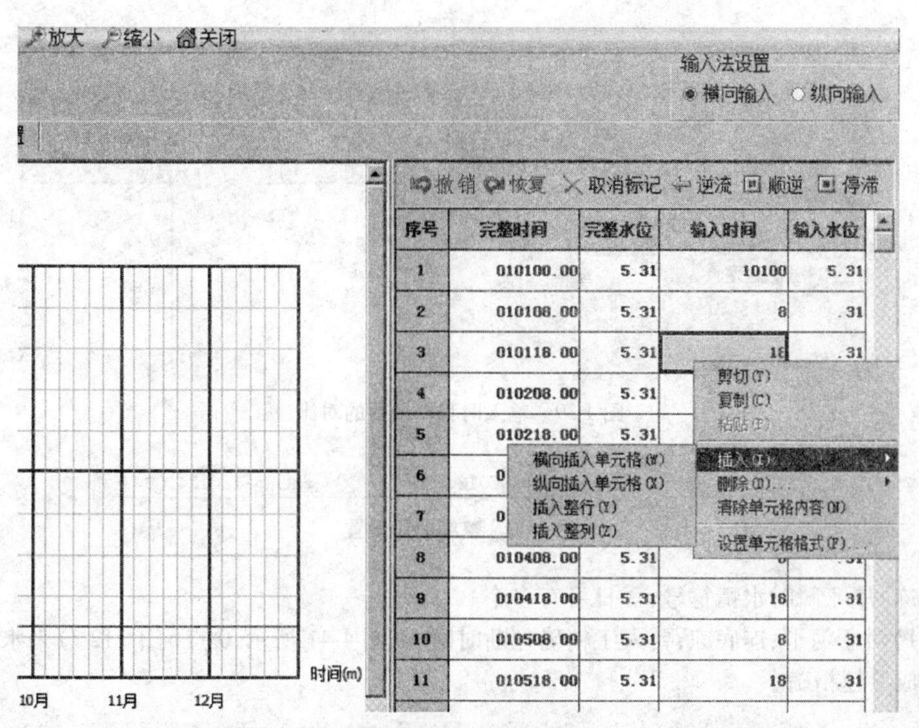

图 4-36 表格编辑器

长度设置进行判断。如果当前水位长度不够,程序自动根据规则将水位补齐,图 4-39 为输入时、转换后的对比。图 4-39 中,没有输入整数部分,程序自动使用上一完整数据的整数部分。

图 4-37 输入法设置

如果最后一个时间是年底,则输入 123124.00,见图 4-40。

903	092620.00	1240.75	20	.75
904	092708.00	1240.82	8	.82
905	092714.00	1241.01	14	1241.01
906	092720.00	1240.99	20	1240.99
907	092808.00	1240.86	8	.86

图 4-38 时间格式

4.1.6.4 特殊水情加工方法

特殊水情包括按规定停测(E)、缺测(Q)、河干(G)、连底冻(L)四种,在实际数据处理过程中还有一种水情符号 W,在计算时段范围外的日,程序都将其置为 W,即对该日不进行任何处理,该水情符号由程序处理,禁止输入,如果水位过程的范围超出了计算时段范围,超出部分将作为 W 水情处理,非汛期部分的水情程序自动做 W 处理。

程序在制作成果表时,如果发现某日停测,则不输出数据,保留空白。

注意事项:Q(缺测)、E(停测)为日水情符号,一日只输入一个记录即可。G(河干)、L

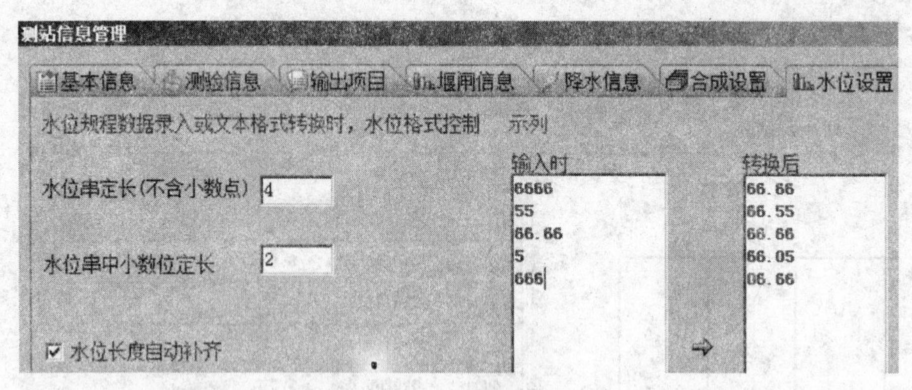

图 4-39　输入时和转换后的对比

整编时段设置　开始日期 060100.00　结束日期 123124.00

图 4-40　整编时段设置

(连底冻)属于瞬时水情符号,一日可有多个。

(1)对于河干、连底冻,要人工精确判断时间,如图 4-41 所示,0 点河干,12 分来水,时间越短,成果越精确。

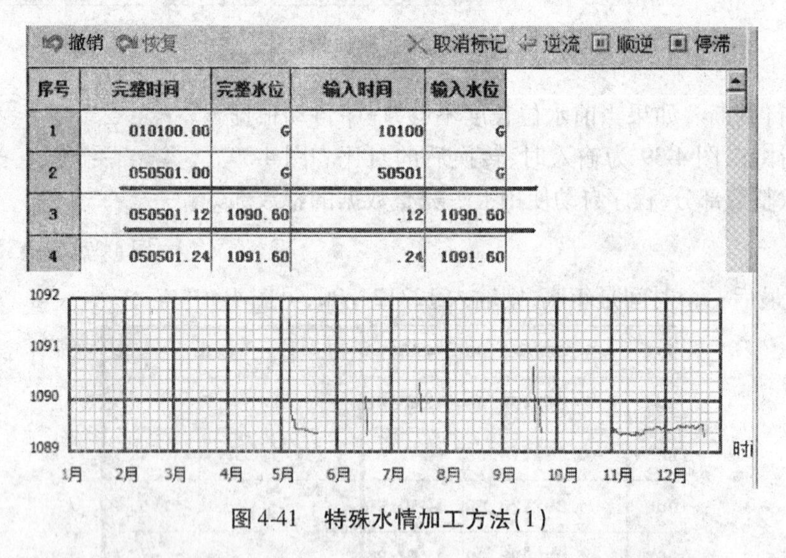

序号	完整时间	完整水位	输入时间	输入水位
1	010100.00	G	10100	G
2	050501.00	G	50501	G
3	050501.12	1090.60	.12	1090.60
4	050501.24	1091.60	.24	1091.60

图 4-41　特殊水情加工方法(1)

(2)如图 4-42 所示,2 月 19 日到 3 月 3 日为缺测。对于缺测、停测,只输入两个端点记录即可。

26	021900.00	335.70	21900.00	335.70
27	021908.00	Q	21908.00	Q
28	030308.00	Q	30308.00	Q
29	030400.00	335.76	30400.00	335.76

图 4-42　特殊水情加工方法(2)

(3)按规定停测的,输入时需要注意以下事项:

➢ 如果没有勾选 □ 无数据日，程序自动插补8时水位 ，同时在水位过程中也没有该时段的记录，则程序按规定停测处理这段时间的数据。

如图 4-43 所示，2 月 8 日、9 日按停测处理。

4	020710.00	335.75	20710.00	335.75
5	021008.00	335.88	21008.00	335.88

图 4-43　特殊水情加工方法(3)

➢ 如果勾选了 ☑ 无数据日，程序自动插补8时水位 ，则程序自动插补 2 日数据，按有数据处理。

对于连续特殊水情的时段，在数据加工时，可以只输入两个端点(至少)，中间部分省略。

(4) 对于常年站，如果水位记录中有缺测符号(-)，年平均水位输出为"-"；如果没有缺测符号，即使记录不全，也按空白输出。

4.1.6.5　顺逆流符号加工方法

流态符号(V,N,X)应在输入水位记录后，再进行标记。程序根据该标志，在水位日表标记流态符号，操作如下：

用鼠标在编辑器中选择一个区域，按相应的流态标记按钮，则在水位后自动加上标记符号，图 4-44 为按 逆流 前后对比情况。

流态标记按钮

撤销　恢复　取消标记　逆流　顺逆　停流

序号	完整时间	完整水位	输入时间	输入水位
10	010408.00	18.31	408	.31
11	010416.00	18.30	16	.30
12	010508.00	18.26	508	.26
13	010516.00	18.23	16	.23
14	010608.00	18.19	608	.19
15	010616.00	18.15	16	.15
16	010708.00	17.92	708	17.92
17	010716.00	17.85	16	.85
18	010808.00	17.89	808	.89
19	010816.00	17.91	16	.91

撤销　恢复　取消标记　逆流　顺逆　停

序号	完整时间	完整水位	输入时间	输入水位
10	010408.00	18.31	408	.31
11	010416.00	18.30V	16	.30V
12	010508.00	18.26V	508	.26V
13	010516.00	18.23V	16	.23V
14	010608.00	18.19V	608	.19V
15	010616.00	18.15V	16	.15V
16	010708.00	17.92V	708	17.92V
17	010716.00	17.85V	16	.85V
18	010808.00	17.89V	808	.89V

图 4-44　按 逆流 前后对比情况

对选择区域记录，按 取消标记，则恢复到正常状态。

4.1.6.6　水位数据省略部分恢复方法

如果在基础信息中勾选了 ☑ 无数据日，程序自动插补8时水位 ，则在有水情况下如果水位在一段时间内变化为直线，可以只输入两个端点，程序自动对该段时间内的每天插补一个数据；如果不勾选，则按规定停测处理。

如图 4-45 所示，只输入年初、年末两个记录，程序自动插补全年数据。

4.1.6.7　高程系统改正方法

高程系统有两种改正方法，如图 4-46 所示。

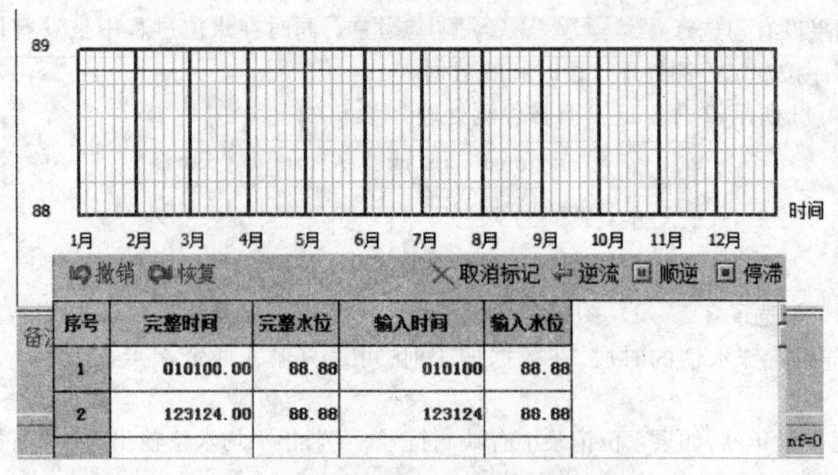

图 4-45　水位数据省略部分恢复方法

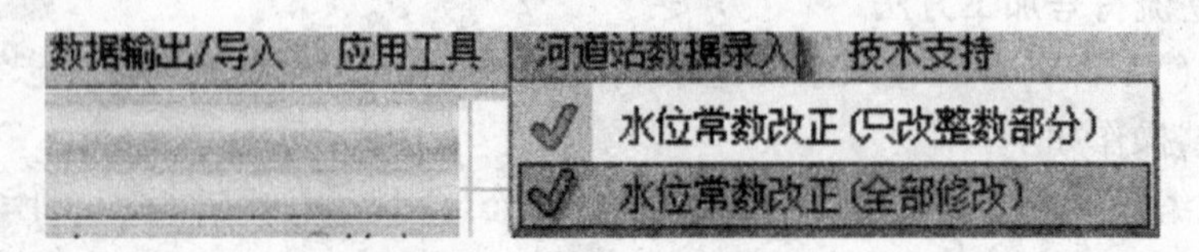

图 4-46　高程系统改正方法

1. 只修改整数部分

由于加工数据时，某些记录可能只输入了小数部分，而没有整数，这时，程序只对有整数位的记录进行修整。

由菜单 水位常数改正(只改整数部分) 进入。

2. 修改全部数据

由菜单 水位常数改正(全部修改) 进入。程序对全部水位自动改正。如图 4-47 所示，对所有水位降低 1.22 m。

图 4-47　修改全部数据

4.1.6.8　水位整数部分变长加工方法

本系统支持水位录入的智能判断，判断原则是根据水位的整数部分、小数部分的固定设置进行判断。但是个别测站情况特殊，如沿海地区的水位变幅可能在 8 ~ 12 m，即整数部分可能是 1 位，也可能是 2 位；再如内陆地区的水位变幅可能在 98 ~ 102 m，即整数部分可能是 2 位，也可能是 3 位。对于该种情况，可用以下方法：

(1) 在基础信息中，设置水位整数部分长度为最短长度，如上面第一种情况设为 1 位，第二种情况设为 2 位。

(2)在水位过程录入以前,先将水位进行改正,如上面两种情况,都减去5,则整数部分长度,对于第一种情况为1位,对于第二种情况为2位。

(3)在按上面的要求录入数据后,再进行一次改正,即输入水位改正数,改正到正确数值,如图4-48所示。

4.1.6.9 水位过程省略数据补齐

如果水位数据连续多个相同,可以只输入第一个,然后按如图4-49所示的菜单,则程序自动补齐。

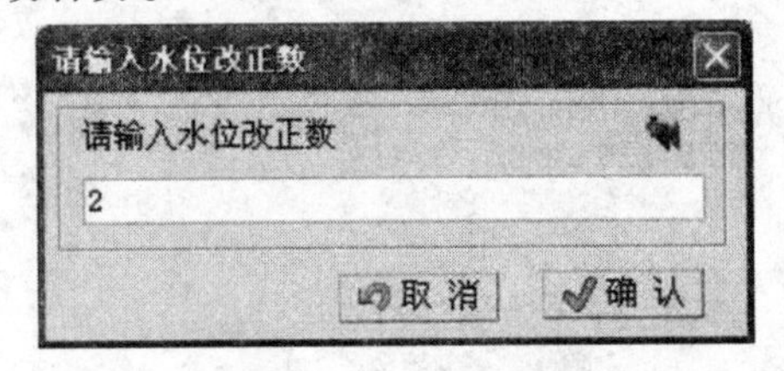

图4-48 输入水位改正数

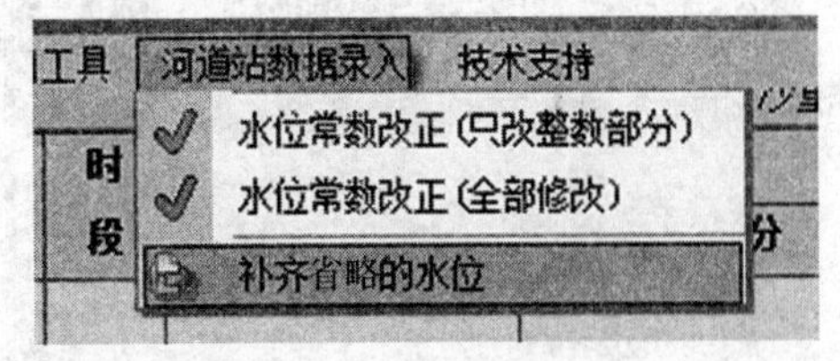

图4-49 补齐省略的水位

4.1.7 绘图

程序提供水位过程、沙量过程的实时绘图功能,程序根据过程自动调整图幅大小,支持图形放大、缩小功能,如图4-50所示。

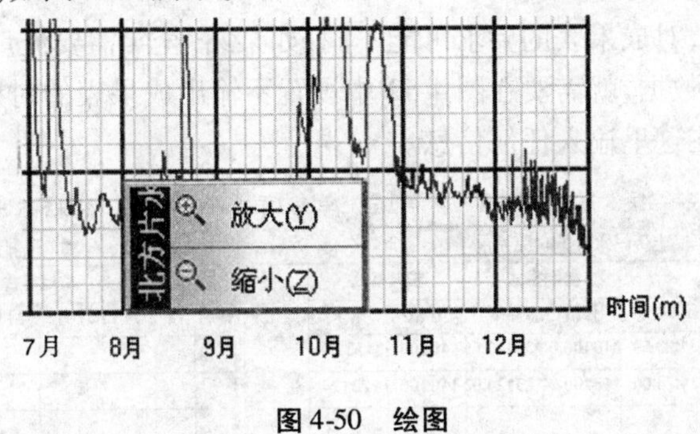

图4-50 绘图

4.1.8 沙量过程数据加工

输入法与水位过程相同,编辑器操作也相同。

注意事项:

- 沙量过程只输入实测记录,没有观测,则不输入。
- 如果水沙过程不匹配,程序将采用平移(如果年初、年末没有沙量记录,程序采用平移;对于中间过程,如中间有河干,对于落水段,如果没有输入临界点含沙量,程序采用落水段最后的一个含沙量向时间大的方向平移,对于涨水段,如果没有输入临界点含沙量,程序采用涨水段的第一个含沙量向时间小的方向平移;如果输入了临界点0,程序则采用插补的方法插补各水位记录相应时间的含沙量)的方法处理含沙量。
- 在沙量过程中,河干G、连底冻L、停测E、缺测Q等水情符号是禁止输入的。
- 如果最后一个时间是年底,则输入123124.00。

4.1.9 附注信息加工

附注包括4个逐日表、水文要素摘录表、小河站特征值统计表共6项，如图4-51所示。

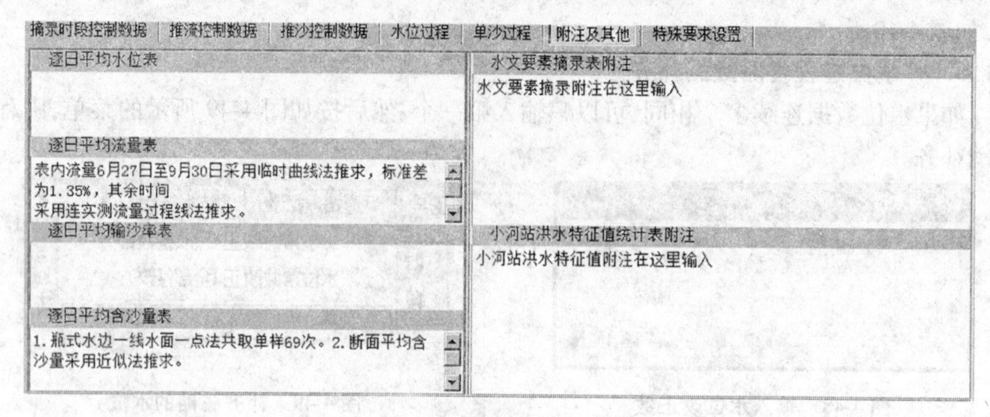

图4-51 附注信息加工

注意：小河站洪水特征值统计表的制作在小河站部分进行，附注在图4-51中输入。

4.1.10 特殊要求设置

对于简化测验站，对成果表的要求可能不同，如某站，全年需要流量，但是水位、含沙量、输沙率只要几个月的数据，就需要在图4-52中设置不输出成果表的时段。对于全年都输出成果的测站，不需要在这里输入任何信息。

摘录时段控制数据 | 推流控制数据 | 推沙控制数据 | 水位过程 | 单沙过程 | 附注及其他 | 特殊要求设置

不输出逐日水位的时段设置

洪特标志	时段	常规格式		整编格式		输入格式	
		月.日.时.分	月.日.时.分	开始	结束	开始	结束
	1	01.01:00.00	03.31:23.59	010100.0	033123.5	10100	3123.59
	2	11.01:00.00	12.31:24.00	110100.0	123124.0	110100	123124

不输出逐日流量的时段设置

洪特标志	时段	常规格式		整编格式	
		月.日.时.分	月.日.时.分	开始	结

不输出逐日含沙量的时段设置

洪特标志	时段	常规格式		整编格式		输入格式	
		月.日.时.分	月.日.时.分	开始	结束	开始	结束
	1	01.01:00.00	03.31:23.59	010100.0	033123.5	10100	3123.59
	2	11.01:00.00	12.31:24.00	110100.0	123124.0	110100	123124

不输出逐日输沙率的时段设置

洪特标志	时段	常规格式		整编格式	
		月.日.时.分	月.日.时.分	开始	结
	1	01.01:00.00	03.31:23.59	010100.00	0331
	2	11.01:00.00	12.31:24.00	110100.00	1231

图4-52 特殊要求设置

注意：年、月度资料不全时，水文要素的极值可能不是真实的，因此需要整编人员干预；如果不干预，程序对最大值不加括号，只对最小值加括号，这主要考虑到最大值漏测的可能性较小，而最小值有可能观测不到。操作方法：将相应检测框打钩即可，见图4-53。

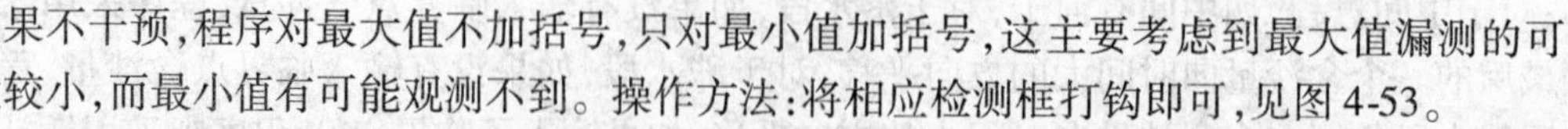

年资料不全时，日表年统计最大值加括号： ☐ 水位 ☐ 流量 ☐ 含沙量 ☐ 输沙率

图4-53 检测框

4.1.11　外部数据导入

如果推流时段数据、推流节点数据来自外部,可以通过导入功能,将数据导到编辑器中。功能位置在菜单中,如图 4-54 所示。

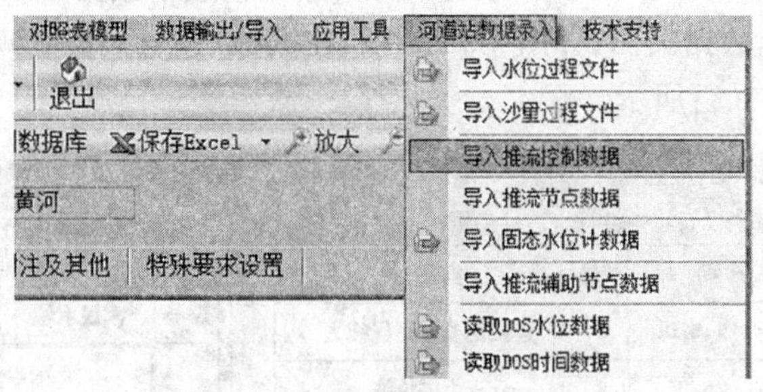

图 4-54　外部数据导入菜单

外部数据要求文本格式,字段间以空格或半角逗号分隔,结构最好与编辑器布局一致,如果不一致,在数据导入后,可以通过编辑器的列复制、剪切、移动等功能进行调整。

4.1.11.1　DOS 压缩数据的读取

功能:读取旧整编程序的 DOS 压缩格式数据,目前本功能基本不再使用。

(1)数据要求:DOS 数据中连底冻为 -6 或 L,河干为 -8 或 G,不能为其他符号。

(2)处理方法:将水位数据块、时间数据块复制出来,形成两个记事本文件。

注意:先读取水位数据块,然后再读取时间块,程序需要水位数据做参照来解压时间。

功能位置:见图 4-54 中的"读取 DOS 水位数据"和"读取 DOS 时间数据"。

注意:本功能不仅可以读取压缩格式数据,也可以读取非压缩格式数据。本方法与导入水位过程文件不同,水位过程文件要求时间、水位两要素都有。

4.1.11.2　导入固态水位计数据

使用本功能前,应先在系统设置 - 固态数据格式设置中,定义水位数据相应的解析格式。

首先通过打开文件对话窗口选择数据文件,选择一个数据格式,如图 4-55 所示。

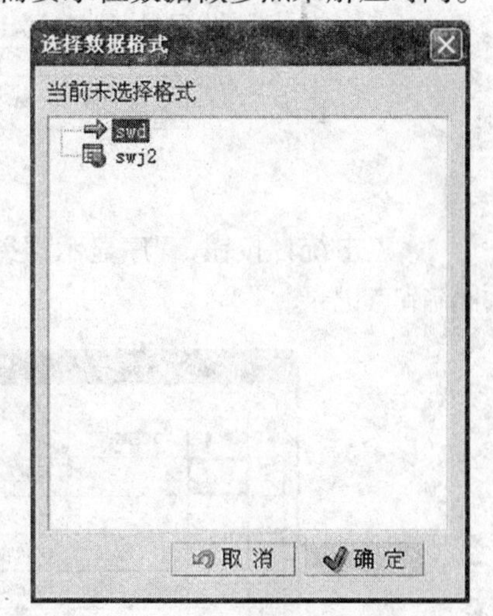

图 4-55　选择数据格式

然后程序采用定义的规则对数据文件解析,形成水位过程数据,这时记录量很大,程序采用以下规则再对数据记录进行筛选,形成水位过程数据,并最终写入编辑器中,按回车键确认,即完成操作。

第一次过滤:如果当前记录 Rc 不是 0、2、8、12、20 点记录,并且 Rc 与前后两个记录的水位都相同,则记录 Rc 就被过滤掉。

第二次过滤:如果是峰、谷、平头拐点、0、2、8、12、20 时记录,则程序保留;如果是持续上涨或下降,当变幅超过 3 cm 时则保留。其他的点则过滤掉。

具体内容参见"2.2 固态存储数据格式设置"。

4.1.12 水位流量关系曲线检验

水位流量关系曲线检验功能在推流时段与方法设置中实现。操作步骤：

- 要实现本功能，需要事先录入本站年的实测流量成果数据。
- 进入推流控制数据页面，如图 4-56 所示，在鼠标焦点行，会出现一个正态分布曲线按钮，如图 4-56 中第 6 行所示。

摘录时段控制数据 | 推流控制数据 | 推沙控制数据 | 水位过程 | 单沙过程 | 附注及其他 | 特殊要求设置

推流时段及推流曲线、方法设置

时段	月.日.时.分	结束时间	线号	推流方法
1	06.27:15.06	62715.06	1	08.连实测流量过程线法
2	06.28:20.00	2820	2	03.一元三点插值法
3	08.07:23.06	80723.06	3	08.连实测流量过程线法
4	08.14:11.00	1411	5	03.一元三点插值法
5	08.24:00.12	2400.12	6	03.一元三点插值法
6	09.30:20.	93020	5	03.一元三点插值法
7	12.31:24.00	123124	8	08.连实测流量过程线法

推流线号：5　推流方法：03.一元

推流节点数据

序号	常规水位	输入水位	输入流量
1	5.23	5.23	.210
2	5.25	5.25	.331
3	5.27	5.27	.518
4	5.29	5.29	.770
5	5.33	5.33	1.34
6	5.39	5.39	2.48

图 4-56　推流控制数据页面

- 点击推流时段记录，则在第 1 列的右部显示一个统计按钮，如图 4-57 所示。

3	06.30:06.3	63006.3	3	03.一元三点插值法

图 4-57　统计按钮

- 点击统计按钮，程序显示误差统计界面，如图 4-58 所示，在该界面中，程序自动调入推流节点记录。

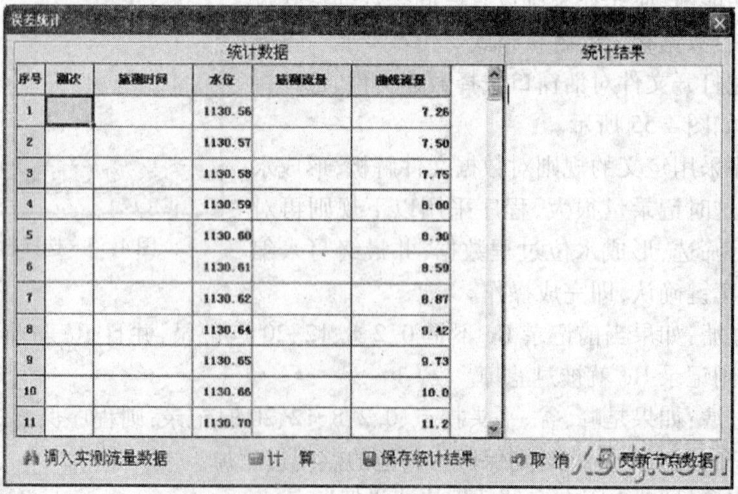

误差统计

统计数据　　统计结果

序号	测次	施测时间	水位	施测流量	曲线流量
1			1130.56		7.26
2			1130.57		7.50
3			1130.58		7.75
4			1130.59		8.00
5			1130.60		8.30
6			1130.61		8.59
7			1130.62		8.87
8			1130.64		9.42
9			1130.65		9.73
10			1130.66		10.0
11			1130.70		11.2

调入实测流量数据　计　算　保存统计结果　取　消　更新节点数据

图 4-58　误差统计界面

● 点击"调入实测流量数据",显示选取实测流量数据界面,如图 4-59 所示。

选取实测流里数据

✓选择　×取消选择

序号	测次	施测时间	水位	施测流量	选择
1	1	0505:13:06	1001.41	0.316	✓
2	2	0505:14:18	1001.38	0.216	
3	3	0505:16:00	1001.34	0.124	
4	4	0506:08:18	1001.32	0.049	✓
5	5	0518:08:00	1001.40	0.282	
6	6	0518:16:00	1001.38	0.229	✓
7	7	0526:10:00	1001.36	0.185	✓
8	8	0527:08:12	1001.40	0.311	✓
9	9	0528:08:12	1001.42	0.380	
10	10	0528:15:48	1001.39	0.270	✓
11	11	0603:10:00	1001.37	0.102	✓
12	12	0609:10:00	1001.39	0.197	

取 消　✓确 定

图 4-59　选取实测流量数据界面

✓选择操作

用鼠标在编辑器中选择一个矩形块,然后点击编辑器上方的 ✓选择 按钮,则程序将选择行标记为红色,并置选择列为✓符号,则说明这些行的测次将参加检验。

图 4-59 中表明,选择第 1、4、6、7、8、10、11 等测次,参加三项检验。

×取消选择操作

用上述同样方法选择一个矩形块,按×取消选择按钮,则将选择的行置为非选择状态。

在选择、取消两种状态下变换:在编辑器中选择一行,用鼠标双击该行,则可在两种状态之间变换。

● 程序自动将实测流量显示在统计界面上,如图 4-60 所示。

● 在计算以前,需要设置显著性水平,如图 4-61 所示,通过下拉列表实现。设置后,按计算按钮,检验结果会显示在右边的编辑器中。

注意:红色部分,表示实测流量成果表中的记录在线上没有找到该水位的相应流量,在这种情况下应检查线是否正确。

● 按保存到Excel,保存检验结果到 Excel 成果表中,程序对不合格的项目用红色标出,表中 E 表示实测点在线上没有找到同水位相应流量,如图 4-62 所示。

● 按查看成果文件,立即查看刚生成的 Excel 成果表。

● 按保存结果到文本,将统计信息保存到文本文件中。

● 点击绘 图,可以绘制水位流量关系曲线,并计算检验统计值,如图 4-63 所示。

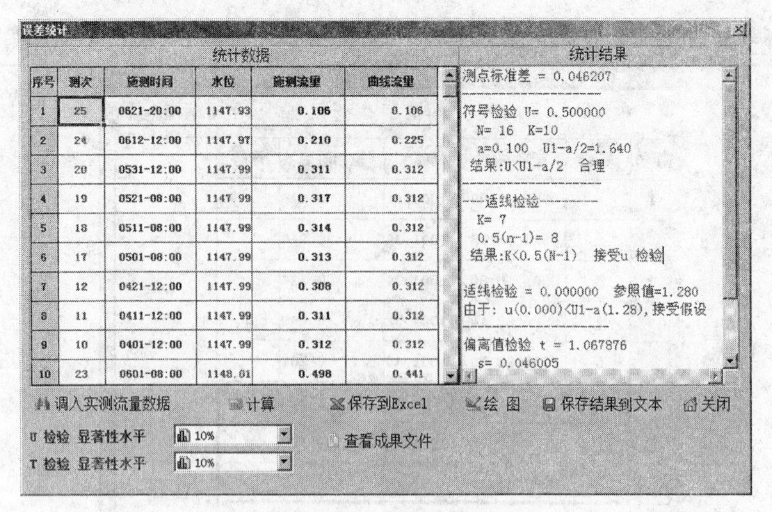

图 4-60　显示实测流量

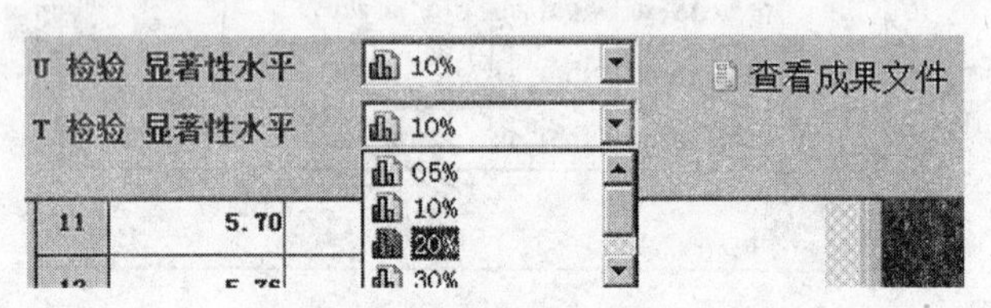

图 4-61　设置显著性水平

2012 年 娄烦 站 2 号线 曲线合理性测点标准差计算表

施测号数	施测时间	水位	实测流量	曲线流量	施测号数	施测时间	水位	实测流量	曲线流量
25	06-21 20:00	1147.93	0.106	0.106					
24	06-12 12:00	1147.97	0.210	0.225					
20	05-31 12:00	1147.99	0.311	0.312					
19	05-21 08:00	1147.99	0.317	0.312					
18	05-11 08:00	1147.99	0.314	0.312					
17	05-01 08:00	1147.99	0.313	0.312					
12	04-21 12:00	1147.99	0.308	0.312					
11	04-11 12:00	1147.99	0.311	0.312					
10	04-01 12:00	1147.99	0.312	0.312					
23	06-01 08:00	1148.01	0.498	0.441					
21	05-31 21:00	1148.04	0.723	0.670					
16	04-25 08:00	1148.10	1.24	1.23					
13	04-24 05:06	1148.14	1.73	1.64					
22	05-31 21:42	1148.16	1.94	1.88					
15	04-24 19:30	1148.18	2.05	2.15					
14	04-24 10:00	1148.26	3.40	3.40					
									检验结果
标准差	SE=	0.0462							
符号检验	K=	10	N=	16		U=	0.5000		合格
	α =	0.10	$t_{1-a/2}$=	1.6400					
适线检验	K=	7	0.5(n-1)=	8		u=0	U1-a=1.28		合理
偏离检验	S=	0.0460	Sp=	0.0115		t=	1.0679		合格
	α =	0.10				$t_{1-a/2}$=	1.7300		
								制表时间2013-10-13 11:46:04	

图 4-62　保存检验结果

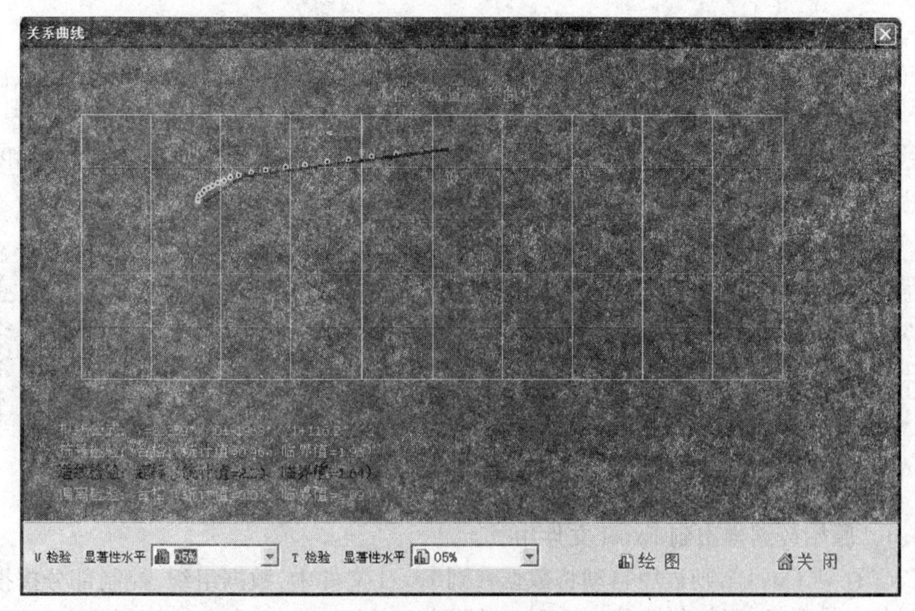

图 4-63　绘制水位流量关系曲线

注意:这里的检验与前面的不同,这里是将实测点采用浮动多项式配项,拟合公式,实测点与公式绘制的曲线进行检验(或者说计算机定线),而不是对实测点、人工输入的节点(或者说人工定线)进行检验。本结果仅供参考。

4.1.13　其他功能

其他功能包括数据检查、保存到 Excel 等功能,如图 4-64 所示。

读数据库　读取水位站数据　数据检查　保存到数据库　保存到Excel

图 4-64　其他功能

4.1.13.1　导入水位站数据

本功能专门对纯水位站定制。

直接导入 Excel 格式的水位数据,格式为两列(时间、水位),时间为国际标准时间。程序导入后,自动设置水位尾数、整编时段、整编项目。

格式要求示例如图 4-65 所示。

	A	B	C	D
1	2010-1-1 00:00	179.63		
2	2010-1-1 08:00	179.63		
3	2010-1-16 08:00	179.63		
4	2010-1-19 13:00	179.65		
5	2010-1-19 13:40	179.65		
6	2010-1-21 08:00	179.63		
7	2010-2-20 14:00	179.63		
8	2010-2-20 14:40	179.64		
9	2010-2-21 08:00	179.63		
10	2010-2-26 08:00	179.58		
11	2010-2-28 08:00	179.55		
12	2010-3-1 08:00	179.55		

图 4-65　导入水位站数据格式要求示例

4.1.13.2　数据合理性检查

在数据输入完成后，应对水位过程的时间序列、水位变幅、沙量过程的时间序列、沙量变幅、水沙过程的匹配、控制数据与水沙过程的匹配以及数据的完整性进行综合性检查。数据检查后，如果发现了问题，程序将给出问题清单，如果没有问题，将给出正确信息，如图 4-66 所示。

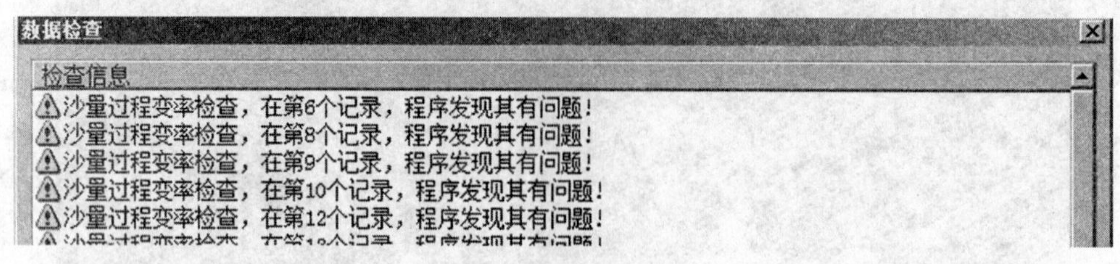

图 4-66　数据检查

4.1.13.3　原始数据导出到 Excel 文件中

按“保存到 Excel”，则程序自动将数据存到 Excel 文件中，数据组织、控制部分按推流曲线、推流节点排列；过程部分按月份排列。数据分三个 Sheet，一个存放控制信息，另两个存放水位过程和沙量过程。

数据导出后，按“打开 Excel 原始文件”，则程序自动调用 Excel 程序打开文件，Excel 文件内容如图 4-67 所示，分别存储在三个页面，水位过程、沙量过程以月为单位按列存储。

	A	B	C	D	E	F	G	H	I
1	1月			2月			3月		
2	真时间	原时间	水　位	真时间	原时间	水　位	真时间	原时间	水　位
3	10100	10100	84.69	20108	8	.62	30108	8	
4	10108	8	.69	20110.4	10.4	.63	30117	17	
15	11108	8	.65	21308	8	.61	30808	8	
16	11208	8	.64	22808	22808	.61	30811.4	11.4	
17	11308	8	.64	22908	8	.62	30817	17	
18	11408	8	.63				30908	8	
19	11508	8	.63				31008	8	
20	11608	8	.62				31017	17	

控制信息 水位过程 沙量过程

图 4-67　Excel 文件内容

为方便数据分析，程序保存到 Excel，采用两种水位格式保存，一是原始输入的水位格式，便于校对数据；二是补齐整数位的完整数据格式，便于数据分析。方式选择通过下拉菜单实现，如图 4-68 所示。

图 4-68　下拉菜单

（1）原始数据格式文件内容如图 4-67 所示。注意水位列内容。

（2）完整数据格式文件内容如图 4-69 所示。注意水位列内容。

5月			6月		
真时间	原时间	水　位	真时间	原时间	水　位
50505	50505	G	60100	24	1001.37
50505.12	0.12	1001.37	60104	4	1001.37
50505.24	0.24	1001.43	60108	8	1001.37
50505.36	0.36	1001.43	60112	12	1001.37
50506	6	1001.43	60116	16	1001.37
50507	7	1001.42	60120	20	1001.37
50508	8	1001.42	60200	24	1001.37
50509	9	1001.42	60204	4	1001.37

图 4-69　完整数据格式文件内容

(3)文件存放位置在目录设置中确定。

4.1.14　示例(水位站数据加工方法)

4.1.14.1　基础信息部分

基础信息部分需要设置以下内容：

➢ 观测类型:根据实际情况选择;

➢ 测站类型:选择河道站;

➢ 测站站别:对整编没有影响;

➢ 无数据日,程序自动插补标志:根据实际情况勾选;

➢ 水位输入规则:需要定义。

4.1.14.2　数据加工部分

➢ 水位精度:需要设置;

➢ 洪水要素摘录控制及摘录时段:如果输出洪摘,则需要设置;

➢ 水位过程:需要加工;

➢ 整编项目:选择水位站;

➢ 整编时段:根据需要设置;

➢ 附注:水位日表,如果有洪摘,在洪摘中也要输入;

➢ 特殊要求设置:根据需要设置;

◆除以上内容外,其他部分无须加工。

4.1.15　示例(多站合成,各子站全年无水位)

这里只作简要重点说明,其他参照前面章节。

4.1.15.1　说明

霍泉站有 5 个子站,子站只测流量,全年都不观测水位,子断面不要成果,合成站只要月年旬流量成果。

基础设置如图 4-70 所示。

4.1.15.2　处理方法

• 水位加工方法:输入辅助水位过程,只输入首位 2 点,如图 4-71 所示。(注:本水位过程实际上不存在,其作用是推流时取时间序列,因此又称假水位过程。)

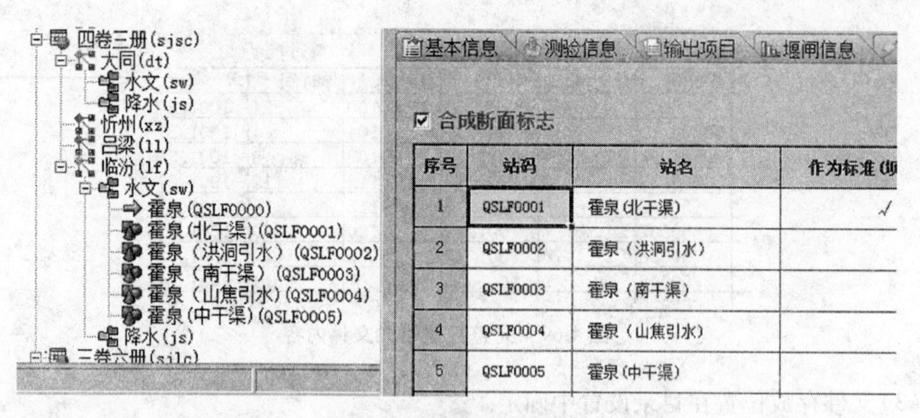

图 4-70　基础设置

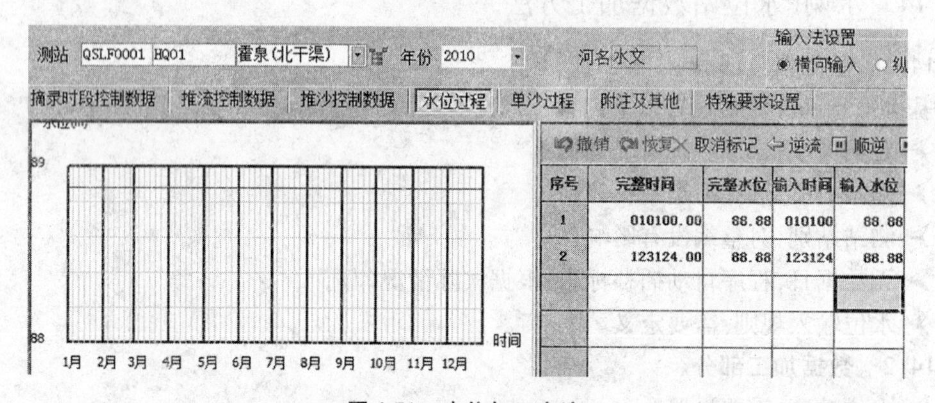

图 4-71　水位加工方法

特别注意：基础信息要勾选☑无数据日，程序自动插补8时水位，程序自动插补每日数据。

- 推流，全年一条线，如图 4-72 所示。

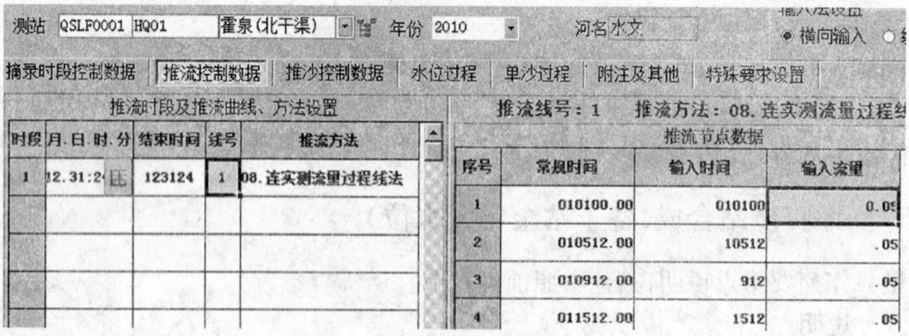

图 4-72　推流设置

- 其他：整编类型选择“水位、流量”，输出项目为月年旬流量成果表。

4.2　河道站数据处理

对河道水流沙原始数据计算处理，形成 Excel 成果表，并保存成果到整编数据库中。

程序主界面如图 4-73 所示。

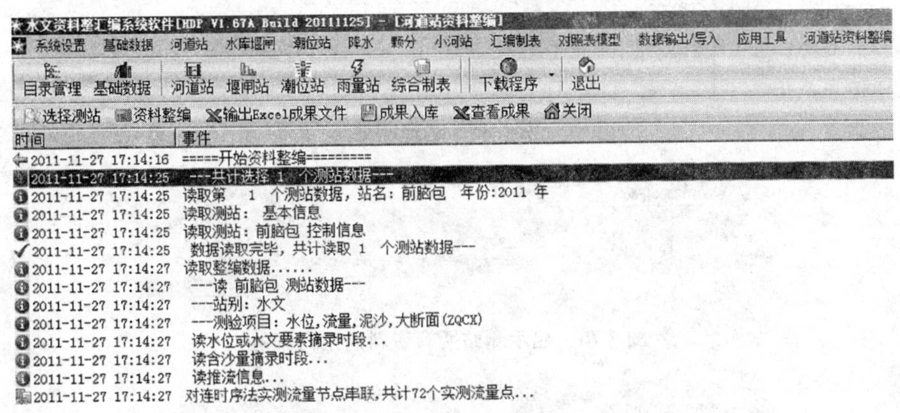

图 4-73　程序主界面

下面介绍操作方法。

4.2.1　整编资料选择

整编资料由测站和年份共同确定，测站和年份在同一个模式对话窗体中完成，点击按钮栏中的选择测站图标，即打开该窗体，如图 4-74 所示。

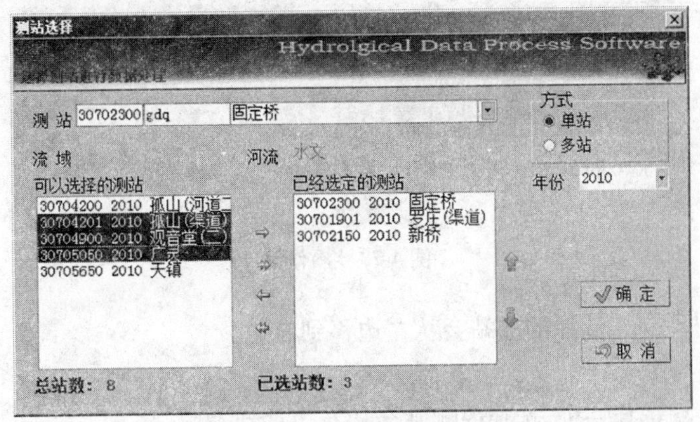

图 4-74　资料选择

程序提供了单站、多站两种选择方式，即方式 单站 多站，这两种方式的差别只体现在选择上，无论是单站还是多站，都可以一次选择多个测站。

4.2.1.1　单站选择方式

首先选择一个测站，参见“4.1.1 测站及年份选择”，如图 4-75 所示。

确定测站后，程序自动显示数据库中该站所有资料的系列年份，如图 4-76 所示。

确定年份后，程序自动将已经选择的测站、年份放入“已经选定的测站”列表中，程序只放入当前一个测站；整编人员可以将“可以选择的测站”列表中的资料继续放入右边列表中，如图 4-77 所示。

如图 4-78 所示，操作键说明如下：

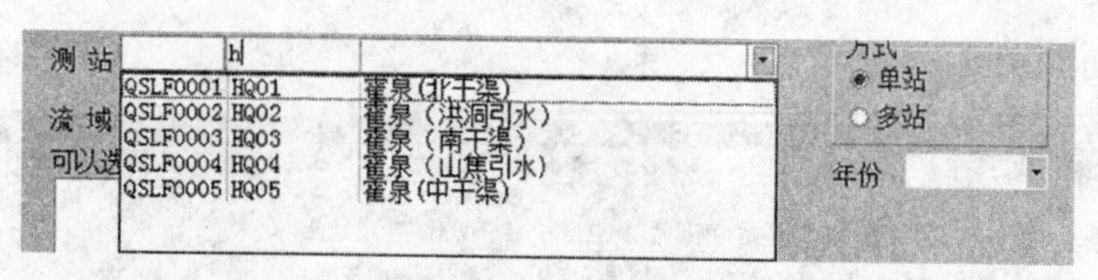

图 4-75　选择测站

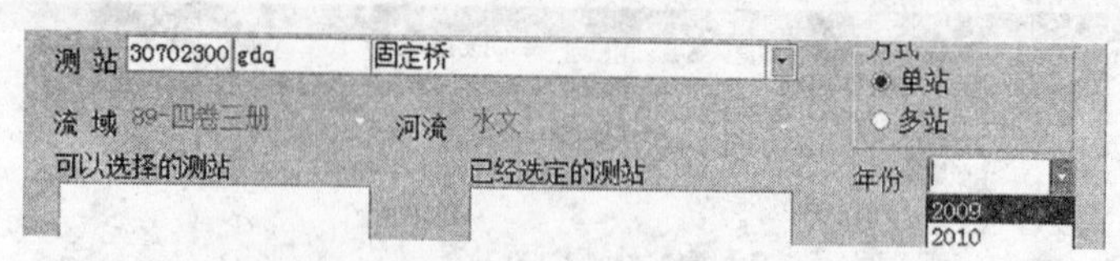

图 4-76　显示测站所有资料的系列年份

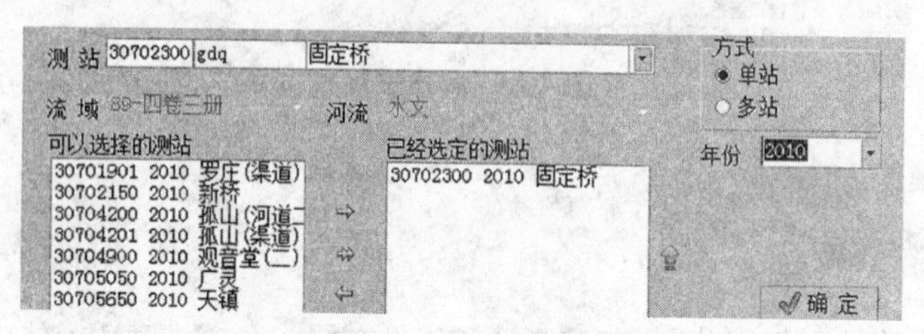

图 4-77　继续选定测站

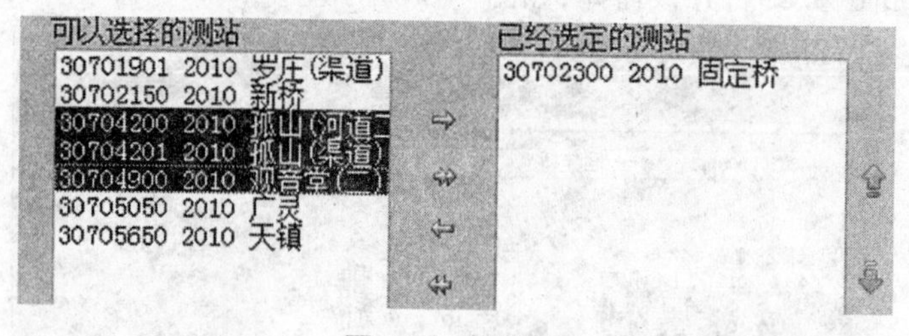

图 4-78　操作键

⇨:一次选择一个,选择的测站会从左边移到右边。

⇨⇨:一次选择多个。

⇦:反选,一次选择一个,选择的测站会从右边移到左边。

⇦⇦:反选,一次选择多个。

按 Shift + 鼠标点击:用于同时选择多个测站。

4.2.1.2　多站选择方式

首先选择一个流域(原设计方案,目前指二级节点),即打开流域组合框,选择一个流域;然后程序自动检索该流域下所有的河流(原设计方案,目前指三级节点),并将河流名输出到河流组合框中;最后通过年份组合框确定要处理数据的年份,如图 4-79 所示。

图 4-79　多站选择方式

选择好要处理的测站后,按 ✔确 定 按钮,返回主程序,如图 4-80 所示。

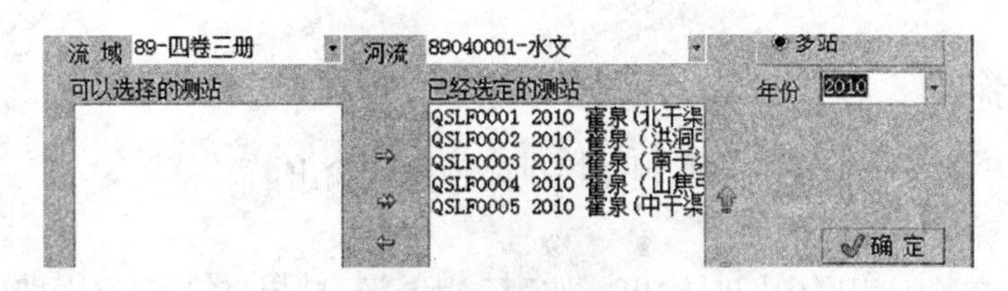

图 4-80　按 确定 按钮

4.2.2　数据处理

按进行数据处理，在处理过程中，程序会显示处理信息，如果数据有问题，程序会显示错误、警告等信息。

4.2.2.1　处理信息标志说明

- :一般提示信息；
- :一般警告信息；
- :加工处理错误；
- ✔:关键步骤处理正确。

还有很多其他标志，见程序提示。

4.2.2.2　日数据处理信息提示

日数据处理信息对错误检查分析很重要，程序设置显示开关专门对其进行显示，如图 4-81 所示。

在处理前，点击"显示每日明细和均值"，使该项前面有点圆标志，然后进行资料处理。如图 4-82所示，显示日瞬时、日平均的各要素结果，以及河干、流态、日水情等信息。

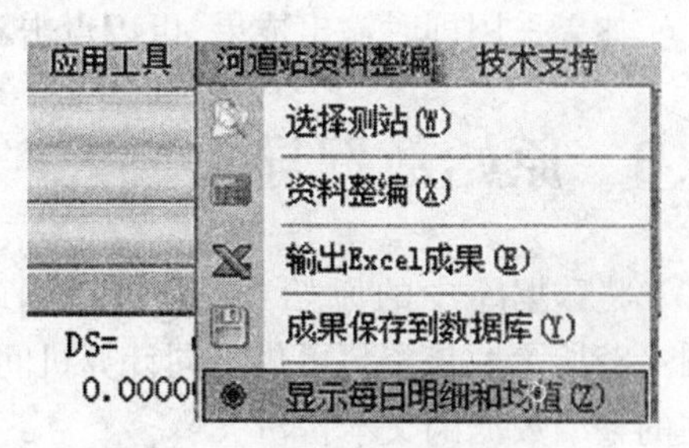

图 4-81　日数据处理信息提示

```
M= 3 D= 3  T=2010-03-03 00:00:00  H=   0.0000  Q=   0.00000 R=   0.0000  DS=   0.0000  S=   0.0000  ZZ=G  LT=
M= 3 D= 3  T=2010-03-03 14:00:00  H=   0.0000  Q=   0.00000 R=   0.0000  DS=   0.0000  S=   0.0000  ZZ=G  LT=
M= 3 D= 3  T=2010-03-03 14:06:00  H=   1.0000  Q=   2.96000 R=   0.0000  DS=   0.0000  S=   0.0000  ZZ=1.00  LT=
M= 3 D= 4  T=2010-03-04 00:00:00  H=   1.0000  Q=   2.96000 R=   0.0000  DS=   0.0000  S=   0.0000  ZZ=  LT=
M= 3 D= 3  QAVE=    1.23000  HAVE=    0.00000  SAVE=    0.00000  RAVE=    0.00000  Wcon=      G% LT=
M= 3 D= 4  T=2010-03-04 00:00:00  H=   1.0000  Q=   2.96000 R=   0.0000  DS=   0.0000  S=   0.0000  ZZ=  LT=
M= 3 D= 4  T=2010-03-04 12:30:00  H=   1.0000  Q=   2.96000 R=   0.0000  DS=   0.0000  S=   0.0000  ZZ=1.00  LT=
M= 3 D= 4  T=2010-03-04 12:36:00  H=   1.0000  Q=   3.66000 R=   0.0000  DS=   0.0000  S=   0.0000  ZZ=1.00  LT=
M= 3 D= 4  T=2010-03-04 18:30:00  H=   1.0000  Q=   3.66000 R=   0.0000  DS=   0.0000  S=   0.0000  ZZ=1.00  LT=
M= 3 D= 4  T=2010-03-04 18:36:00  H=   1.0000  Q=   1.78000 R=   0.0000  DS=   0.0000  S=   0.0000  ZZ=1.00  LT=
M= 3 D= 5  T=2010-03-05 00:00:00  H=   1.0000  Q=   1.78000 R=   0.0000  DS=   0.0000  S=   0.0000  ZZ=  LT=
M= 3 D= 4  QAVE=    2.87000  HAVE=    0.00000  SAVE=    0.00000  RAVE=    0.00000  Wcon=         LT=
```

图 4-82　显示信息

4.2.3　成果保存

资料处理成功后，按将成果保存到数据库中。数据库中的成果在汇编制表、排版格式转换、成果输出等地方都要用到。

注意：新成果保存后，数据库中相同索引的旧成果将会从数据库中清除。

4.2.4 成果输出

将整编成果输出到 Excel 表中,程序提供两种方式输出。

4.2.4.1 即时输出

即整编后,在整编程序中即时输出。按输出Excel成果文件,即可立即输出整编成果。成果表的位置,在工作目录管理中定义,如图 4-83 所示。

4.2.4.2 在导出 Excel 成果文件中输出

前提是必须将成果保存到数据库中,才可通过本方式输出,相应菜单如图 4-84 所示。

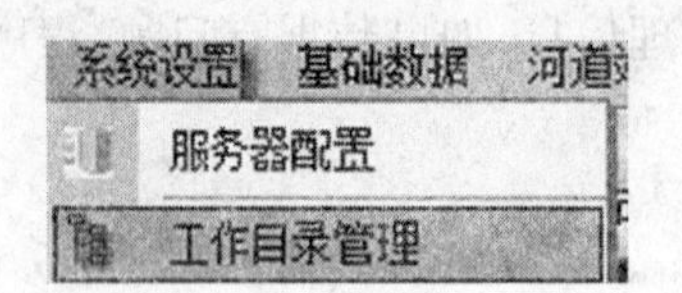

图 4-83 工作目录管理

图 4-84 导出 Excel 成果文件菜单

4.2.5 查看成果

如果采用即时输出成果,可以点击查看成果,查看输出的成果表。

4.3 原始数据导出

将数据库中的原始数据(包括测站基础信息)导出,以文本格式保存,程序界面如图 4-85所示。该资料可供不同计算机间整编数据交换及资料汇总之用,同时也是对数据库中的整编数据的文本备份。

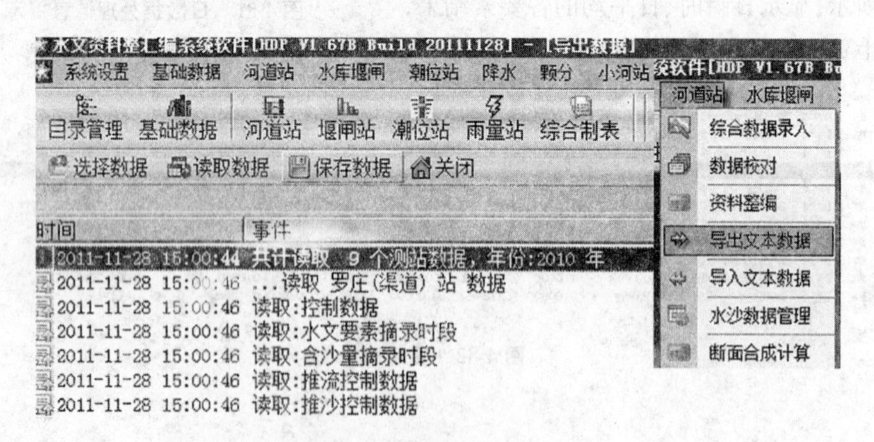

图 4-85 原始数据导出界面

根据业务需要,系统提供单站、多站两种存储方式。

4.3.1 存储方式设置

在主菜单"系统设置"的子菜单"参数配置"中设置存储方式,如图 4-86 所示。

图 4-86　存储方式设置

4.3.2　单站存储方式

单站存储方式指一个文件只存储一个站年数据，适用于整编期间数据交换。首先选择数据，参见“4.2.1 整编资料选择”，然后保存。

单站年数据文件存储示例如图 4-87 所示。

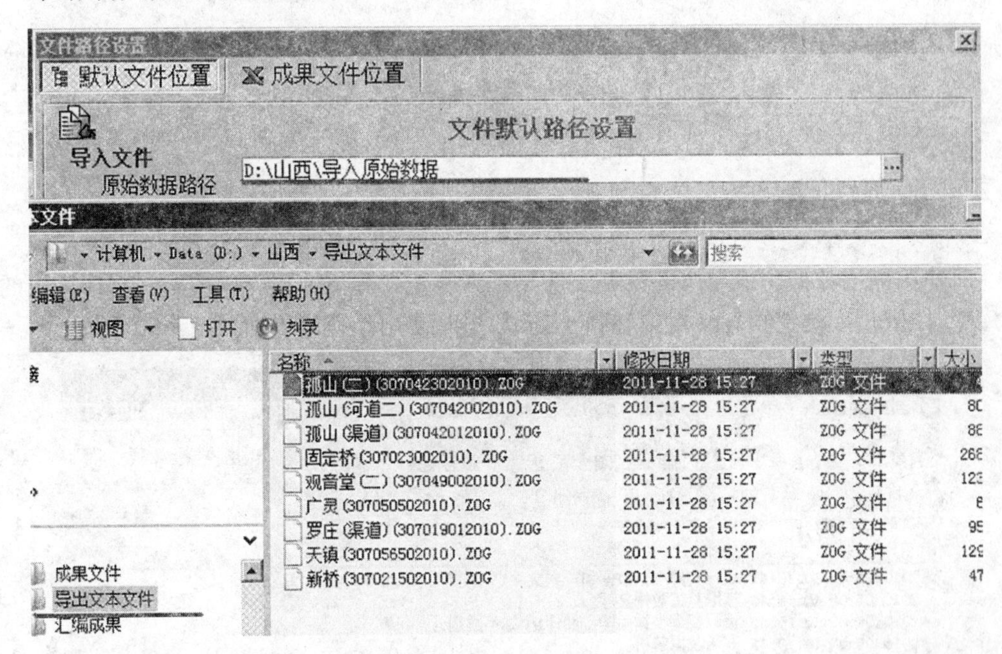

图 4-87　单站年数据文件存储示例

在此方式下，保存文件时，程序不提示位置信息，位置信息在目录管理中设置。如图 4-87所示，共 9 个站年数据，一个文件一个站年。

4.3.3　多站存储方式

多站存储方式指在一个文件中存储多个站年数据，一般用于资料打包提交或数据库备份。首先选择数据，参见“4.2.1 整编资料选择”，然后保存。保存时，程序弹出“另存为”对话框，如图 4-88 所示，输入文件名，按“保存”即可。

文件内容信息如图 4-89 所示。

第一行是文件存储的站年数量，以下是各站的信息。

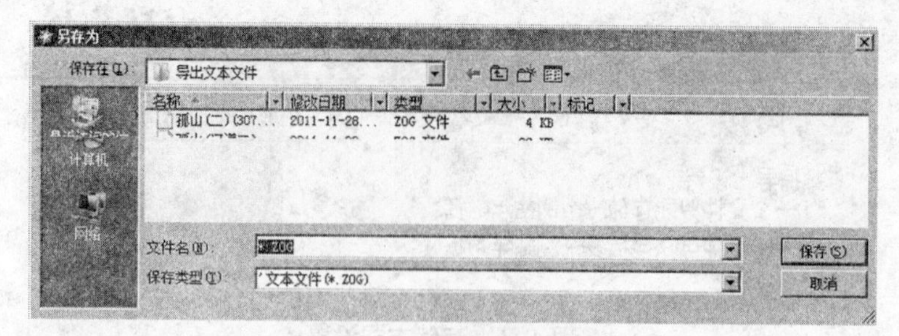

图 4-88 “另存为”对话框

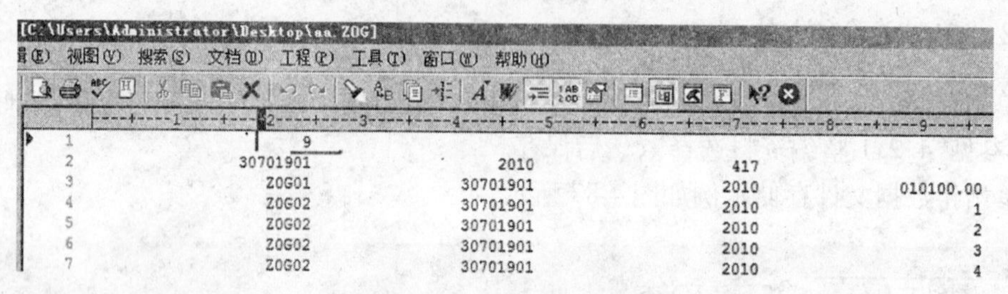

图 4-89 文件内容信息

4.4 原始数据导入

将使用导出数据功能导出的数据文件导入到本地计算机数据库中或另一台计算机的数据库中，在数据库资料损坏恢复或转移、交换数据时使用。程序界面如图 4-90 所示。

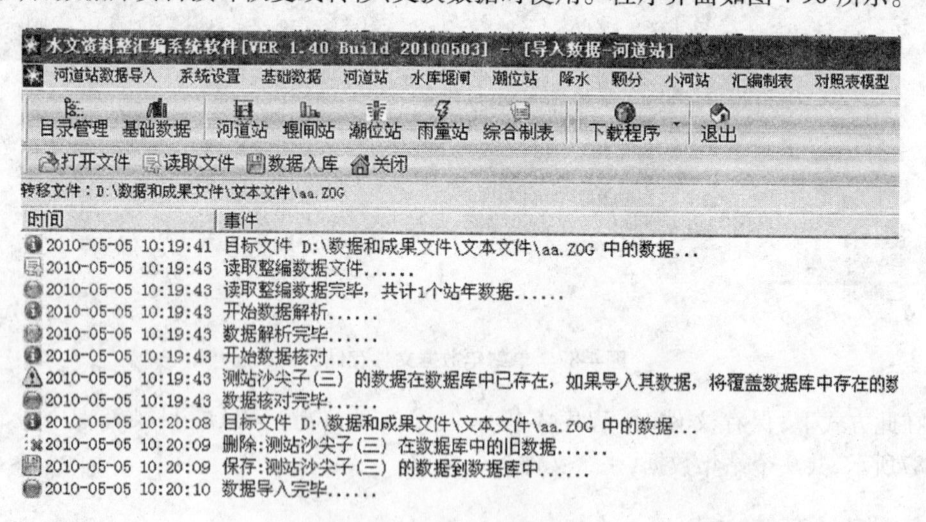

图 4-90 原始数据导入界面

使用方法如下：

- 首先选择要导入的文件，点击打开文件会话窗口，选择一个文件。
- 然后按读取文件。
- 最后按将数据导入到数据库中。注意：如果数据库中有相同标示的数据，将被覆盖掉。

4.5 河道断面合成加工与处理

断面合成即将其他多个断面的流含表数据合成为一个流含表，然后制作输出各项成果，程序采用瞬时合成。

4.5.1 合成计算前的准备工作

● 合成断面必须有测站编码，在测站基础信息中建一个节点，设置该站为河道断面合成，如图4-91所示。

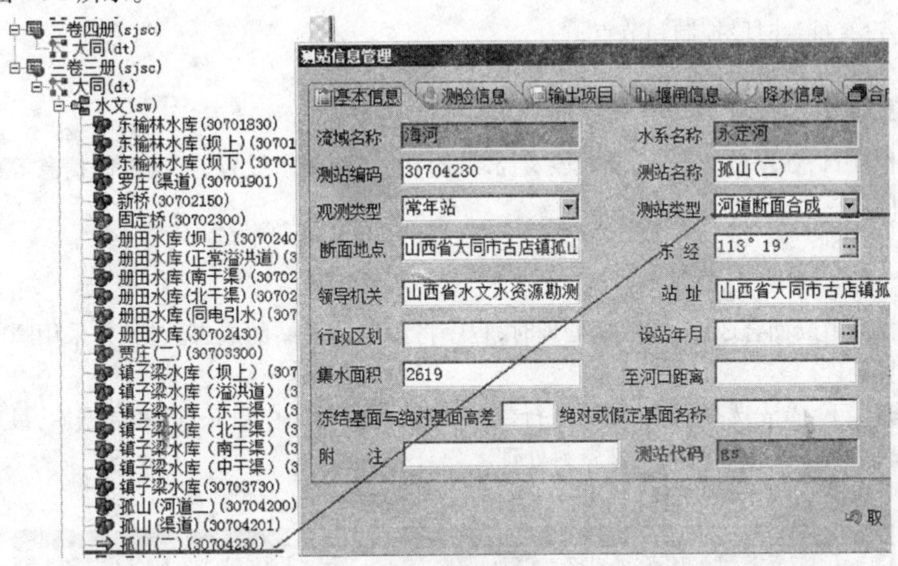

图4-91 设置测站

● 编码为30704230的测站是个合成站，在合成设置测站列表中插入4200和4201两个测站，并对作为合成站流含表水位的测站进行标记，如图4-92所示。

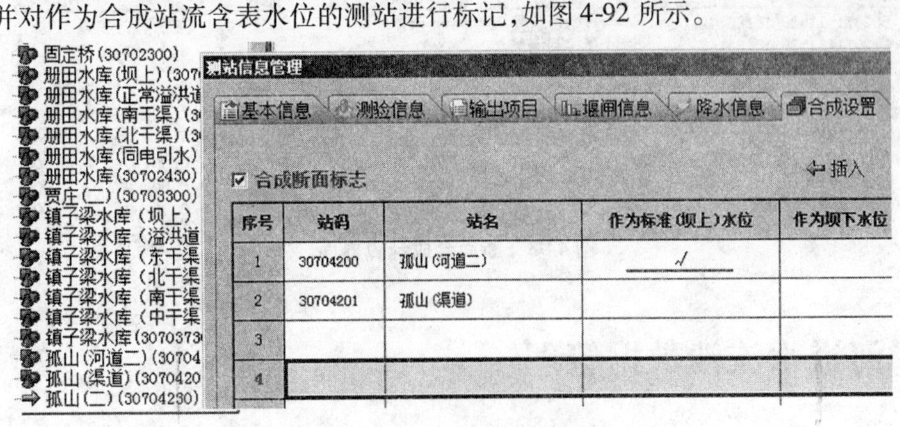

图4-92 插入测站并进行标记

• 对各子断面测站数据进行处理，并将成果保存到数据库中，合成计算需要调用各子站成果。

• 各子站的时间（开始时间、结束时间）要完全相同，但可以是非全年数据。

4.5.2 合成站原始数据加工

• 合成断面虽然没有水流沙原始数据，但也需要基本设置，如哪些资料需要合成、需要制作哪些成果表、各成果表的附注信息、合成的时段、水文要素的单位精度等信息。

• 合成断面的原始信息同样在河道数据录入程序加工。

• 合成断面需要设置的项目与独立断面对比，差别如下：

➢ 没有推流时段控制和节点；

➢ 没有推沙时段控制和节点；

➢ 没有水位过程；

➢ 没有沙量过程。

其他项目，如水位精度、摘录时段及控制、附注、特殊要求设置、整编控制信息等与独立断面相同。

4.5.3 断面合成计算

选择河道断面合成站，在数据处理时，程序将读取各子站的成果数据，并采用瞬时合成方法计算处理。

步骤如下：首先选择测站，然后进行数据处理，将资料保存到 Excel 和数据库，最后输出整编成果。具体操作方法同单站资料处理。

程序界面如图 4-93 所示。

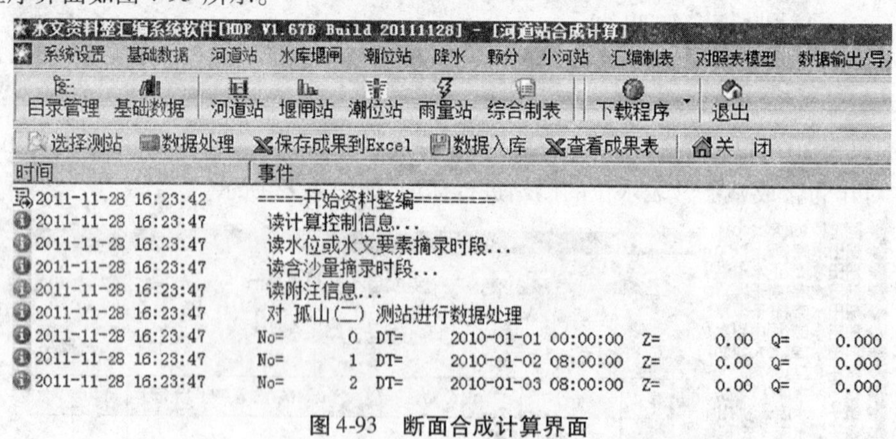

图 4-93 断面合成计算界面

4.6 河道水流沙数据管理

随着系统应用、资料积累，整编数据量会越来越大。整编人员使用本程序可方便地对水文资料进行管理、检索和检查。

对于河道站数据管理，只有测站类型为河道站，测站类别为水位或水文站时，才可检索到测站数据。检索结果目前有水位过程、沙量过程、推流表(前提是资料整编完成后,必须将成果入库)。

程序界面如图4-94所示。

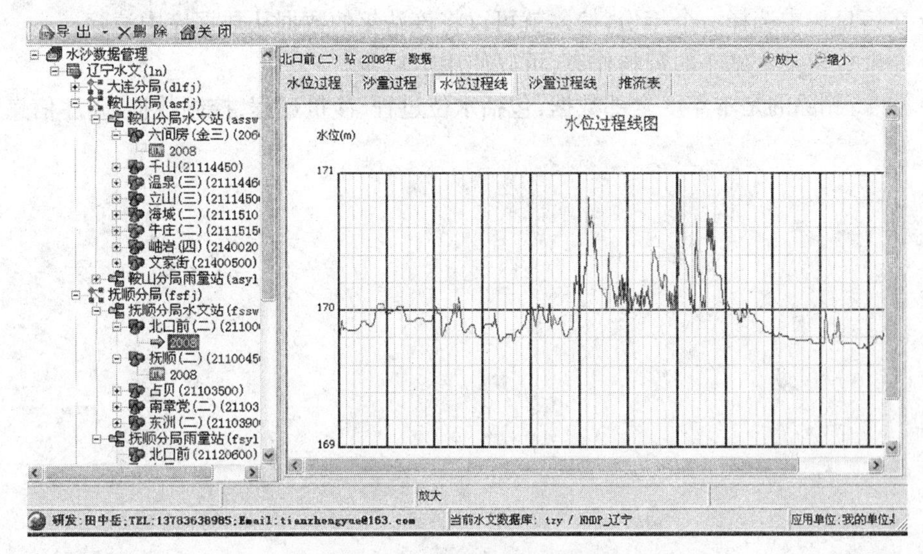

图4-94　河道水流沙数据管理界面

程序启动时,会花费一定时间检索数据库;待资料检索完毕后,弹出管理界面;程序自动形成资料关联树。

如果发现某测站有数据,就将数据年份挂在测站节点上,整编人员在信息树中查找资料非常方便,只需要用鼠标点击年份节点,程序就会将该站年的数据显示在数据界面上。

程序显示水位过程、沙量过程及过程线和推流表五部分内容。

另外,程序还提供了导出、删除功能。

4.6.1　数据导出

将当前选择的数据导出,可导出的数据包括水位过程、沙量过程、推流表三部分,如图4-95所示。

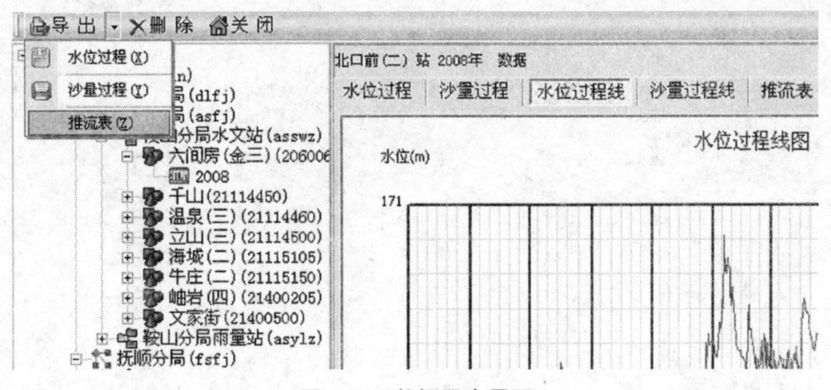

图4-95　数据导出界面

注意:导出按钮是一个下拉菜单,按下三角即可弹出下拉菜单。

4.6.2 数据删除

- 在信息树中选择一个年份,按✕就可以将该站年的数据从数据库中清除。
- 如果想使某个站年的资料作废,可以使用本功能。
- 注意:删除的是本年度全部数据,包括水位过程、沙量过程、控制数据、附注信息等。

第 5 章　堰闸站资料整编

对于采用公式法推流或需要摘录库容的,应采用堰闸法整编。

本部分包括数据加工、数据处理、多断面合成、原始数据导入、原始数据导出、数据管理。

5.1　数据加工

堰闸站数据录入界面见图 5-1,由控制及摘录时段、推流数据、水位过程、推沙数据、单沙过程、附注及其他、水位过程线、库容曲线八个页面组成。

图 5-1　堰闸站数据录入界面

数据加工方法部分与河道站类似,在水位过程加工、推流等方面差别较大,下面详细介绍。

5.1.1　测站及年份选择

首先确定站码和年份,方法同河道站。参照下篇章节 4.1.1。

5.1.2　综合控制信息设置

5.1.2.1　水位小数位数设置

方法同河道站。参照下篇章节 4.1.2.1。

5.1.2.2　测流断面位置

根据实际情况选择闸上测流、闸下测流,如图 5-2 所示,确保正确输入。该项对于流量判断、水文要素摘录控制等都很重要。

5.1.2.3　水位观测标志

根据实际情况选择，如图5-3所示，水位观测标志对流态判断、水情判断、闸上下水位日表的输出等有影响，要正确选择。

图5-2　选择测流断面位置

图5-3　选择水位观测标志

5.1.2.4　流态分界点信息

如图5-4所示，直接输入即可，如果采用的推流方法没有用到该信息，则无需输入。如水位过程记录中，存在没有输入流态/曲线号的记录，则需要输入分界点信息，以供程序判别流态。

顺流孔流和堰流		顺流自由堰流和淹没堰流		顺流自由孔流和淹没孔流	
逆流孔流和堰流		逆流自由堰流和淹没堰流		逆流自由孔流和淹没孔流	

图5-4　流态分界点信息

5.1.2.5　整编项目设置

方法同河道站。参照下篇章节4.1.2.3。

5.1.2.6　整编时段设置

方法同河道站。参照下篇章节4.1.2.4。

5.1.2.7　径流量调节值设置

方法同河道站。参照下篇章节4.1.2.5。

5.1.2.8　各月引进水量设置

该项设置在计算来水量月年统计表(见图5-5)时使用。

5.1.2.9　次年1月1日8时记录

库摘一般到次年1月1日8时，程序采用外置方式输入次年记录，录入位置在库容曲线界面的底部，如图5-6所示。

✚如果输入了次年010108数据，程序则将1月1日8时记录自动加到水库要素摘录集合中，并保存、输出到数据库或报表中；如果不输出，摘录结果将没有次年的数据。

5.1.2.10　需要在基础信息中设置的项目

河道站中该项设置同样适用于堰闸，详细内容参照下篇章节4.1.2.6；在堰闸中需要增加以下设置项目。

1. 观测类型

对于堰闸，选择何种观测类型，对数据处理没有影响。

2. 测站类型

对于流量站，根据实际情况，选择图5-7中的一种；对于水位站，可以选择任何一种。

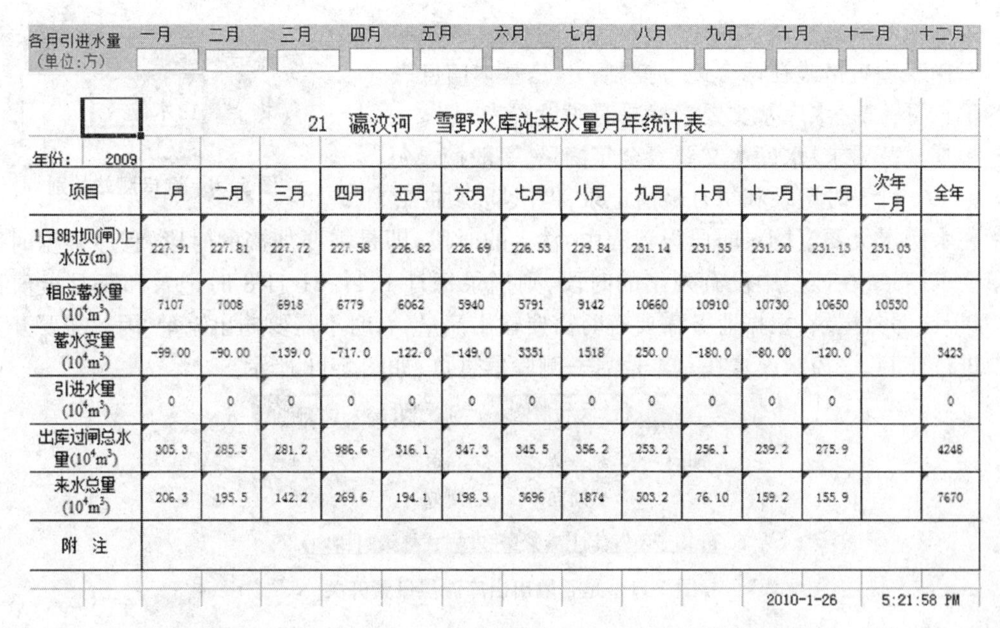

各月引进水量（单位:方）	一月	二月	三月	四月	五月	六月	七月	八月	九月	十月	十一月	十二月

21　瀛汶河　雪野水库站来水量月年统计表

年份:　2009

项目	一月	二月	三月	四月	五月	六月	七月	八月	九月	十月	十一月	十二月	次年一月	全年
1日8时坝(闸)上水位(m)	227.91	227.81	227.72	227.58	226.82	226.69	226.53	229.84	231.14	231.35	231.20	231.13	231.03	
相应蓄水量(10^4m^3)	7107	7008	6918	6779	6062	5940	5791	9142	10660	10910	10730	10650	10530	
蓄水变量(10^4m^3)	-99.00	-90.00	-139.0	-717.0	-122.0	-149.0	3351	1518	250.0	-180.0	-80.00	-120.0		3423
引进水量(10^4m^3)	0	0	0	0	0	0	0	0	0	0	0	0		0
出库过闸总水量(10^4m^3)	305.3	285.5	281.2	986.6	316.1	347.3	345.5	356.2	253.2	256.1	239.2	275.9		4248
来水总量(10^4m^3)	206.3	195.5	142.2	269.6	194.1	198.3	3696	1874	503.2	76.10	159.2	155.9		7670
附　注														

2010-1-26　　5:21:58 PM

图 5-5　来水量月年统计表

次年　1月1日8时　的数据　　水位: 1036.50　　流量:　　库容: 0.1370

图 5-6　录入位置

如果选择堰,在水位过程加工界面中显示闸门开高、开宽等,如图 5-8 所示。

如选择抽水站、水电站,在水位过程加工界面中需要输入功率和台数,如图 5-9 所示。

3. 测站站别

选择水位、水文,不要选择其他项,如图 5-10 所示。

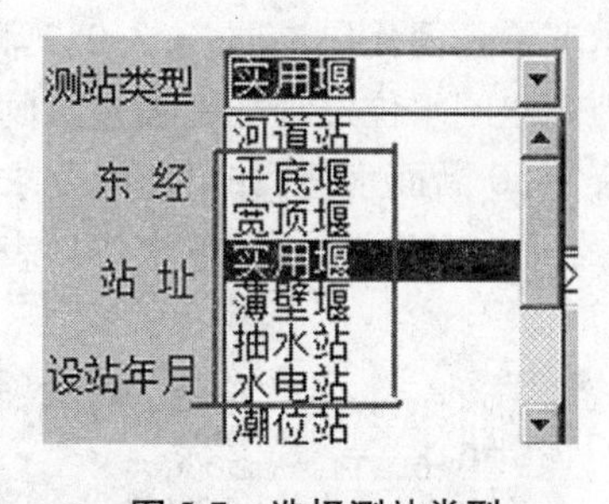

图 5-7　选择测站类型

输入的原始数据　　取消标记　逆流　顺逆不定　停滞

	时间	闸上	闸下	开高	开宽	闸底高程	流态/曲线
1	10100.0		G				
2	1816.3		G				
3	16.36		0.28				11

图 5-8　水位过程加工界面(1)

输入的原始数据　　取消标记　逆流　顺逆不定　停滞

序号	时间	闸上	闸下	功率	台数	闸底高程	流态/曲线

图 5-9　水位过程加工界面(2)

4. 库摘表输出格式设置

库摘表输出格式在两个地方控制，一是基本信息—测验信息页；二是水库水文要素摘录时段设置表。

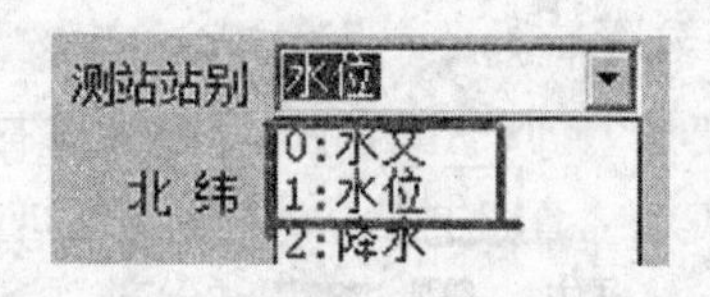

图 5-10　选择测站站别

根据规范要求，水库水文要素全年摘录，一般摘录每月 1、11、21 日 8 时记录和每月极值记录，但汛期要加摘。

在水库水文要素摘录时段设置表中，输入的时段，即是需要加摘的时段，程序根据时段摘录要求摘录；在该表中没有列出的时段，则摘录每月 1、11、21 日 8 时记录和每月极值记录，对于这部分记录，根据业务需要有时需要输出流量，有时不需要输出流量，因此需要开关选项进行控制，该控制设置在基本信息—测验信息页，如图 5-11 所示。

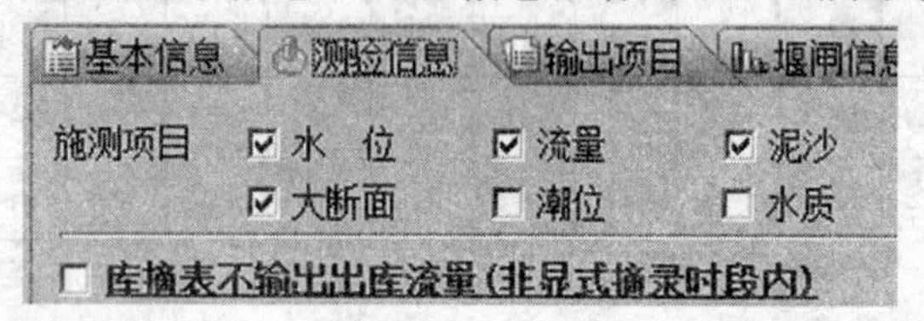

图 5-11　是否输出出库流量设置开关

5. 闸底高程、闸上下断面代码

闸底高程是堰闸的基本属性，不会变化。为方便数据加工，整编人员在此处输入一次，则以后不需要再输入，特别是水位过程录入中不需要输入该项。如果在这里不输入，在水位过程录入中，若该项参与推流，则必须输入。

闸上下断面代码参照“3. 3. 2. 2 测站基础信息加工及说明”。

因为堰闸水位过程加工表包括闸上、下两个水位，如图 5-12 所示，在加工 1851 断面时，同时有 1850 断面水位，如果此时要求输出水位日表，则需要输入上、下两个编码，闸上水位日表保存到 1850 测站，闸下水位日表保存到 1851 测站，即使只输出一个日表，也要明确编码。

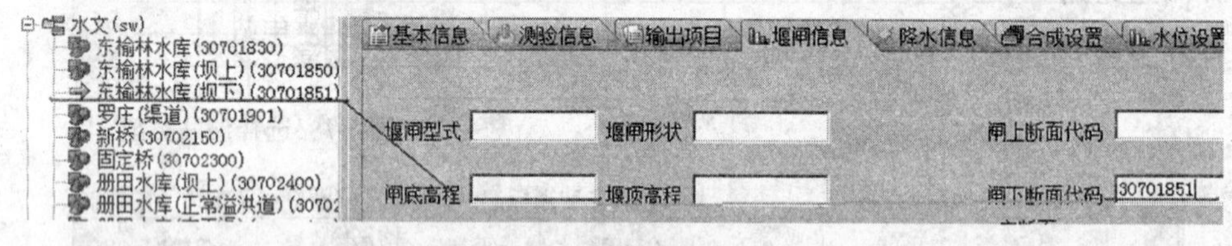

图 5-12　堰闸信息

注意：程序输出水位日表时，参照水位观测标志判断，如果是闸上、下观测，则输出两个日表，否则输出一个日表。

5. 1. 2. 11　需要在系统设置中配置的项目

与河道站相同，参见“4. 1. 2. 7 需要在系统设置中配置的项目”。

5. 1. 3　洪水水文要素摘录控制及时段设置

5. 1. 3. 1　变率、变幅设置

该设置只适用于洪水水文要素摘录表，对库摘表无效。如果为空，则不参与摘录控制。界面如图 5-13 所示。

洪水要素摘录控制-变率　　洪水要素摘录控制-变幅(如果不输入,则不参与摘录控制)

0.10

图 5-13　变率、变幅设置界面

5.1.3.2　洪水水文要素摘录时段设置

加工方法同河道站,参照“4.1.3.2 摘录时段设置”,如图 5-14 所示。

洪水水文要素摘录时段设置

洪特标志	时段	常规格式		整编格式		输入格式	
		月.日.时.分	月.日.时.分	开始	结束	开始	结束
	1	03.03:10.00	04.11:18.30	030310.00	041118.30	30310	41118.30
	2	10.11:09.30	11.26:12.30	101109.30	112612.30	101109.30	112612.30

图 5-14　洪水水文要素摘录时段设置

5.1.4　水库水文要素摘录控制及时段设置

库摘控制在两个地方设置,一是在基础信息中,参见下篇章节 5.1.2.10,二是在水库水文要素摘录时段设置中,如图 5-15 所示。

水库水文要素摘录时段设置

时段	整编格式		输入格式		水位控制		流量	时	是否
	开始	结束	开始	结束	斜率	变幅	斜率	距	输出流量
1	010108.00	050108.00	010108.00	50108.00	0.4	2	0.5	2	0:不输出流量
2	070108.00	090108.00	070108.00	090108.00					1:输出流量
3	110108.00	123124.00	110108.00	123124.00				2	0:不输出流量

图 5-15　水库水文要素摘录时段设置

在图 5-15 中定义的时段内,只要符合摘录条件(水位、流量、时距),就摘录;图 5-15 定义时段外,只摘录每月 1、11、21 日 8 时记录和每月极值记录。如果条件为空,则不参与摘录控制,如图 5-15 中第 2 时段,程序只摘录峰、谷、平台拐点,其他不摘录(1、11、21 日及月极值除外)。

定义时段内的摘录方法解释如下:

(1)必摘录条件:峰、谷。

增加这些点后,可以保证摘录前后过程线的高度一致性。即在摘录 A、B 的基础上,增加了 6 个点,如图 5-16 所示。

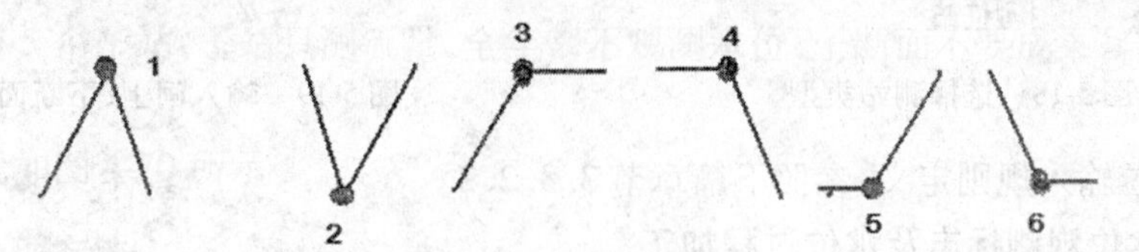

图 5-16　增加摘录点

对于坡上的点,则根据可选条件判断是否摘录。平台拐点在水位斜率及变幅都参与控制时才考虑,其他情况不考虑。

(2)可选条件:包括以下5项。

➢ 水位斜率:直接输入;

➢ 水位变幅:直接输入;

➢ 流量斜率:直接输入;

➢ 时距:直接输入;

➢ 是否输出流量:通过下拉列表选择。

库摘控制设置方式如图5-17所示。

水库水文要素摘录时段设置(时距单位:小时)									
时段	整编格式		输入格式		水位控制		流量斜率	时距	是否输出流量
	开始	结束	开始	结束	斜率	变幅			
1	101109.30	112612.30	101109.30	112612.30			0.4		1:输出流量
									0 : 不输出流量
									1 : 输出流量

图5-17　库摘控制设置方式

在摘录时,程序另外考虑了以下两点:摘录时段的首尾2点肯定要摘,连续库干时,只摘录2个端点,中间部分不摘录。

5.1.5　水位站数据加工方法

如果坝上水位过程参与库摘,即参与水库断面合成,则数据要在堰闸站中加工。

需要加工的项目如下。

5.1.5.1　需要在基础信息中设置的项目

(1)测站类型:由于不进行推流,可以选择图5-18线框内的任一个。

(2)无数据日程序插补标志:根据需要确定是否勾选。参照“3.3.2.2 基础信息加工及说明”。

(3)闸上、下断面代码:参照下篇章节5.1.2.10,如图5-19所示。

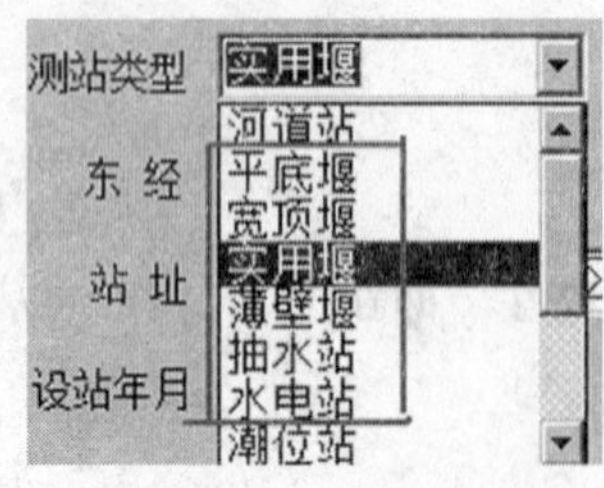

图5-18　选择测站类型

图5-19　输入闸上、下断面代码

(4)水位输入规则定义:参照下篇章节3.3.2.2。

5.1.5.2　水位观测标志及水位过程加工

根据实际情况确定,可以是闸上、闸下、闸上下。

如果是闸上,则水位数据在闸上水位列输入;如果是闸下,则水位数据在闸下水位列输入;如果是闸上下,则两个水位列都输入。其他部分不输入,如图5-20所示。

输入的原始数据　　✕取消标记　⇦逆流　▣顺逆不定　▣停滞

序号	时间	闸上	闸下	开高	开宽	闸底高程	流态/曲线
1	10100	1037.55					
2	8	.56					
3	8	.60					
4	8	.65					
5	8	.69					
6	508	.73					

图 5-20　水位观测标志及水位过程加工

时间、水位加工及编辑器操作方法同河道站，参见“4.1.6.1 表格编辑器使用方法”。

5.1.5.3　整编项目设置

选择水位资料整编，如图 5-21 所示。

整编项目设置　◉ 水位资料整编　○ 水位、流量整编

图 5-21　选择水位资料整编

5.1.5.4　洪水水文要素摘录时段设置

如果要输出水位摘录表，则需要设置该项，如图 5-22 所示。

洪水水文要素摘录时段设置

洪特标志	时段	常规格式		整编格式		输入格式	
		月.日.时.分	月.日.时.分	开始	结束	开始	结束
	1	01.01:00.00	12.31:24.00	010100.00	123124.00	10100	123124

图 5-22　洪水水文要素摘录时段设置

5.1.5.5　附注

只输入水位日表的附注信息即可，包括闸上、下日表，如图 5-23 所示。

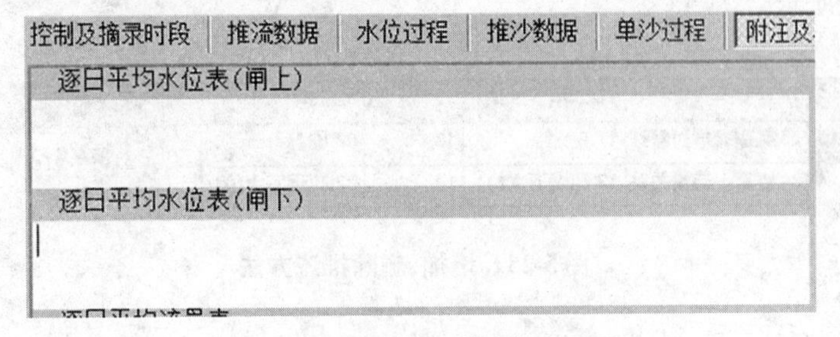

图 5-23　输入附注信息

除以上设置外，其他项目对于水位站就不需要加工了。

5.1.6　推流控制数据加工

推流控制数据由推流方法和推流节点两部分组成，如图 5-24 所示，其加工方法与河道

站不同。加工原则同河道站法，应先加工推流方法，然后再加工与推流方法相应的节点数据。

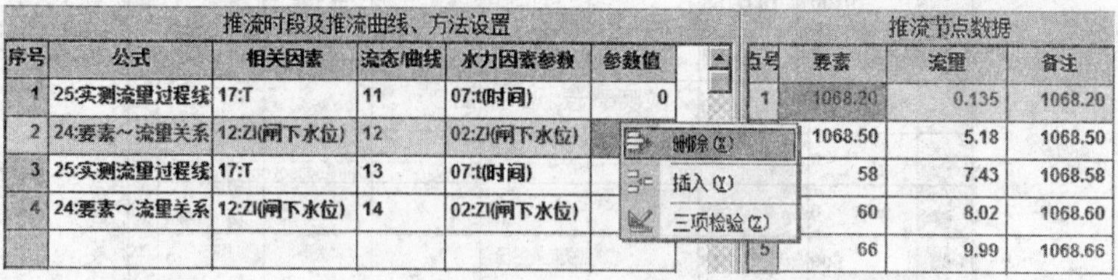

推流时段及推流曲线、方法设置					
序号	公式	相关因素	流态/曲线	水力因素参数	参数值
1	25:实测流量过程线	17:T	11	07:t(时间)	0
2	24:要素～流量关系	12:ZI(闸下水位)	12	02:ZI(闸下水位)	
3	25:实测流量过程线	17:T	13	07:t(时间)	
4	24:要素～流量关系	12:ZI(闸下水位)	14	02:ZI(闸下水位)	

删除(X)
插入(Y)
三项检验(Z)

推流节点数据			
点号	要素	流量	备注
1	1068.20	0.135	1068.20
	1068.50	5.18	1068.50
	58	7.43	1068.58
	60	8.02	1068.60
5	66	9.99	1068.66

图 5-24　推流控制数据加工

5.1.6.1　推流方法加工

1. 加工界面

在表格编辑器中，按鼠标右键，弹出菜单，行的增加、删除和水位流量关系曲线检验通过菜单实现。

表格分为 6 列：

- 序号列：程序自动管理编号，是只读的；
- 公式列、相关因素列、水力因素参数列：通过下拉列表选择；
- 流态/曲线列：同时具备手工输入（线号）和下拉列表选择（流态）两种方式；
- 参数值列：仅能手工输入。

流态（曲线）号、水力因素参数、参数值：这三项是水位测点查找相应推流方法用的，不参与流量计算。即水位测点通过这三项从方法集中查找到要使用的流量计算方法。流态（曲线）号：必须有。水力因素参数、参数值：如果方法集中的流态（曲线）号是唯一的，则不需要输入，因为程序可以直接通过线号找到方法，否则需要输入水力因素参数及参数值，通过参数查找最合适的方法。

2. 增加、删除推流方法

与河道站不同，堰闸法需要在编辑器上按鼠标右键，在弹出的菜单上选择“插入”或“删除”，如图 5-25 所示。

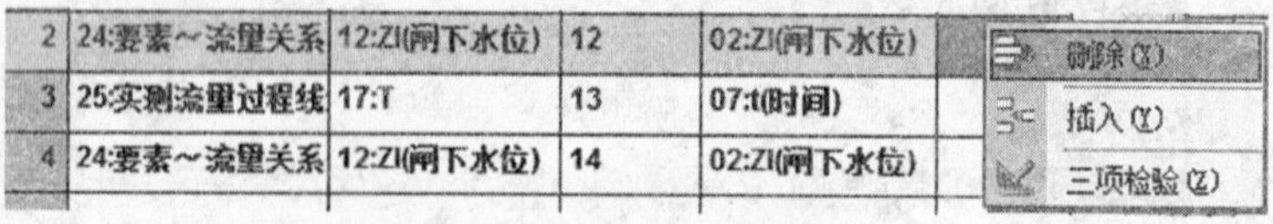

2	24:要素～流量关系	12:ZI(闸下水位)	12	02:ZI(闸下水位)
3	25:实测流量过程线	17:T	13	07:t(时间)
4	24:要素～流量关系	12:ZI(闸下水位)	14	02:ZI(闸下水位)

删除(X)
插入(Y)
三项检验(Z)

图 5-25　增加、删除推流方法

按插入后，程序默认第一个推流方法，整编人员根据需要再进行修改加工，如图 5-26 所示。

5	00:相关因素～α淹没	00:无	00:无	00:无	0

图 5-26　默认推流方法

3. 公式加工方法

点击公式列的单元格，程序会弹出下拉列表，用鼠标或上下箭头选择一个即可，如图 5-27所示。

推流时段及推流		
序号	公式	相关因素
1	17:Q=K×B×e^α×hu^β	10:e(闸门开高)
2	03:Q=C×B×e×hu^1.5	01:ΔZ(闸上下水位差)
3	04:Q=M×B×e×(ΔZ)^0.5	08:e/ΔZ(闸门开高与闸上下水位
	00:相关因素~α淹没系数法	
	01:Q=M×B×e×(hu-hc)^0.5	
	02:Q=M×B×e×hu^0.5	
	03:Q=C×B×e×hu^1.5	
	04:Q=M×B×e×(ΔZ)^0.5	
	05:Q=C×B×h×(ΔZ)^0.5	

图 5-27　选择公式

4. 相关因素输入

通过下拉列表选择。

5. 流态/曲线

流态/曲线的单元格可以在三种状态之间变换。正常情况下显示当前的数据。用鼠标点击一下，会变为图 5-28(a)所示的样式。在这种样式下，可以输入曲线编号(＞10)，输入完成后，要按回车键，否则输入无效。

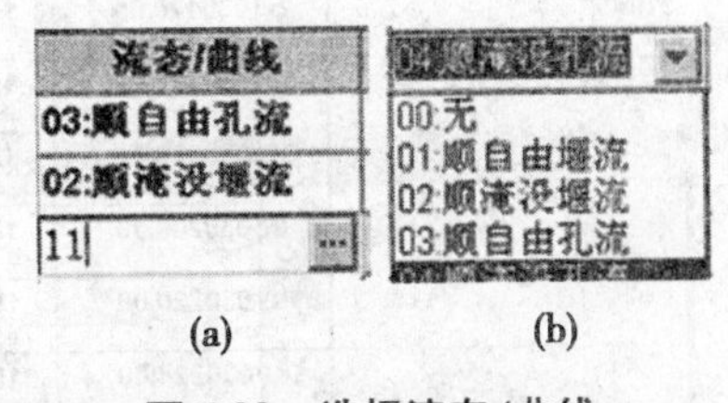

图 5-28　选择流态/曲线

如果要输入流态，则点击▭，编辑框变为下拉列表；点击▾则弹出流态列表，如图 5-28(b)所示，从中选择一个即可。

6. 水力因素参数

通过从下拉列表中选择的方法实现，图略。

7. 参数值

需要手工输入。

8. 有/无压

如果无压，输入 0；如果有压，输入 1。

即设置采用本线时计算，是无压出流还是有压出流。如果是无压出流，采用起止时刻(三角形法)的平均流量计算时段流量；如果是有压出流，则采用前一个时刻流量计算时段流量。

1)三角形法计算

程序采用上下两个时刻的流量计算时段平均流量。凡是水位、流量缓慢变化的输水物，都采用三角形法计算，如天然河道。

2)矩形法计算

程序只采用前一个时刻的流量计算时段平均流量。凡是水位、流量迅速变化的输水物，都采用矩形法计算，如有闸门的输水物。

注意：37 号公式根据 e/H 大于或小于 0.75 自动调整有压无压计算，人工输入的无效。

3）举例说明

图5-29为11、12号两条线，11号为无压出流，12号为有压出流。

推流时段及推流曲线、方法设置						
序号	公式	相关因素	流态/曲线	水力因素参数	参数值	有/无压
1	37:Q=μBe(2g(H-εe))^0.5	03:e/hu(闸门开高与闸上	11	00:无	0	0
2	37:Q=μBe(2g(H-εe))^0.5	03:e/hu(闸门开高与闸上	12	00:无	0	1

图5-29 推流曲线举例

水位过程如图5-30所示，3月1日采用11号线，为无压计算；3月2日采用12线，为有压计算。

转换的原始数据							
序号	时间	闸上	闸下	开高	开宽	闸底高程	流态/曲线
1	030100.00	150.23		0	2	120	11
2	030107.58	150.23		0	2	120	11
3	030108.00	150.23		0.23	2	120	11
4	030119.58	150.23		0.23	2	120	11
5	030120.00	150.25		0	2	120	11
6	030123.58	150.25		0	2	120	11
7	030200.00	150.40		0.3	2	120	12
8	030208.00	150.55		0.4	2	120	12
9	030220.00	150.60		0.2	2	120	12
10	030224.00	150.60		0.1	2	120	12

图5-30 水位过程

5.1.6.2 推流公式说明

1. 01,…,14,30

需要输入相关因素、流态/曲线、节点集合（X,Y）。

01：需要计算收缩水深；

02,…,14,30（泰安）：不需要计算收缩水深。

公式10： $$Q = \eta \times N_s / (9.8h)$$

电力抽水站： $$Q = \frac{N_s}{9.8\eta H}$$

①需要输入 $N_s \sim \eta$ 关系节点。

②如果没有节点，则程序按公式计算效率。

③如果在自变量列只输入了一个数值，程序认为是 η，不再用公式计算。

2. 15,…,23,31,32

图解法推流：只需要在节点集合第一列，输入1、2或3个参数（根据需要），不需要相关因素，需要曲线号。

1个参数：31（包头水库）；

2个参数：15,21,22,23；

3个参数：16,17,18,19,20,32（包头水库）。

3. 24:要素—流量关系曲线

需要输入相关因素、曲线号、节点集合。

如果要素是[17:时间],等同[25:实测流量过程线法]。

4. 25:实测流量过程线法

只需要输入时间—流量节点集合,不需要相关因素,需要曲线号。

5. 26,27,28

改正系数、改正水位、切割水位法与其他推流方法联合应用,即先对水位进行改正,再采用其他方法推流。

此 3 种方法只需要输入曲线号、时间—改正数节点集合;作用于全年水位、流量记录,其曲线号不在水位过程的曲线号中存在。

6. 巴雷特曲线

公式序号为 32,需要设置 3 个参数,如图 5-31 所示。

控制及摘录时段 | 推流数据 | 水位过程 | 推沙数据 | 单沙过程 | 附注及其他 | 水

推流时段及推流曲线、方法设置

序号	公式	
1	25:实测流量过程线法	17:T
2	32:Q=Ce×2/3×(2g)^0.5×B×(He)^(3/2)	00:无

点号	自变量	因变量
	0.062	
	0.083	
	0.0012	

图 5-31　32 号公式加工方法

公式如下:

$$Q = C_e \times 2/3 \times \sqrt{2g} \times B \times \sqrt{H_e^3}$$

$$C_e = 0.062 + 0.083h/0.5$$

$$H_e = h + 0.0012$$

式中,h 为水头;B 为堰宽;0.062、0.083、0.001 2 分别用 A_1、A_2、A_3 三个参数表示。

7. 河北 - 新增 3 个公式

如图 5-32 所示,公式位于列表的 33、34、35 号,其中:A_0,A_1,A_2 是系数,举例说明 33 号公式加工方法。如 $A_0 = 267$,$A_1 = 8.33$,$A_2 = 1.01$,则进行如下加工:只填自变量和曲线号,如图 5-33 所示。34、35 号公式填制方法相同,只填 2 个参数。

图 5-32　33、34、35 号公式

8. 山东 - 新增 1 个公式

30 号公式加工方法如图 5-34 所示。

以下为云南新增公式。

推流时段及推流曲线、方法设置						点号	自变量	因变量
公式	相关因素	流态/曲线	水力因素参数	参数值			267	
33:Q=(Ns/B+A0)B/A1/(△Z-A2)	00:无	11	00:无	0			8.33	
							1.01	

图 5-33　33 号公式加工方法

推流时段及推流曲线、方法设置							推流节点数据		
序号	公式	相关因素	流态/曲线	水力因素参数	参数值		点号	自变量	因变量
1	30:Q=M×B×e×(hu-0.7e)^0.5	10:e(闸门开高)	03:淹自由孔流	04:hu(闸上水头)	0		1	0.1	3.07
							2	0.2	3.05
							3	0.25	3.04
							4	0.3	3.02

图 5-34　30 号公式加工方法

9. 36:Q = CB(2g)^0.5 * hu^1.5

即：

$$Q = CB\sqrt{2g}h_u^{\frac{3}{2}}\quad（溢洪道:自由堰流）$$

式中，h_u 为堰上水头，m；B 为堰顶宽度，m。

该公式与闸门类型无关，可选择平底堰。

选择该公式时，需要输入 $h_u \sim C$ 关系节点；如果没有率定关系，只输入流量系数数值即可，在节点编辑器的自变量第一行输入，如图 5-35 所示。

推流时段及推流曲线、方法设置						推流节点数据			
序号	公式	相关因素	流态/曲线	水力因素参数	参数值	点号	自变量	因变量	备注
1	36:Q=CB(2g)^0.5*hu^1.5	02:hu(闸上水头)	12	00:无	0		0.41		

图 5-35　36 号公式加工方法

注意：流态曲线号是大于 10 的数，应根据需要编号，不一定为 12，以下同。

10. 37:Q = μeB(2g(H - εe))^0.5

即：

$$Q = \mu eB\sqrt{2g(H - \varepsilon e)}\quad（溢洪道:自由孔流）$$

收缩系数 ε 由程序根据 $e/H \sim \varepsilon$ 关系表自动查表获取，如图 5-36 所示。

H 为闸底或堰顶以上水头（$H = Z_{水位} - Z_{闸底高程}$），单位为 m。

该公式与闸门类型有关，要正确选择。

注意：当 $e/H < 0.01$ 时，程序自动采用公式 $Q = \mu eB(2gH)$^0.5。

（1）当存在 $e/H \sim u$ 关系时，自变量、因变量两列都要输入数据，程序通过插补获取流量系数。

（2）当不存在 $e/H \sim u$ 关系时，只在自变量列输入两个系数 A_0、A_1，程序根据闸门类型计算流量系数，如图 5-37 所示。

在图 5-38 中，如果选择弧形门平底闸下游平坡，则输入的系数为 C、R，其中 C 为弧形闸门转轴距堰顶高度，m；R 为弧形闸门半径，m。

程序根据以下公式计算流量系数：

```
//e/H---收缩系数 e/H~ε关系表==使用需进行转换
const  Con_EH_EP:array[0..19] of TCompWayRec=(
        (No: 0;   Cod:'0.00';   Nam:'0.611' ),
        (No: 1;   Cod:'0.10';   Nam:'0.615' ),
        (No: 2;   Cod:'0.15';   Nam:'0.618' ),
        (No: 3;   Cod:'0.20';   Nam:'0.620' ),
        (No: 4;   Cod:'0.25';   Nam:'0.622' ),
        (No: 5;   Cod:'0.30';   Nam:'0.625' ),
        (No: 6;   Cod:'0.35';   Nam:'0.628' ),
        (No: 7;   Cod:'0.40';   Nam:'0.632' ),
        (No: 8;   Cod:'0.45';   Nam:'0.638' ),
        (No: 9;   Cod:'0.50';   Nam:'0.645' ),
        (No:10;   Cod:'0.55';   Nam:'0.650' ),
        (No:11;   Cod:'0.60';   Nam:'0.660' ),
        (No:12;   Cod:'0.65';   Nam:'0.675' ),
        (No:13;   Cod:'0.70';   Nam:'0.690' ),
        (No:14;   Cod:'0.75';   Nam:'0.705' ),
        (No:15;   Cod:'0.80';   Nam:'0.720' ),
        (No:16;   Cod:'0.85';   Nam:'0.745' ),
        (No:17;   Cod:'0.90';   Nam:'0.780' ),
        (No:18;   Cod:'0.95';   Nam:'0.835' ),
        (No:19;   Cod:'1.00';   Nam:'1.000' ));
```

图 5-36　$e/H\sim\varepsilon$ 关系表

推流时段及推流曲线、方法设置						推流节点		
序号	公式	相关因素	流态/曲线	水力因素参数	参数值	点号	自变量	因变量
1	37:Q=μeB(2g(H-εe))^0.5	03:e/hu(闸门开高	12	00:无	0		2.1	
							1.5	

图 5-37　37 号公式加工方法

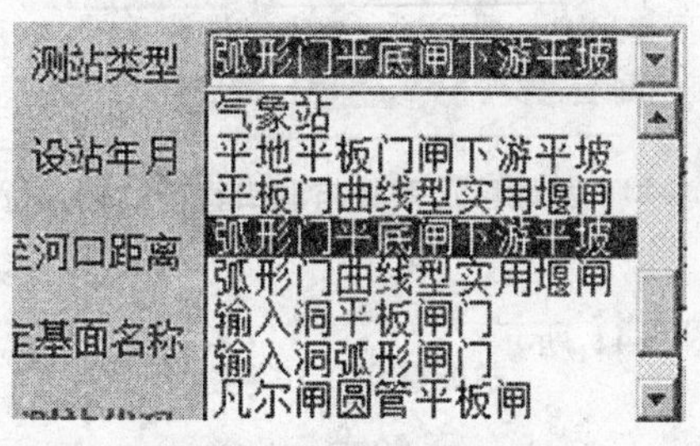

图 5-38　选择测站类型

$$\mu = 1 - 0.0166\theta^{0.723} - (0.582 - 0.0371\theta^{0.547})\frac{e}{H}$$

式中，θ 为闸门底缘切线与水平线的夹角，可用下式计算：

$$\cos\theta = \frac{C - e}{R}$$

如果选择以下三种：平地平板门闸下游平坡、弧形门平底闸下游平坡、弧形门曲线型实用堰闸，则程序根据下式计算流量系数：

$$\mu = A_0(e/H)^{A_1}$$

注意：如果在节点部分只输入一个参数，程序认为是直接输入的流量系数 μ，本方案是临时的。

本公式根据 e/H 大于或小于 0.75 自动调整有压无压计算，人工输入的无效。

11. 38：Q = μBe(2gΔZ)^0.5

即：

$$Q = \mu Be\sqrt{2g\Delta Z}\quad（溢洪道：淹没孔流）$$

该公式与闸门类型无关。

当有条件测流时，要选择相关因素，并在自变量和因变量两列输入关系节点，程序通过插值获取流量系数。

如果无条件测流，则输入系数 A_0、A_1，如图 5-39 所示，程序通过下式计算流量系数：

$$\mu = A_0(e/H)^{A_1}$$

推流时段及推流曲线、方法设置						推流节点		
序号	公式	相关因素	流态/曲线	水力因素参数	参数值	点号	自变量	因变量
1	38:Q=μBe(2g△Z)^0.5	01:△Z(闸上下水位差)	12	00:无	0		0.76	
							0.038	

图 5-39　38 号公式加工方法

12. 39:Q = μa(2g(H − ηD))^0.5

即：　　$Q = \mu a\sqrt{2g(H - \eta D)}$　（水库输（泄）水涵管，有压、半有压自由管流）

式中，a 为涵管过水断面面积；H 为出洞口底高以上上游水头。

该公式与闸门类型无关，可选择平底堰。

需要在基础信息中输入 η（下游势能修正系数）与 D（出口洞直径）；输入位置在闸孔数量和闸孔宽度编辑框内（因为早期没有考虑到，先这样加工），如图 5-40 所示。

图 5-40　势能修正系数与洞口直径的输入位置

39 号公式加工方法如图 5-41 所示。

推流时段及推流曲线、方法设置						推流节点		
号	公式	相关因素	流态/曲线	水力因素参数	参数值	点号	自变量	因变量
1	39:Q=μa(2g(H-ηD))^0.5	18:e/D(闸门开高/出口洞高或直径)	12	00:无	0		0.13	0.21
							0.23	0.34
							0.33	0.42

图 5-41　39 号公式加工方法

对于有条件测流的涵管，需要输入 $e/D \sim \mu$ 关系节点，插补流量系数；

对于没有条件的，直接输入流量系数，位置在自变量列第一行。

13. 40:Q = μa(2gΔZ)^0.5

即：　　$Q = \mu a\sqrt{2g\Delta Z}$　（水库输（泄）水涵管，有压、半有压淹没管流）

相关因素，需要输入 $e/D \sim \mu$ 或 $\Delta Z \sim \mu$ 关系节点。

40 号公式加工方法如图 5-42 所示。

该公式只适用于圆形管，与闸门类型无关，可选择平底堰。如果只输入一个自变量，程序作为流量系数处理。

号	公式	相关因素	流态/曲线	水力因素参数	参数值	点号	自变量	因变量
							推流时段及推流曲线、方法设置	推流节
1	40:Q=μa(2gΔZ)^0.5	01:ΔZ(闸上下水位差)	12	00:无	0		0.12	0.22
							0.24	0.32
							0.25	0.35

图 5-42　40 号公式加工方法

14．41:Q = μBe(2gH)^0.5

即：
$$Q = \mu Be\ \sqrt{2gH}$$

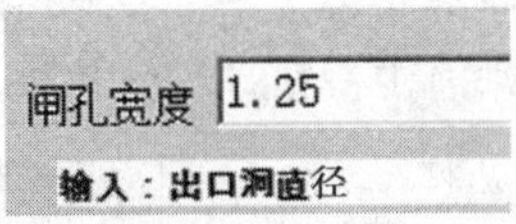

水库输(泄)水涵管,进口段设置有压短管和闸门的无压自由管流。

闸孔宽度	1.25
输入：出口洞直径	

图 5-43　41 号公式洞口直径输入位置

可率定关系时,相关因素需要输入 $e/H \sim \mu$ 关系节点(如果用该关系,则基础信息输入洞直径);41 号公式加工方法见图 5-44。

序号	公式	相关因素	流态/曲线	水力因素参数	参数值	点号	自变量	因变量	备注
		推流时段及推流曲线、方法设置					推流节点数据		
1	41:Q=μBe(2gH)^0.5	03:e/hu(闸门开高与闸上水头之比)	12	00:无	0		0.12	0.34	
							0.13	0.45	
							0.14	0.55	

图 5-44　41 号公式加工方法

不能率定时,用以下公式计算流量系数：

$$\mu = \varphi\varepsilon$$

该公式与闸门类型相关,见图 5-45。

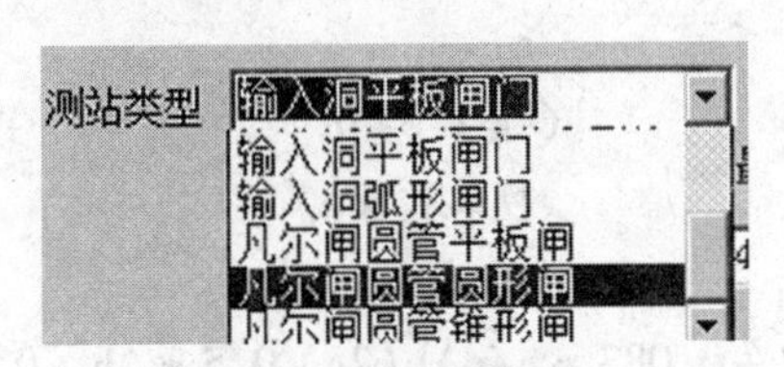

图 5-45　闸门类型

收缩系数 ε 由程序自动计算。

流速系数 φ 在自变量中输入,如图 5-46 所示。

序号	公式	相关因素	流态/曲线	水力因素参数	参数值	点号	自变量	因变量
1	41:Q=μBe(2gH)^0.5	03:e/hu(闸门开高与闸上水头之比)	12	00:无	0		0.12	

图 5-46　在自变量中输出流速系数

在不能确定流速系数 φ 时,直接输入流量系数,为便于区分,在因变量中输入 1。

15．42:Q = μA(2gH)^0.5

即：
$$Q = \mu A\sqrt{2gH}$$

凡尔闸：水库输(泄)水涵管,进口段设置有压短管和闸门的无压自由管流。

本公式与闸门类型相关,根据不同的闸门,选择不同的过水面积 a 的计算公式,需要在基础信息中设置,如图 5-47 所示。

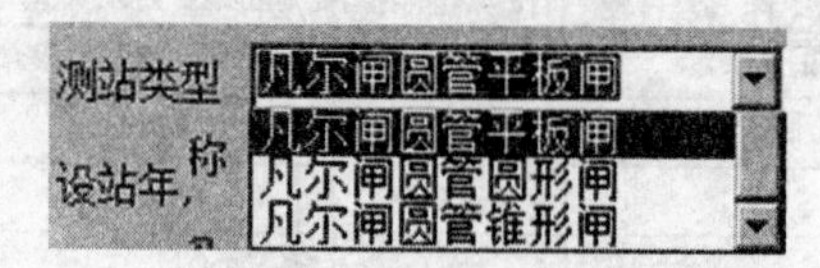

图 5-47　42 号公式相关的闸门类型

流量系数 $\mu = A(e/H)^n$，加工时输入率定参数 A 与 n。

推流节点加工：为单列，在自变量列输入，如图 5-48 所示。

序号	公式	相关因素	流态/曲线	水力因素参数	参数值
1	42:Q=μA(2gH)^0.5	00:无	12	00:无	0

点号	自变量	因变量
	2.6	A
	0.23	n
	2.6	R
	2.3	r

图 5-48　42 号公式加工方法

对于圆管平板闸、圆管锥形闸：输入 A、n、R；

对于圆管圆形闸：输入 A、n、R、r。

注意：图 5-48 中因变量的 A,n,R,r 为图形说明，加工时不要输入；另外，当没有率定 $\mu = A(e/H)^n$ 时，直接输入 A、0 两个数值，$\mu = A(e/H)^0$，$\mu = A \times 1 = A$，相当于 $A = \mu$。

16. 涵管无压出流

流量计算公式：　$Q = \mu b\sqrt{2g}h^{\frac{3}{2}}$

用法同 36 号公式：　$Q = CB\sqrt{2g}h_u^{\frac{3}{2}}$　（溢洪道：自由堰流）

17. 直角三角堰

公式：　$Q = 1.343h^{2.47}$

用法同 35 号公式：　$Q = A_0 \times h_u^{A_1}$

在自变量一列输入 A_0、A_1。

18. 43：Q = 2/3 * (0.602 + 0.083 * h/p)b(2g)^0.5 * (h + 0.001 2)^(3/2)

即：　$Q = \frac{2}{3}C_D b\sqrt{2g}h_e^{\frac{3}{2}}$　（矩形薄壁堰）

p 为程序中采用的闸门高度。输入框如图 5-49 所示。

图 5-49　闸门高度输入位置

本公式不需要在节点编辑器中输入参数。

19. 44：Q = ((e ± b)/K) * H^0.5

受闸槽影响的无压自由管流，即公式：

$$Q = \left(\frac{e \pm b}{K}\right)\sqrt{H}$$

式中，b 和 K 为待率定常数。

44 号公式加工方法如图 5-50 所示。

推流时段及推流曲线、方法设置							推流节点数据			
序号	公式	相关因素	流态/曲线	水力因素参数	参数值		点号	自变量	因变量	备注
1	44:Q=((e±b)/K)*H^0.5	00:无	12	00:无	0			-0.213		b
								0.841		K

图 5-50　44 号公式加工方法

注意：要输入线号，备注中英文字母 b、K 不要输入（推流与闸门类型无关）。

20. 45：Q = I^0.5 * ((B + mh)h)^(5/3)/n/(B + 2h(I + m * m)^0.5)^(2/3)

当明渠为梯形时，用以下公式：

$$Q = \frac{I^{\frac{1}{2}}[(B + mh)h]^{\frac{5}{3}}}{n[B + 2h(1 + m^2)^{\frac{1}{2}}]^{\frac{2}{3}}}$$

式中，I 为比降；B 为渠底宽，m；m 为边坡系数；n 为糙率；h 为水深，m。

45 号公式加工方法如图 5-51 所示。

序号	公式	相关因素	流态/曲线	力因素参	参数值	点号	自变量	因变量	备注
1	44:Q=((e±b)/K)*H^0.5	00:无	12	00:无	0		0.013		n
2	45:Q=I^0.5*((B+mh)h)^(5/3)/n/(B+2h(I+m*m)^0.5)^(2/3)	00:无	14	00:无	0		0.008		I
							0.25		m

图 5-51　45 号公式加工方法

推流加工时，需要输入糙率、比降和边坡系数，第一个为 n，第二个为 I，第三个为 m，线号要输入。

注意：要输入线号，备注中英文字母 n、I、m 不要输入（推流与闸门类型无关）。

当 m 为 0 时，即为明渠矩形。

5.1.6.3　推流加工方法举例说明

以改正水位法为例说明如下。

全年整编分三个时段，第 1、3 时段采用改正水位法（实际为先改正水位，再采用临时曲线法，用 12 号线）；第 2 时段只采用临时曲线法（用 13 号线），则加工方法如下。

● 推流数据加工如图 5-52 所示。

推流时段及推流曲线、方法设置							点号	自变量	因变量
序号	公式	相关因素	流态/曲线	力因素参	参数值				
1	28:改正水位法	17:T	11	00:无	0		1	010100.00	0.2
2	24:要素~流量关系曲线	12:ZI(闸下水位)	12	00:无	0		2	020100.00	0.1
3	24:要素~流量关系曲线	12:ZI(闸下水位)	13	00:无	0		3	030100.00	0
							4	110100.00	0
							5	123124.00	0.2

图 5-52　推流数据加工

说明：改正曲线命名为 11 号线，程序推流时，首先调用该线对全年水位进行改正。因此，全年的改正水位数据都可以在这里输入，如图 5-52 右部所示，不同的时间段，有不同的改正数，如果某一时段不改正，则改正数为0(图5-52中030100.00～110100.00)。

- 水位过程加工如图5-53所示。

控制及摘录时段 | 推流数据 | 水位过程 | 推沙数据 | 单沙过程 | 附注及其他 | 水位

转换的原始数据							
序号	时间	闸上	闸下	开高	开宽	闸底高程	流态/曲线
1	010100.00	22.09	14.02	0	0	10.01	12
2	030100.00	20.01	13.12	0	0	10.01	12
3	030100.01	20.01	13.12	0	0	10.01	13
4	110100.00	21.23	14.24	0	0	10.01	13
5	110100.01	21.23	14.24	0	0	10.01	12
6	123124.00	21.23	14.24	0	0	10.01	12

图5-53　水位过程加工

说明：图5-53省略了很多记录，只保留了边界记录，前后为12号线，中间为13号线。

程序处理方法：先采用改正曲线对全年水位改正，然后再对水位逐点推流(采用水位记录中的曲线)，可以看到图5-53中没有11号线。

5.1.6.4　推流节点加工

不同的推流方法需要的节点信息不同，堰闸推流时，自变量填相关因素，因变量填流量系数或收缩系数；水电站(抽水站)推流时，自变量填节点功率、电功率数或水头，因变量填效率系数；图解法推流时，自变量按K、α、β顺序填写，因变量不填(程序默认0)；其他的推流方法(23～29)，推流节点表格的标题会提示输入内容；公式法推流时，加工方法在推流公式中已经说明，图略。

注意：推流节点更新后，需要按回车键，直到点号列有序号，程序才可接收变更信息；直接按✓确认修改也可以。

在选择公式后，程序在状态栏显示节点加工方法，如图5-54所示。

推流时段及推流曲线、方法设置				
序号	公式	相关因素	流态/曲线	水力因素参数
1	37:Q=μeB(2g(H-εe))^0.5	00:无	11	00:无
2	45:Q=I^0.5*((B+mh)h)^(5/3)/	00:无	00:无	00:无

流态=0 | 云南-明渠，需要在自变量第1列输入：I:比降;n:糙率;m:边坡系数(m=0时，即为矩形)

图5-54　状态栏显示节点加工方法

(1)相关因素为水位时，推流节点水位整数部分有自动补齐功能，如图5-55所示。

(2)相关因素为水位时，推流节点范围有自动检查功能，省略时间会自动补齐，如图5-56所示。

5.1.7　水位过程加工

在该页输入水位记录，包括时间、闸上(水位)、闸下(水位)、(闸门)开高(功率)、(闸门)开宽(台数)、闸底高程、流态/曲线等信息。

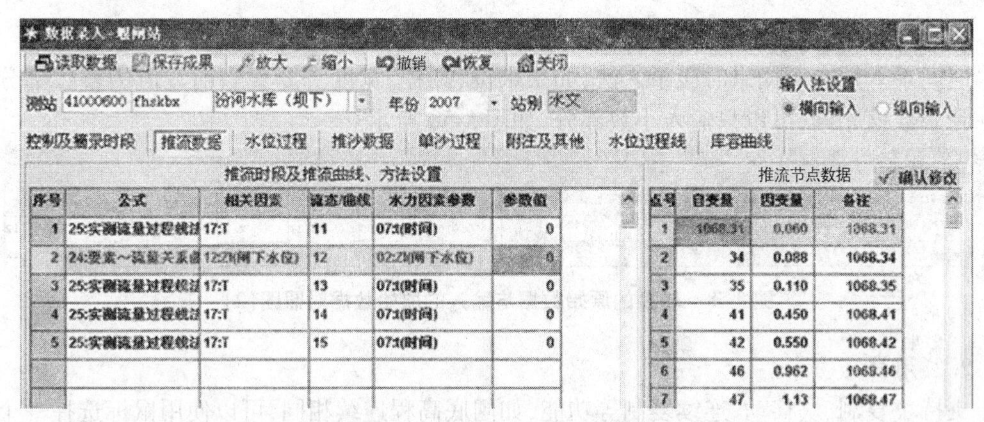

图 5-55　水位补齐后放入备注列

序号	公式	相关因素	流态/曲线	水力因素参数	参数值
1	25:实测流量过程线法	17:T	11	07:t(时间)	0
2	24:要素～流量关系曲	12:ZI(闸下水位)	12	02:ZI(闸下水位)	0
3	25:实测流量过程线法	17:T	13	07:t(时间)	0
4	25:实测流量过程线法	17:T	14	07:t(时间)	0
5	25:实测流量过程线法	17:T	15	07:t(时间)	0

点号	时间	流量	备注
1	10100	0.084	010100.00
2	8	0.084	010108.00
3	208	0.084	010208.00
4	308	0.084	010308.00
5	408	0.083	010408.00
6	508	0.083	010508.00

图 5-56　时间补齐后放入备注列

该页包括转换的原始数据显示窗口、输入的原始数据显示窗口两部分，见图 5-57。

转换的原始数据

序号	时间	闸上	闸下	开高	开宽	闸底高程	流态/曲线
1	010100.00	137.82		0	0	133.00	
2	080108.00	132.47		0	0	133.00	
3	082410.02	140.78		0	0	133.00	3
4	082410.03	140.78		0.25	10.0	133.00	3
5	082410.32	140.80		0.25	10.0	133.00	3
6	082410.33	140.80		0.25	30.0	133.00	3

输入的原始数据　取消标记　逆流　顺逆不定　停滞　确认修改

序号	时间	闸上	闸下	开高	开宽	闸底高程	流态/曲线
1	10100.0	137.82		0	0	133.00	
2	80108.0	132.47		0	0	133.00	
3	2410.02	140.78		0	0	133.00	3
4	10.03	.78		0.25	10.0	133.00	3
5	10.32	.80		0.25	10.0	133.00	3
6	10.33	.80		0.25	30.0	133.00	3

图 5-57　转换的原始数据与输入的原始数据对照图(1)

图 5-57 中左右两个窗口是一一对应的。在右部窗口中录入数据，显示输入的实际内容；左部窗口显示数据补全转换后完整的信息。

输入完成后，按 ✓确认修改，加工数据完成。

如果最后一个时间是年底，则输入 123124.00。

5.1.7.1　表格编辑器使用方法

河道站水位加工编辑器的所有操作在堰闸部分都适用，参照“4.1.6.1 表格编辑器使用方法”。

1. 支持简输

时间录入请参照摘录时段录入法,如果水位、高程、宽度等要素当前数值的整数部分与上一记录数值相同,可以只输入小数部分,如图 5-58 所示。

控制信息及摘录时段 | 推流方法及节点 | 水位过程及推流方法 | 推沙方法及节点 | 单沙过程 | 附注及输出表项 | 水位过程线

转换的原始数据

序号	时间	闸上	闸下	开高	开宽	闸底高程	流态/曲线
1	010101.00	12.23	14.11	2.12	2.12	25.125	12
2	010201.00	12.21	14.23	2.12	2.12	25.125	12

输入的原始数据

	时间	闸上	闸下	开高	开宽	闸底高程	流态/曲线
1	010101	12.23	14.11	2.12	2.12	25.125	12
2	1	.21	.23	2.12	2.12	25.125	12

图 5-58　转换的原始数据与输入的原始数据对照图(2)

2. 应用技巧

支持块复制、块移动、连续复制等功能,如闸底高程连续相同,可以使用鼠标选择一个有数据的单元格往下拉即可。使用该功能可以节省大量工作量。

对于连续特殊水情(河干 G,缺测 Q,停测 E,连底冻 L)的时段,在数据加工时,可以只输入两个端点,中间部分省略;时间串的月、日、时、分的第一个记录要完整。

注意:水位过程的每一个记录都应输入流态或曲线号,否则程序会自动计算流态。

如果闸上下水位中含有 G(河干)、L(连底冻)、E(停测)、Q(缺测)等信息,且没有输入流态/曲线号,则程序不计算流态,而是将该点流量作 0 处理。

其他情况,程序提示输入流态。

5.1.7.2　顺逆流加工方法

与河道站部分基本相同(参照“4.1.6.5 顺逆流符号加工方法”),但多 1 列水位,这时需要用鼠标在相应水位列中选择区域,如图 5-59 所示,对闸下的 4、5、6、7 等 4 个记录做停测标记。

输入的原始数据　　取消标记　逆流　顺逆不定　停滞

序号	时间	闸上	闸下	开高	开宽	闸底高程	流态/曲线
1	10100	11.96	12.04	99	9.0	10.33	11
2	8	.96	.02	99	9.0	10.33	11
3	16	.96V	.02	99	9.0	10.33	11
4	208	.93V	.01X	99	9.0	10.33	11
5	16	.93V	.01X	99	9.0	10.33	11
6	308	.93V	.01X	99	9.0	10.33	11
7	9.3	.93V	.01X	99	9.0	10.33	11
8	9.45	.93V	.01X	99	9.0	10.33	11

图 5-59　顺逆流加工方法

5.1.7.3　图形绘制

程序根据水位观测标志,自动绘制水位过程线图,如图 5-60 所示。

5.1.8　推沙控制与沙量过程加工

沙量过程输入、推沙方法节点输入、沙量过程线三部分与河道站方法相同,参照“4.1.5 推沙控制数据加工”和“4.1.8 沙量过程数据加工”。

某水库（小电站）水位过程线图
水位(m)
55
54
53
52
51
1月
2月
3月
4月
5月
6月
7月
8月
9月
10月
11月
12月
时间 (min)

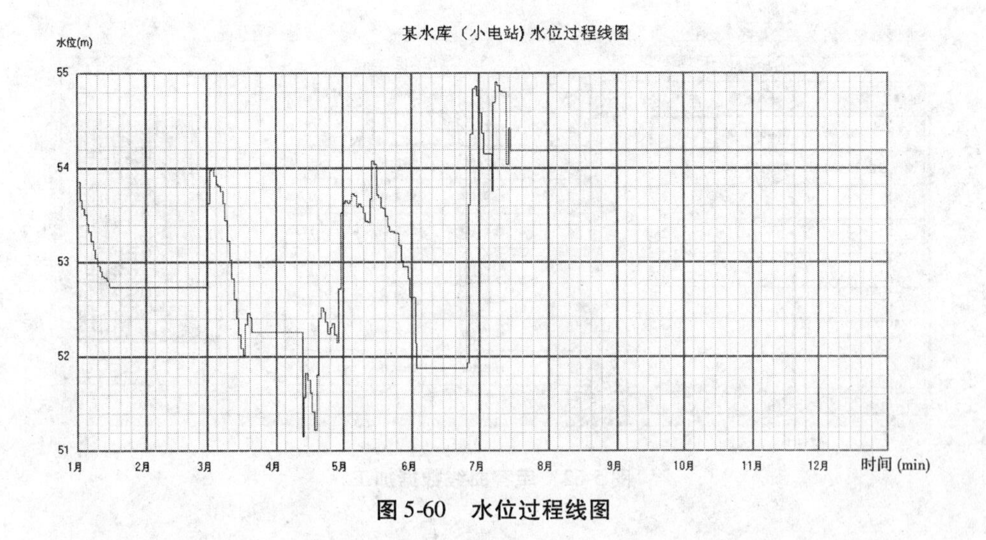

图 5-60　水位过程线图

5.1.9　附注

输入各种成果表的附注信息，界面见图 5-61。

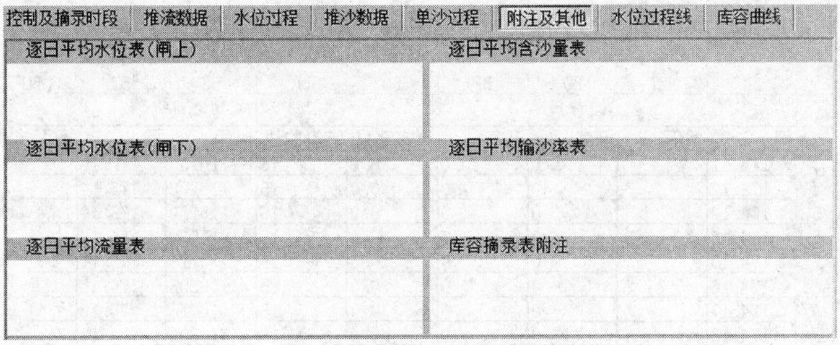

控制及摘录时段
推流数据
水位过程
推沙数据
单沙过程
附注及其他
水位过程线
库容曲线
逐日平均水位表(闸上)
逐日平均含沙量表
逐日平均水位表(闸下)
逐日平均输沙率表
逐日平均流量表
库容摘录表附注

图 5-61　附注信息界面

5.1.10　库容曲线

输入分级库容数据，由于水库淤积等因素影响，年度内可能存在多条库容曲线，因此本系统允许整编人员输入多条库容曲线，如图 5-62 所示。

加工方法类似推流方法，应先进行库容曲线时段设置：首先输入时间，按回车键，输入线号；然后输入下一条。

库容曲线节点可以从外部导入，也可在编辑器中录入，编辑器功能类似 Excel。

- 库容曲线时段，如最后一个时间是年底，则输入 123124.00。
- 库容曲线在两种情况下输入：单站 - 输出库摘表；合成站 - 输出库摘表。

5.1.11　其他功能

5.1.11.1　原始数据导出到 Excel 文件中

功能同河道站，参照“4.1.13.3 原始数据导出到 Excel 文件中”，如图 5-63 所示。

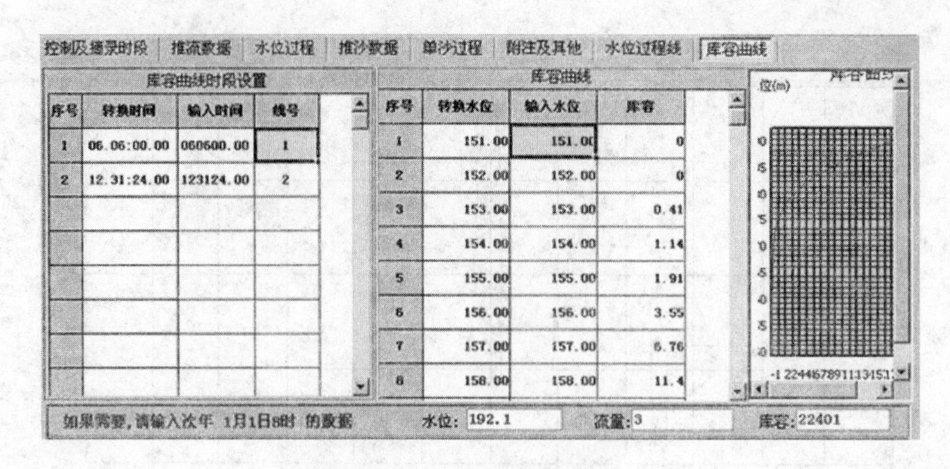

图 5-62　库容曲线数据加工

图 5-63　导出到 Excel 文件中

Excel 文件分四页存储，水沙过程以月为单位分列存储，如图 5-64 所示。

	BM	BN	BO	BP	BQ	BR	BS	BT	BU
1	10月								
2	闸上	闸下	开宽	开高	闸底高程	流态曲线	时间	闸上	闸下
3	174.11		0	0	0.0	15	110100	175.10	
4	174.12		0	0	0.0	15	110108	175.10	
5	174.12		0	0	0.0	15	110110	175.10	
6	174.13		0	0	0.0	15	110110.2	175.10	
7	174.15		0	0	0.0	15	110116	175.11	
8	174.16		0	0	0.0	15	110208	175.12	
9	174.17		0	0	0.0	15	110216	175.12	
10	174.18		0	0	0.0	15	110308	175.13	
11	174.19		0	0	0.0	15	110316	175.15	
12	174.20		0	0	0.0	15	110408	175.17	
13	174.22		0	0	0.0	15	110416	175.18	
14	174.24		0	0	0.0	15	110508	175.20	
15	174.25		0	0	0.0	15	110516	175.21	
16	174.26		0	0	0.0	15	110608	175.22	
17	174.27		0	0	0.0	15	110616	175.24	
18	174.28		0	0	0.0	15	110708	175.26	
19	174.30		0	0	0.0	15	110716	175.27	
20	174.31		0	0	0.0	15	110808	175.29	

推流数据 \ 水位过程 / 沙量过程 / 库容曲线 /

图 5-64　Excel 文件内容

5.1.11.2　导入外部数据

对于水位过程、推流节点、沙量过程、库容曲线，可以从外部文本文件导入编辑器，然后存入数据库。功能菜单如图 5-65所示。

5.1.11.3　水位过程编辑器列数据设置

在水位过程编辑器中，某些列的数值完全相同，如闸底高程等。设置列数据时，要指定列号和列值，如图 5-66 所示，将开高全部改为 2。

✤ 程序对水位过程、沙量过程、库容曲线 3 个主要的编辑器，提供撤销和恢复功能。

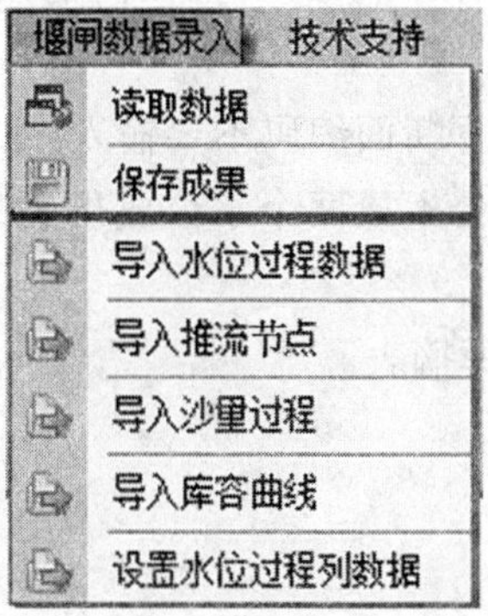

图 5-65　功能菜单

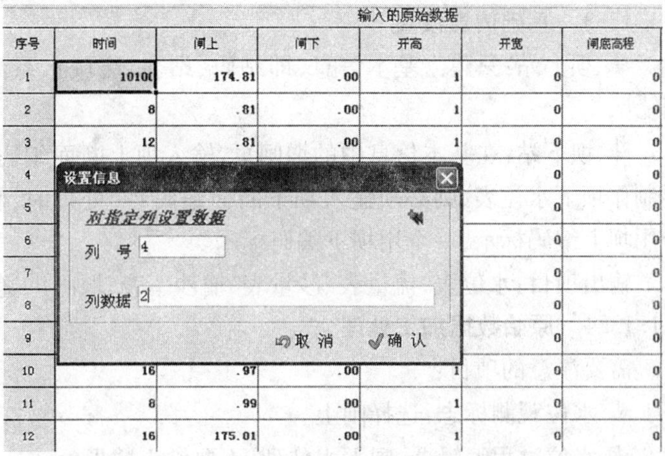

图 5-66　水位过程编辑器列数据设置

5.1.12　水位流量关系曲线检验

在推流加工界面上，选择一条曲线，按鼠标右键，点击 三项检验进入，操作方法与河道站相同，参照“4.1.12 水位流量关系曲线检验”。

三项检验功能位置如图 5-67 所示。

图 5-67　三项检验功能位置

注意：如果相关因素不是水位，则无效。

5.1.13　堰闸站加工方法举例

单站处理，同时生成两个断面的成果和库容摘录表。

5.1.13.1　测站说明及成果要求

本例设有两个断面：

(1)坝上：只测水位，是水位站；

(2)坝下：测流，但推流采用坝上水位。

成果要求如下：

- 坝上站：只输出水位表；
- 坝下站：输出流量表、沙量表、输沙表、洪摘表、库摘表。

5.1.13.2　加工原则

为加工方便，在以坝下站为站码的测站中加工所有数据；处理坝下站时，同时生成坝上站的水位日表、坝下成果表、库摘表。

5.1.13.3 基础信息设置

- 坝上站:只建立基本信息,即站码、站名、流域水系河流信息;不要设置任何输出项目。

- 坝下站:在基本信息中的堰闸页,输入坝上断面编码,坝下断面编码不要输入(如果要制作坝下水位表,则必须输入坝下断面编码)。处理时,程序会生成两个水位成果表,一个用坝上编码标示,一个用坝下编码标示。

输出项目:水位表、流量表、沙量表、输沙率表、堰闸洪摘表、库摘表。

5.1.13.4 原始数据加工处理

需要注意的项目:

- 水位观测标志:选择闸上。
- 水位过程编辑器:闸下水位列,不要输入数据。
- 输入库容曲线时段和库容曲线。
- 数据处理成果输出:不要对坝上站进行处理,只对坝下站处理。处理时,程序制作的水位表按基础信息中的坝上站编码存储,而其他的成果按坝下站编码存储入库。

5.2 堰闸站数据处理

堰闸整编程序的操作与河道站基本相同,参照“4.2 河道站数据处理”。

注意:菜单中的开关项,显示逐点推流信息、每日明细数据,供整编人员调试数据用。

5.3 多断面合成(水库站数据处理)

5.3.1 合成站数据加工

5.3.1.1 基础信息部分

- 测站类型:选择水库断面合成,如图5-68所示。
- 观测类型、站别对整编无影响,但要按实际设置。
- 合成设置:在基础信息中,创建一个合成站信息,设置站类型为水库断面合成;在合成设置中,加入需要合成的各子断面;在输出项目上,对需要制作的成果表打钩。参照河道站合成设置方法。

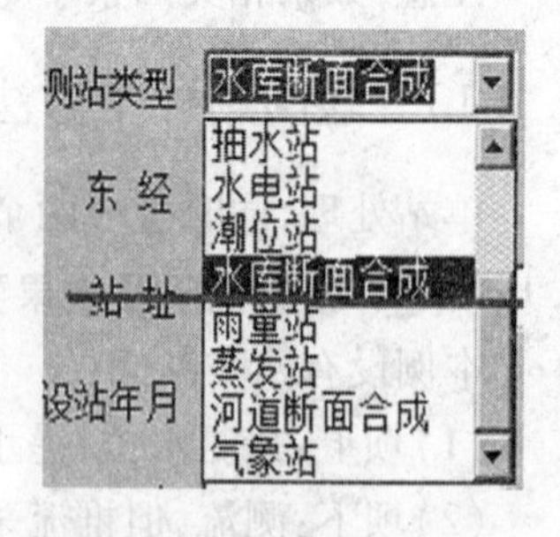

图5-68 选择水库断面合成

5.3.1.2 原始数据部分

在堰闸数据加工程序中,进行以下基本设置。合成断面需要设置的项目与独立断面对比,差别如下:

- 没有推流时段控制和节点;
- 没有推沙时段控制和节点;
- 没有水位过程;

- 没有沙量过程;
- 不需要输入流态分界点资料;
- 测流断面位置、水位观测标志:对数据处理无影响,任意选择一项即可;
- 洪水要素摘录时段:如果输出洪摘,则输入;
- 水库水文要素摘录时段:如果输出库摘,则输入;
- 推流、推沙、水位过程、沙量过程:不需要输入;
- 库容曲线:如果输出库摘,则要输入;
- 各月引水量:如果输出月年来水量统计表,则输入,不输作 0 处理。如果输出水库蓄变量表,还需要输入次年 1 月 1 日 8 时的数据,如图 5-69 所示。

图 5-69 输入次年 1 月 1 日 8 时的数据

其他项目:水位精度、附注、整编项目等与独立断面相同。

5.3.2 合成站数据处理

在合成计算前,先处理子断面,成果要入库。

操作与河道站断面合成相同,参见河道站断面合成部分。

注意:河道站、堰闸站均有合成计算,但两者严格分开;对于河道站,子站类型必须是河道;对于堰闸站,子站类型必须是堰闸。各子站的开始、结束时间要完全相同,从 010100.00 到 123124.00。

5.3.3 水位水库站数据加工处理

(1)纯水位站加工,无推流及库容等资料,只输入水位过程,设置水位观测断面、精度即可。基础信息要设置为堰闸类型。

(2)水库水文站基础数据加工,基础信息要设置为水库合成断面,输出项目为库摘表、库蓄变量表,合成设置只有水位站。

水位水库站数据加工处理如图 5-70 ~ 图 5-72 所示。

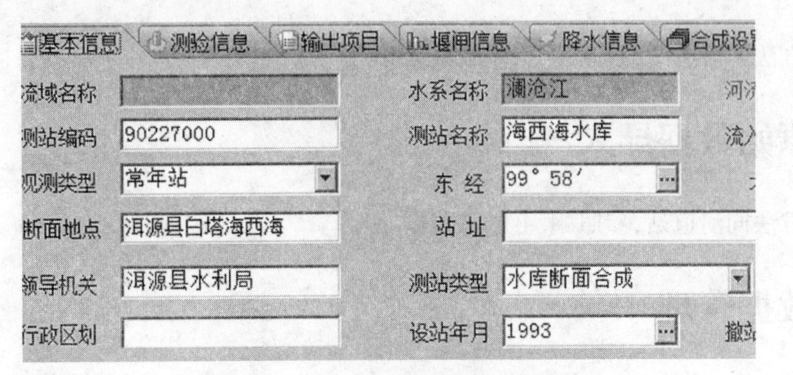

图 5-70 水位水库站测站类型设置

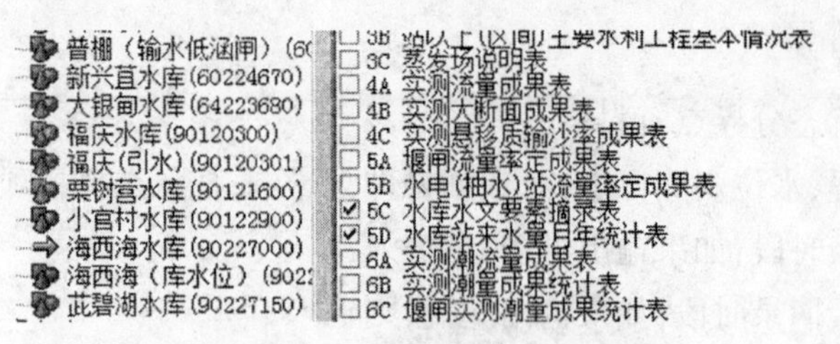

图 5-71　水库站输出项目设置

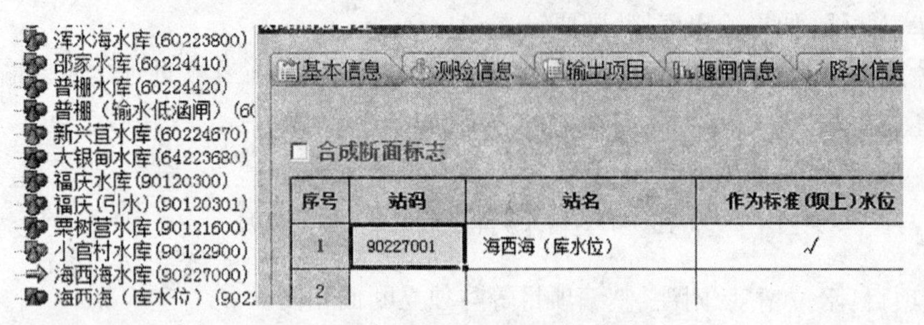

图 5-72　水位水库站数据加工处理

(3)水库水文站原始数据加工:只输入库容曲线。另外设置下面两项:

次年库容设置,如图 5-73 所示。

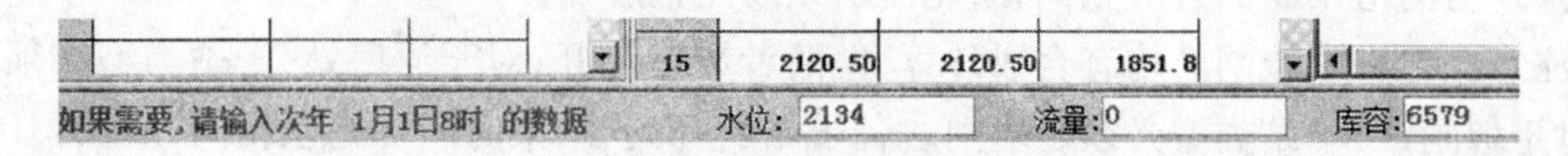

图 5-73　次年库容设置

整编项目设置,如图 5-74 所示。

图 5-74　整编项目设置

5.4　原始数据导出

使用方法同河道站,参照“4.3 原始数据导出”。

5.5　原始数据导入

使用方法同河道站,参照“4.4 原始数据导入”。

5.6　数据管理

使用方法同河道站,参照河道站数据管理。

第6章 潮位站资料整编

程序由数据加工、数据处理、数据导入、数据导出、数据管理五部分组成。根据水文资料整编规范，整编生成逐潮高低潮位表、月年统计表。

6.1 数据加工

6.1.1 测站及年份选择

首先确定站码和年份，为防止误录，确定站年后，应先按读取数据。方法同河道站，参照下篇章节4.1.1。

6.1.2 控制信息加工

6.1.2.1 基础信息部分

测站类型：选择潮位站，如图6-1所示。

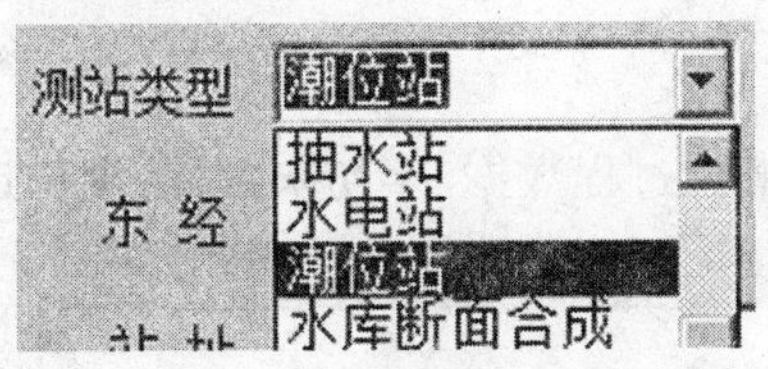

图6-1 选择测站类型

测站站别：选择水位、水文，如图6-2所示，不要选择其他项，否则会检索不到。

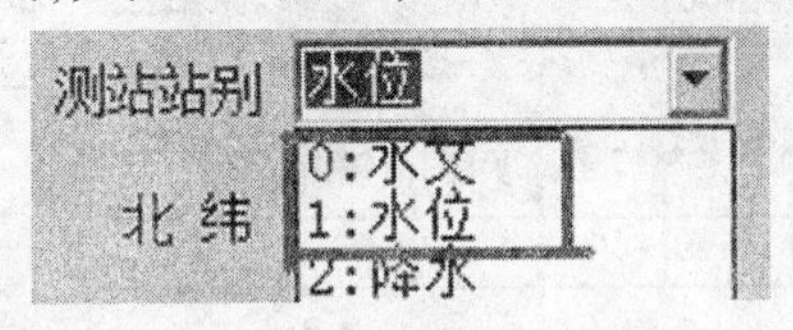

图6-2 选择测站站别

输出成果项目：选择逐潮高低潮位表、月年统计表。

观测类型等其他部分：对数据处理无影响，但也要正确设置。

6.1.2.2 控制数据加工

潮位站数据加工由控制信息、潮位过程、附注信息三个页面组成。

1.逐时潮位月年平均值

有存在、不存在两个选项，如图6-3所示。如果选存在，则在第一个表格中输入数据；如果选不存在，则输入的数据将无效，但数据仍保存到数据库。

2.潮汐重现月份

按实际情况选择即可，如图6-4所示，如果选择月份与潮位过程实际开始月份不同，程

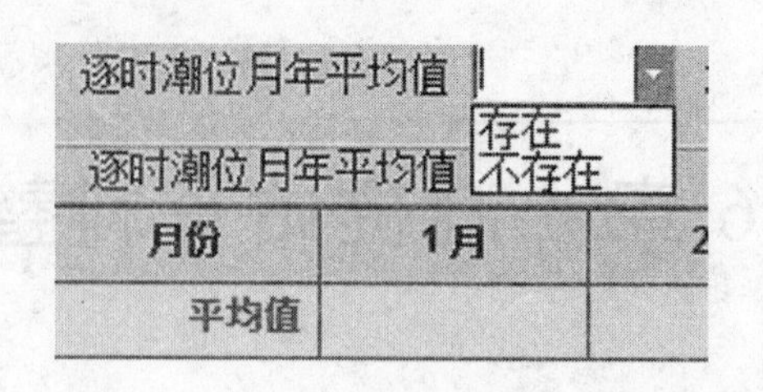

图 6-3　逐时潮位月年平均值设置

序按实际开始月份处理;如果没有输入,程序按 1 月份处理。因此,本选项也可以不设置。

潮汐重现(开始观测)月份　　不编制高低潮位表的月份数

图 6-4　潮汐重现月份设置

3. 不编制高低潮位表月份的月极值

应与如图 6-5 所示的行记录数一致;如果不设置,程序按 0 处理。

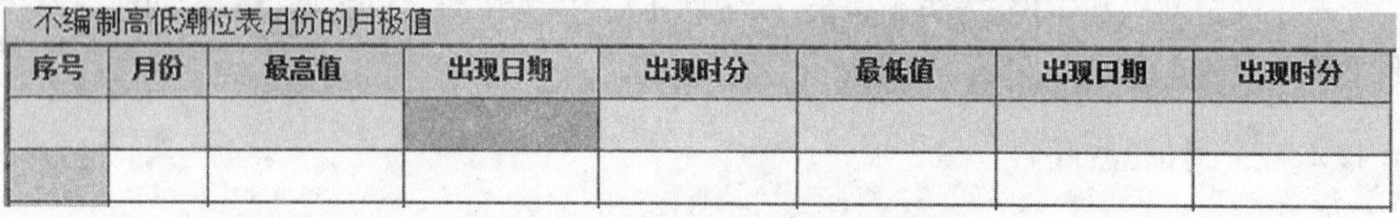

不编制高低潮位表月份的月极值

序号	月份	最高值	出现日期	出现时分	最低值	出现日期	出现时分

图 6-5　不编制高低潮位表月份的月极值设置

6.1.3　潮位过程数据加工

潮位过程数据加工包括潮位过程数据、年初末数据、潮位过程图三部分,见图 6-6。

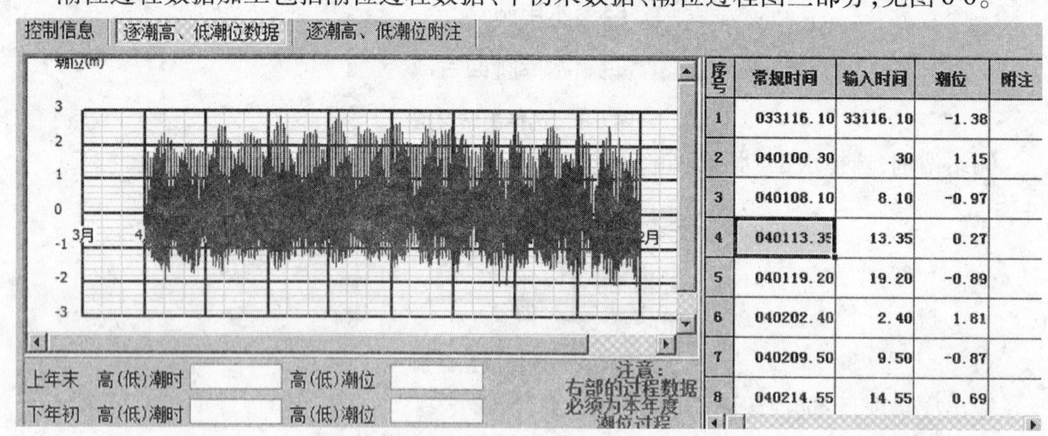

图 6-6　潮位过程数据加工

6.1.3.1　潮位过程数据

编辑器有 5 列,第 1、2 列由程序自动管理,整编人员可以在第 3、4、5 列输入数据。时间列可以简输,输入法参照河道站摘录时段输入,附注信息要求输入代码,代码必须是 CC、CH、HB、TB、HT、ZM、GZ、XS、QC 中的一个,意义如下:CC 为正常潮位;CH 为潮洪混杂;HB 为潮位插补;TB 为时间插补;HT 为潮位时间插补;ZM 为潮位受闸门启闭影响;GZ 为潮位为订正值;XS 为潮位消失;QC 为潮位缺测。

表格编辑器支持列行自动变换,具备行插入、删除、块操作等功能,使用方法参照

"4.1.6.1 表格编辑器使用方法"。

6.1.3.2 新增潮位符号

根据个别省区的要求,由于各种原因造成的潮位高低无法用计算机判别时,程序新增加了消失最低潮[XSD]、消失最高潮[XSG]两个符号,可以在附注中输入信息,见图 6-7。

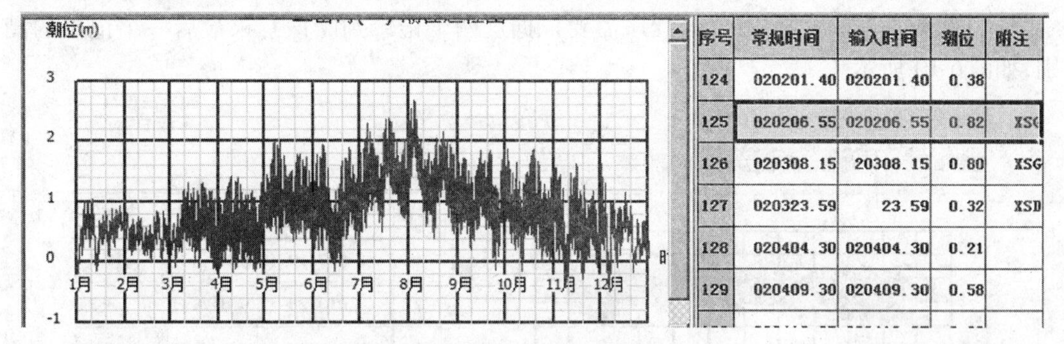

序号	常规时间	输入时间	潮位	附注
124	020201.40	020201.40	0.38	
125	020206.55	020206.55	0.82	XSG
126	020308.15	20308.15	0.80	XSG
127	020323.59	23.59	0.32	XSD
128	020404.30	020404.30	0.21	
129	020409.30	020409.30	0.58	

图 6-7 新增潮位符号

与图 6-7 原始数据相应的整编成果如图 6-8 所示。

大辽河 三岔河(二) 站 逐潮高低潮位表

年份 2008 测站编码:21111000 表内潮位(冻结基面以上米数) +0.000 m= 黄海 基面以上米数 共12页

2 月

日期	潮别	潮位	时分	潮差	历时	日期	潮别	潮位	时分	潮差	历时	日期	潮别	潮位	时分	潮差
1	低	0.38	0:40			12	低	0.17	23:25	0.34	9:10	24	低	0.08	9:45	0.24
	高	0.77	5:40	0.39	5:00	13	高	0.34	2:45	0.17	3:20		高	0.32	13:30	0.24
	低	0.56	14:30	0.21	8:50		低	0.14	11:00	0.20	8:15		低	0.00	21:20	0.32
	高	0.58	17:00	0.02	2:30		高	0.37	15:05	0.23	4:05	25	高	0.37	1:50	0.37
2	低	0.38	1:40	0.20	8:40		低	0.12	23:10	0.25	8:05		低	0.19	8:30	0.18
	最高	0.82	6:55			14	高	0.49	4:00	0.37	4:50		高	0.68	14:00	0.49
3	最高	0.80	8:15				低	0.28	11:10	0.21	7:10		低	0.42	20:55	0.26
	最低	0.32	23:59				高	0.52	15:10	0.24	4:00	26	高	0.83	1:50	0.41
4	低	0.21	4:30				低	0.19	23:55	0.33	8:45		低	0.45	9:50	0.38
	高	0.58	9:30	0.37	5:00	15	高	0.56	4:40	0.37	4:45		高	0.73	13:40	0.28
	低	0.29	19:05	0.29	9:35		低	0.28	12:45	0.28	8:05		低	0.37	22:25	0.36
	高	0.30	21:10	0.01	2:05		高	0.44	16:00	0.16	3:15	27	高	0.62	2:15	0.25
5	低	0.12	4:45	0.18	7:35	16	低	0.13	0:50	0.31	8:50		低	0.29	11:50	0.33
	高	0.62	10:30	0.50	5:45		高	0.53	6:10	0.40	5:20		高	0.36	14:20	0.07
	低	0.30	19:10	0.32	8:40		低	0.29	14:20	0.24	8:10		低	0.14	22:30	0.22
	高	0.42	22:00	0.12	2:50		高	0.37	17:10	0.08	2:50	28	高	0.46	3:35	0.32
6	低	0.18	5:35	0.24	7:35	17	低	0.08	2:00	0.29	8:50		低	0.32	10:25	0.14
	高	0.71	11:05	0.53	5:30		最高	0.62	7:45				高	0.59	15:15	0.27

图 6-8 整编成果

6.1.3.3 上年末、下年初潮位记录

由于表格编辑器中没有年份一列,而上年末、下年初的潮位数据的时间(不含年)无法加到主编辑器表格中,因此需要单独输入,如图 6-9 所示。

上年末	高(低)潮时	123115.15	高(低)潮位	1.78
下年初	高(低)潮时	10100.45	高(低)潮位	2.65

图 6-9 上年末、下年初潮位记录

6.1.3.4　**只有本年度数据的加工方法**

(1)全部记录都在主编辑器中输入。

(2)应输入边界月份上下几个点。如 2 ~11 月有潮位数据,即 1 月和 12 月两个月不做成果加工,加工方法如下:

1 月保留月末两个潮位记录,程序需要根据这两个记录判断该月末最后一个记录的潮别,如图 6-10 所示。

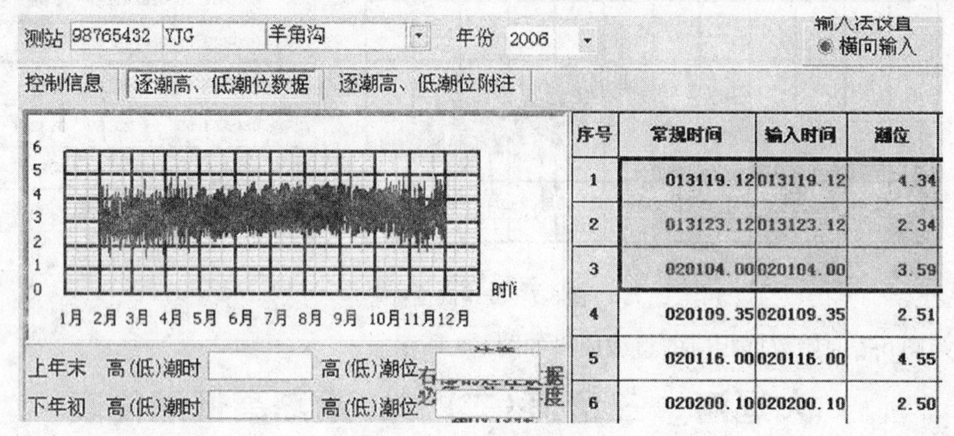

图 6-10　数据加工示例(1)

12 月保留月初两个潮位记录,程序需要根据这两个记录判断该月初第一个记录的潮别,如图 6-11 所示。

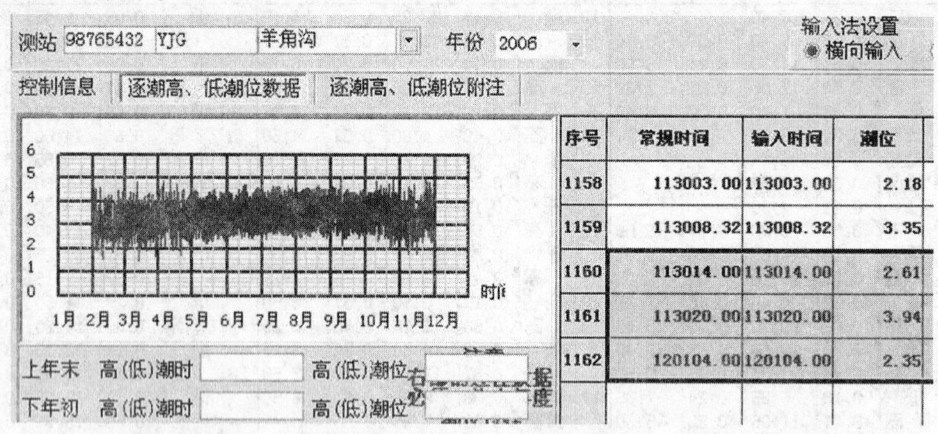

图 6-11　数据加工示例(2)

6.1.4　潮位过程线

潮位过程线供整编人员进行数据合理性检查使用,具备缩放功能,当潮位数据变化时,程序会自动重新绘图。

6.1.5　附注信息

输入高低潮位表、潮位月年统计表的附注信息。高低潮位表每月 1 行,月年统计表附注在最后一行,见图 6-12。

控制信息 | 逐潮高、低潮位数据 | 逐潮高、低潮位附注

项目	附注
08月份	
09月份	
10月份	
11月份	
12月份	
月年统计	

图 6-12　潮位数据录入——附注

说明:为简化整编人员的工作量,在程序中内置了阴阳历日期对照表(1900～2056 年,本程序肯定用不到2056 年),即程序自动进行转换。程序根据潮水位过程,自动判断失潮和闰月标志,并按规范格式输出。

6.1.6　潮位摘录

对于自记数据,在保存潮位数据前,应先进行潮位摘录,由于自记数据量庞大,程序首先进行预处理,对数据进行过滤,只保留必要的数据,然后将其保存到数据库中。

操作方法:点击潮位摘录进行潮位摘录,程序会将需要删除的点显示出来,如图 6-13 所示。

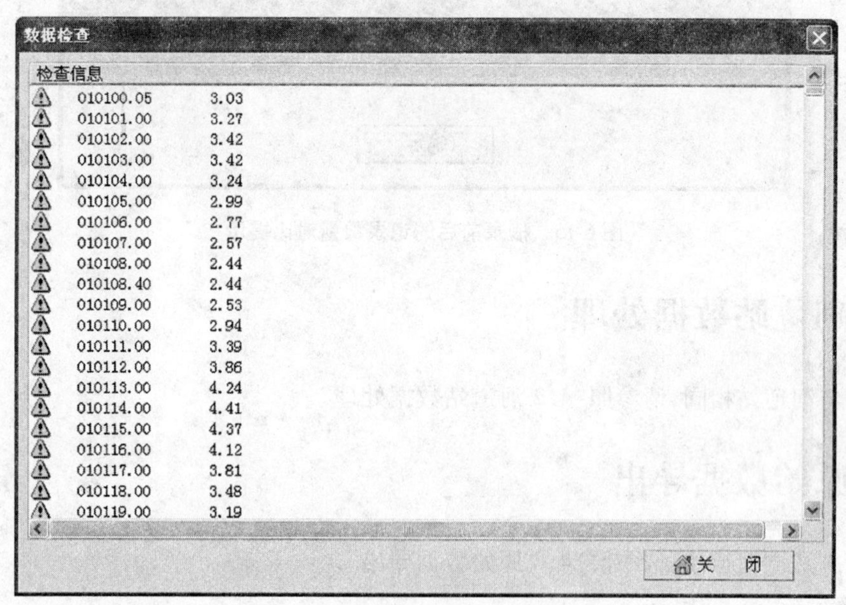

图 6-13　需要删除的点

按"关闭",程序会提示如图 6-14 所示的信息。

选择"是",程序显示统计信息,摘录前后的记录数量,如图 6-15 所示。

6.1.7　数据检查

对录入的原始数据进行合理性检查。

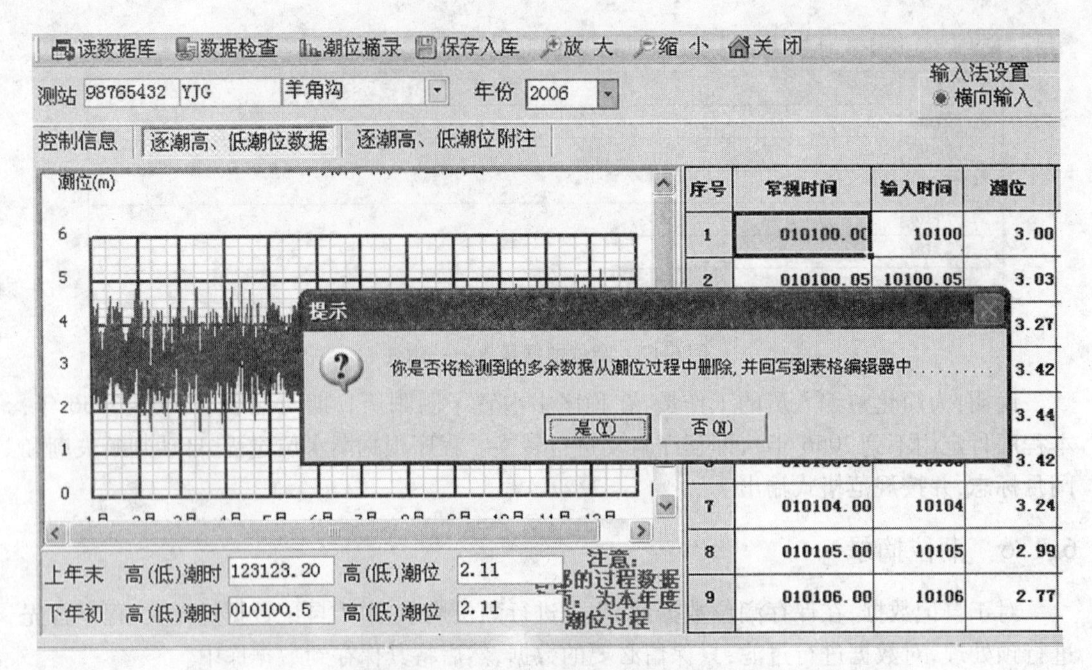

图 6-14 提示信息(是否删除多余数据)

图 6-15 摘录前后的记录数量对比提示

6.2 潮位站数据处理

操作与河道站相同,请参照“4.2 河道站数据处理”。

6.3 原始数据导出

使用方法同河道站,请参照“4.3 原始数据导出”。

6.4 原始数据导入

使用方法同河道站,请参照“4.4 原始数据导入”。

6.5 数据管理

使用方法同河道站,请参照河道站数据管理。程序界面如图 6-16 所示。

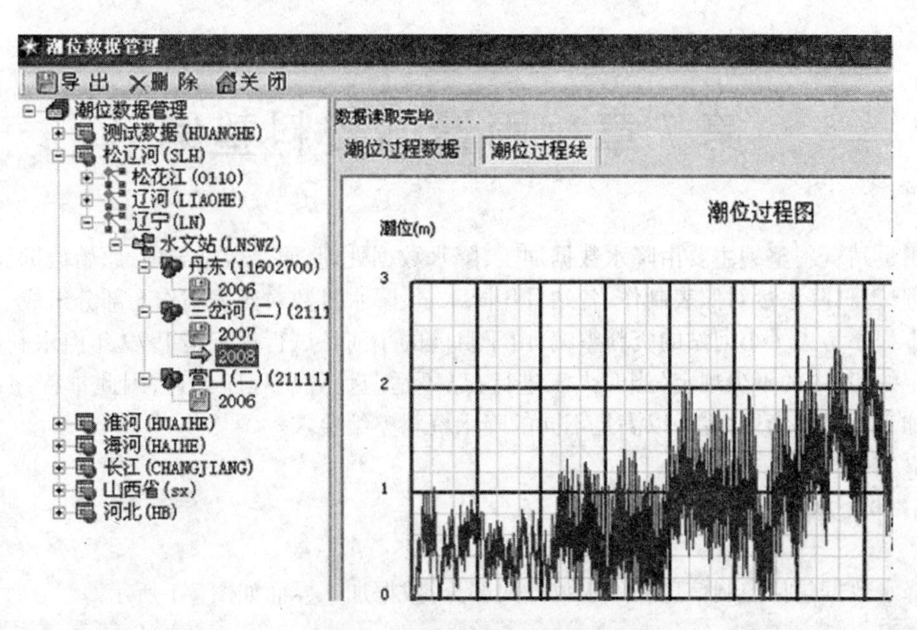

图 6-16　数据管理程序界面

第 7 章　雨量站资料整编

雨量站资料整编主要由降水数据加工,降水数据处理,原始数据导出,原始数据导入,数据管理,逐日降水量对照表制作,各站月年降水量、降水日数对照表制作七部分组成。

本程序考虑了小河站的资料整编,由于目前的小河站试行规定是 1979 年由水利部水文局制定的,其中的不少规定(当时人工进行)已不适应计算机程序处理,因此本程序设计了多种加工方式和摘录方法,以满足不同的降水资料整编要求。

7.1　降水数据加工

降水数据包括控制信息和降水数据两部分,数据加工界面如图 7-1 所示。

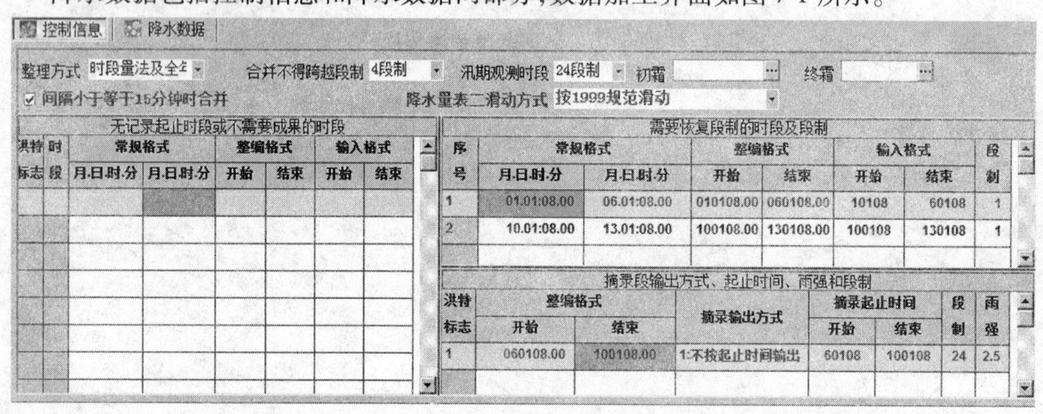

图 7-1　数据加工界面

7.1.1　测站及年份选择

首先确定站码和年份,方法同河道站,参照下篇章节 4.1.1。

7.1.2　控制信息加工

控制信息加工主要在以下两个位置完成:基础信息部分、数据加工部分。

7.1.2.1　基础信息部分

➜关键设置:雨量站采用观测项目进行判断,因此需要勾选☑降　水,如图 7-2 所示。

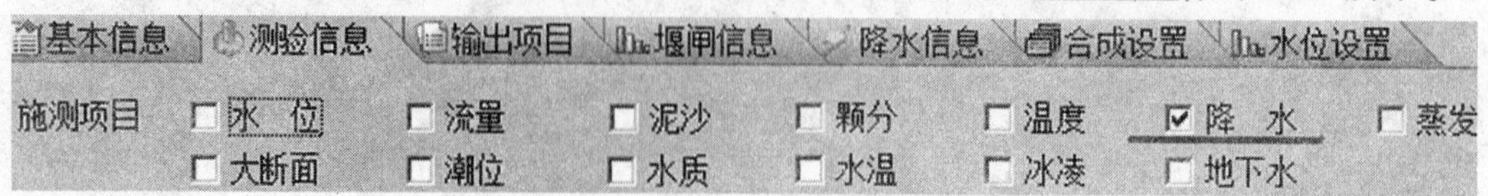

图 7-2　关键设置

➜如果降水成果与水流沙成果采用的测站名称不同,需要在降水信息中填入测站名称,如图 7-3 所示。

基本信息 测验信息 输出项目 堰闸信息 降水信息

降水成果使用的测站名称 白银花

图 7-3　填入测站名称

基础信息中其他项目也要正确设置。

注意:观测类型、测站类型、测站站别应该正确设置。

7.1.2.2　系统设置部分

需要在参数配置中设置输出格式和摘录控制条件,如图 7-4 所示。

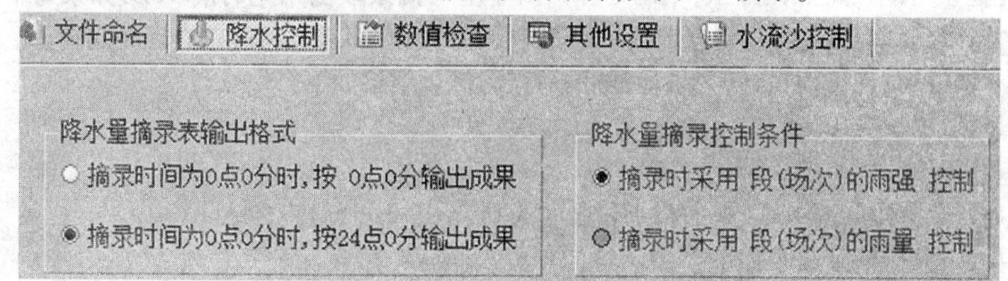

图 7-4　设置输出格式和摘录方法

7.1.2.3　数据加工基本控制

控制界面如图 7-5 所示。

整理方式 时段量法及全牟　合并不得跨越段制 4段制　汛期观测时段 24段制　初霜

间隔小于等于15分钟时合并　降水量表二滑动方式 按1999规范滑动

图 7-5　控制界面

(1)整理方式:系统提供时段量法和坐标法两种,整编人员根据资料按实际情况选择。年度内只能选择一种。

(2)合并不得跨越段制:有 2 段制、4 段制、8 段制三个选项。

(3)汛期观测时段:有 4、8、12、24 段制 4 个选项,该项对降水量表二的输出有影响,详见《水文资料整编规范》。程序根据观测段制,进行滑动统计。

(4)初霜、终霜:按 … 程序弹出时间输入会话窗口,采用选择输入或手工输入都可以。长度必须为 4 位,如图 7-6 所示。

图 7-6　初霜、终霜的输入

如果加工此项,则成果表符号输出 U,见图 7-7。

(5)间隔≤15 分钟时合并:降水间隔 > 15 分钟算两场雨,≤15 分钟为一场雨,即≤15 分钟时将两个降水时段合并。

降水间隔≤15 分钟时,为连续降水;由于固态仪器记载为 5 分钟一记,因此实际的连续降水可能被分开。

程序通过标志采用不同方式处理:在输出摘录表时处理,只对记起止时间方式进行处理

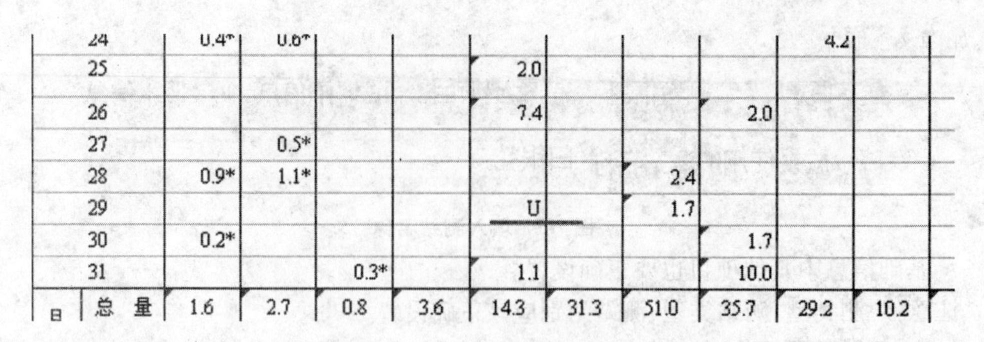

	24	0.4*	0.6*							4.2	
	25					2.0					
	26					7.4			2.0		
	27		0.5*								
	28	0.9*	1.1*					2.4			
	29					U		1.7			
	30	0.2*							1.7		
	31			0.3*		1.1			10.0		
日	总 量	1.6	2.7	0.8	3.6	14.3	31.3	51.0	35.7	29.2	10.2

图 7-7 成果表符号输出 U

（不记起止时间按正点段输出，不用处理），对于上一摘录段的结尾时间 TPE，如果与下一段的开始降水时间 TNB 的间隔分钟数≤15 分钟，则输出时间都改写成正点段时间输出。

举例说明：自记雨量计，如果检测框不打钩，摘录结果如下：

19:10　　19:55　　0.8

20:00　　20:05　　0.2

原始数据 19:55 ~ 20:00 的降水量确实为 0，所以输出为 19:55。

如果打钩，摘录结果如下：

19:10　　20:00　　0.8

20:00　　20:05　　0.2

因为两个时段降水间隔只有 5 分钟，理解为一场连续降雨，则 19:55 按 20:00 输出。

（6）降水量表二滑动方式：加工界面见图 7-8。

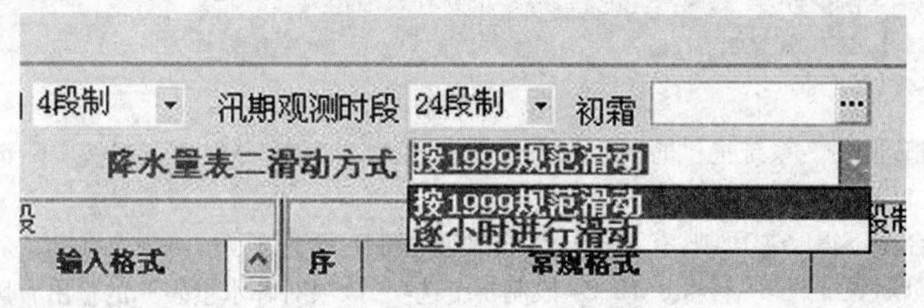

图 7-8 降水量表二滑动方式设置

整编人员可以根据测站的观测方式选择滑动方法。按小时滑动，精度更高。按规范处理，程序滑动方式如下：24 段制观测，按 1 小时滑动；12 段制观测，按 2 小时滑动；8 段制观测，按 3 小时滑动；4 段制观测，按 4 小时滑动。输出的成果表对比见图 7-9。

7.1.2.4 无记录或不需要输出成果的时段

- 时间段内的数据确实不存在，属于缺测；
- 时间段内的数据在原始记录中存在，但作为没有数据处理，即将该段视为无观测数据。例如，对于汛期站，如果使用了自记雨量计，观测到的数据实际是全年的，但在数据处理时，仍将非汛期数据作为无数据处理，这时，就需要在该编辑器内输入无记录的时间段（这里指非汛期）。

如汛期站，汛期为 5 ~ 10 月，则应将 1 ~ 4 月，11 月、12 月设置为无数据的时段，程序就不写入缺测符（ - ），而是写入空格，加工如下：

010108.00 - 050107.59

黄河 流域 黄河 水系 各时段最大降水量表(2)

年份：2007　　流域水系码：　　单位：降水量，(mm)

站次	测站编码	站名	时段(h)																	
			1			2			3			6			12			24		
			降水量	开始		降水量	开始		降水量	开始		降水量	开始		降水量	开始		降水量	开始	
				月	日		月	日		月	日		月	日		月	日		月	日
	40541390	金门							9.5	6	15	17.7	6	15	34.4	6	15	46.7	6	15

制表时间：2008-5-17 18:59:35

黄河 流域 黄河 水系 各时段最大降水量表(2)

年份：2007　　流域水系码：　　单位：降水量，(mm)

站次	测站编码	站名	时段(h)																	
			1			2			3			6			12			24		
			降水量	开始		降水量	开始		降水量	开始		降水量	开始		降水量	开始		降水量	开始	
				月	日		月	日		月	日		月	日		月	日		月	日
	40541390	金门							8.6	6	15	16.6	6	15	31.2	6	15	46.7	6	15

制表时间：2008-5-17 18:58:27

图 7-9　输出的成果表对比

110108.00－120108.00

以上两个时段设置成无数据记录，注意 050107.59 如果输成 050108.00，则表示 5 月 1 日无数据，从而造成错误。

加工界面如图 7-10 所示。

无记录起止时段或不需要成果的时段

洪特标志	时段	常规格式		整编格式		输入格式	
		月.日.时.分	月.日.时.分	开始	结束	开始	结束
	1	01.01:08.00	06.01:08.00	010108.00	060108.00	10108	60108
	2	10.01:08.00	12.01:08.00	100108.00	120108.00	00108.00	120108

图 7-10　加工界面

程序的判断原则为根据小于、大于情况判断，图 7-10 中，6 月 1 日(60108)为有记录日，而 5 月 30 日则为无记录日。

图 7-10 中两个时段无记录，即使原始记录中有数据，程序也作无记录处理。在进行年统计时，如果有无记录的时段设置，则统计加括号。对于汛期站，这部分数据需要加工，基础信息中的汛期站类型不影响降水处理。

无记录段的数据处理方法：如果该时段所处的月份不进行月统计，则日表中不填入任何数据，如果进行月统计，则日表中该日数据将填入缺测符(－)。非汛期数据并不属于缺测，而属于应无数据，由于在不同的地区汛期的起止时间不一样，程序提供了“不输出月统计数据的月份”选项，来协助判断属于缺测还是无数据，如果某月份不进行月统计，程序则将该月无记录的数据作为无数据处理，日表中不写入缺测符；如果进行月统计，则该月无记录的时段作缺测处理。

如图 7-11 所示,1、2、3、4、11、12 六个月日表不填入数据。

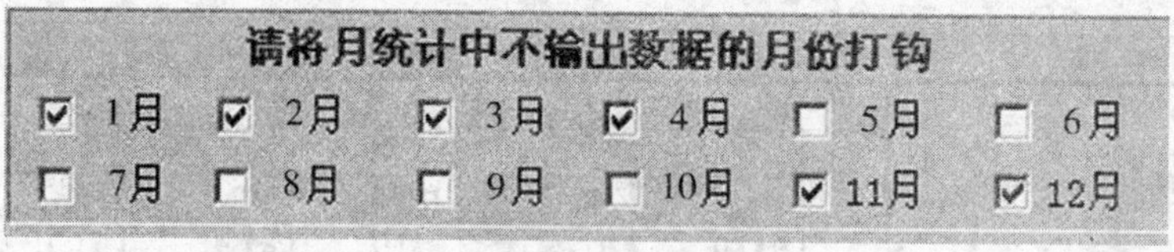

请将月统计中不输出数据的月份打钩

☑ 1月　☑ 2月　☑ 3月　☑ 4月　☐ 5月　☐ 6月
☐ 7月　☐ 8月　☐ 9月　☐ 10月　☑ 11月　☑ 12月

图 7-11　选择月份

注意:如果月数据不完整,而且该月进行月统计,则统计值加括号;如果某月有记录,即使加上不进行月统计标志,程序也会进行月统计。

举例:某汛期站 5 ~ 9 月观测,10 月份月统计值应为空白,现在成果表中显示为(0)。原因为:1、2、3、4、11、12 六个月不输出月统计没有标记为真(即打钩,同时无记录时段范围也要设置),否则该月日值会填入缺测符(–)。

如图 7-12 所示,对于该站加工情况是:1 ~ 4 月,11 ~ 12 月没有记录;1 ~ 4 月和 11 月不进行月统计。

根据以上控制,整编出成果表,可以发现,12 月有缺测符号。因为 12 月要求月统计,但是又没有数据,所以程序按缺测处理。

加工方法与输出成果对比图如图 7-12 所示。

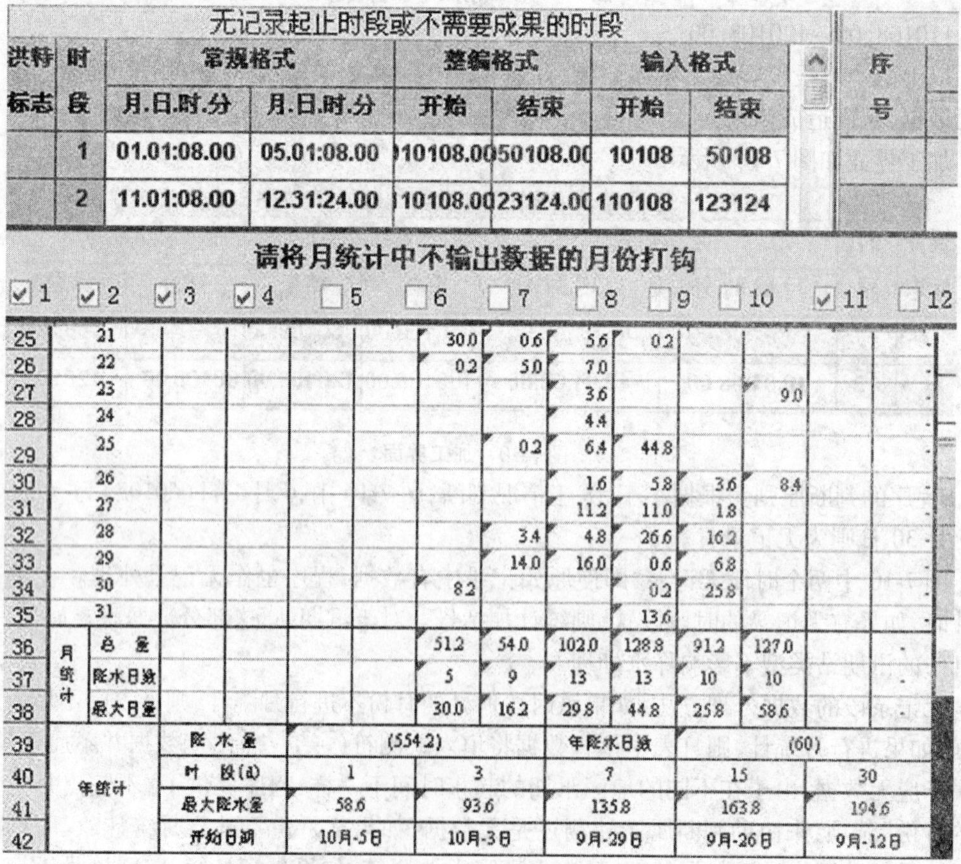

无记录起止时段或不需要成果的时段								序号
洪特标志	时段	常规格式		整编格式		输入格式		
		月.日.时.分	月.日.时.分	开始	结束	开始	结束	
	1	01.01:08.00	05.01:08.00	10108.00	50108.00	10108	50108	
	2	11.01:08.00	12.31:24.00	10108.00	23124.00	110108	123124	

请将月统计中不输出数据的月份打钩

☑ 1　☑ 2　☑ 3　☑ 4　☐ 5　☐ 6　☐ 7　☐ 8　☐ 9　☐ 10　☑ 11　☐ 12

25	21						30.0	0.6	5.6	0.2				.
26	22						0.2	5.0	7.0					.
27	23								3.6			9.0		.
28	24								4.4					.
29	25							0.2	6.4	44.8				.
30	26								1.6	5.8	3.6	8.4		.
31	27								11.2	11.0	1.8			.
32	28							3.4	4.8	26.6	16.2			.
33	29							14.0	16.0	0.6	6.8			.
34	30						8.2			0.2	25.8			.
35	31									13.6				.
36	月统计	总　量					51.2	54.0	102.0	128.8	91.2	127.0		.
37		降水日数					5	9	13	13	10	10		.
38		最大日量					30.0	16.2	29.8	44.8	25.8	58.6		.
39	年统计	降 水 量	(554.2)		年降水日数	(60)								
40		时　段(d)	1	3	7	15	30							
41		最大降水量	58.6	93.6	135.8	163.8	194.6							
42		开始日期	10月-5日	10月-3日	9月-29日	9月-26日	9月-12日							

图 7-12　加工方法与输出成果对比图

7.1.2.5　需要恢复段制的时间及段制

人工观测数据或自记数据，有时会省略记录，因此应进行段制恢复。恢复原则如下：采用几段制观测的数据，就采用几段制摘录。特别是汛期，摘录部分的摘录段制要小于等于恢复段制，如图 7-13 所示。

需要恢复段制的时段及段制							
序号	常规格式		整编格式		输入格式		段制
	月.日.时.分	月.日.时.分	开始	结束	开始	结束	
1	01.01:08.00	04.23:08.00	010108.00	042308.00	10108	42308	1
2	06.01:08.00	10.01:08.00	060108.00	100108.00	60108	100108	24
3	10.13:08.00	12.01:08.00	101308.00	120108.00	101308	120108	1

图 7-13　需要恢复段制的时段及段制

7.1.2.6　摘录段输出控制信息加工

需要输入摘录段起止时间、段制、雨强，选择摘录表输出方式。

段开始、结束时间及摘录输出方式必须输入，段制、雨强可以根据需要输入。

根据原始数据录入时的摘录控制条件、降水的摘录，程序中提供了三种组合：

➡段制和雨强都没有输入时，程序直接将原始数据复制到摘录表，即段制、雨强、场次和其他控制不参与摘录判断。

➡只输入段制，没有雨强控制时，程序只根据段制进行摘录，其他条件不参与摘录判断。

➡段制和雨强都输入时，如果不按起止时间输出，除降水场次不参与摘录判断外，其他都参与摘录控制；如果按起止时间输出，降水场次和其他控制条件都参与摘录判断。

图 7-14 中第 2、4、5、6 四段采取原版复制的方法，按起止时间输出，其他段考虑所有情况不按起止时间输出。

摘录段输出方式、起止时间、雨强和段制							
序号	整编格式		摘录输出方式	输入格式		段制	强度
	开始	结束		开始	结束		
1	060304.00	062513.00	1:不按起止时间输出	60304	62513	24	2.5
2	062916.50	070101.00	0:按起止时间输出	62916.5	70101		
3	070417.00	071419.00	1:不按起止时间输出	70417	71419	24	2.5
4	071508.27	072106.58	0:按起止时间输出	71508.27	72106.58		
5	072603.42	082101.30	0:按起止时间输出	72603.42	82101.3		
6	082505.00	100108.00	0:按起止时间输出	82505	100108		

图 7-14　摘录段输出控制信息加工（1）

图 7-15 中全部按 96 段制摘录，不考虑其他条件，按起止时间输出摘录表。

序号	整编格式		摘录输出方式	输入格式		段制	强度
	开始	结束		开始	结束		
1	060108.00	082108.00	0:按起止时间输出	60108	82108	96	
2	082116.55	082213.00	0:按起止时间输出	82116.55	82213	96	
3	082220.00	100108.00	0:按起止时间输出	82220	100108	96	

（表头：摘录段输出方式、起止时间、雨强和段制）

图 7-15　摘录段输出控制信息加工(2)

7.1.2.7　洪特标志列

制作洪水特征值统计表需要将制作洪水特征值统计表的时段打钩，如图 7-16 所示，与河道站摘录时段相应。详细内容在小河站一节介绍。

洪特标志	整编格式		摘录输出方式	摘录起止时间		段制	强度
	开始	结束		开始	结束		
1√	072318.50	072514.00	0:按起止时间输出	72318.50	72514	24	2.5
2√	082915.00	082920.00	0:按起止时间输出	82915	82920	24	2.5

（表头：摘录段输出方式、起止时间、雨强和段制）

图 7-16　洪特标志列

7.1.3　降水过程数据加工

加工界面分降水过程区、绘图区、附注信息区、标示符区、输入法控制区五部分，见图 7-17。

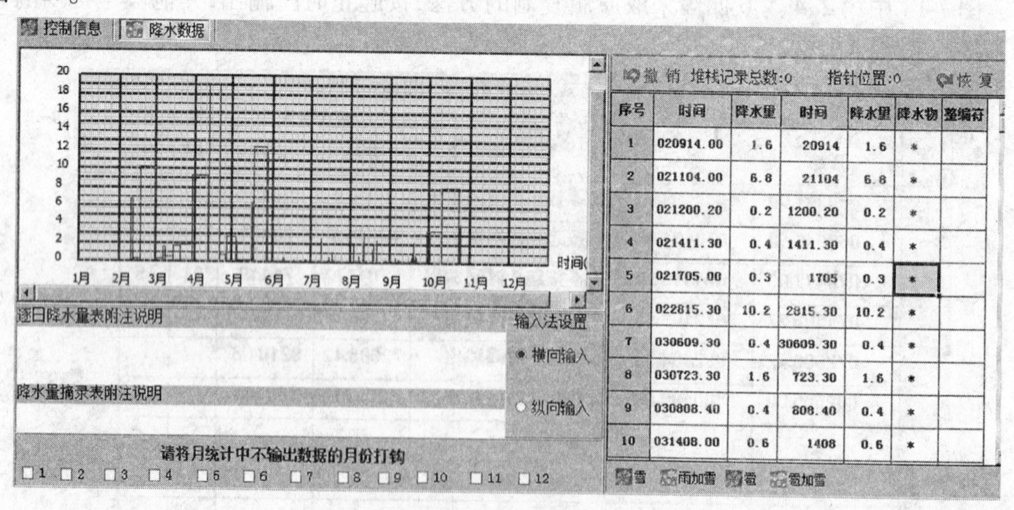

图 7-17　降水过程数据加工界面

表格编辑器支持行插入、删除、块操作、复制、粘贴、撤销和恢复等功能，请参照“4.1.6.1表格编辑器使用方法”。

降水过程数据编辑器分七列。

(1)前3列由程序自动控制,为非输入区;

(2)第4列为时间,输入法支持简输,由程序自动转换;

(3)第5列为降水量,要完整输入;

(4)第6列为降水物,不用直接输入,当焦点单元格在该列时,降水物 雪 雨加雪 雹 雹加雪 会在表格底部显示出来,用鼠标选择一个即可。

(5)第7列为整编符,输入方法与降水物相同,当焦点单元格在该列时,整编符 缺测 合并 不全 插补 改正 停测 会在表格底部显示出来,用鼠标选择一个即可。

如果人工输入,合并信息请输入半角的叹号"!",如果输入全角的叹号"!",程序则禁止,并弹出可以输入的字符集合信息。

7.1.4 附注信息

程序提供了逐日降水量表、降水量摘录表的附注信息输入窗口,支持多行输入。

7.1.5 输入法控制

表格编辑器支持横向、纵向两种输入方式。横向输入时,程序自动进行列变换;纵向输入时,程序自动进行行变换。

7.1.6 绘图

降水过程线图与降水数据同步变化,即当降水数据变化时,过程线图自动重绘,触发操作为表格编辑器中按回车键。图形支持缩放功能。

7.1.7 合理性检查

数据加工后,按 ✔合理性检查 ,程序自动提示可能的加工错误,如时间序列错误。

7.1.8 嵌入在菜单中的功能

进入降水原始数据加工程序,在主菜单的左边会出现降水加工专用菜单,如图7-18所示。

水文资料整汇编系统软件[HDP V1.69A Build 20111230] - [降水数据录入]

系统设置 基础数据 河道站 水库堰闸 潮位站 降水 颗分 小河站 汇编制表 对照表模型 数据输出/导入 应用工具 雨量站数据录入

图7-18 降水加工专用菜单

拉开雨量站数据录入菜单,如图7-19所示。

(1) 读取数据 :从数据库中读取指定测站、年份的降水原始数据。

(2) 保存入库 :将当前加工界面中的原始数据保存到整编数据库。

(3) 导入降水过程文件数据 :将降水过程文件导入当前降水过程编辑器网格中,数据要求用文本格式文件,用空格或半角逗号分隔。

(4) 导入固态雨量计数据 :导入按照"2.2 固态存储数据格式设置"要求处理的降水过程数据,首先选择降水文件,然后选择格式;程序自动按照定义的规则处理降水数据,并将结果放置到降水过程编辑器网格中。

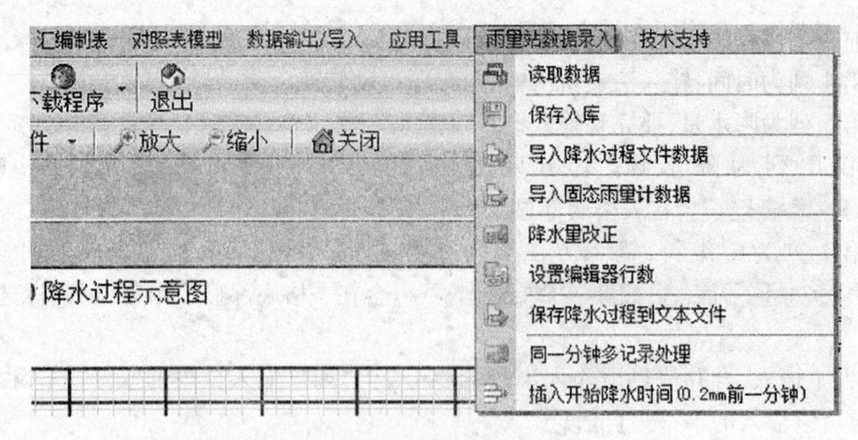

图 7-19　雨量站数据录入菜单

(5) 降水量改正:对所有降水记录进行系统改正,首先设置降水改正数,如图 7-20 所示。

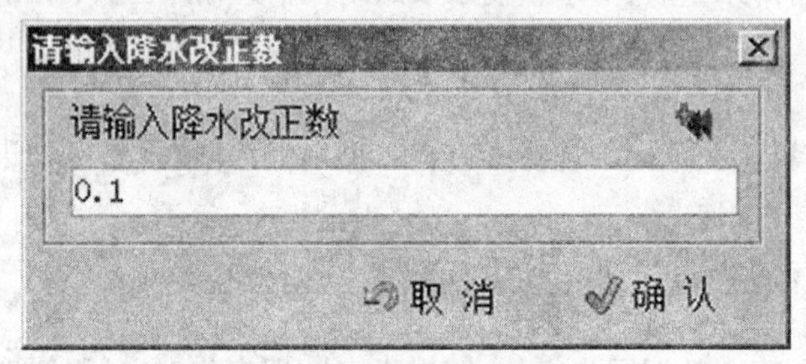

图 7-20　设置降水改正数

按"确认",程序自动更改编辑器降水数值。

(6) 设置编辑器行数:一般编辑器行数是自动更新的,即系统自动设置的行数满足需要,不多也不少。但是,在复制其他部分数据时,程序没有判断加入数据行数,会导致目标编辑行不够用,导致复制失败。这时可通过本功能预先设置行数。

(7) 保存降水过程到文本文件:将当前降水编辑器数据导出到文本文件,可以供其他程序使用,数据格式为时间、降水量、降水符号,如图 7-21 所示。

1111 - 记事本
文件(F) 编辑(E) 格式(O) 查看(V) 帮助(H)

```
012108.00    1.9    1
021008.00    1.3    1
021108.00    8.3    1
021208.00    1.3    1
021508.00    2.5    1
030108.00    4.2    1
030408.00    1.2    1
030608.00    1.1    1
030808.00    1.2    1
031508.00    4.1    1
031808.00    5.6    0
033008.00    1.3    0
040108.00    1.3    0
041208.00    2.5    0
041408.00    8.2    2
```

图 7-21　数据格式

(8) 同一分钟多记录处理：固态存储器中的数据，有时存在同一分钟多个记录的情况。这个功能就是将这种格式处理为一个时间一个降水记录。

先将固态数据导入整编程序的编辑器，然后点击本菜单功能，则程序自动执行本转换处理功能。

(9) 插入开始降水时间(0.2mm前一分钟)：这是由降水开始时间没有设置造成的，一般采用人工处理，在编辑器中加入最好。对0.2 mm精度的可以用此方法。

7.1.9 注意事项

(1)判断精度：降水日按首日8点到次日8点定义，程序在判断某日是否有记录时，是以当日8点的时间进行判断的，在时间范围上按 > 、≤的方式进行。

举例如下：某地区非汛期的时间为010108～050108，即1月1日8点到5月1日8点，如果在无记录的起止时间输入010108～050108，则程序判断时，将5月1日按非汛期处理，5月有1天时间为非汛期，30天为汛期；但实际情况不是如此，5月的汛期日数应为31天；为达到此目的，无记录的起止时间应输入010108～050107.59，这样5月1日则按汛期处理。

对于非汛期数据，因为该月按无数据处理，因此在月统计输出选项中应选择不输出月统计，否则程序按缺测处理。

(2)程序支持降水物与降水量同时手工录入，如在降水量单元格录入1A，然后按回车键，程序会自动将1A反映到降水物单元格中，如图7-22所示。

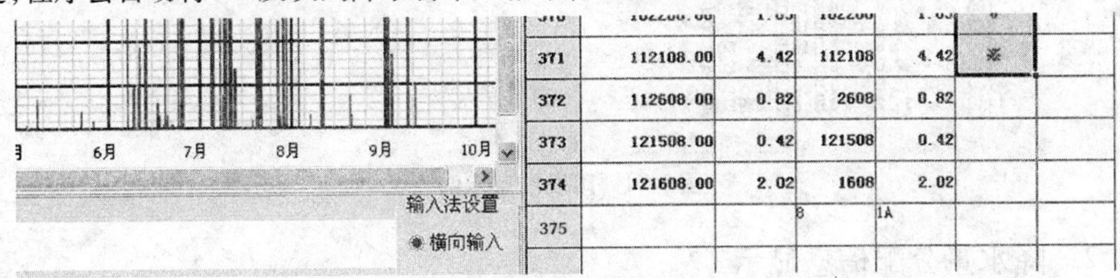

图7-22 录入界面(1)

按回车键，图7-22会变成图7-23(注意第375行的变化)。

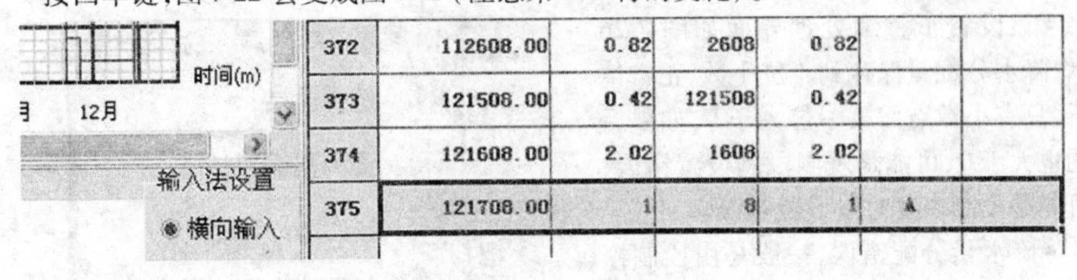

图7-23 录入界面(2)

7.2 降水数据处理

操作与河道站相同，参照“4.2 河道站数据处理”。此处只对需要注意的地方进行说明。

7.2.1 附表制作

整编处理后,除生成规范要求的四个成果表外,还生成精确到分钟的表(1)、表(2)统计信息,以文本格式存在,供整编人员校核资料,如图 7-24 所示。

黄河 流域 黄河 水系 各时段最大降水量表(1)

年份:	2009	流域水系码:							单位:降水量,(mm)					
站次	测站编码	站 名	时段 (min)											
			10	20	30	45	60	90	120	180	240	360	540	720	1440
			最大降水量											
			开始月—日											
8	40521350	郭庙	6.6	10.0	12.4	14.4	17.0	21.0	24.2	26.4	28.6	30.6	32.0	32.0	34.2
			8-8	8-8	8-8	8-8	8-18	8-18	8-18	8-18	8-18	8-18	8-8	8-8	8-8

制表时间:2010-05-06 13:37:24

AABBB\2009\40521350郭庙\郭庙 站各时段最大降水量表(1)单站.txt]

(V) 搜索(S) 文档(D) 工程(P) 工具(T) 窗口(W) 帮助(H)

```
1      10     6.6   8月 8日15时25分
2      20    10.0   8月 8日15时25分
3      30    12.4   8月 8日15时20分
4      45    14.4   8月 8日15时20分
5      60    17.0   8月18日11时45分
6      90    21.0   8月18日11时45分
7     120    24.2   8月18日11时20分
8     180    26.4   8月18日11时10分
9     240    28.6   8月18日 9时25分
10    360    30.6   8月18日 8时50分
11    540    32.0   8月 8日15时20分
12    720    32.0   8月 8日15时20分
13   1440    34.2   8月 8日15时20分
```

图 7-24 附表信息示例

7.2.2 降水量分配信息显示

通过如图 7-25 所示的雨量站整编功能菜单进行选择。

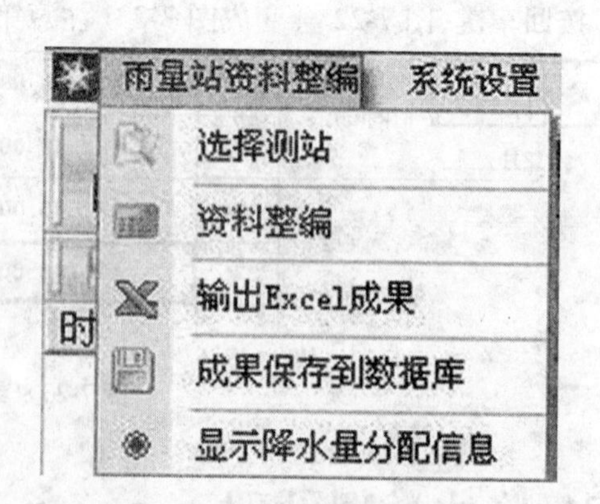

图 7-25 雨量站整编功能菜单

- 该设置下整编处理界面如图 7-26 所示,降水分配量保存到 4 位小数,正常情况下,只有小数点后第一位大于 0,如果后面的也大于 0,可能是观测段制设置错误,也可能是段制恢复时段设置错误。
- 降水量分配错误,一般是由段制恢复设置不合理造成的,为此,程序中增加了自动检查功能,如果分配有问题,程序会显示如图 7-27 所示的错误提示信息,然后根据提示,到所在位置检查数据。

选择测站　资料整编　输出到Excel　成果入库　查看成果表　关 闭

时间	事件
2008-8-23 15:08:44	开始资料整编......
2008-8-23 15:08:54	---共计选择 1 个测站数据---
2008-8-23 15:08:54	正在读取测站：【河岔】的整编数据---
2008-8-23 15:08:54	数据读取完毕，共计读取 1 个测站数据---
2008-8-23 15:08:55	开始对【 河岔 】站进行处理（对降水时间规格化处理）......
2008-8-23 15:08:55	初始化年数据结构......
2008-8-23 15:08:56	对降水过程原始记载预处理，插入省落的起始时间......
2008-8-23 15:08:56	将原始降水过程转换到年结构中......
2008-8-23 15:08:57	降水量统计......
2008-8-23 15:09:01	降水量摘录......
2008-8-23 15:09:01	正在对 0段(开始时间：2007-6-1 8:00:00---结束时间：2007-10-1 8:00:00)降水量进行处理
2008-8-23 15:09:02	警告:对摘录记录输出时间进行再次处理,考虑场次问题
2008-8-23 15:09:02	提示:以下是摘录记录(降水精确到小数点后4位),可以作为参考,如果有问题,请检查是否恢复了段制
2008-8-23 15:09:02	BT=2007-06-04 14:00:00(2007-06-04 14:25:00)　ET=2007-06-04 15:00:00(2007-06-04 14:30:00)　PL=　0.2000
2008-8-23 15:09:02	BT=2007-06-09 20:00:00(2007-06-09 20:35:00)　ET=2007-06-09 21:00:00(2007-06-09 20:45:00)　PL=　0.6000
2008-8-23 15:09:02	BT=2007-06-18 08:00:00(2007-06-18 08:15:00)　ET=2007-06-18 09:00:00(2007-06-18 08:20:00)　PL=　4.2000
2008-8-23 15:09:02	BT=2007-06-18 14:00:00(2007-06-18 14:40:00)　ET=2007-06-18 15:00:00(2007-06-18 14:45:00)　PL=　0.2000
2008-8-23 15:09:02	BT=2007-06-18 16:00:00(2007-06-18 16:10:00)　ET=2007-06-18 18:00:00(2007-06-18 18:00:00)　PL=　4.5286
2008-8-23 15:09:02	BT=2007-06-18 18:00:00(2007-06-18 18:00:00)　ET=2007-06-18 19:00:00(2007-06-18 19:00:00)　PL=　2.6714
2008-8-23 15:09:02	BT=2007-06-18 19:00:00(2007-06-18 19:00:00)　ET=2007-06-18 20:00:00(2007-06-18 20:00:00)　PL=　3.8000
2008-8-23 15:09:02	BT=2007-06-18 20:00:00(2007-06-18 20:00:00)　ET=2007-06-18 21:00:00(2007-06-18 20:15:00)　PL=　0.2000
2008-8-23 15:09:02	BT=2007-06-20 04:00:00(2007-06-20 04:50:00)　ET=2007-06-20 05:00:00(2007-06-20 04:55:00)　PL=　0.2000
2008-8-23 15:09:02	BT=2007-06-20 05:00:00(2007-06-20 05:20:00)　ET=2007-06-20 06:00:00(2007-06-20 05:55:00)　PL=　1.6000

图 7-26　整编处理界面

图 7-27　错误提示信息示例

7.3　原始数据导出

使用方法同河道站,参照“4.3 原始数据导出”。

7.4　原始数据导入

使用方法同河道站,参照“ 4.4 原始数据导入”。

7.5　数据管理

使用方法同河道站,参照河道站数据管理。程序界面如图 7-28 所示。

7.6　逐日降水量对照表制作

该表不是规范要求的成果表,4.0 版数据库中也没有该表,这里只提供 Excel 成果表的输出,供整编人员校核资料。操作方法如下:

(1)确定要参加制表的测站,按“确定对照测站”,界面见图 7-29,确定开始、终止站码,

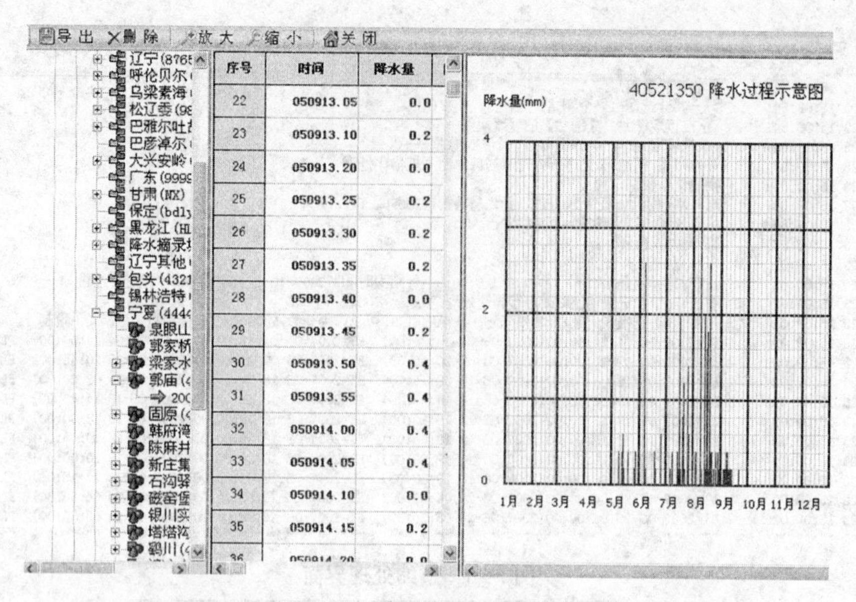

图 7-28　数据管理程序界面

然后按“开始搜索”。对于检索到的测站，整编人员可以通过检测框再次进行干预，确定是否参与制表。

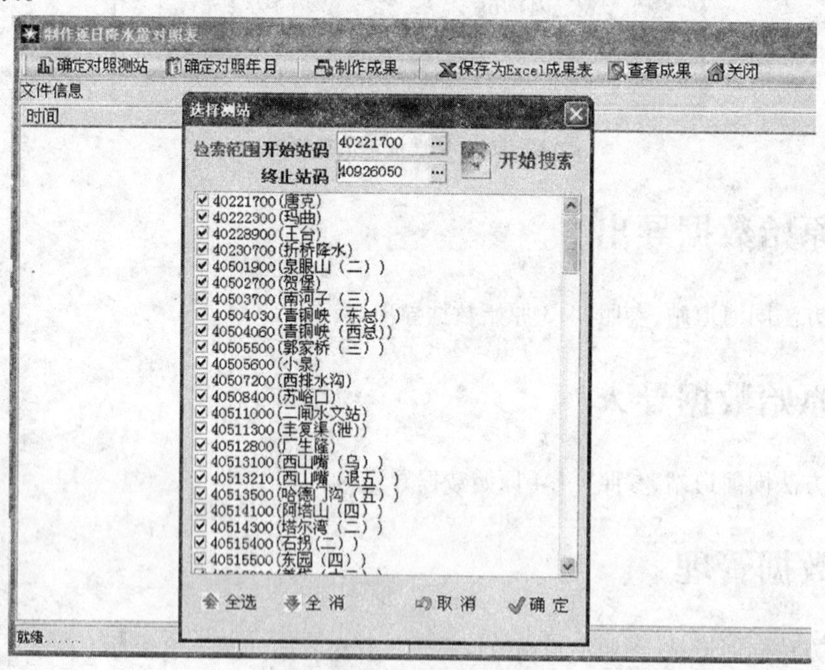

图 7-29　制作逐日降水量对照表

（2）确定对照年月，见图 7-30。

（3）在选择好年月份、要对照的测站后，按“制作成果”，程序显示数据信息，对于没有数据的记录，程序采用红色叉号标记；对于有数据的记录，程序采用绿色感叹号标记，如图 7-31 所示。

（4）按“保存为 Excel 成果表”，即可生成 Excel 成果表。

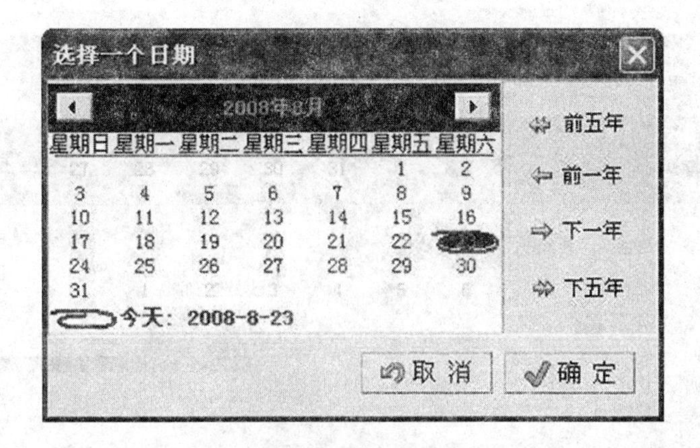

图 7-30　确定对照年月

制作逐日降水量对照表

确定对照测站　确定对照年月　制作成果　保存为Excel成果表　查看成果　关闭

文件信息

时间	事件
2008-8-23 11:27:42	数据库中不存在[2007 年　7 月 庙岸 测站]的成果数据，请检查成果
2008-8-23 11:27:42	数据库中不存在[2007 年　7 月 柏坡底 测站]的成果数据，请检查成果
2008-8-23 11:27:42	数据库中不存在[2007 年　7 月 王道恒塔 测站]的成果数据，请检查成果
2008-8-23 11:27:42	数据库中不存在[2007 年　7 月 温家川 测站]的成果数据，请检查成果
2008-8-23 11:27:42	数据库中不存在[2007 年　7 月 新庙 测站]的成果数据，请检查成果
2008-8-23 11:27:42	数据库中不存在[2007 年　7 月 贾家沟 测站]的成果数据，请检查成果
2008-8-23 11:27:42	数据库中不存在[2007 年　7 月 撖家塔 测站]的成果数据，请检查成果
2008-8-23 11:27:42	数据库中不存在[2007 年　7 月 大卡钳沟 测站]的成果数据，请检查成果
2008-8-23 11:27:42	数据库中不存在[2007 年　7 月 中鸡 测站]的成果数据，请检查成果
2008-8-23 11:27:42	成功读取了[张家坪]测站数据
2008-8-23 11:27:42	成功读取了[太和寨]测站数据
2008-8-23 11:27:42	成功读取了[薛家园]测站数据
2008-8-23 11:27:42	成功读取了[贾家沟]测站数据
2008-8-23 11:27:42	数据库中不存在[2007 年　7 月 丁家沟 测站]的成果数据，请检查成果
2008-8-23 11:27:42	数据库中不存在[2007 年　7 月 白家川 测站]的成果数据，请检查成果
2008-8-23 11:27:42	数据库中不存在[2007 年　7 月 韩家峁 测站]的成果数据，请检查成果
2008-8-23 11:27:42	数据库中不存在[2007 年　7 月 李家河 测站]的成果数据，请检查成果
2008-8-23 11:27:42	数据库中不存在[2007 年　7 月 窄口水库（坝上） 测站]的成果数据，请检查成果
2008-8-23 11:27:42	数据库中不存在[2007 年　7 月 窄口水库（电站） 测站]的成果数据，请检查成果
2008-8-23 11:27:42	数据库中不存在[2007 年　7 月 窄口水库（出库总量） 测站]的成果数据，请检查成果
2008-8-23 11:27:42	数据库中不存在[2007 年　7 月 朝邑 测站]的成果数据，请检查成果
2008-8-23 11:27:42	数据库中不存在[2007 年　7 月 安乐 测站]的成果数据，请检查成果
2008-8-23 11:27:42	数据库中不存在[2007 年　7 月 潼关 测站]的成果数据，请检查成果

就绪......

图 7-31　显示数据信息

(5)按“查看成果”即可打开成果表文件浏览数据。

7.7　各站月年降水量、降水日数对照表制作

在制作对照表时，程序提供两种检索方式：按站码、按卷册，整编人员自己选择制表方式。

(1)测站系列选择。

①若按站码范围选择，检索方式选择“按站码”，然后确定开始、终止站码，再选择年份，然后按“开始搜索”，程序则检索符合条件的测站，见图 7-32。

②若按卷册检索，先选择“按卷册”，再选择卷册，然后确定年份，最后按“开始搜索”，见图 7-33。

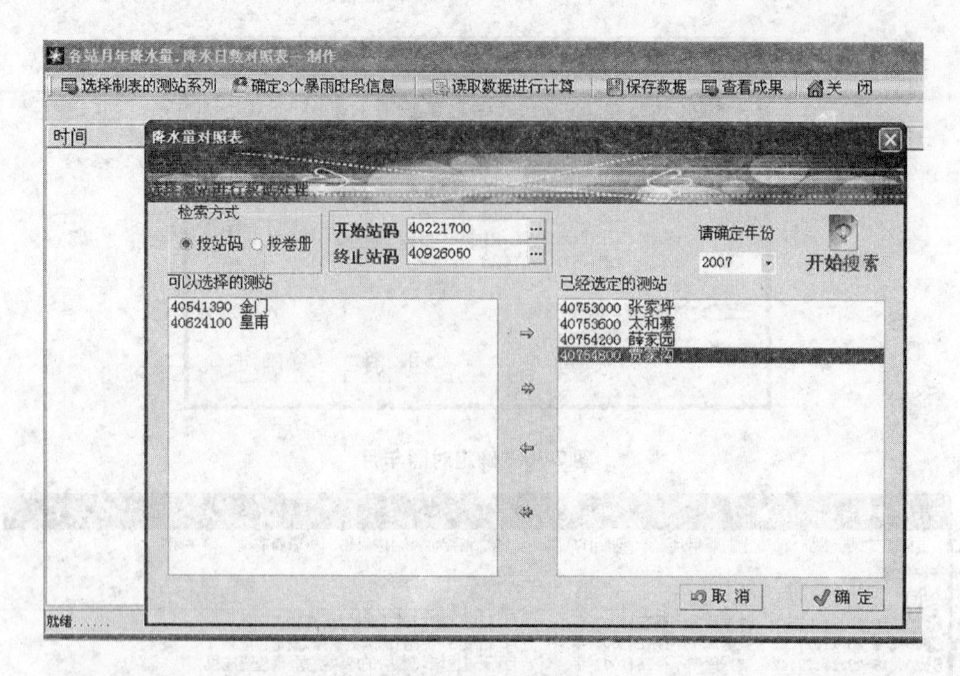

图 7-32　按站码检索

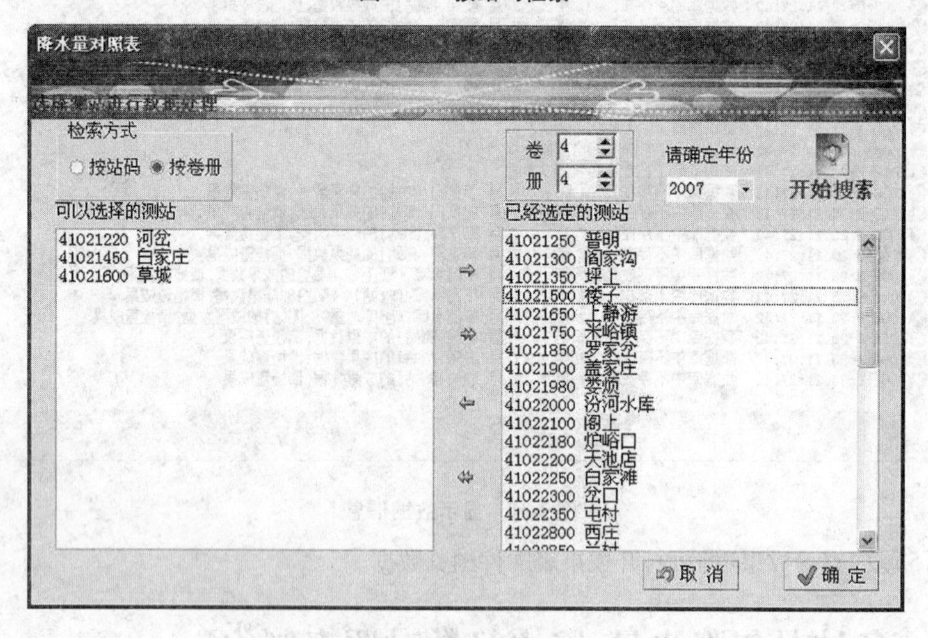

图 7-33　按卷册检索

(2)测站、时间确定后,再确定 3 个暴雨时段,然后按“确认”返回。界面如图 7-34 所示。

注意:如果统计 3 个长时段的降水量,也可以在图 7-34 中输入,例如统计 1 ~5 月、6 ~9 月、10 ~12 月, 可以输入为:0101 ~0531,0601 ~0930,1001 ~1231,如图 7-35 所示。

成果表形成后,修改表头标题即可。

(3)本成果表是按照个别省区水文局的要求增加的,规范中没有此成果表,成果表格式如图 7-36 所示。

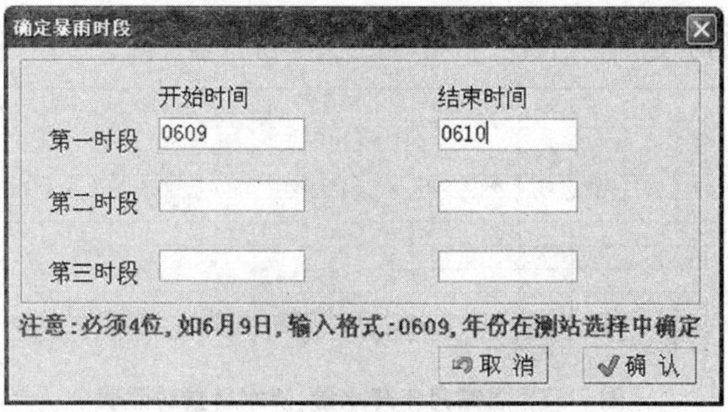

确定暴雨时段

开始时间　结束时间

第一时段　0609　0610

第二时段

第三时段

注意：必须4位，如6月9日，输入格式：0609，年份在测站选择中确定

取 消　确 认

图 7-34　确定暴雨时段界面

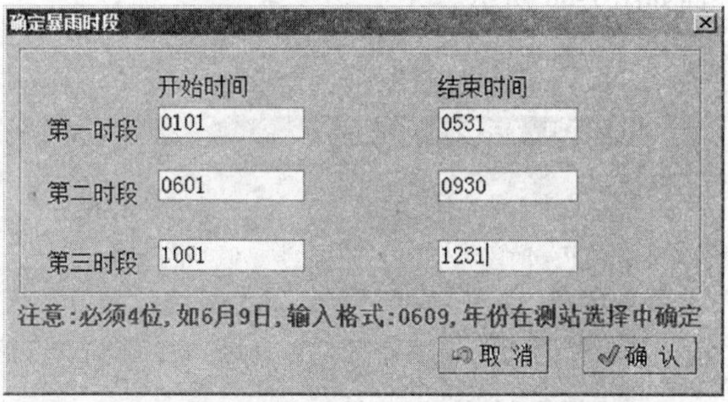

确定暴雨时段

开始时间　结束时间

第一时段　0101　0531

第二时段　0601　0930

第三时段　1001　1231

注意：必须4位，如6月9日，输入格式：0609，年份在测站选择中确定

取 消　确 认

图 7-35　确定暴雨时段举例

汾河 水系 各站月年降水量、降水日数对照表

年份：2007　　共 4页 第 1页

序号	河名	站名	项目	月降水量												年降水量	全年一日最大量	暴雨量		
				一月	二月	三月	四月	五月	六月	七月	八月	九月	十月	十一月	十二月			6月28日-29日	8月6日-7日	8月28日-29日
1	汾河	河岔	降水量	0.6	6.7	25.5	32.8	44.3	119.4	118.6	133.8	81.2	101.8	1.0	7.2	672.9	51.4	80.4	51.4	35.4
			降水日数	1	4	7	5	6	10	13	12	11	10	1	4	84	8月6日			
2	〃	普明	降水量	1.3	13.4	57.7	21.0	11.6	86.6	135.8	160.6	112.4	108.0	1.2	7.5	717.1	55.8	40.0	55.8	41.4
			降水日数	1	3	7	1	5	12	12	13	12	9	1	4	80	8月6日			
3	〃	阎家沟	降水量	3.5	26.0	38.5	48.6	49.4	90.2	141.6	183.6	111.0	119.9	1.5	9.6	823.4	60.6	53.6	60.6	26.2
			降水日数	2	2	4	3	3	13	16	13	11	10	1	4	82	8月6日			
4	〃	坪上	降水量					46.1	89.0	183.2	199.0	87.4	94.1			(698.8)	44.4	48.8	36.8	30.4
			降水日数					6	12	14	13	11	9			(65)	7月22日			
5	〃	白家庄	降水量	-		-	-	47.2	42.0	85.2	71.4	33.2	41.6	-	-	(320.6)	31.2	23.4	21.0	22.0
			降水日数	-		-	-	4	12	13	12	10	10	-	-	(61)	5月21日			
6	〃	楼子	降水量	1.7	10.5	30.5	28.5	22.3	89.8	155.4	85.8	84.2	83.6	0.4	6.8	599.5	35.8	44.6	17.0	22.8
			降水日数	2	3	7	2	3	10	13	12	12	10	1	4	79	7月23日			
7	〃	草城	降水量	0	10.3	27.7	29.0	39.5	80.4	149.4	134.6	105.6	111.8	1.5	8.3	698.1	38.8	38.6	34.4	48.6
			降水日数	0	3	7	2	4	12	15	12	11	11	1	4	82	10月5日			
8	〃	上静游	降水量	0.3	7.0	27.0	23.9	42.2	124.0	121.0	156.0	96.2	106.9	1.0	6.6	712.1	61.0	86.8	61.0	40.4
			降水日数	1	4	8	4	6	9	15	11	12	10	1	4	85	8月6日			
9	〃	米峪镇	降水量	0.7	12.1	21.4	21.4	47.6	66.4	158.2	204.4	104.2	93.5	0.8	3.6	734.3	45.0	37.2	22.2	46.8
			降水日数	1	4	5	3	6	11	19	12	10	9	1	4	85	8月21日			
10	〃	罗家岔	降水量					34.5	46.8	150.8	204.4	107.0	91.2	-	-	(634.7)	38.4	16.4	35.4	44.6
			降水日数					6	13	16	12	11	10	-	-	(68)	8月21日			
11	〃	盖家庄	降水量	0	4.3	9.0	8.0	48.4	76.2	129.6	136.2	99.2	93.2	0.6	2.3	607.0	44.4	47.4	25.8	46.2
			降水日数	0	2	2	3	5	10	16	12	11	10	1	4	76	6月29日			
说明																				

第1页

制表时间：2008-8-23 12:38:59

图 7-36　成果表格式

各站月年降水量、降水日数对照表(3 个月份段)制作与上表类似，只是后面 3 列为 3 个月份段的降水，如图 7-37 所示。

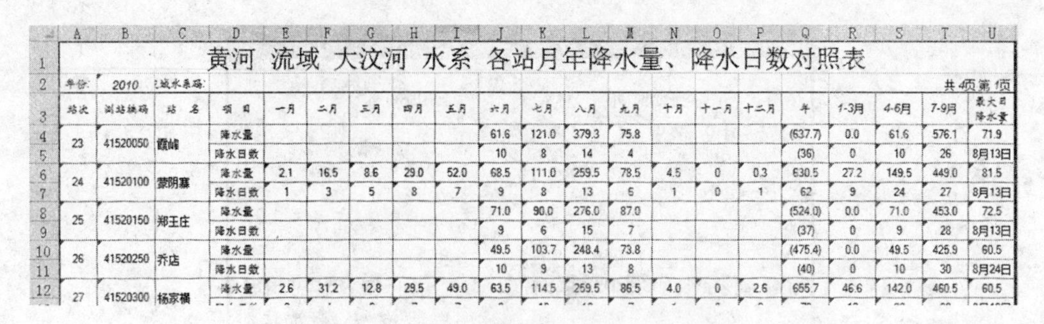

黄河 流域 大汶河 水系 各站月年降水量、降水日数对照表

年份: 2010 流域水系码: 共4页第1页

站次	测站编码	站名	项目	一月	二月	三月	四月	五月	六月	七月	八月	九月	十月	十一月	十二月	年	1-3月	4-6月	7-9月	最大日降水量
23	41520050	霞峭	降水量						61.6	121.0	379.3	75.8				(637.7)	0.0	61.6	576.1	71.9
			降水日数						10	8	14	4				(36)	0	10	26	8月13日
24	41520100	蒙阴寨	降水量	2.1	16.5	8.6	29.0	52.0	68.5	111.0	259.5	78.5	4.5	0	0.3	630.5	27.2	149.5	449.0	81.5
			降水日数	1	3	5	8	7	9	8	13	6	1	0	1	62	9	24	27	8月13日
25	41520150	郑王庄	降水量						71.0	90.0	276.0	87.0				(524.0)	0.0	71.0	453.0	72.5
			降水日数						9	6	15	7				(37)	0	9	28	8月13日
26	41520250	乔店	降水量						49.5	103.7	248.4	73.8				(475.4)	0.0	49.5	425.9	60.5
			降水日数						10	9	13	8				(40)	0	10	30	8月24日
27	41520300	杨家横	降水量	2.6	31.2	12.8	29.5	49.0	63.5	114.5	259.5	86.5	4.0	0	2.6	655.7	46.6	142.0	460.5	60.5

图 7-37 各站月年降水量、降水日数对照表

时段信息加工界面如图 7-38 所示。

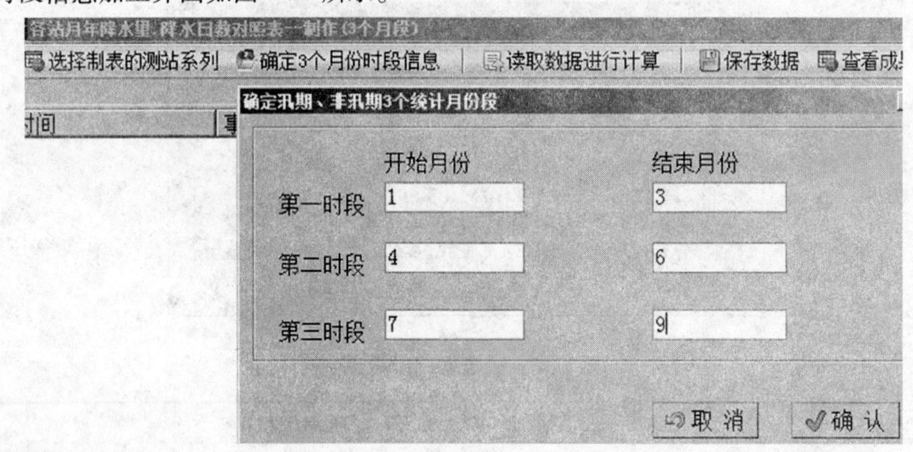

图 7-38 时段信息加工界面

第 8 章　小河站数据处理

8.1　小河站洪水特征值统计表制作

该表不是规范要求的成果表,4.0 版数据库中也没有该表,这里只提供 Excel 成果表的输出。

(1)操作步骤。

首先选择数据,然后制作成果表,按“查看成果”即可打开成果表文件浏览数据。

洪水特征值统计表数据处理界面如图 8-1 所示。

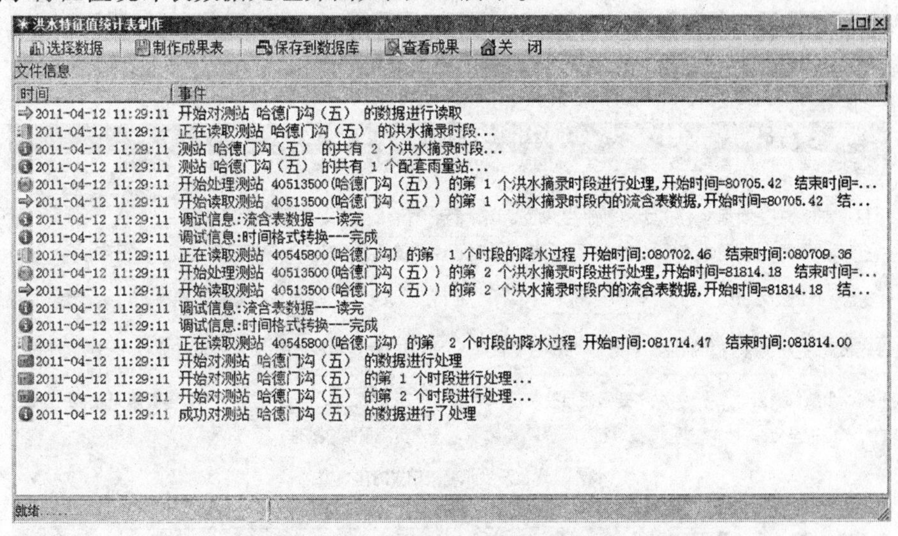

图 8-1　洪水特征值统计表数据处理界面

(2)制作该表不需要单独加工数据,数据来源于河道站和雨量站。首先输出成果表,然后将其保存到数据库中,否则无法输出年鉴格式数据。

(3)制作该表前需要做的工作。

①在基础数据管理的降水信息页面,勾选 ☑ 小河站 ,设置好泥沙幺重 2.7 ,将与该河道站相关的雨量站设置好,并输入权数,如图 8-2 所示。

②河道站中需要做的工作。

在河道站洪水摘录表的第一列(洪特标志)的相应时段单击单元格,程序会加上钩,说明该时段参加洪水特征值统计。

加钩原因:洪水要素摘录段数和降水摘录段数可能不同,河道站和雨量站的摘录段数可能比洪水特征值统计表的段数多;程序按标志、按需要找寻对应关系。

用鼠标单击一次选中,再单击一次则取消。各站参加洪水特征值统计表的段数量必须完全一样(这里指被勾选的段),否则程序无法计算。

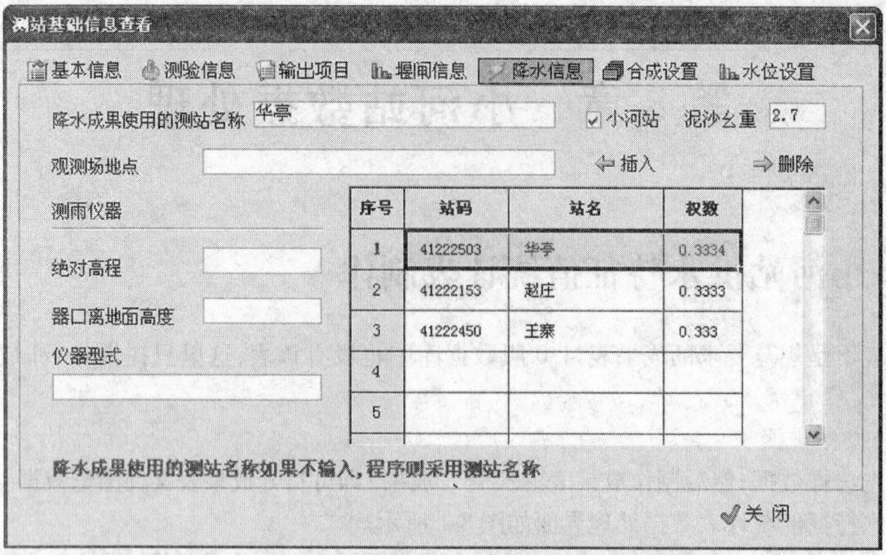

测站基础信息查看

基本信息 测验信息 输出项目 堰闸信息 降水信息 合成设置 水位设置

降水成果使用的测站名称 华亭 ☑小河站 泥沙幺重 2.7

观测场地点 ⇦插入 ⇨删除

测雨仪器

绝对高程

器口离地面高度

仪器型式

序号	站码	站名	权数
1	41222503	华亭	0.3334
2	41222153	赵庄	0.3333
3	41222450	王寨	0.333
4			
5			

降水成果使用的测站名称如果不输入,程序则采用测站名称

✔关闭

图 8-2　降水信息页面设置

河道站摘录时段洪特征标志设置如图 8-3 所示。

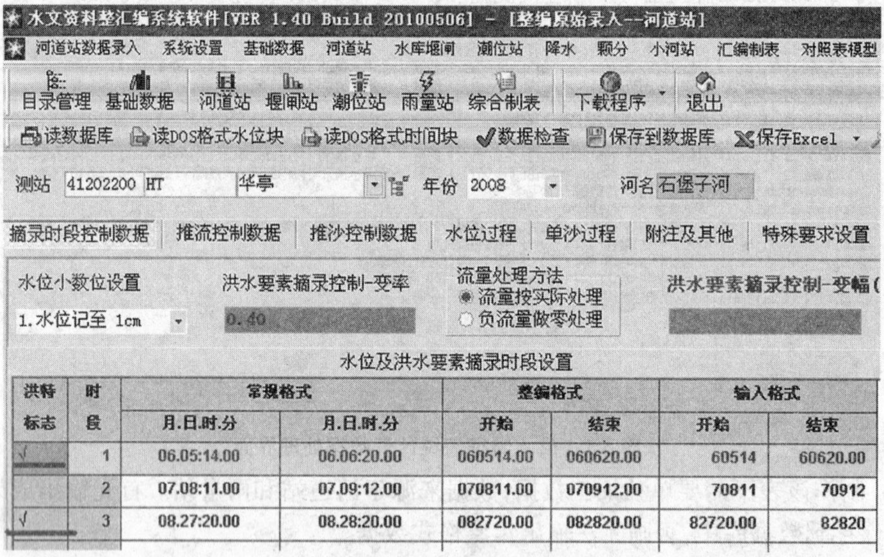

水文资料整汇编系统软件[VER 1.40 Build 20100506] - [整编原始录入--河道站]

河道站数据录入 系统设置 基础数据 河道站 水库堰闸 潮位站 降水 颗分 小河站 汇编制表 对照表模型

目录管理 基础数据 河道站 堰闸站 潮位站 雨量站 综合制表 下载程序 退出

读数据库 读DOS格式水位块 读DOS格式时间块 数据检查 保存到数据库 保存Excel

测站 41202200 HT 华亭 年份 2008 河名 石堡子河

摘录时段控制数据 推流控制数据 推沙控制数据 水位过程 单沙过程 附注及其他 特殊要求设置

水位小数位设置 1.水位记至 1cm　洪水要素摘录控制-变率 0.40　流量处理方法 ◉流量按实际处理 ○负流量做零处理　洪水要素摘录控制-变幅(

水位及洪水要素摘录时段设置

洪特标志	时段	常规格式		整编格式		输入格式	
		月.日.时.分	月.日.时.分	开始	结束	开始	结束
√	1	06.05:14.00	06.06:20.00	060514.00	060620.00	60514	60620.00
	2	07.08:11.00	07.09:12.00	070811.00	070912.00	70811	70912
√	3	08.27:20.00	08.28:20.00	082720.00	082820.00	82720.00	82820

图 8-3　河道站摘录时段洪特征标志设置

(4)雨量站中需要做的工作。

进行相应设置,如图 8-4 所示。

摘录段输出方式、起止时间、雨强和段制

洪特标志	整编格式		摘录输出方式	摘录起止时间		段制	强度
	开始	结束		开始	结束		
1	050100.00	050212.00	0:按起止时间输出	50100	50212	24	
2√	060515.55	060614.05	0:按起止时间输出	60515.55	60614.05	24	2.5
3√	082702.35	082721.30	0:按起止时间输出	82702.35	82721.30	24	2.5

图 8-4　雨量站摘录时段洪特征标志设置

(5)上述工作完成后,对河道站和雨量站进行处理,并将成果入库。

(6)程序采用推流表和降水摘录表,计算各洪水摘录时段相应的洪峰时间、径流量、输沙量、各种模数,计算各子站的降水量,根据权数计算平均降水量等信息。

成果表示例如图 8-5 所示。

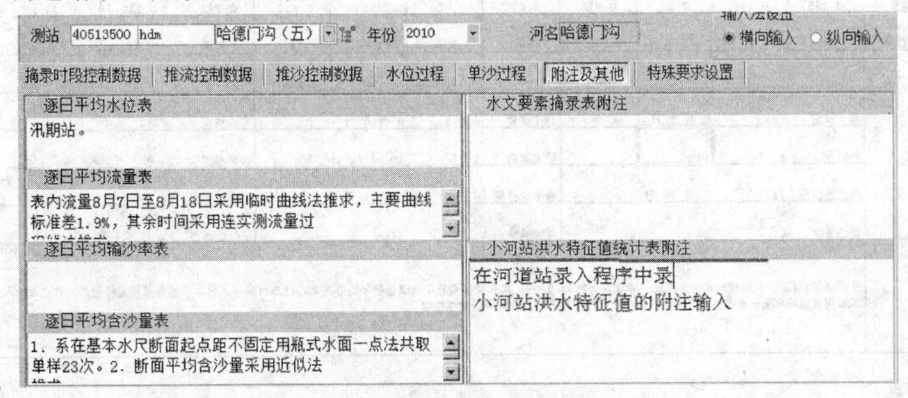

华亭站 洪水特征值统计表

年份: 2008 测站编码: 41202200 集水面积 276 km²

洪水时间								降水时间					洪峰流量	洪峰模数	径流量		径流深度		降水量		径流系数		输沙量	侵蚀模数
起			洪峰		止			起			止		(m³/s)	(10⁻³m³/(s.km²))	(10⁴m³)		(mm)		(mm)				(t)	(t/km²)
月	日	时分	日	时分	日	时分		月	日	时分	日	时分			浑水	清水	浑水	清水	平均	最大	浑水	清水		
6	5	14:00	5	19:00	6	20:00		6	5	15:55	6	14:05	18.2	65.9	12.87	12.59	0.5	0.5	29.0	36.4	0.02	0.02	0.766	27.7
8	27	20:00	27	21.18	28	20:00		8	27	0:35	27	23:45	105	380	40.79	39.57	1.5	1.4	21.7	57.6	0.07	0.07	3.31	120

图 8-5　成果表示例

(7)小河站洪水特征值的附注输入。

在河道站录入程序中录入,如图 8-6 所示。

测站 40513500 hdm 哈德门沟(五) 年份 2010 河名 哈德门沟 输入法设置 ◉横向输入 ○纵向输入
摘录时段控制数据 推流控制数据 推沙控制数据 水位过程 单沙过程 附注及其他 特殊要求设置
逐日平均水位表
汛期站。
逐日平均流量表
表内流量8月7日至8月18日采用临时曲线法推求,主要曲线标准差1.9%,其余时间采用连实测流量过
逐日平均输沙率表
逐日平均含沙量表
1. 系在基本水尺断面起点距不固定用瓶式水面一点法共取单样23次。2. 断面平均含沙量采用近似法
水文要素摘录表附注
小河站洪水特征值统计表附注
在河道站录入程序中录
小河站洪水特征值的附注输入

图 8-6　小河站洪水特征值的附注输入位置

(8)小河站洪水特征值的年鉴格式转换。

在年鉴格式转换程序的第 57 号,如图 8-7 所示。

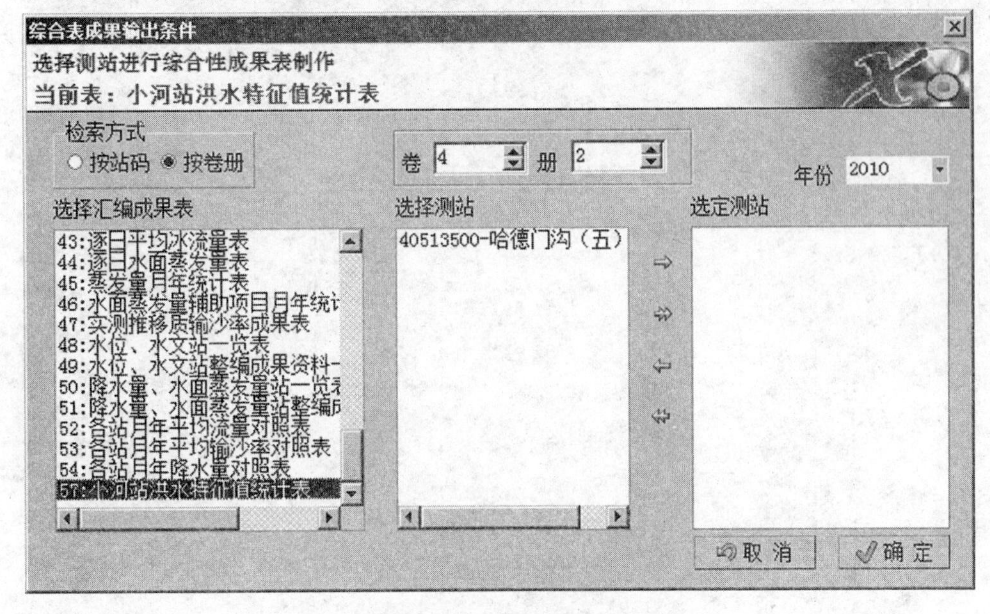

图 8-7　小河站洪水特征值的年鉴格式转换

8.2 小河站流量、含沙量及输沙率月年统计表制作

根据个别省区的要求，系统增加了小河站流量、含沙量、输沙率月年统计表的制作功能。

在制作该表以前，首先在河道站程序中对本站资料进行处理，并将成果保存到数据库中，然后制作该表。该表格式示例见图 8-8。

蔡家庙 站 流量、含沙量及输沙率月年统计表

年份：2007　　集水面积：270 km²　　流量：m³/s　　含沙量：kg/m³　　输沙率：kg/s

项目		一月	二月	三月	四月	五月	六月	七月	八月	九月	十月	十一月	十二月
月平均	流量	0.135	0.192	2.27	0.028	0.028	0.026	0.301	0.413	0.228	0.282	0.075	0.075
	含沙量	0	0	0	0	0	43.8	419	385	78.5	7.66	0	0
	输沙率	0	0	0	0	0	1.14	126	159	17.9	2.16	0	0
年统计		最大流量	159	8 月 8 月		最小流量	0.015	6 月 6 日		平均流量	0.342		
		径流量	1077	$10^4 m^3$		径流模数	1.27	$10^{-3} m^3/s.km^2$		径流深度	39.9	mm	
		最大含沙量	713	7 月 26 日		最小含沙量	0	1 月 1 日		平均含沙量	75.7		
		输沙量	81.7	$10^4 t$		侵蚀模数		t/km^2		平均输沙率	25.9		
附注		表内流量5月至10月用临时曲线法推求，标准差为2.8~5.9%，其余为实测日平均流量的平均值推求。1.表内空白之日，含沙量按规定停测。2.在基本水尺断面，部位固定垂线水面一点法共取单样取样170次。3.断面平均含沙量用近似法整编。											

制表时间：2008-08-23 15:57:54

图 8-8　小河站流量、含沙量及输沙率月年统计表格式示例

第9章 颗分资料整编

颗分资料整编程序包括实测悬移质断面数据、实测悬移质单样数据、实测河床质数据以及实测含沙量、流速、颗粒级配处理四部分。

颗分部分数据检索条件:测验项目中包含颗分。在基础数据中需要设置施测项目为颗分,即勾选☑颗分,如图9-1所示。

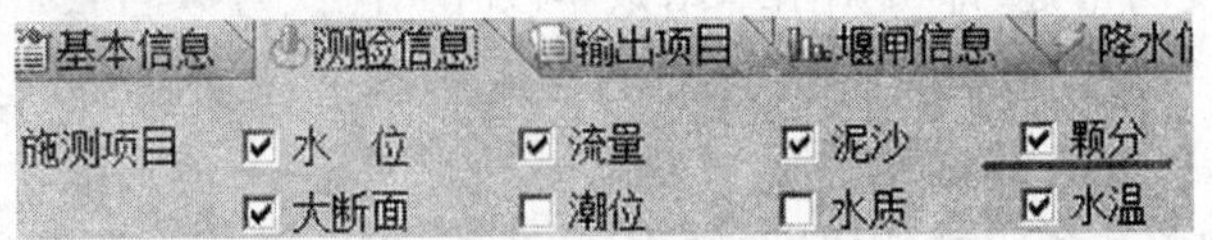

图9-1 设置施测项目

其他信息:不影响数据处理,但也要正确输入。

9.1 实测悬移质断面数据

9.1.1 数据加工

操作界面见图9-2,使用方法如下:

水文资料整汇编系统软件[VER 1.40 Build 20100506] - [悬移质断面数据录入]

模板设置 悬移质数据录入 系统设置 基础数据 河道站 水库堰闸 潮位站 降水 颗分 小河站 汇编制表 对照表模型 数据输出/导入 应用工具

目录管理 基础数据 河道站 堰闸站 潮位站 雨量站 综合制表 下载程序 退出

读取文件 读数据库 保存入库 打印预览 关 闭

测站 40105650 GC1 高村 年份 2005 分析号数 1

输沙率测次 开始 1 结束 1 水温(℃) 0.2 最大粒径 23 □做实测流速、含沙量、颗粒级配成果表

输沙率时间 月份 01 开始日 05 结束日 05 开始时分 13:36 垂线/测点

	取样仪器	取样方法	分析方法	附注
断沙	0:横式	2:垂线混合	8:激光粒度仪	12
单沙	0:横式	03:主流边一线	4:光电仪、筛分析	33

	A	B	C	D	E	F	G	H	I	J	K	L	M	N	O
1	垂线号	测点号	单位输沙率	部分输沙率	小于某粒径的沙重百分数										
2					0.002	0.004	0.008	0.016	0.031	0.062	0.125	0.250	0.5	1	2
13	11		1	1.12	10.5	21.0	35.5	51.1	62.8	75.9	91.7	97.9	99.7	100.0	100.0
14	12		1	0	13.7	27.0	44.9	62.9	75.0	86.6	97.8	100.0	100.0	100.0	100.0
15	13		1	19.5	13.7	27.0	44.9	62.9	75.0	86.6	97.8	100.0	100.0	100.0	100.0
16	14		1	48.4	13.2	26.5	44.3	61.7	71.5	80.4	93.9	98.8	99.7	100.0	100.0
17	15		1	26.1	12.6	25.0	41.3	57.5	67.2	76.4	91.3	98.3	99.8	100.0	100.0
18		d	5	5.14	9.8	19.7	33.4	48.0	58.8	70.8	88.2	97	99.7	100.0	100.0
19		d	6		9.8	19.7	33.4	48.0	58.8	70.8	88.2	97	99.7	100.0	100.0

图9-2 悬移质断面数据录入

(1)确定站码、年份、测次(悬移质断面数据的索引由这三部分组成),然后按读取数据库资料(如果以前输入过数据,可以进行修改)。

测次显示框中的…按钮功能同按钮。

(2)输入月份、开始结束日期,输沙率开始时间、水温、最大粒径。日期置入法同前。开始时间格式输入 302、0302、3.02、3:02 皆可。

输沙率测次:如果一个分析号数只对应一个输沙率测次,则开始、结束测次相同,否则按实际输入。

注意:在输入分析号数后按回车键,即可调出本站该年该分析号数的原始数据;同样,输入开始测次号数后按回车键,即可调出本站该年该开始测次号数的原始数据。另外,在按回车键后,程序会弹出一个信息确认界面,在程序使用过程中,提示操作人员进行操作。

如没有最大粒径,可以不输入。

(3)选择断沙和单沙的取样仪器、取样方法、分析方法,并输入两者的附注信息。

(4)做实测流速、含沙量、颗粒级配成果表标志:如果本测次数据需要生成该成果,则将本标志打钩,否则成果无法生成。

(5)输入法控制,本表格编辑器支持横向、纵向两种输入法。

(6)表格数据也可以通过按读取文件的方式,导入数据。表格编辑器支持行插入、删除、块操作、复制、粘贴等功能,使用方法参见系统公用部分数据格式转换工具。

(7)录入格式规定:断沙按表格标题;单沙输入在表格的最后,第一个单沙记录在测点号单元格输入 d,说明本记录以后为单沙。单沙记录的单位输沙率部分输入单沙的测次号。

注意:第一个单沙记录要有垂线号,该垂线号对应的是最后一条垂线的部分输沙率。

(8)表格编辑器支持预览和打印,使用方法在综合制表部分介绍。按可进入该功能。

注意:有夹心滩的断面数据加工方法,以图 9-2(高村 2005 年,分析号数 1)为例进行说明,第 11、12 条垂线为夹心滩滩边,第 11 条垂线的级配与第 10 条垂线相同,第 12 条垂线的级配与第 13 条相同;第 11 条垂线的部分输沙率为第 10 条垂线到夹心滩左滩边的输沙率;第 12 条垂线相应的部分输沙率为两个夹心滩滩边间的输沙率,由于在水上,肯定是 0;第 13 条垂线的部分输沙率为第 13 条垂线到夹心滩右滩边的输沙率。

另外提示:第 1 条垂线的部分输沙率对应左岸边与该垂线间的部分输沙率,最后一条垂线(图 9-2 中为 15 号)则对应第 14 与第 15 两条垂线间的部分输沙率,但是最后一条垂线与右岸边之间还存在部分输沙率,因此程序设计再增加一条垂线,但该线只有一个数据,即部分输沙率。

一般输沙率测验时,取单样,为简化数据录入界面的复杂度,程序设计将单样直接输入到断面测点后面,测点号列输入 d,说明该点为单样,部分输沙率列输入单样的施测号数,如此设计,是因为单样记录在该位置没有信息,程序只是节省了空间,同时与传统的加工格式保持一致。

最后,如果一条垂线只有一个测点,单位输沙率不参与垂线平均的计算,但需要给其一个数值。

(9)一条垂线有多个测点的加工方法如图 9-3 所示。

	A	B	C	D	E	F	G	H	I	J	K	L	M	N
1	垂线号	测点号	单位输沙率	部分输沙率	小于某粒径的沙重百分数									
2					0.002	0.004	0.008	0.016	0.031	0.062	0.125	0.250	0.5	1
34		4	25.1		6.5	12.5	21.0	32.3	51.5	81.9	99.4	100.		
35		5	26.2		2.8	5.0	8.4	13.2	24.3	55.8	89.1	98.5	99.5	100.
36	11	1	17.1	2100	8.5	16.5	28.0	44.3	65.2	86.7	98.6	100.		
37		2	16.9		7.4	14.2	23.9	38.0	59.9	86.6	99.3	100.		
38		3	17.5		4.7	8.7	14.6	22.8	39.0	70.9	94.5	98.7	99.8	100.
39	12	1	13.9	1620	9.5	18.7	31.5	48.7	70.5	91.6	100.			
40		2	14.8		9.7	18.9	31.6	48.3	68.4	88.9	99.4	100.		
41		3	22.6		5.1	9.6	16.1	25.6	42.5	72.6	96.4	100.		
42	13	1	11.8	309	6.3	12.2	20.8	33.7	53.8	81.5	98.6	100.		
43		2	12.0		6.8	13.1	22.1	35.3	55.6	82.5	98.7	100.		
44	14	d	178	106	6.3	12.0	19.9	31.7	53.0	83.2	99.4	100		
45		d	179		6.3	12.0	19.9	31.7	53.0	83.2	99.4	100		

图 9-3　一条垂线有多个测点的加工方法

9.1.2　数据管理

数据管理程序界面如图 9-4 所示。程序启动后,自动搜索数据库,并将所有颗分数据按年份、测次顺序挂在信息数中的测站节点上,如果要查询某站年测次数据,只需点击相应节点即可。

颗分悬移质数据管理

导出　×删除　打印预览　关闭

- 颗分数据管理
  - 黄河 (HUANGHE)
    - 黄河干流上游 (HHGLSY)
    - 黄河干流中游 (HHGLZY)
    - 黄河干流下游 (HHGLXY)
      - 黄河 (HUANGHE)
        - 高村 (40105650)
          - 2000
            - 1
          - 2005
            - 1
            - 2
            - 8
            - 16
        - 利津 (40108400)
      - 文河 (WENHE)
  - 松辽河 (SLH)
  - 淮河 (HUAIHE)
  - 海河 (HAIHE)
  - 长江 (CHANGJIANG)

	A	B	C	D	E	F	G	H	I	J	K	L	M
1	垂线号	测点号	单位输沙率	部分输沙率	小于某粒径的沙重百分数								
2					0.002	0.004	0.008	0.016	0.031	0.062	0.125	0.025	0.5
3	1		1	0.793	12.6	25.1	43.6	67.1	85.6	95.6	99.7	100.	
4	2		1	5.67	10.1	20.3	35.9	57.3	78.8	95.0	100.		
5	3		1	14.5	7.9	15.4	26.9	42.8	62.3	86.7	99.5	100.	
6	4		1	69.7	6.8	13.4	23.2	36.9	52.5	75.3	96.3	100.	
7	5		1	109	7.0	13.8	24.0	37.9	54.0	78.5	98.1	100.	
8	6		1	171	6.2	12.2	21.6	34.8	50.9	76.9	98.2	100.	
9	7		1	232	6.8	13.5	24.0	38.5	56.1	81.7	99.0	100.	
10	8		1	229	7.5	15.0	26.4	42.1	60.5	83.7	98.6	100.	
11	9		1	141	6.2	12.2	21.5	34.3	50.5	77.8	98.4	100.	
12	10		1	70	5.5	10.8	18.9	30.4	45.5	71.7	95.8	100.	
13	11		1	43.1	6.9	13.7	24.1	38.4	55.3	80.5	98.8	100.	
14	12		1	25.4	10.0	20.4	36.3	57.9	78.8	94.1	100.		
15	13		1	9.09	10.5	21.3	37.8	59.8	80.1	94.5	100.		
16	14	d	252	3.86	6.6	13	23.2	37.2	53.6	78	97.7	10	
17		d	253		6.6	13	23.2	37.2	53.6	78	97.7	10	
18													

数据读取完毕……

图 9-4　数据管理程序界面

本程序支持数据导出、预览和打印功能,使用很方便。

9.1.3 激光粒度分析仪分析数据导入

2005 年 12 月黄河水利委员会水文局制定了《激光粒度仪分析数据存储格式(试行)》,本程序(包括单样、河床质)对该种数据的处理都是参照该文件规定的格式设计的。

按照文件规定,数据都是整年存储的,因此导入的数据可以直接用于颗分整编。

操作方法如下:

(1)打开分析数据文件,见图 9-5。

	A	B	C	D	E	F	G	H	I	J	K	L	M	N	O	P
1	分析号数	输沙率开始施测号数	输沙率结束施测号数	取样日期			取样结束日期	水温 ℃	最大粒径	vcp是否做信息	垂线/测点	断面				
2				月	日	时:分						取样仪器	取样方法	分析方法	附注	取样仪器
3	26															
4	1	1		3	25	8:06		7.2			10/30	7	2	8		7
5	2	2		4	2	8:30		12.0			10/30	7	2	8		7
6	3	3		4	15	8:30		12.5			10/26	7	2	8		7
7	4	4		4	24	6:00		17.0			10/30	7	2	8		7
8	5	5		5	6	8:30		19.5			10/28	7	2	8		7
9	6	6		5	15	8:36		19.1			10/28	7	2	8		7
10	7	7		5	27	8:00		21.9			10/26	7	2	8		7
11	8	8		6	3	6:30		23.4			10/28	7	2	8		7
12	9	9		6	16	5:56		25.7			10/24	7	2	8		7
13	10	10		6	28	8:00		26.0			10/22	7	2	8		7
14	11	11		7	4	14:00		23.4			10/30	7	2	8		7
15	12	12		7	4	20:00		22.6			10/30	7	2	8		7
16	13	13		7	5	6:24		21.8			10/30	7	2	8		7
17	14	14		7	6	6:42		22.0			10/30	7	2	8		7
18	15	15		7	22	6:36		25.9			10/24	7	2	8		7
19	16	16		7	22	11:00		26.9			10/26	7	2	8		7
20	17	17		7	23	7:00		26.0			10/28	7	2	8		7
21	18	18		8	9	8:30		26.1			10/28	7	2	8		7
22	19	19		8	18	9:30		22.0		1.0	20/84	7	0	8		7
23	20	20		8	28	9:18		23.6			10/30	7	2	8		7
24	21	21		9	8	8:24		22.5			10/30	7	2	8		7
25	22	22		9	17	9:24		21.6			10/30	7	2	8		7
26	23	23		9	24	9:48		20.6		1.0	19/73	7	0	8		7
27	24	24		10	6	14:48		16.5			10/30	7	2	8		7

原1/原2/整编综合/整编百分数/电算1/电算2

图 9-5 打开分析数据文件

将该文件的电算 1、电算 2 的数据部分(去除标题行)复制下来,然后粘贴到一个空白 Sheet 中,保存为.csv 格式,保存文件名需要遵循以下标准:

文件名的前 14 位必须为 8 位站码加 4 位年份加 2 位属性类型标志,设置数据类型是防止导入数据时产生混乱。

控制文件(以 DM 为标志,电算 1 生成):401043602005DM ***.csv;

级配文件(以 DC 为标志,电算 2 生成):401043602005DC ***.csv。

(2)进入数据导入程序,界面如图 9-6 所示。

先导入主表(DM),再导入子表(DC),打开文件后,程序会对数据进行分析,并显示分析结果。

注意:有时人工输入的数据记录的行数与程序统计的行数可能不符(可能是由于空行的缘故),但可以继续导入,不过要看程序分析结果,是不是每一个主表下都有相应的子表数据,如果有可以保存入库,否则不要保存。

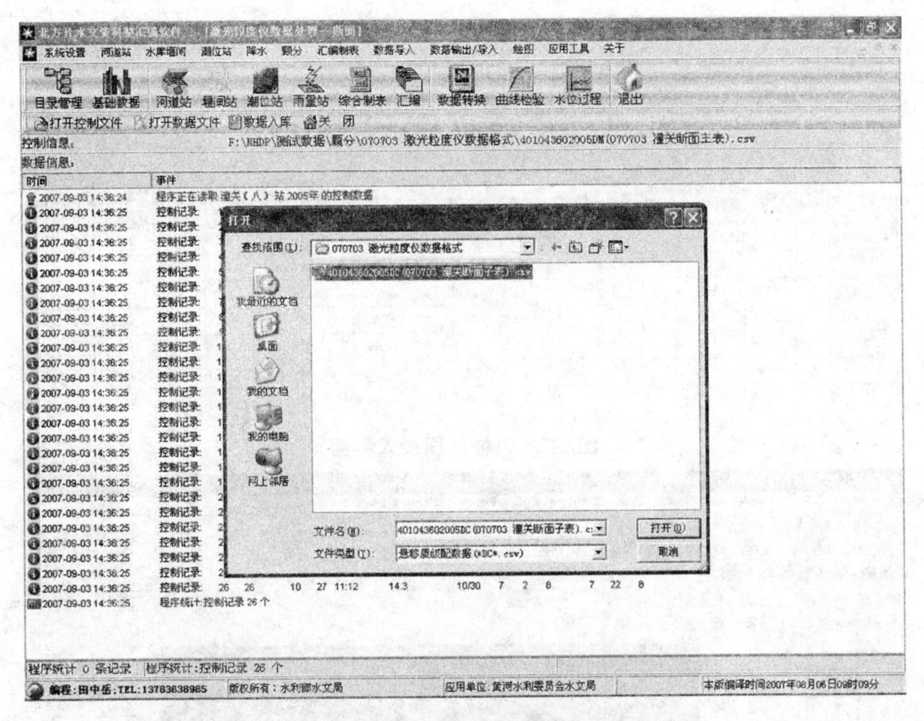

图 9-6 数据导入程序界面

9.1.4 数据处理

操作与河道站相同,请参照“4.2 河道站数据处理”。

9.2 实测悬移质单样数据

单样数据资料整编包括数据录入和数据处理两部分,按站年检索,一年一个数据集,一个测次只有一行记录,因此没有设计管理程序。如果要检索数据,可以通过录入程序进行。

注意:单样颗粒级配存储分析方案与某些省区的要求可能不同,本系统中要求一个分析号数只对应一个测次,反之亦然。原因如下:单样数据需要参与日月年平均的计算,因此每个测次都应具备唯一的时间,如果将多个测次混合分析,则多个测次的时间就会相同,在推流表中只能对应一个时间,实际上应对应多个时间,这样就会导致日月年平均无法计算。因此,采用混合分析的省区在存储单样数据时,应分开保存(各个测次的结果是相同的)。

9.2.1 数据加工

数据加工界面由单样数据录入、节点及附注数据两个页面组成,见图 9-7 和图 9-8。

使用方法:录入内容如表格标题。

取样仪器、取样方法、分析方法三列,要求输入各自的编号。

编码规则如下:

(1)取样仪器:0 横式,1 沙桶,2 器皿,3 瓶式,4 杯式,5 嵌式,6 锥式,7 爬式,8 管式,9 锚式。

悬移质单样数据录入

导入文本文件　读数据库数据　数据入库　打印预览　关闭

测站 40105650 高村　年份 2005　河名 黄河

输入法设置　◉ 横向输入　○ 纵向输入

单样数据录入　节点及附注数据

	A	B	C	D	E	F	G	H	I	J	K	L	M	N	O	P	Q
1	施测号数	时间	取样仪器	取样方法	分析方法	水温	小于某粒径的沙重百分数										
2							0.002	0.004	0.008	0.016	0.031	0.062	0.125	0.250	0.5	1	2
3	1	11014	1	1	3	1.5	8.5	17.0	28.7	41.8	52.6	68.1	90.0	98.9	99.8	100.	
4	2	1508.	1	1	3	1.4	9.5	18.6	31.3	45.7	58.7	75.2	93.4	99.4	100.		
5	3	2008.	1	1	3	2.0	9.9	19.6	33.0	47.8	60.9	78.2	96.2	100.			
6	4	2514.	1	1	3	3.2	7.8	15.5	25.8	37.5	50.3	70.3	91.4	98.2	99.7	100.	
7	5	3108.	1	1	3	2.0	10.4	21.1	36.1	52.8	64.5	75.2	89.7	97.5	99.8	100.	
8	6	20508.	1	1	3	1.8	11.2	22.4	38.5	57.7	72.4	84.4	94.8	98.1	99.7	100.	
9	7	1008.	1	1	3	0.0	9.5	19.0	32.1	47.0	58.5	70.8	89.8	99.0	99.8	100.	

图 9-7　单样数据录入界面

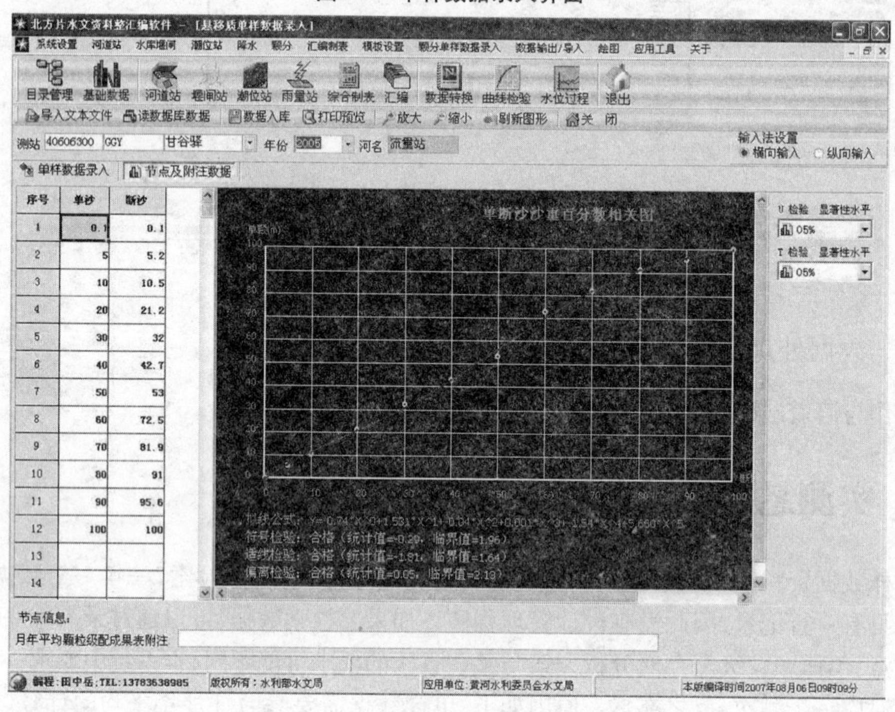

图 9-8　节点及附注数据加工界面

(2)取样方法(断面):0 积点法,1 横渡,2 垂线混合,3 全断面混合,4 一点,5 十字线,6 选点。

(3)取样方法(单样):0 主流一线 ,1 主流一线一点,2 主流三线定比混合,3 主流边一线,4 主流边一线一点,5 主流边一线 0.5 一点,6 主流边一线 0.6 一点,7 主流边一线水面一点,8 主流边一线定比混合,9 水边一线,10 水边一线 0.5 一点,11 水边一线 0.6 一点,12 水边一线定比混合,13 固定垂线一点,14 固定垂线 0.2 一点,15 固定垂线 0.5 一点,16 固定两线水面一点,17 固定四线水面一点,18 横渡,19 斜航,20 半河三线定比混合,21 五线半深混合,22 等流量五线 0.5 一点混合,23 主流四线,24 固定四线 0.6 一点混合,25 固定一线垂线混合,26 固定三线 0.6 一点混合,27 等流量五线 0.6 一点混合,28 闸孔水面。

(4)分析方法:0 粒径计,1 筛分析,2 光电仪,3 移液管,4 光电仪、筛分析,5 光电仪、移液管,6 光电仪、粒径计,7 移液管、筛分析,8 激光粒度仪,9 激光粒度仪、筛分析。

表格编辑器支持行的插入、删除,块的复制、粘贴等功能。数据源可以来自外部文件。表格支持打印和预览功能,支持横向、纵向两种输入方式。

数据录入后,要按回车键以刷新内存数据,否则更改的资料可能保存不到数据库中。

9.2.2 数据处理

操作与河道站相同,请参照“4.2 河道站数据处理”。

处理结束后,生成悬移质断面颗粒级配成果表、悬移质单样颗粒级配成果表、日平均颗粒级配成果表、月年平均颗粒级配成果表。

成果数据可以保存到数据库中,也可以生成 Excel 成果表。

9.2.3 激光粒度仪分析数据导入

文件名的前 14 位必须为 8 位站码加 4 位年份加 2 位属性类型标志(单样为 DY),程序根据文件名确定数据属于哪个站年的资料。如 2005 年的单样数据文件名可以是 401043602005DY(070703 潼关单样测验).csv,也可以是 401043602005DY.csv;设置数据类型是防止导入数据时产生混乱,如把单样当成河床质数据导入。

单样的第一个时间必须完整,否则无法推算。

操作方法如下:

(1)打开分析数据文件,如图 9-9 所示。

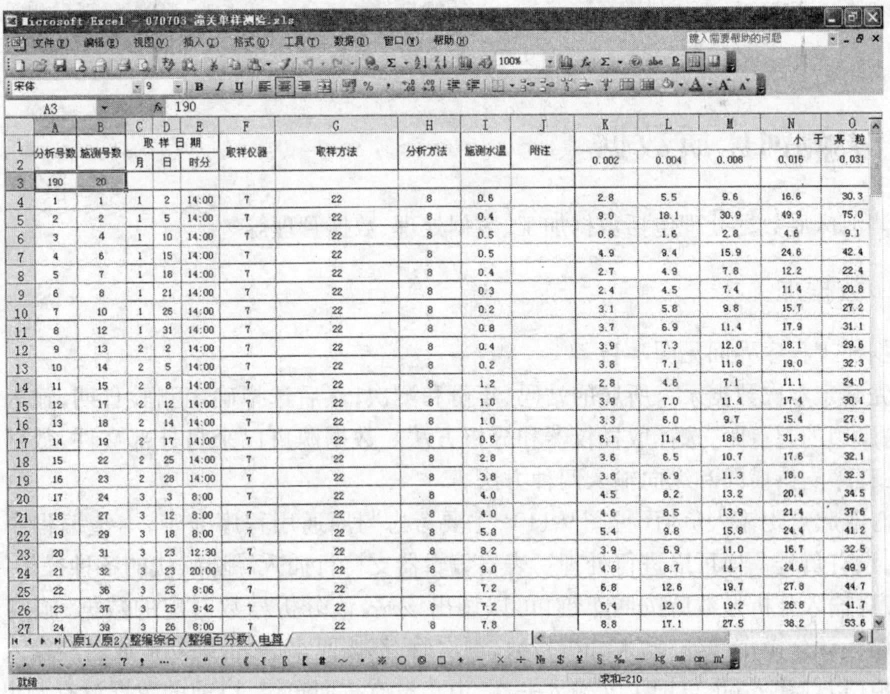

Microsoft Excel - 070703 潼关单样测验.xls

A3 190

	A	B	C	D	E	F	G	H	I	J	K	L	M	N	O
1	分析号数	施测号数	取样日期			取样仪器	取样方法	分析方法	施测水温	附注	小于某粒				
2			月	日	时分						0.002	0.004	0.008	0.016	0.031
3	190	20													
4	1	1	1	2	14:00	7	22	8	0.6		2.8	5.5	9.6	16.6	30.3
5	2	2	1	5	14:00	7	22	8	0.4		9.0	18.1	30.9	49.9	75.0
6	3	4	1	10	14:00	7	22	8	0.5		0.8	1.6	2.8	4.6	9.1
7	4	6	1	15	14:00	7	22	8	0.5		4.9	9.4	15.9	24.6	42.4
8	5	7	1	18	14:00	7	22	8	0.4		2.7	4.9	7.8	12.2	22.4
9	6	8	1	21	14:00	7	22	8	0.3		2.4	4.5	7.4	11.4	20.8
10	7	10	1	26	14:00	7	22	8	0.2		3.1	5.8	9.8	15.7	27.2
11	8	12	1	31	14:00	7	22	8	0.8		3.7	6.9	11.4	17.9	31.1
12	9	13	2	2	14:00	7	22	8	0.4		3.9	7.3	12.0	18.1	29.6
13	10	14	2	5	14:00	7	22	8	0.2		3.8	7.1	11.8	19.0	32.3
14	11	15	2	8	14:00	7	22	8	1.2		2.8	4.6	7.1	11.1	24.0
15	12	17	2	12	14:00	7	22	8	1.0		3.9	7.0	11.4	17.4	30.1
16	13	18	2	14	14:00	7	22	8	1.0		3.3	6.0	9.7	15.4	27.9
17	14	19	2	17	14:00	7	22	8	0.6		6.1	11.4	18.6	31.3	54.2
18	15	22	2	25	14:00	7	22	8	2.8		3.6	6.5	10.7	17.6	32.1
19	16	23	2	28	14:00	7	22	8	3.8		3.8	6.9	11.3	18.0	32.3
20	17	24	3	3	8:00	7	22	8	4.0		4.5	8.2	13.2	20.4	34.5
21	18	27	3	12	8:00	7	22	8	4.0		4.6	8.5	13.9	21.4	37.6
22	19	29	3	18	8:00	7	22	8	5.8		5.4	9.8	15.8	24.4	41.2
23	20	31	3	23	12:30	7	22	8	8.2		3.9	6.9	11.0	16.7	32.5
24	21	32	3	23	20:00	7	22	8	9.0		4.8	8.7	14.1	24.6	49.9
25	22	36	3	25	8:06	7	22	8	7.2		6.8	12.6	19.7	27.8	44.7
26	23	37	3	25	9:42	7	22	8	7.2		6.4	12.0	19.2	26.8	41.7
27	24	39	3	26	8:00	7	22	8	7.8		8.8	17.1	27.5	38.2	53.6

原1 / 原2 / 整编综合 / 整编百分数 / 电算

就绪 求和=210

图 9-9 打开分析数据文件

图 9-9 中第 3 行的 190 表示共有 190 个单样记录,20 表示有 20 个单断沙转换节点(在文件的最后)。将数据部分复制,然后粘贴到一空白 Sheet 中,保存为.csv 格式即可。

(2)进入导入程序,将.csv 格式文件导入,保存入库即可,界面见图 9-10。

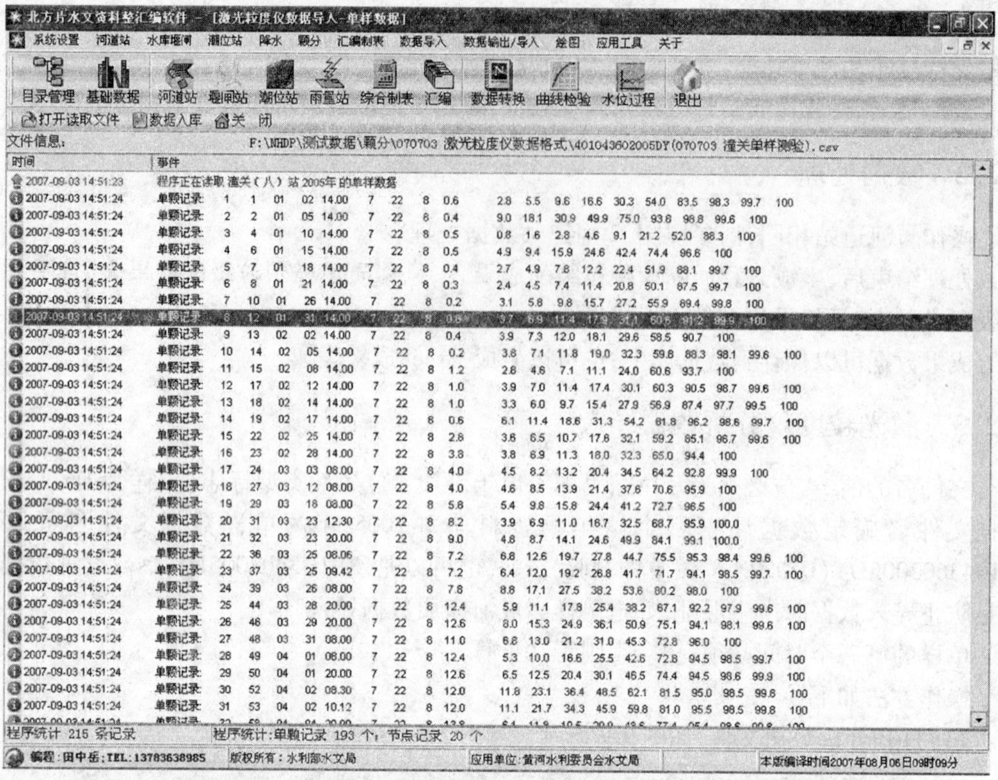

北方片水文资料整汇编软件 - [激光粒度仪数据导入-单样数据]

系统设置　河道站　水库堰闸　潮位站　降水　颗分　汇编制表　数据导入　数据输出/导入　绘图　应用工具　关于

目录管理　基础数据　河道站　堰闸站　潮位站　雨量站　综合制表　汇编　数据转换　曲线检验　水位过程　退出

打开读取文件　数据入库　关　闭

文件信息:　F:\NHDP\测试数据\颗分\070703 激光粒度仪数据格式\401043602005DY(070703 潼关单样测验).csv

时间	事件
2007-09-03 14:51:23	程序正在读取 潼关(八)站 2005年 的单样数据
2007-09-03 14:51:24	单颗记录: 1 1 01 02 14.00 7 22 8 0.6 2.8 5.5 9.6 16.6 30.3 54.0 83.5 98.3 99.7 100
2007-09-03 14:51:24	单颗记录: 2 2 01 05 14.00 7 22 8 0.4 9.0 18.1 30.9 49.9 75.0 93.8 98.8 99.6 100
2007-09-03 14:51:24	单颗记录: 3 4 01 10 14.00 7 22 8 0.5 0.8 1.6 2.8 4.6 9.1 21.2 52.0 88.3 100
2007-09-03 14:51:24	单颗记录: 4 6 01 15 14.00 7 22 8 0.5 4.9 9.4 15.9 24.6 42.4 74.4 96.6 100
2007-09-03 14:51:24	单颗记录: 5 7 01 18 14.00 7 22 8 0.4 2.7 4.9 7.8 12.2 22.4 51.9 88.1 99.7 100
2007-09-03 14:51:24	单颗记录: 6 8 01 21 14.00 7 22 8 0.3 2.4 4.5 7.4 11.4 20.8 50.1 87.5 99.7 100
2007-09-03 14:51:24	单颗记录: 7 10 01 26 14.00 7 22 8 0.2 3.1 5.8 9.8 15.7 27.2 55.9 89.4 99.8 100
2007-09-03 14:51:24	单颗记录: 8 12 01 31 14.00 7 22 8 0.8 3.7 6.9 11.4 17.9 31.1 60.6 91.2 99.9 100
2007-09-03 14:51:24	单颗记录: 9 13 02 02 14.00 7 22 8 0.4 3.9 7.3 12.0 18.1 29.6 58.5 90.7 100
2007-09-03 14:51:24	单颗记录: 10 14 02 05 14.00 7 22 8 0.2 3.8 7.1 11.8 19.0 32.3 59.8 88.3 98.1 99.6 100
2007-09-03 14:51:24	单颗记录: 11 15 02 08 14.00 7 22 8 1.2 2.8 4.6 7.1 11.1 24.0 60.6 93.7 100
2007-09-03 14:51:24	单颗记录: 12 17 02 12 14.00 7 22 8 1.0 3.9 7.0 11.4 17.4 30.1 60.3 90.5 98.7 99.6 100
2007-09-03 14:51:24	单颗记录: 13 18 02 14 14.00 7 22 8 1.0 3.3 6.0 9.7 15.4 27.9 56.9 87.4 97.7 99.5 100
2007-09-03 14:51:24	单颗记录: 14 19 02 17 14.00 7 22 8 0.6 6.1 11.4 18.6 31.3 54.2 81.8 96.2 98.6 99.7 100
2007-09-03 14:51:24	单颗记录: 15 22 02 25 14.00 7 22 8 2.8 3.6 6.5 10.7 17.6 32.1 59.2 85.1 96.7 99.6 100
2007-09-03 14:51:24	单颗记录: 16 23 02 28 14.00 7 22 8 3.8 3.8 6.9 11.3 18.0 32.3 65.0 94.4 100
2007-09-03 14:51:24	单颗记录: 17 24 03 03 08.00 7 22 8 4.0 4.5 8.2 13.2 20.4 34.5 64.2 92.8 99.9 100
2007-09-03 14:51:24	单颗记录: 18 27 03 12 08.00 7 22 8 4.0 4.6 8.5 13.9 21.4 37.6 70.6 95.9 100
2007-09-03 14:51:24	单颗记录: 19 29 03 18 08.00 7 22 8 5.8 5.4 9.8 15.8 24.4 41.2 72.7 96.5 100
2007-09-03 14:51:24	单颗记录: 20 31 03 23 12.30 7 22 8 8.2 3.9 6.9 11.0 16.7 32.5 68.7 95.9 100.0
2007-09-03 14:51:24	单颗记录: 21 32 03 23 20.00 7 22 8 9.0 4.8 8.7 14.1 24.6 49.9 84.1 99.1 100.0
2007-09-03 14:51:24	单颗记录: 22 36 03 25 08.06 7 22 8 7.2 6.8 12.6 19.7 27.8 44.7 75.5 95.3 98.4 99.6 100
2007-09-03 14:51:24	单颗记录: 23 37 03 25 09.42 7 22 8 7.2 6.4 12.0 19.2 26.8 41.7 71.7 94.1 98.5 99.7 100
2007-09-03 14:51:24	单颗记录: 24 39 03 26 08.00 7 22 8 7.8 8.8 17.1 27.5 38.2 53.6 80.2 98.0 100
2007-09-03 14:51:24	单颗记录: 25 44 03 28 20.00 7 22 8 12.4 5.9 11.1 17.8 25.4 38.2 67.1 92.2 97.9 99.6 100
2007-09-03 14:51:24	单颗记录: 26 46 03 29 20.00 7 22 8 12.6 8.0 15.3 24.9 36.1 50.9 75.1 94.1 98.1 99.6 100
2007-09-03 14:51:24	单颗记录: 27 48 03 31 08.00 7 22 8 11.0 6.8 13.0 21.2 31.0 45.3 72.8 96.0 100
2007-09-03 14:51:24	单颗记录: 28 49 04 01 08.00 7 22 8 12.4 5.3 10.0 16.6 25.5 42.6 72.8 94.5 98.5 99.7 100
2007-09-03 14:51:24	单颗记录: 29 50 04 01 20.00 7 22 8 12.6 6.5 12.5 20.4 30.1 46.5 74.4 94.5 98.6 99.9 100
2007-09-03 14:51:24	单颗记录: 30 52 04 02 08.30 7 22 8 12.0 11.8 23.1 36.4 48.5 62.1 81.5 95.0 98.5 99.8 100
2007-09-03 14:51:24	单颗记录: 31 53 04 02 10.12 7 22 8 12.0 11.1 21.7 34.3 45.9 59.8 81.0 95.5 98.5 99.8 100

程序统计 215 条记录　程序统计:单颗记录 193 个;节点记录 20 个

编程:田中岳;TEL:13783638985　版权所有:水利部水文局　应用单位:黄河水利委员会水文局　本版编译时间2007年08月06日09时09分

图 9-10　导入程序界面

9.3　实测河床质数据

实测河床质数据处理包括数据加工、数据处理、数据管理等。

9.3.1　数据加工

数据加工程序界面见图 9-11。

首先确定本次数据录入所属的站码、年份和测次,然后选择确定测验日期,输入最大粒径、左右岸边的起点距,选择取样仪器和分析方法。数据源可以来自外部文件、数据库或直接输入,程序支持横向和纵向输入两种方法。

鸡心滩起点距输入负值(见图 9-11),主要考虑与原通用程序兼容,本整编程序在数据处理时,没有负号一样可以进行处理。表格编辑器支持行插入、删除、块的各种操作。

注意:输入分析号数后按回车键,可以调出该站、该分析号数对应的数据,施测号数同理。建议在颗分操作部分,输入分析号数、测次后,都按回车键,否则易造成已经输入的数据被覆盖掉(以前输入过,忘记了又输入一次,由于没有按回车键,以前的数据没有调出)。

9.3.2　数据处理

操作方法与河道站相同,计算后生成实测河床质颗粒级配成果表,参照"4.2 河道站数

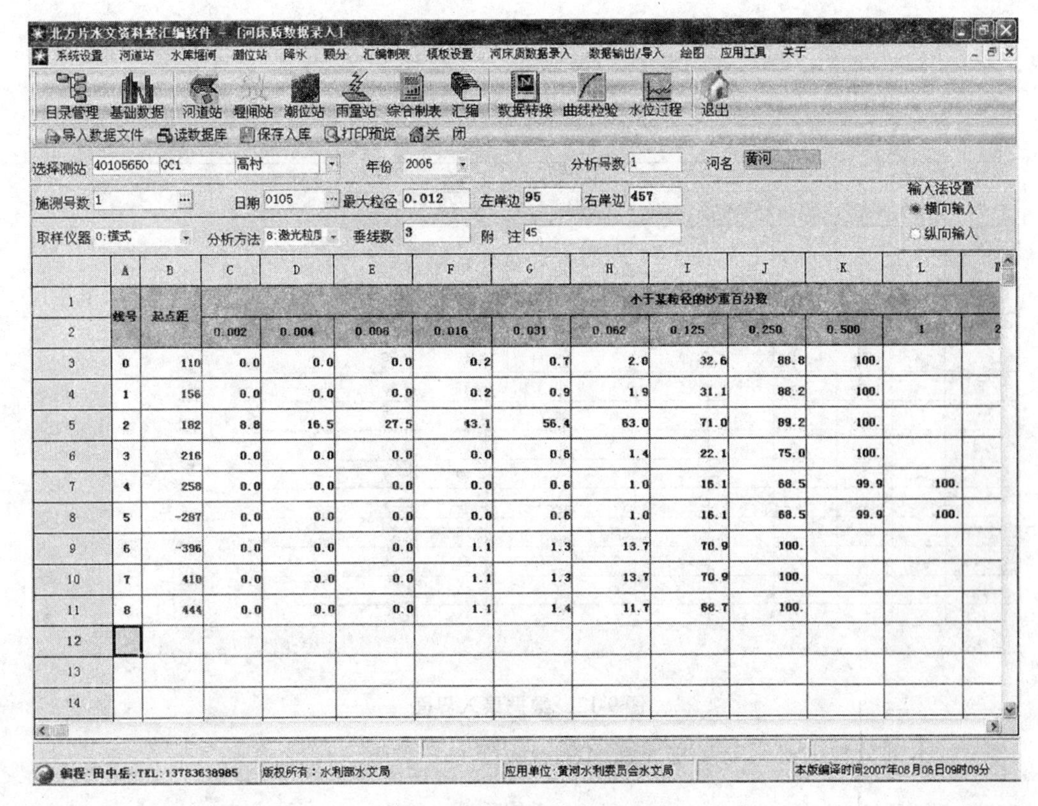

	A	B	C	D	E	F	G	H	I	J	K	L
1	线号	起点距	小于某粒径的沙重百分数									
2			0.002	0.004	0.008	0.016	0.031	0.062	0.125	0.250	0.500	1
3	0	110	0.0	0.0	0.0	0.2	0.7	2.0	32.6	88.8	100.	
4	1	156	0.0	0.0	0.0	0.2	0.9	1.9	31.1	88.2	100.	
5	2	182	8.8	16.5	27.5	43.1	56.4	63.0	71.0	89.2	100.	
6	3	216	0.0	0.0	0.0	0.0	0.6	1.4	22.1	75.0	100.	
7	4	258	0.0	0.0	0.0	0.0	0.6	1.0	16.1	68.5	99.9	100.
8	5	-287	0.0	0.0	0.0	0.0	0.6	1.0	16.1	68.5	99.9	100.
9	6	-396	0.0	0.0	0.0	1.1	1.3	13.7	70.9	100.		
10	7	410	0.0	0.0	0.0	1.1	1.3	13.7	70.9	100.		
11	8	444	0.0	0.0	0.0	1.1	1.4	11.7	68.7	100.		
12												
13												
14												

图 9-11　数据加工程序界面

据处理”。

9.3.3　数据管理

与悬移质断面数据相同，参照悬移质断面数据管理。

9.3.4　激光粒度分析仪数据导入

文件名的前 14 位必须为 8 位站码加 4 位年份加 2 位属性类型标志：

控制文件（HM 标志）：401043602005HM＊＊＊.csv；

级配文件（HC 标志）：401043602005HC＊＊＊.csv。

程序根据文件名确定数据属于哪个站年的资料，其中＊＊＊可以是任意字符。

该部分的操作与悬移质差不多。

9.4　实测含沙量、流速、颗粒级配处理

9.4.1　数据加工

级配数据来自悬移质断面数据录入，其他数据在此输入。操作界面见图 9-12。

使用方法：首先确定站码、年份和测次，然后输入日期、测验开始和结束时间。表格数据源可以来自外部文件、数据库或直接输入。编辑器支持横向、纵向输入，支持行、块的各种操作。

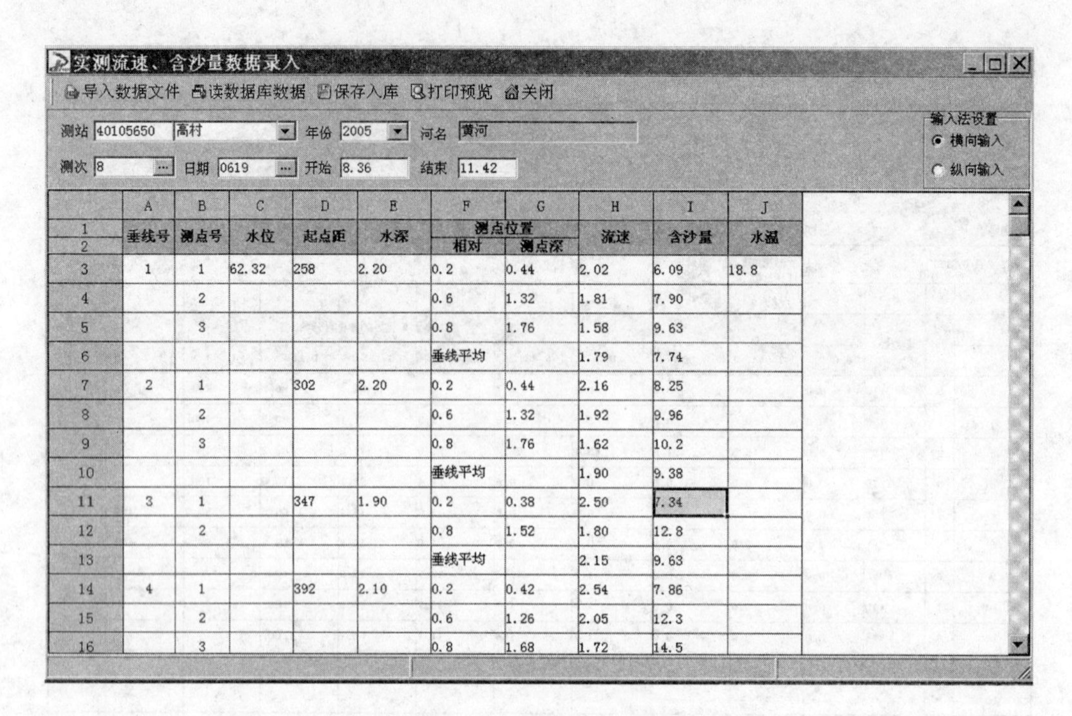

	A	B	C	D	E	F	G	H	I	J
1	垂线号	测点号	水位	起点距	水深	测点位置		流速	含沙量	水温
2						相对	测点深			
3	1	1	62.32	258	2.20	0.2	0.44	2.02	6.09	18.8
4		2				0.6	1.32	1.81	7.90	
5		3				0.8	1.76	1.58	9.63	
6						垂线平均		1.79	7.74	
7	2	1		302	2.20	0.2	0.44	2.16	8.25	
8		2				0.6	1.32	1.92	9.96	
9		3				0.8	1.76	1.62	10.2	
10						垂线平均		1.90	9.38	
11	3	1		347	1.90	0.2	0.38	2.50	7.34	
12		2				0.8	1.52	1.80	12.8	
13						垂线平均		2.15	9.63	
14	4	1		392	2.10	0.2	0.42	2.54	7.86	
15		2				0.6	1.26	2.05	12.3	
16		3				0.8	1.68	1.72	14.5	

图 9-12　数据录入界面

注意:本部分数据必须与悬移质断面测点级配一一对应。

9.4.2　数据处理

本程序的数据处理实际上是将悬移质级配数据与本部分录入的数据合成一个完整的实测流速、含沙量、颗粒级配成果表,并将其保存到数据库中或生成 Excel 表。

9.4.3　数据管理

操作方法与悬移质断面数据相同。

第 10 章　汇编制表

在本系统中，将水文资料成果表分为计算类表、说明类表、实测类表、综合类表四种。计算类表在数据处理时由程序自动生成；综合类表分为一览表和对照表两种，都可以由程序自动生成，一览表在综合制表程序中只提供查看；说明类表和实测类表则只能通过综合制表程序填制。

汇编制表由综合制表，水位、水文站一览表，水位、水文站整编成果资料一览表，降水量、水面蒸发量站一览表，降水量、水面蒸发量站整编成果资料一览表，各站月年平均流量对照表，各站月年平均输沙率对照表，各站月年降水量对照表，逐日平均流量（月旬年统计）表等 19 个程序组成，菜单见图 10-1。

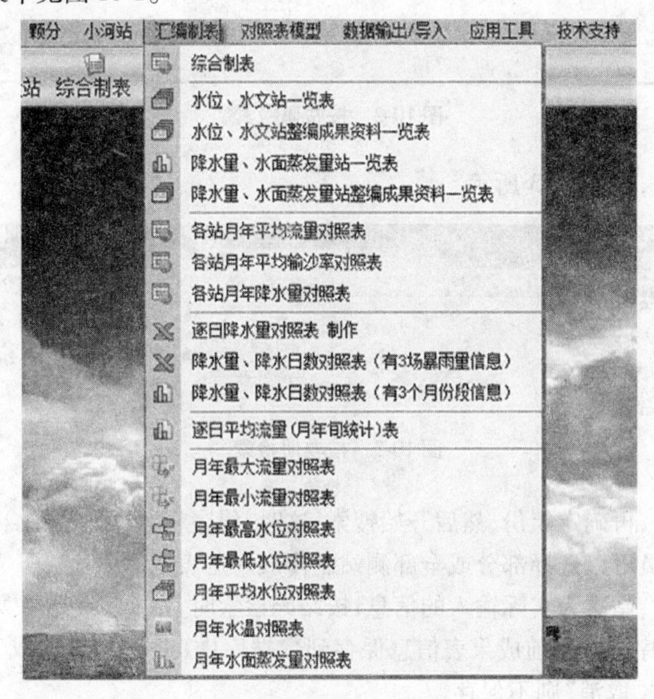

图 10-1　汇编制表菜单

10.1　一览表和对照表

一览表和对照表的制作界面与使用方法是相同的，这里以测站一览表制作为例进行说明，其他的不再介绍。

注意：

水位、水文站一览表：根据观测项目选择测站（有水位、流量则选择，不按站别选择）；

降蒸（成果）一览表：根据观测项目选择测站（有降水、蒸发则选择，不按站别选择）。

在制作对照表时,程序提供两种检索方式:按站码、按卷册,整编人员自己选择制表方式。

- 按站码检索,如图 10-2 所示。

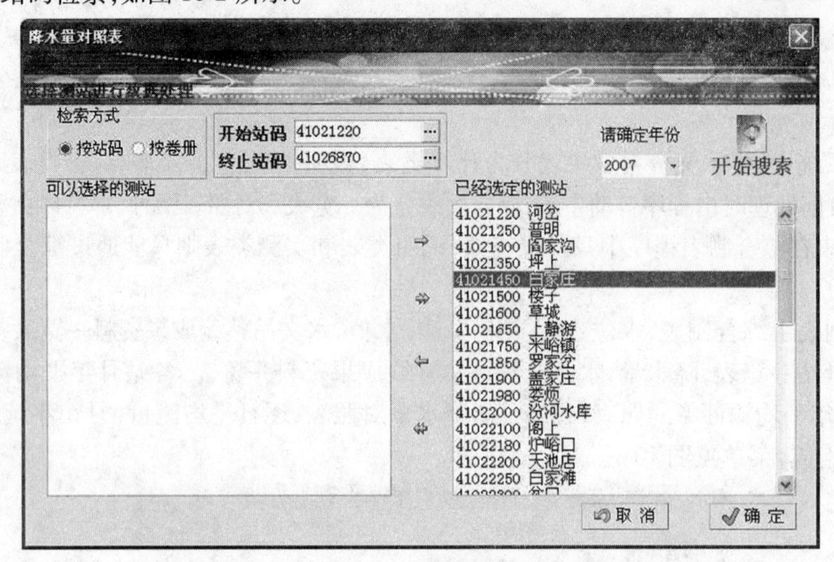

图 10-2　按站码检索

- 按卷册检索,如图 10-3 所示。

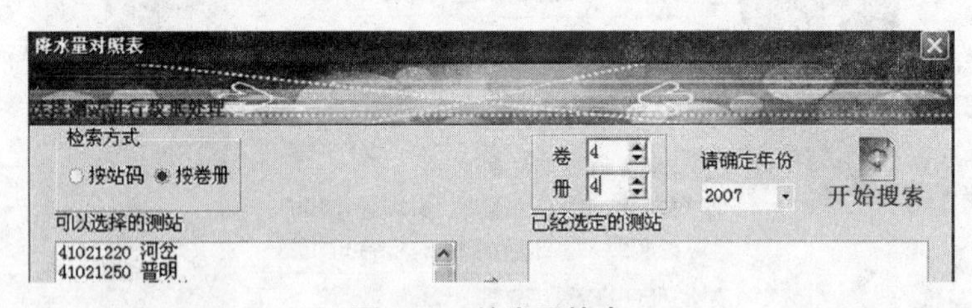

图 10-3　按卷册检索

首先确定卷册,再确定年份,然后开始搜索,这时,程序将数据库中符合条件的所有测站检索输出,整编人员可以选择部分或全部测站制作成一览表或对照表。

按卷册检索时,站次为实际输入的信息;按站码检索时,站次为记录在集合中的序号。

按“确定”,程序会将当前成果表信息保存到数据库中(并不直接生成 Excel 表,在导出综合表中输出),按“取消”则不保存。

一览表中的整(汇)编机关:请到系统设置—服务器配置—应用单位的编辑栏中输入。

10.1.1　一览表

先确定卷册号,然后选择年份,程序自动检索数据库,将符合条件的测站列出,这时,可以从符合条件的测站中再次筛选要制表的测站;最后,按“确定”,一览表数据就保存到数据库中。

10.1.2　对照表

简单对照表的制作同一览表,如果要制作复杂的对照表,只能通过模型制作方式,参照对照表模型。

一览表、对照表制作后，只是保存到数据库中，并没有形成 Excel 表，如果要形成 Excel 表，可通过数据输出及导入—Excel 成果表导出（综合）输出。如果数据改变了，要重新制作，然后入库，再输出，如果没有经过制作步骤（即没有改变数据库中一览表数据），则输出的一览表仍是旧内容。如果不是采用模型输出的对照表，只有参加刊印的站可以输出；采用模型输出时，只要模型中有的测站，都可以输出。

10.2 综合制表

综合制表完成说明表、实测表的填制。程序界面见图 10-4。

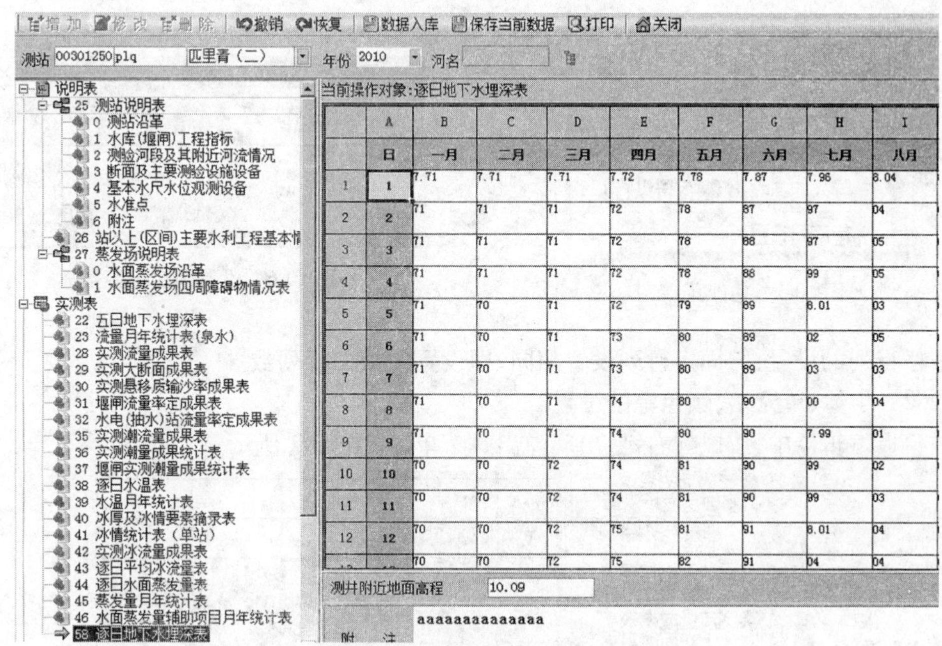

图 10-4 综合制表程序界面

10.2.1 制表原理

水文资料成果表种类繁多，样式各异，如果将所有表的样式都置于程序中，将使程序变得非常庞大；本系统采用了一种全新的制表方式，既提高了制表效率和灵活性，同时也减少了程序工作量，使综合制表变得简单易行、容易操作。

综合制表的关键技术是模板的创建、保存和载入。整编人员可以根据《水文资料整编规范》在表格编辑器中进行模板创建，创建后进行保存，使用模板时再进行载入。模板以外部文件的形式存在，制表时，由程序调用。

制表程序启动后，程序自动生成成果表信息树，见图 10-4。

10.2.2 模板设置

所有成果表的模板都已按照规范要求创建好，如果整编人员对样式不满意，可以对模板进行修改,但修改必须遵循以下原则:模板的总体结构不可改变,特别是列不能改变,但可以对表的行数、字体、线形等进行调整。程序对模板的操作提供了功能菜单,见图10-5。

各种功能的操作对象是当前在信息树中选择的成果表的模板。

10.2.2.1　固定行列的设置

固定行列即成果表中不可变动的行列的数量。在菜单中选择相应选项(以设置固定行数为例),程序弹出会话窗口,见图10-6,在这里输入数量即可。

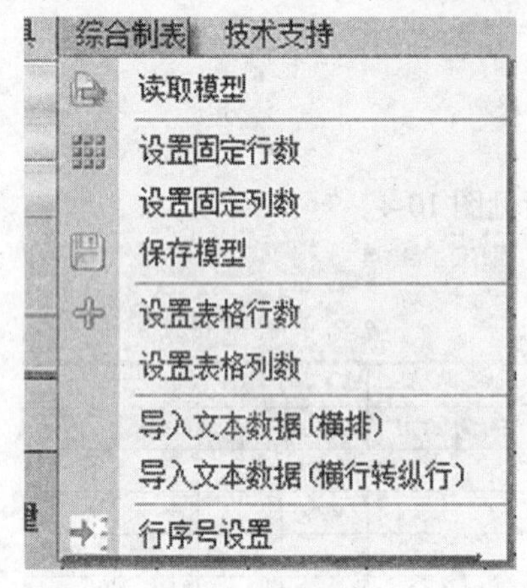

图10-5　功能菜单

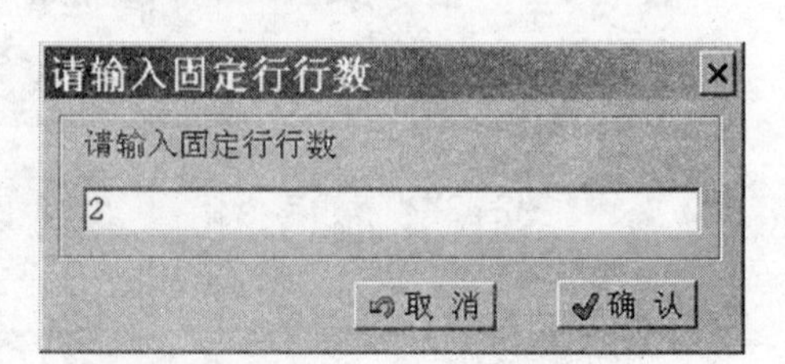

图10-6　设置固定行行数

表格行列的设置:与固定行列设置相同,即设置模板的行列数。

10.2.2.2　字体、单元格、颜色等的设置

在模板编辑器中,按鼠标右键,出现弹出式菜单,如图10-7所示。

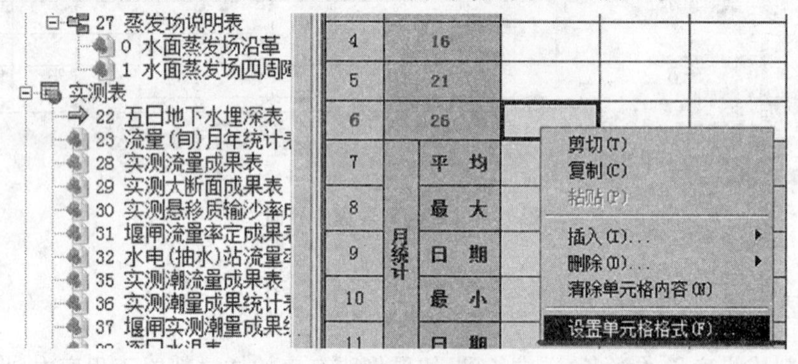

图10-7　弹出式菜单

选择“设置单元格格式”,对图10-8中四项进行设置后,按“确定”即可。

10.2.2.3　保存模型

设置后,要按 **保存模型**,将设置结果保存到文本文件中,否则设置无效。

10.2.3　成果表填制

(1)确定站码和年份,然后在信息树中选择一个叶子节点,程序会自动调出该成果表的模板,同时从数据库中读取该成果表的数据,如果有则显示。

(2)整编人员可以在编辑器中进行增加、删除、复制、粘贴等操作(类似Excel),数据更

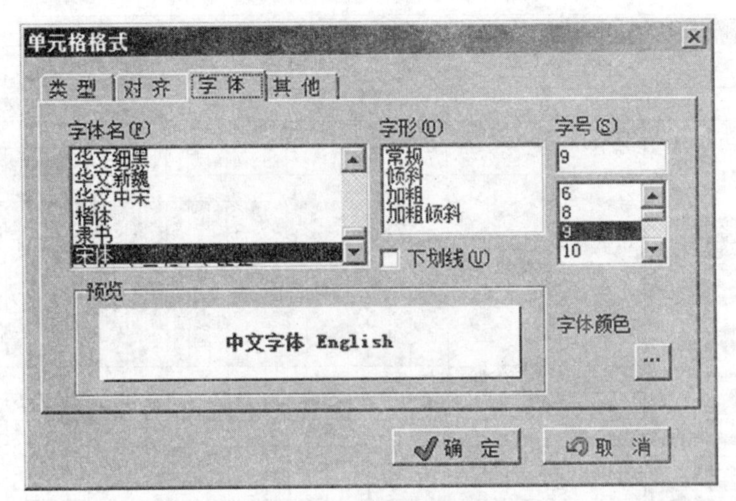

图 10-8　设置单元格格式

新后，按保存数据即可。

(3)行序号的设置：自动填入数字序号，以及变化量(步长)。图 10-9 能够反映对照关系。

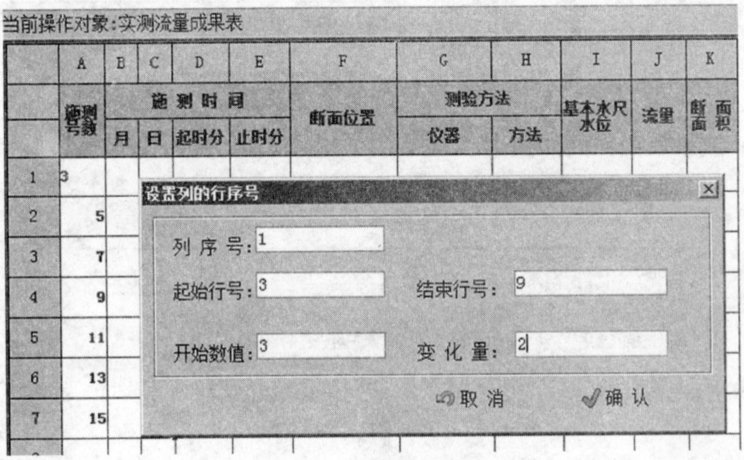

图 10-9　行序号的设置

(4)综合表：该类表首先由程序自动生成，在这里可以从数据库中读取并查看，不要修改。综合表由程序根据数据库资料直接生成，如图 10-10 所示。

整编人员可以根据自己的习惯选择纵向、横向输入，程序会自动进行行列变换。

(5)保存当前数据：因为数据库管理系统也有死锁的时候，这时输入的数据会无法保存到数据库中，该功能可以先将表格数据保存到文本文件，在计算机重启或数据库管理系统恢复后，再将文本数据导入到表格中，然后再保存到数据库中。

10.2.4　成果表输出

成果表的输出，通过在程序主菜单中“选择数据输出/导入”下的“导出 Excel 成果文件(测站)”进行，如图 10-11 所示。

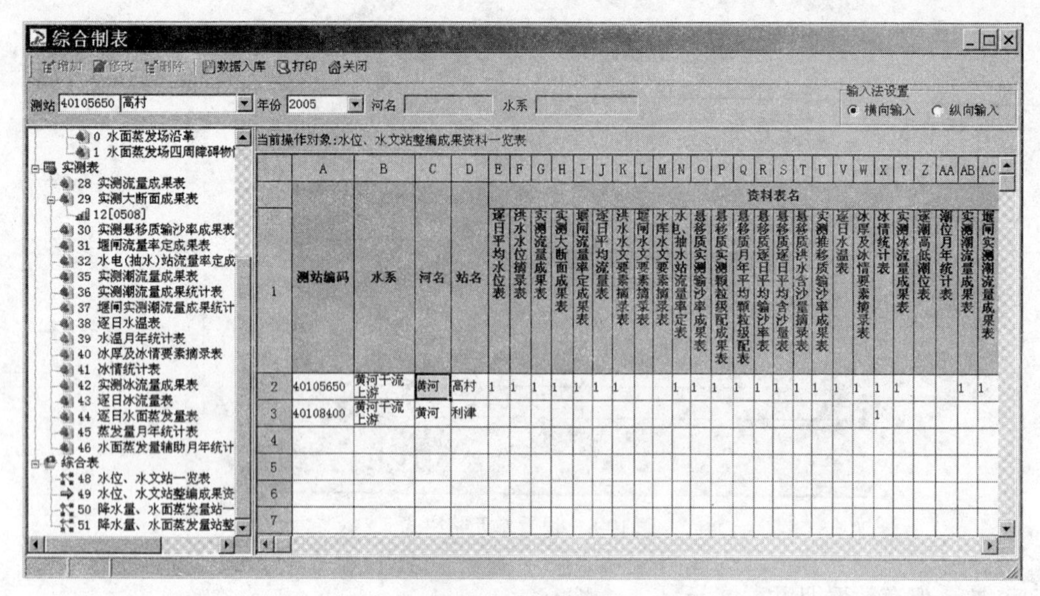

图 10-10　综合表

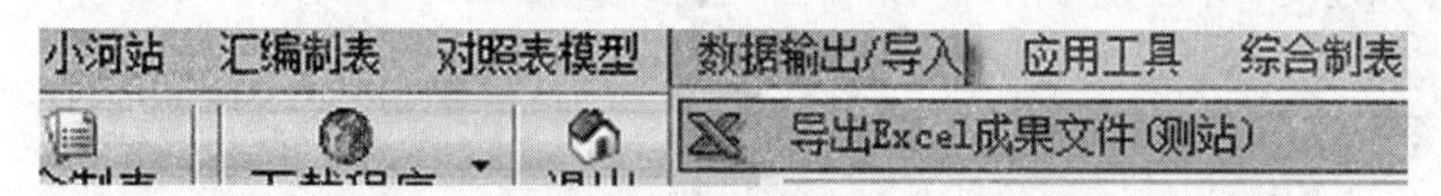

图 10-11　导出 Excel 成果文件功能位置

导出 Excel 成果表项界面如图 10-12 所示。

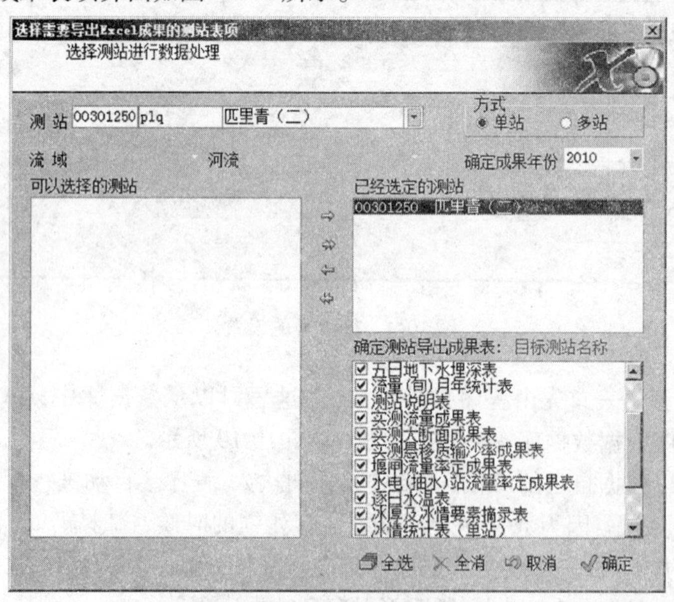

图 10-12　导出 Excel 成果表项

参见后文导出 Excel 成果文件(测站)。

10.3　各种表的填制方法

10.3.1　说明表

测站说明表和蒸发场说明表都由多个子表组成，由于各子表的行数是动态的，无法在一个成果表中制作，因此程序设计了多个表，整编人员可以分开填写，在汇编时，程序会自动合并。

10.3.2　实测大断面成果表

一个测站在一个年度内可能进行多次大断面测验，程序设计大断面的填制方法如下：

首先，在信息树中选择“实测大断面成果表”节点，如图 10-13 所示，这时按“增加”增加测次（或单击鼠标右键，从菜单中选择），程序弹出会话窗口，见图 10-14。

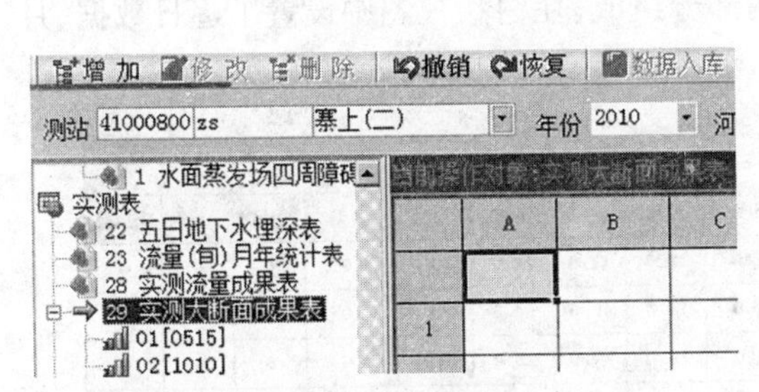

图 10-13　选择实测大断面成果表

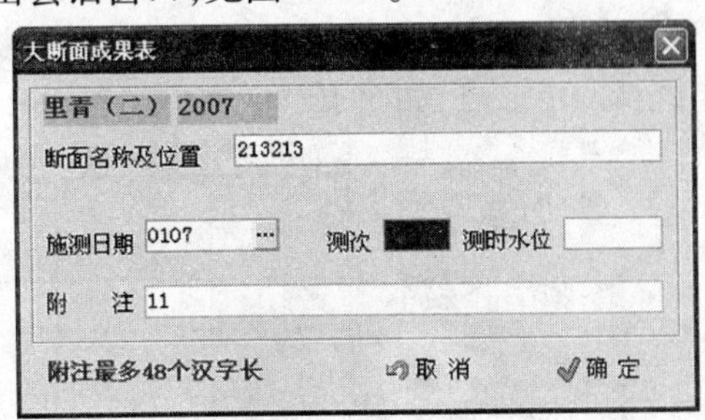

图 10-14　会话窗口

在图 10-14 中输入大断面的头信息，然后按“确定”，程序会自动在大断面成果表节点中增加一个子节点，点击子节点，则可以在模板中输入本测次的起点距、高程数据，见图 10-15。

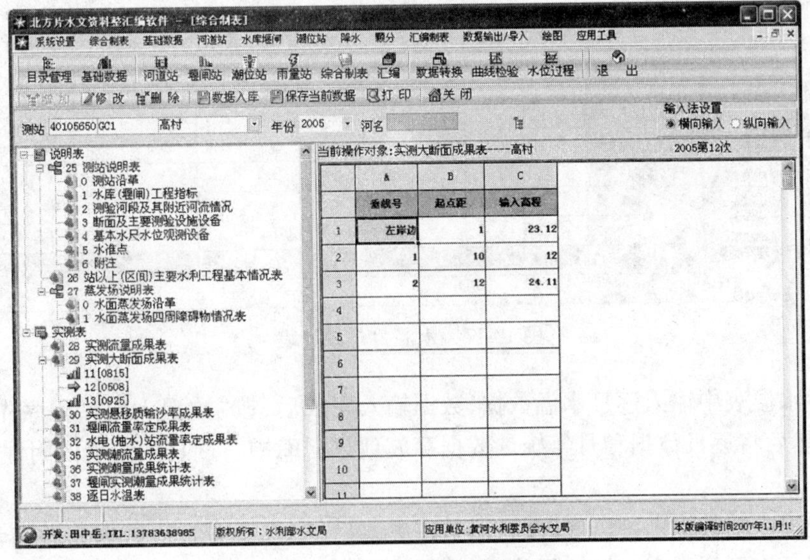

图 10-15　大断面成果表填制

可以通过单击 修改 、 删除 按钮来完成某一次大断面数据的修改和删除。

第一个记录的高程必须完整,如果相邻后面记录的高程的整数部分与上一个相同,则整数部分可以省略,只输入小数部分,小数点也可以省略。

起点距:可以只输入整数部分,小数部分也可以输入多位,程序在保存和输出成果时,自动保留一位小数。

附注:最多允许 48 个汉字长。

注意:第一列必须有数值(垂线号,可以是字符);大断面数据录入表格模板的行数不要设置太少,否则会造成测点记录数量大于模板的行数量,无法存储。解决方法:增加模板的行数,首先删除表格数据,选择综合制表—设置表格行数—输入 500,按"确定"(一般断面测点记录不会超过 500)—按"保存模型"即可,再次调出数据,就不会出问题。

10.3.3 逐日水温(月年统计)表

逐日水温表由逐日数据和月年统计数据两部分组成,在树状视图中设置了逐日数据、月年统计两个节点,如图 10-16、图 10-17 所示。

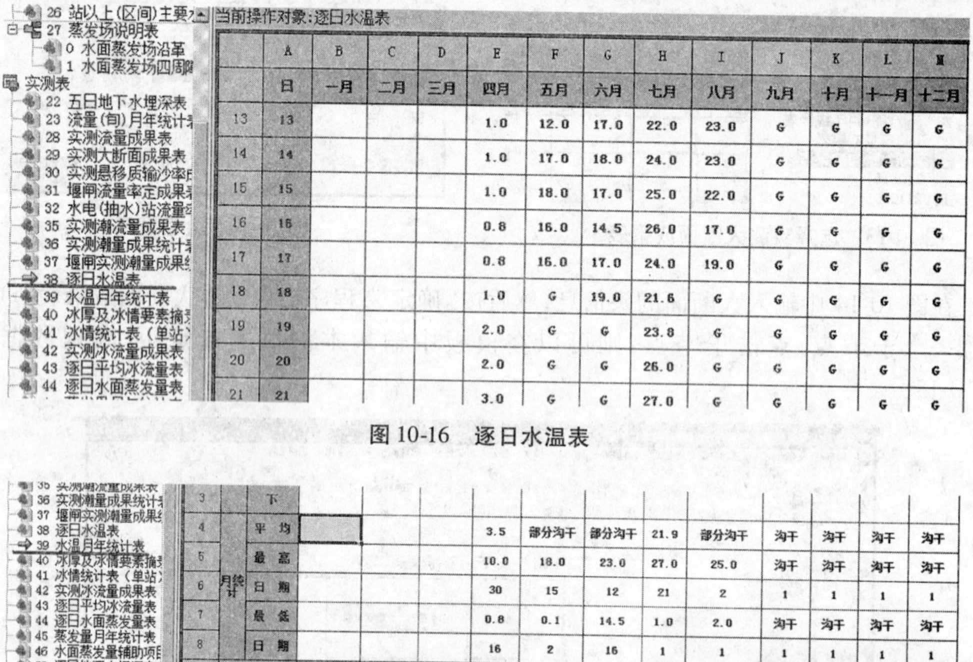

当前操作对象:逐日水温表

	A	B	C	D	E	F	G	H	I	J	K	L	M
	日	一月	二月	三月	四月	五月	六月	七月	八月	九月	十月	十一月	十二月
13	13				1.0	12.0	17.0	22.0	23.0	G	G	G	G
14	14				1.0	17.0	18.0	24.0	23.0	G	G	G	G
15	15				1.0	18.0	17.0	25.0	22.0	G	G	G	G
16	16				0.8	16.0	14.5	26.0	17.0	G	G	G	G
17	17				0.8	16.0	17.0	24.0	19.0	G	G	G	G
18	18				1.0	G	19.0	21.6	G	G	G	G	G
19	19				2.0	G	G	23.8	G	G	G	G	G
20	20				2.0	G	G	26.0	G	G	G	G	G
21	21				3.0	G	G	27.0	G	G	G	G	G

图 10-16 逐日水温表

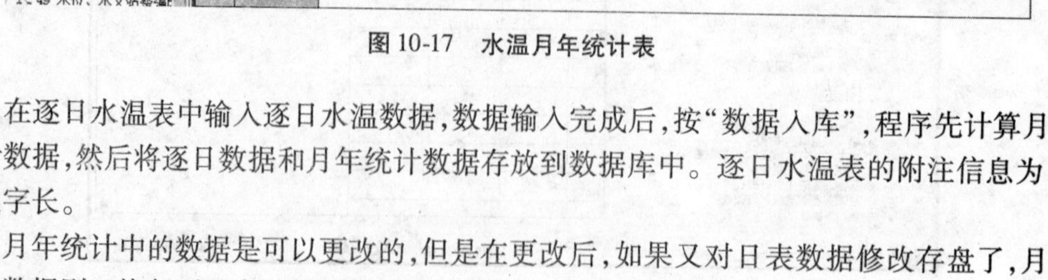

3	月统计	下											
4		平 均				3.5	部分沟干	部分沟干	21.9	部分沟干	沟干	沟干	沟干	沟干
5		最 高				10.0	18.0	23.0	27.0	25.0	沟干	沟干	沟干	沟干
6		日 期				30	15	12	21	2	1	1	1	1
7		最 低				0.8	0.1	14.5	1.0	2.0	沟干	沟干	沟干	沟干
8		日 期				16	2	16	1	1	1	1	1	1
9	年统计		最高水温	27.0	最高日期	0721			最低水温	0.1	最低水温	0502	平均水温	
10	附 注													

图 10-17 水温月年统计表

在逐日水温表中输入逐日水温数据,数据输入完成后,按"数据入库",程序先计算月年统计数据,然后将逐日数据和月年统计数据存放到数据库中。逐日水温表的附注信息为 40 个汉字长。

月年统计中的数据是可以更改的,但是在更改后,如果又对日表数据修改存盘了,月年统计数据则又恢复到程序计算结果状态。时间必须是 4 位,月、日各两位。

特殊符号说明:

➡G:河干、库干、渠干、沟、洼、淀、泽等;

➡L:连底冻;

➡Q:缺测;

➡E:按规定停测。

如果水温小数部分为0,可以只输入整数部分,输出成果时,程序自动保留一位小数;连底冻可空白。输出到成果表时,停测符号输出为空白;缺测符号输出为"-"。

导出成果表时,系统只提供逐日水温表的输出(内含月年统计),不单独提供月年统计表的输出。

10.3.4 冰厚及冰情要素摘录表

冰厚及冰情要素摘录表加工界面如图10-18所示。

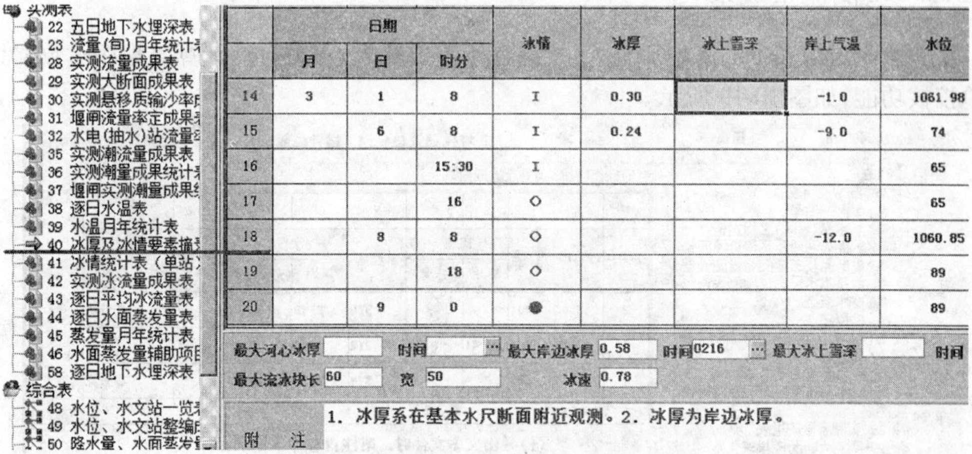

图10-18 冰厚及冰情要素摘录表加工界面

加工方法如下:

(1)河(渠、库等)干:输入G,不要输入汉字。

(2)第一个记录的月、日、时分等数据必须完整。

➡月:如果当前记录与上一记录属于同月,可以不填;

➡日:如果当前记录与上一记录属于同月、同日,可以不填;

➡时分:允许多种输入方法,但必须保证数字总长不超过4位(不包括":"、".")。举例如下:

0:代表0时0分;

.:单独的点号也代表0时0分;

1:单独的一位整数,表示1点0分;

1.1:表示1点10分;

.3:表示0点30分;

1.01:表示1点1分;

101:表示1点1分;

0101:表示1点1分;

1:01:表示1点1分;

01:01:表示1点1分。

冒号与点号的意义相同,确保时分的长度不超过2位,且符合时间标准规范,在分钟能确认的情况下,分割符(冒号与点号)可省略。

(3)水位:第一个记录要完整,以后的记录如果整数部分与上一记录相同,可以省略整数部分(小数点可省可不省)。

(4)年统计时间:冰厚、雪深的时间,程序中采用与时分相同的解析函数进行处理,即月相当于时、日相当于分,因此输入法则同(2)中规定。

附注:最多允许50个汉字长。

程序以行为单位判断数据是否结束。

10.3.5 实测流量成果表

实测流量成果表中的平均流速、平均水深不需要输入,程序自动计算。程序对数据具备简单校核功能,如图10-19所示。

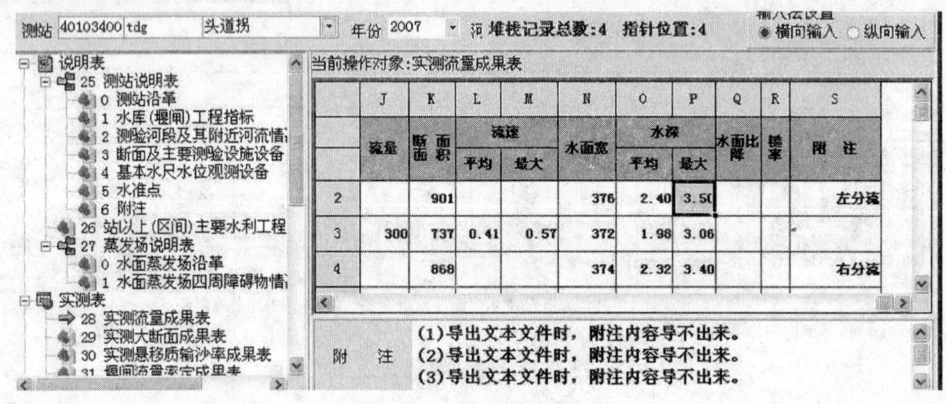

图10-19 实测流量成果表

实测流量成果表有5列需要注意。

(1)月、日:第一个记录必须完整,以后的记录如果与上一个相同,可以省略;对于日、月记录也必须与上一个相同时,才可以省略。

(2)起时分、止时分:输入规则同10.3.4。

(3)基本水尺水位:第一个记录必须完整,以后的记录如果与上一个水位的整数部分相同,可以省略整数部分,小数部分的小数点可省可不省。

对于比降-面积法,没有结束时间的,可以不输入。

10.3.6 实测悬移质输沙率成果表

该表有4列需要注意。

(1)月、日:第一个记录必须完整,以后的记录如果与上一个相同,可以省略;对于日、月记录也必须与上一个相同时,才可以省略。

(2)起时分、止时分:输入规则同10.3.4。

附注在底部界面右下方输入,不要超过124个汉字长。

注意:第一列必须有数值(序号)。

10.3.7　堰闸流量率定成果表

该表有 6 列需要注意。

(1)月、日:第一个记录必须完整,以后的记录如果与上一个相同,则可以省略;对于日、月记录也必须与上一个相同时,才可以省略。

(2)起时分、止时分:输入规则同 10.3.4。

(3)水位(闸上、闸下):第一个记录必须完整,以后的记录如果与上一个水位的整数部分相同,可以省略整数部分,小数部分的小数点可省可不省。

另外,本表参照有关省区要求,水位差、流量系数中数值、流量系数中系数、平均流速 4 列可以不输,由程序自动计算,如图 10-20 所示。

I	J	K	L	M	N	O	P	Q	R	S	T	U	V	W	X	Y
头	水位差	闸门开启高度	闸门开启孔数	开启总宽或平均堰宽	闸孔过水面积	实测流量	流态	流量系数				测流断面位置	测验方法		断面面积	平均流速
闸下游								公式编号	代号	数值	系数		仪器	方法		
		0.25	1	3.50	0.88	11.8	由孔	5	e/hu			坝下337m	流速仪	15/0.6	101	
		0.35	1	3.50	1.22	14.1	〃	5	〃			〃	流速仪	15/0.6	97.5	
		0.25	1	3.50	0.88	10.9	〃	5	〃			〃	流速仪	15/0.6	98.2	

图 10-20　堰闸流量率定成果表(1)

在保存数据时,程序进行计算,并将结果保存到数据库,这时再点击堰闸流量节点,程序从数据库调出完整数据,并显示,如图 10-21 所示。

水位差	闸门开启高度	闸门开启孔数	开启总宽或平均堰宽	闸孔过水面积	实测流量	流态	流量系数				测流断面位置	测验方法		断面面积	平均流速
							公式编号	代号	数值	系数		仪器	方法		
	0.25	1	3.50	0.88	11.8	由孔	5	e/hu	0.018	3.60	坝下337m	流速仪	5/0.	101	0.12
	0.35	1	3.50	1.22	14.1	〃	5	〃	0.026	3.11	〃	流速仪	5/0.	97.5	0.14
	0.25	1	3.50	0.88	10.9	〃	5	〃	0.015	3.03	〃	流速仪	5/0.	98.2	0.11

图 10-21　堰闸流量率定成果表(2)

水位差没有计算,是因为该表没有输入闸下水位。

注意:第一列必须有数值(序号)。

10.3.8　水电(抽水)站流量率定成果表

注意事项同 10.3.7。

注意:第一列必须有数值(序号)。

10.3.9　实测潮流量成果表

该表有 6 列需要注意。

(1)月、日:第一个记录必须完整,以后的记录如果与上一个相同,可以省略;对于日、月记录也必须与上一个相同时,才可以省略。

农历月、日同上。

(2)时分输入规则同10.3.4。

(3)本程序不对潮位进行解析,即输入的是什么数值,程序就输出什么数值。

注意:第一列必须有数值(序号)。

10.3.10 实测潮量成果统计表

输入规则同10.3.9,主要是月、日、时分的输入;本程序不对潮位进行解析。

注意:第一列必须有数值(序号)。

10.3.11 堰闸实测潮量成果统计表

输入规则同10.3.9,主要是月、日、时分的输入;本程序不对水位进行解析。

注意:第一列必须有数值(序号)。

10.3.12 冰情统计表

按实际输出数据输入,程序不进行解析,会按照原样输出数据。

注意:第一列必须有数值(序号)。

10.3.13 实测冰流量成果表

本表的输入法则同实测流量成果表,注意月、日、时、分、水位的处理,本程序对水位进行解析,可以按多种格式输入,但程序会按规定进行输出。

注意:第一列必须有数值(序号)。

10.3.14 逐日平均冰流量表

月、日记录的输入规则同10.3.9,输出时,程序进行解析,按规定输出。

程序以行为单位判断数据是否结束。

10.3.15 逐日水面蒸发量(月年统计)表

类似逐日水温表,即只输入逐日数据,月年统计数据由程序自动生成。由于存在多种型式蒸发器同时观测的状况,一年内可能存在多个报表,因此系统在树状视图中创建了二级节点,显示不同的报表,类似大断面成果表的实现方式。

具体操作步骤如下。

10.3.15.1 查询、显示、修改数据

选定站码、年份,用鼠标点击树状视图的逐日水面蒸发量表节点,程序会自动搜索该站年的报表,并将报表序号作为二级节点显示,当点击报表序号时,程序会显示逐日蒸发量数据。

用鼠标点击树状视图的水面蒸发量月年统计表节点,程序会自动搜索该站年的统计报表,并将报表序号作为二级节点显示,当点击报表序号时,程序会显示蒸发量月年统计数据。

逐日数据见图 10-22。

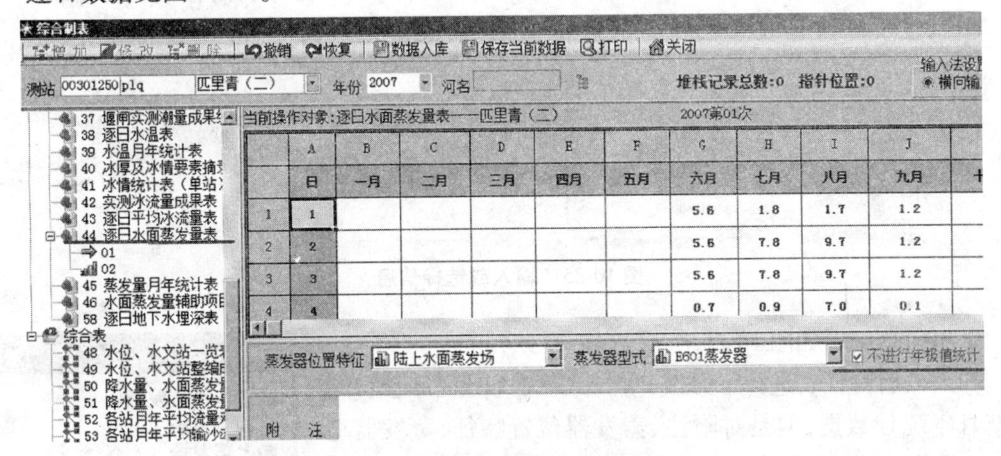

图 10-22 逐日数据

月年统计数据见图 10-23。

当前操作对象:蒸发量月年统计表——匹里青（二） 2007第01次

	A	B	C	D	E	F	G	H	I	J	K	L
	项　目	一月	二月	三月	四月	五月	六月	七月	八月	九月	十月	十一
1	月总数						163.1	228.9	290.0	34.9		
2	月最大						5.6	7.8	9.7	1.2		
3	月最小						0.7	0.9	1.7	0.1		
4	年统计	水面蒸发量		最大日水面蒸发量				最小日水面蒸发量				终冰日
5		(716.9)		蒸发量		日期		蒸发量		日期		
6	附　注											
7	蒸发器	位置特征		陆上水面蒸发场				蒸发器型式		E601蒸发器		

图 10-23 月年统计数据

10.3.15.2 创建报表

用鼠标点击树状视图的逐日水面蒸发量表节点(一级)时,树状视图左上角的"增加"会变成可操作状态,点击该按钮,程序弹出一个输入报表编号窗体,如图 10-24 所示。

图 10-24 输入报表编号窗体

在图 10-24 中输入报表的编号,按"确认"即可,这时程序会在一级节点下增加一个二级节点,节点的名字为报表序号,点击二级节点,程序会调出逐日蒸发量数据输入模板,可以在该模板内输入数据。

输入数据时按规范规定输入,注解符放在数值后面,与数值一起存放到同一个单元格内,注解符按规范定为:↓(注意:以前的程序采用"!",对此也提供支持,成果中使用的合并符号与输入的相同)、B、Q、@,其他的不要输入,否则程序会无法解析。

数据输入完成后,按"数据入库",这时程序会自动对逐日数据进行月年统计计算分析,并将月年统计数据存放到月年统计数据库表内。即月年统计数据不用人工输入,程序自动计算(与逐日水温表相同)。

注意:附注、蒸发器位置特征、蒸发器型式既可以在月年统计表内输入,输入后按“保存”即可;也可以在日表录入界面上进行选择,如果没有可选项,可以编辑常用信息,见图 10-25。

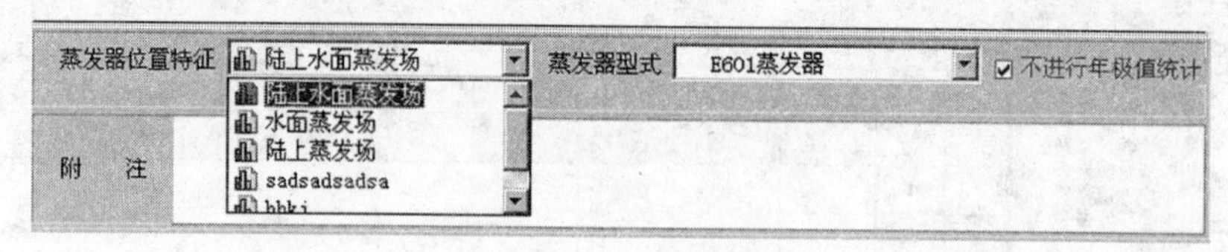

图 10-25 输入或选择信息

常用信息编辑如图 10-26 所示。

如果以后对日表进行了修改,重新入库,这时程序会自动更新月年统计数据,但是对附注、蒸发器位置特征、蒸发器型式三项数据,程序会自动填入以前的数据。附注允许 30 个汉字长,其他 2 项允许 10 个汉字长。

程序不允许在月年统计节点上创建报表。

注意☑不进行年极值统计选项:如果用两种仪器观测,无换算关系,月年统计中水面蒸发量及最大、最小不统计,这时请勾选“不进行年极值统计”,否则就需要在月年统计中进行人工删除。

图 10-26 常用信息编辑

10.3.16 流量(旬)月年统计表

该表不参加水文年鉴格式转换,有两种生成方式。

10.3.16.1 在综合制表中制作

不提供计算功能,数据输入后,按“保存”即可,如图 10-27 所示。

当前操作对象:流量(旬)月年统计表

	A	B	C	D	E	F	G	H	I	J	K	L	M	N
	项目/月		一月	二月	三月	四月	五月	六月	七月	八月	九月	十月	十一月	十二月
1	旬平均	上	2.57	2.57	2.57	2.57	2.57	2.57	2.57	2.57	2.57	2.57	2.57	2.57
2		中	2.61	2.61	2.61	2.61	2.61	2.61	2.61	2.61	2.61	2.61	2.61	2.61
3		下	2.59	2.59	2.59	2.59	2.59	2.59	2.59	2.59	2.59	2.59	2.59	2.59
4	月统计	平 均	2.84	2.83	2.79	2.79	2.75	1.92	2.56	2.56	2.54	2.64	2.62	2.59
5		最 大	2.93	2.92	2.87	2.83	2.85	2.69	2.67	2.60	3.75	2.82	2.77	2.62
6		日 期	25	3	27	23	31	1	24	31	10	30	1	15
7		最 小	2.59	2.59	2.70	2.67	2.66	1.57	2.12	2.52	1.94	2.54	2.50	2.55
8		日 期	31	1	5	10	25	10	1	14	6	1	25	4
9	年统计		最大流量	3.75	最大日期	0910			最小流量	1.57	最小日期	0810	平均流量	2.62
10			径流量	6260	径流模数				径流深度					
11	附 注													

图 10-27 在综合制表中制作

10.3.16.2 在河道站数据处理中生成

在测站基础信息中设置输出 0M 项目,如图 10-28 所示。

在河道站整编或河道断面合成处理时,程序根据推流数据自动输出该表,无需录入数据。

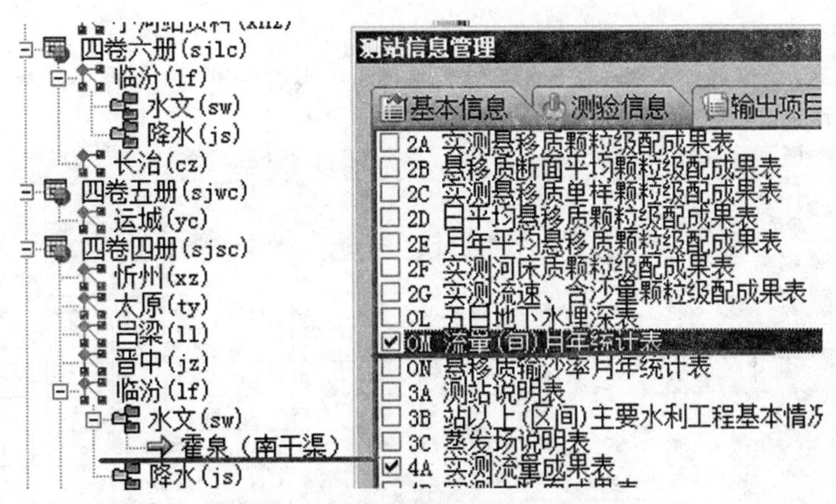

图 10-28　在河道站数据处理中生成

10.3.17　五日地下水埋深表

规范中无该表,该表不参加水文年鉴格式转换。

五日地下水埋深表加工界面如图 10-29 所示。

	A/B	C	D	E	F	G	H	I	J	K	L	M	N
	日期\月份	一月	二月	三月	四月	五月	六月	七月	八月	九月	十月	十一月	十二月
1	1	2.43	2.49	2.57	2.20	1.87	1.88	1.61	1.17	1.33	1.32	2.45	2.53
2	6	45	52	63	19	88	80	55	42	0.81	85	48	50
3	11	38	49	60	1.99	80	54	44	18	1.03	2.24	53	44
4	16	38	53	54	86	91	34	18	14	20	1.95	73	05
5	21	40	50	55	84	80	33	0.89	27	13	91	52	37
6	26	43	62	56	83	87	58	47	25	37	2.28	50	44
7	月统计 平均												
8	最大												
9	日期												
10	最小												
11	日期												
12	年统计	最大埋深		最大日期				最小埋深		最小日期		平均埋深	
13	附注												

图 10-29　五日地下水埋深表加工界面

10.3.17.1　日数据及附注

本表只录入日数据和附注数据,数据可以是完整的,也可以省略整数部分。附注不要超过 35 个汉字长,数据库表字段长度定义为 72 位。

程序处理规则:单位为 cm;小数保留 2 位。在输出 Excel 成果表时,程序会对数据格式进行转换,按规范要求格式输出。

10.3.17.2 月年统计

月年统计表格部分,若程序设计为只读,是禁止录入数据的。在保存入库时,程序自动计算并显示,如图 10-30 所示。

当前操作对象:五日地下水埋深表

	A	B	C	D	E	F	G	H	I	J	K	L	M	N
	日期\月份		一月	二月	三月	四月	五月	六月	七月	八月	九月	十月	十一月	十二月
1	1		2.43	2.49	2.57	2.20	1.87	1.88	1.61	1.17	1.33	1.32	2.45	2.53
2	6		45	52	63	19	88	80	55	42	0.81	85	48	50
3	11		38	49	60	1.99	80	54	44	18	1.03	2.24	53	44
4	16		38	53	54	86	91	34	18	14	20	1.95	73	05
5	21		40	50	55	84	80	33	0.89	27	13	91	52	37
6	26		43	62	56	83	87	58	47	25	37	2.28	50	44
7	月统计	平 均	2.41	2.52	2.58	1.98	1.86	1.58	1.19	1.24	1.14	1.92	2.54	2.39
8		最 大	2.45	2.62	2.63	2.20	1.91	1.88	1.61	1.42	1.37	2.28	2.73	2.53
9		日 期	06	26	06	01	16	01	01	06	26	26	16	01
10		最 小	2.38	2.49	2.54	1.83	1.80	1.33	0.47	1.14	0.81	1.32	2.45	2.05
11		日 期	11	01	16	26	11	21	26	16	06	01	01	16
12	年统计		最大埋深	2.73	最大日期	1116			最小埋深	0.47	最小日期	0726	平均埋深	1.95
13	附 注		不要超过35个汉字											

图 10-30　五日地下水埋深表

10.3.18 逐日地下水埋深表

该表编号为 58,输入方法与逐日水温表类似,只输入日水位、地面高程、附注,月年统计由程序自动完成,如图 10-31 所示。

0 水面蒸发场沿革
1 水面蒸发场四周障
实测表
22 五日地下水埋深表
23 流量(旬)月年统计表
28 实测流量成果表
29 实测大断面成果表
30 实测悬移质输沙率成
31 堰闸流量率定成果表
32 水电(抽水)站流量率
35 实测潮流量成果表
36 实测潮量成果统计表
37 堰闸实测潮量成果统
38 逐日水温表
39 水温月年统计表
40 冰厚及冰情要素摘录
41 冰情统计表(单站)
42 实测冰流量成果表
43 逐日平均冰流量表
44 逐日水面蒸发量表
45 蒸发量月年统计表
46 水面蒸发量辅助项目
47 土壤含水率及储水量
58 逐日地下水埋深表

当前操作对象:逐日地下水埋深表

	A	B	C	D	E	F	G
	日	一月	二月	三月	四月	五月	六月
1	1	7.71	7.71	7.71	7.72	7.78	7.87
2	2	71	71	71	72	78	87
3	3	71	71	71	72	78	88
4	4	71	71	71	72	78	88
5	5	71	70	71	72	79	89
6	6	71	70	71	73	80	89
7	7	71	70	71	73	80	89
8	8	71	70	71	74	80	90
9	9	71	70	71	74	80	90
10	10	70	70	72	74	81	90

图 10-31　逐日地下水埋深表加工界面

输入格式:水位可以是完整的,也可以省略整数部分。

成果表的输出在菜单的数据输出—导出 Excel 成果文件中实现，如图 10-32 所示。

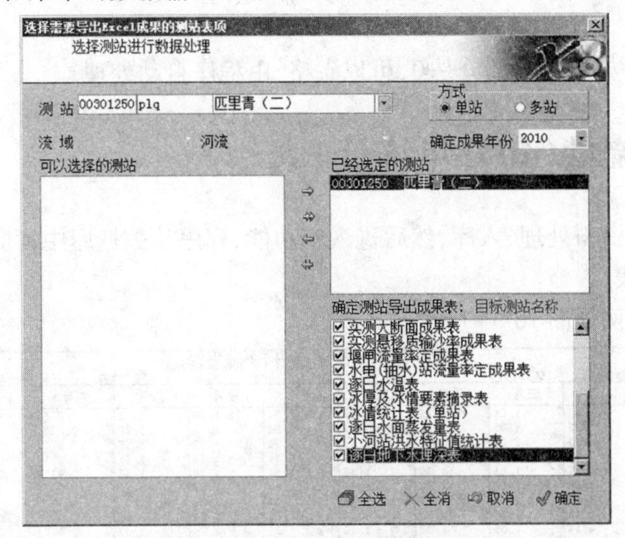

图 10-32 导出 Excel 成果文件

水文年鉴无此表，没有水文年鉴格式转换功能。只提供原始数据的导出、导入。

10.3.19 土壤含水率及储水量成果表

该表编号为 47，其加工界面如图 10-33 所示。

0 水面蒸发场沿革
1 水面蒸发场四周
实测表
22 五日地下水埋深表
23 流量(旬)月年统计表
28 实测流量成果表
29 实测大断面成果表
30 实测悬移质输沙率
31 堰闸流量率定成果表
32 水电(抽水)站流量
35 实测潮流量成果表
36 实测潮量成果统计表
37 堰闸实测潮量成果
38 逐日水温表
39 水温月年统计表
40 冰厚及冰情要素摘录
41 冰情统计表（单站）
42 实测冰流量成果表
43 逐日平均冰流量表
44 逐日水面蒸发量表
45 蒸发量月年统计表
46 水面蒸发量辅助项目
47 土壤含水率及储水量
58 逐日地下水埋深表
综合表
48 水位、水文站一览表
49 水位、水文站整编
50 降水量、水面蒸发量
51 降水量、水面蒸发量
52 各站月年平均流量
53 各站月年平均输沙
54 各站月年降水量对照
55 各时段最大降水量
56 各时段最大降水量

当前操作对象：土壤含水率及储水量成果表

	A	B	C	D	E	F	G	H	I	J	K	L	M	N	O	P	Q	R	S
	施测号数	施测时间			土壤干容重 (g/cm³) 土壤含水量 (%) 土层深度 (cm)											平均含水率	测次间降水量 (mm)	地下水埋深 (m)	附注
		月	日	时															
输入：干容重 →					0	20		40		60	80	100		150	180				
输入：含水量 →					1.31	1.43		1.45		1.50	1.38	1.46		1.39	1.30				
1	1	4	6	8	6.4	16.2		16.6		17.6	24.4	31.2		30.8	32.3			7.73	
2	2		16	8	4.7	14.9		16.4		17.4	23.7	29.4		30.2	31.6		5.0	75	
3	3		26	8	22.6	19.6		19.6		22.2	28.4	31.6		30.8	30.1		9.6	76	
4	4	5	1	8	6.0	19.0		20.0		22.8	28.9	31.4		32.2	31.8		4.2	78	
5	5		6	8	2.4	18.6		18.9		20.9	24.1	23.8		32.5	30.4		5.8	80	
6	6		11	8	3.4	18.7		19.8		25.6	29.2	27.2		31.6	32.5		81		
7	7		17	8	23.3	19.4		18.2		24.3	26.2	23.0		32.2	30.4		13.0	82	
8	8		21	8	5.2	18.1		17.8		19.8	26.0	21.6		33.4	33.6		0.3	84	
9	9		26	8	5.0	.17.3		18.2		23.2	26.0	21.6		30.2	31.1		85		
10	10	6	1	8	5.2	16.8		16.8		22.6	23.6	21.8		32.2	31.4		0.7	87	

取样地点 测站北街

附 注 测站北街

图 10-33 土壤含水率及储水量成果表加工界面

如图 10-33 所示，在标题第 2 行中间部分，输入干容重；在标题第 3 行中间部分，输入含水量；取样地点和附注在底部输入。

需要注意以下事项：

(1)施测号数：必须有，为整型数值。

(2)月、日、时：第一个记录必须完整，以后的记录如果与上一个相同，可以省略；对于日、月记录也必须与上一个相同时，才可以省略。

(3)地下水位:如果有,第一个必须是完整的,如 6.20;以后的如果整数部分相同,可以省略整数部分。

(4)土层深度:如果小数部分是 0,可以省略,由程序自动处理。

10.4 逐日流量(旬月年统计)表

首先进行测站资料处理、入库,然后进入本功能,程序从数据库中读取流量日表数据,最后进行统计,并出表。

成果表格式示例如图 10-34 所示。

滴汶河　雪野水库站 逐日平均流量表

年份: 2009　测站编码: 41502528　流量: (m³/s)　集水面积: 438 (km²)

日期＼月份	一月	二月	三月	四月	五月	六月	七月	八月	九月	十月	十一月	十二月
1	1.14	1.18	1.05	1.22	1.18	1.34	1.29	1.33	0.978	0.956	0.923	1.03
2	1.14	1.18	1.05	1.22	1.18	1.34	1.29	1.33	0.977	0.956	0.923	1.03
3	1.14	1.18	1.05	1.22	1.18	1.34	1.29	1.33	0.977	0.956	0.923	1.03
4	1.14	1.18	1.05	1.22	1.18	1.34	1.29	1.33	0.977	0.956	0.923	1.03
5	1.14	1.18	1.05	1.22	1.18	1.34	1.29	1.33	0.977	0.956	0.923	1.03
6	1.14	1.18	1.05	1.22	1.18	1.34	1.29	1.33	0.977	0.956	0.923	1.03
7	1.14	1.18	1.05	1.22	1.18	1.34	1.29	1.33	0.977	0.956	0.923	1.03
8	1.14	1.18	1.05	1.22	1.18	1.34	1.29	1.33	0.977	0.956	0.923	1.03
9	1.14	1.18	1.05	1.22	1.18	1.34	1.29	1.33	0.977	0.956	0.923	1.03
10	1.14	1.18	1.05	1.22	1.18	1.34	1.29	1.33	0.977	0.956	0.923	1.03
上旬平均	1.14	1.18	1.05	1.22	1.18	1.34	1.29	1.33	0.977	0.956	0.923	1.03
11	1.14	1.18	1.05	1.22	1.18	1.34	1.29	1.33	0.977	0.956	0.923	1.03
12	1.14	1.18	1.05	1.22	1.18	1.34	1.29	1.33	0.977	0.956	0.923	1.03
13	1.14	1.18	1.05	1.22	1.18	1.34	1.29	1.33	0.977	0.956	0.923	1.03
14	1.14	1.18	1.05	1.22	1.18	1.34	1.29	1.33	0.977	0.956	0.923	1.03
15	1.14	1.18	1.05	1.22	1.18	1.34	1.29	1.33	0.977	0.956	0.923	1.03
16	1.14	1.18	1.05	1.22	1.18	1.34	1.29	1.33	0.977	0.956	0.923	1.03
17	1.14	1.18	1.05	1.22	1.18	1.34	1.29	1.33	0.977	0.956	0.923	1.03
18	1.14	1.18	1.05	3.38	1.18	1.34	1.29	1.33	0.977	0.956	0.923	1.03
19	1.14	1.18	1.05	6.68	1.18	1.34	1.29	1.33	0.977	0.956	0.923	1.03
20	1.14	1.18	1.05	7.93	1.18	1.34	1.29	1.33	0.977	0.956	0.923	1.03
中旬平均	1.14	1.18	1.05	2.70	1.18	1.34	1.29	1.33	0.977	0.956	0.923	1.03
21	1.14	1.18	1.05	8.87	1.18	1.34	1.29	1.33	0.977	0.956	0.923	1.03
22	1.14	1.18	1.05	8.87	1.18	1.34	1.29	1.33	0.977	0.956	0.923	1.03
23	1.14	1.18	1.05	8.87	1.18	1.34	1.29	1.33	0.977	0.956	0.923	1.03
24	1.14	1.18	1.05	8.87	1.18	1.34	1.29	1.33	0.977	0.956	0.923	1.03
25	1.14	1.18	1.05	8.87	1.18	1.34	1.29	1.33	0.977	0.956	0.923	1.03
26	1.14	1.18	1.05	8.87	1.18	1.34	1.29	1.33	0.977	0.956	0.923	1.03
27	1.14	1.18	1.05	8.87	1.18	1.34	1.29	1.33	0.977	0.956	0.923	1.03
28	1.14	1.18	1.05	8.87	1.18	1.34	1.29	1.33	0.977	0.956	0.923	1.03
29	1.14		1.05	2.83	1.18	1.34	1.29	1.33	0.977	0.956	0.923	1.03
30	1.14		1.05	1.22	1.18	1.34	1.29	1.33	0.977	0.956	0.923	1.03
31	1.14		1.05		1.18		1.29	1.33		0.956		1.03
下旬平均	1.14	1.18	1.05	7.50	1.18	1.34	1.29	1.33	0.977	0.956	0.923	1.03
月统计 平均	1.14	1.18	1.05	3.81	1.18	1.34	1.29	1.33	0.977	0.956	0.923	1.03
月统计 最大	1.14	1.18	1.18	8.87	1.22	1.34	1.34	1.33	1.33	0.977	0.956	1.03
月统计 日期	1	1	1	20	1	1	1	1	1	1	1	1
月统计 最小	0.925	1.14	1.05	1.05	1.18	1.18	1.29	1.29	0.977	0.956	0.923	0.923
月统计 日期	1	1	1	1	1	1	1	1	1	1	1	1
年统计	最大流量: 8.87 m³/s 4月20日				最小流量: 0.923 m³/s 11月1日					平均流量: 1.35 m³/s		
年统计	年径流量: 0.4248 10⁸m³				6-9月径流量 0.1302 10⁸m³			径流模数: 10⁻²m³/(s·km²)		径流深度: mm		
附注												

制表时间: 2011-03-04 10:00:36

图 10-34　成果表格式示例

10.5 其他对照表

其他对照表如图 10-35 所示,图中 7 个对照表操作方法相同,程序按流域、水系检索。图 10-36 为月年对照表制作示例。

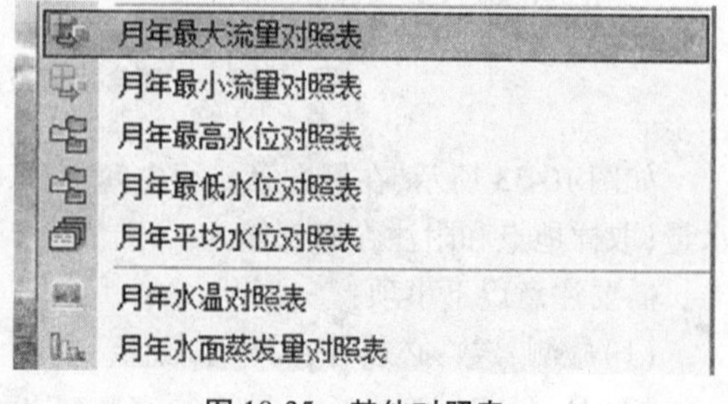

图 10-35　其他对照表

10.5.1 最大流量对照表

最大流量对照表如图 10-37 所示。

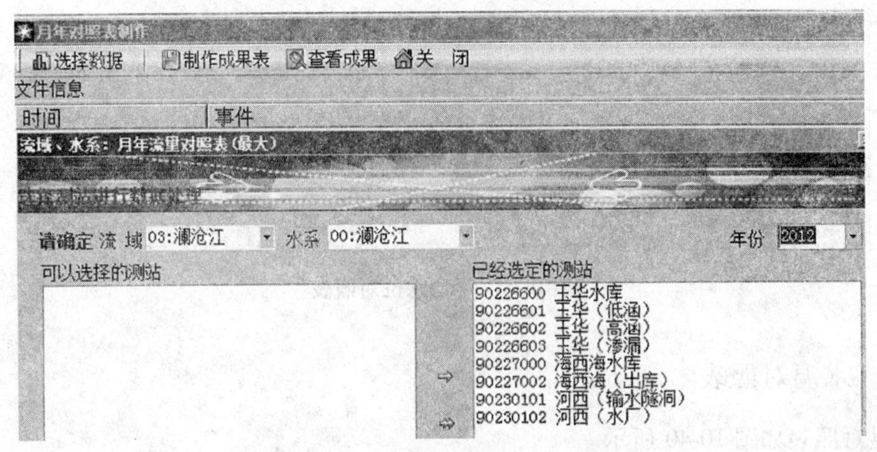

图 10-36　月年对照表制作示例

长江 流域 金沙江上段 水系 各站月最大流量及出现日期对照表

年份：2012　　第 1 页共 1 页

站名	一月		二月		三月		四月		五月		六月		七月		八月		九月		十月		十一月		十二月	
	最大	日期	最大	日期	最大	日期	最大	日期	最大	日期	最大	日期	最大	日期	最大	日期	最大	日期	最大	日期	最大	日期	最大	日期
三锅桩水库	0.8	21	2.19	12	1.7	26	1.48	3	1.37	21	0.62	1	0.68	10	0	1	0.62	26	0.82	16	1.48	3	1.27	2
三锅桩（子牙关）	0.8	21	1.18	12	0.5	5	0.62	15	1.18	14	0.62	10	0.3	10	0	1	0.02	27	0.15	25	0.62	3	1.15	1
三锅桩（黄均）	0	1	1.52	6	1.48	26	1.31	1	1.31	12	0.62	1	0.56	13	0	1	0.62	26	0.82	16	1.17	26	0.46	7
三锅桩（溢流）	0.002	1	0.002	1	0.002	5	0.001	1	0.001	1	0.001	1	0.001	1	0.002	1	0.002	1	0.002	1	0.002	1	0.002	1
海稍水库	8.15	4	0	1	5.6	13	5.27	3	0	1	0	1	0	1	0	1	0	1	4.08	17	0.599	1	7.05	26
海稍（输水）	8.15	4	0	1	5.6	13	5.27	3	0	1	0	1	0	1	0	1	0	1	4.08	17	0.599	1	7.05	26
大银甸水库	12.7	5	0	1	10.3	10	12.2	17	17.5	31	17.4	1	8.8	5	6.7	24	2.19	4	9.52	23	1.39	10	10.7	24
大银甸（输水渠一	6.82	5	0	1	5.8	10	6.44	17	6.44	31	6.44	1	3.47	5	2.84	24	2.19	4	6.07	23	0.62	10	6.72	24
大银甸（输水渠二	1.1	8	0	1	0	1	0	1	0	1	0	1	0	1	0	1	0	1	2.88	20	0	1	0	1
大银甸（导流洞）	0	1	0	1	4.1	16	3.02	22	0	1	5.02	8	0	1	0	1	0	1	0	1	0	1	0	1
大银甸(引水)	0	1	0	1	0	1	0	1	0	1	4.62	20	5	22	7	25	4.05	13	3.24	1	0	1	0	1

图 10-37　最大流量对照表

10.5.2　最低水位对照表

最低水位对照表如图 10-38 所示。

长江 流域 金沙江上段 水系 各站月最低水位及出现日期对照表

年份：2012　　第 1 页共 1 页

站名	一月		二月		三月		四月		五月		六月		七月		八月		九月		十月		十一月		十二月	
	最高	日期	最高	日期	最高	日期	最高	日期	最高	日期	最高	日期	最高	日期	最高	日期	最高	日期	最高	日期	最高	日期	最高	日期
三锅桩水库	1589.86	1	1587.61	29	1586.64	30	1585.01	30	1578.13	31	1578.10	2	1580.44	14	1584.38	1	1594.66	1	1597.48	1	1597.43	28	1596.01	28
海稍水库	1611.81	31	1611.63	18	1611.21	27	1611.24	30	1610.62	31	1610.41	14	1610.34	17	1611.70	1	1618.04	1	1621.56	31	1621.41	29	1620.26	31
海稍（输水）	1611.81	31	1611.63	18	1611.21	27	1611.24	30	1610.62	31	1610.41	14	1610.34	17	1611.70	1	1618.08	1	1621.55	31	1621.41	29	1620.26	31
大银甸水库	1527.28	31	1526.80	29	1526.34	31	1525.37	30	1523.53	31	1519.10	14	1520.55	17	1523.05	1	1532.80	1	1538.23	28	1538.05	12	1536.28	30
花桥水库	1790.50	29	1789.34	29	1789.16	22	1789.38	27	1789.24	28	1789.24	1	1789.64	1	1789.97	1	1795.54	1	1800.45	1	1800.27	29	1800.06	30
花桥（输水）	1790.50	29	1789.30	29	1789.16	22	1789.38	27	1789.24	28	1789.24	1	1789.64	1	1789.97	1	1795.58	1	1800.47	1	1800.27	29	1800.06	30
浑水海水库	1992.04	31	1991.61	29	1991.04	27	1992.30	1	1992.19	28	1992.15	13	1992.91	13	1993.16	1	1993.54	1	1994.67	1	1996.55	30	1996.41	30
邵家水库	2154.69	1	2154.98	1	2155.10	1	2147.86	30	2140.67	13	2142.42	1	2148.03	1	2151.30	1	2153.93	1	2154.95	1	2151.30	30	库干	11
普棚水库	2041.51	29	2041.45	25	2041.40	30	2041.37	20	2032.34	31	2032.34	1	2035.97	1	2039.34	1	2040.63	1	2041.43	1	2041.83	1	2043.70	1
普棚（低涵）	2041.51	29	2041.45	25	2041.40	30	2041.37	20	2032.34	31	2032.34	1	2035.97	1	2039.36	1	2040.63	1	2041.49	1	2041.83	1	2043.80	1

图 10-38　最低水位对照表

10.5.3　平均水位对照表

平均水位对照表如图 10-39 所示。

长江 流域 金沙江上段 水系 各站月平均水位对照表														
年份:	2012											第 1 页共 1 页		
站码	站名	一月	二月	三月	四月	五月	六月	七月	八月	九月	十月	十一月	十二月	年平均
60223500	三锅桩水库	1590.00	1588.58	1587.27	1585.59	1582.24	1579.11	1581.62	1589.77	1596.35	1597.95	1597.75	1596.64	1589.41
60223630	海稍水库	1612.55	1612.20	1612.30	1611.59	1610.93	1610.56	1610.75	1614.50	1620.37	1622.04	1621.48	1621.22	1615.05
60223631	海稍（输水）	1612.55	1612.20	1612.30	1611.59	1610.93	1610.56	1610.76	1614.51	1620.37	1622.04	1621.48	1621.22	1615.05
60223680	大银甸水库	1527.69	1527.05	1526.69	1526.14	1524.85	1520.66	1521.39	1527.67	1536.17	1539.06	1538.10	1537.66	1529.43
60223770	花桥水库	1790.55	1790.44	1789.41	1790.07	1789.32	1789.49	1789.75	1791.96	1798.46	1800.57	1800.34	1800.15	1793.38
60223771	花桥（输水）	1790.55	1790.43	1789.41	1790.07	1789.32	1789.49	1789.75	1791.96	1798.47	1800.57	1800.34	1800.15	1793.38
60223800	浑水海水库	1992.15	1991.86	1991.43	1992.65	1992.32	1992.86	1993.04	1993.40	1993.66	1996.64	1996.61	1996.48	1993.60
60224410	部家水库	2154.85	2155.05	2155.31	2154.56	2143.12	2145.01	2149.03	2152.55	2154.44	2155.25	2155.03	部分库干	部分库干
60224420	普棚水库	2041.52	2041.48	2041.42	2041.72	2038.17	2033.92	2036.96	2040.03	2040.94	2041.79	2042.02	2045.73	2040.48

图 10-39　平均水位对照表

10.5.4　水温对照表

水温对照表如图 10-40 所示。

长江 流域 金沙江上段 水系 各站月年水温对照表																	
											单位:	℃			第 1 页共 1 页		
站次	测站编码	站名	统计项目	一月	二月	三月	四月	五月	六月	七月	八月	九月	十月	十一月	十二月	全年	出现日期	附注
1	60223500	三锅桩水库	月平均	10.5	11.0	12.7	16.4	20.4	22.0	23.6	23.9	22.4	20.5	16.5	13.1	17.8		1、坝上水温。2、本水库观测精度为0.5℃
			最大	12.0	12.0	15.0	17.0	22.0	25.0	25.0	25.0	24.0	22.0	18.0	14.0	25.0	0630	
			最小	10.0	10.0	11.5	14.0	17.0	20.0	23.0	22.0	20.0	18.0	14.0	12.0	10.0	0115	
3	60223502	三锅桩（黄均）	月平均	2.4	4.2	4.1	4.6	6.1	2.3	2.1	3.2	2.3	3.3	2.7	2.5	3.3		
			最大	4.9	7.0	6.5	8.2	8.9	6.5	4.6	6.7	5.5	4.9	4.1	3.2	8.9	0509	
			最小	1.1	2.2	0.1	1.5	1.0	0.1	0.1	0.1	0.4	0.4	0.6	1.5	0.1	0306	

图 10-40　水温对照表

10.5.5　水面蒸发量对照表

水面蒸发量对照表如图 10-41 所示。

长江 流域 金沙江上段 水系 各站月年水面蒸发量对照表																		
											单位:	mm			第 1 页共 1 页			
站次	测站编码	站名	统计项目	一月	二月	三月	四月	五月	六月	七月	八月	九月	十月	十一月	十二月	全年	出现日期	仪器型式
1	60223500	三锅桩水库	总量	147.5	182.6	195.0	226.8	281.3	170.3	129.6	139.0	120.9	171.6	159.0	138.3	2061.9		E601型蒸发器
			最大	7.6	8.1	8.8	10.2	12.6	10.4	8.2	7.5	6.2	8.6	7.6	5.9	12.6	0513	
			最小	3.2	3.6	3.6	4.4	1.9	1.1	0.2	1.1	2.0	3.3	2.6	3.2	0.2	0722	
3	60223502	三锅桩（黄均）	总量	72.9	122.2	127.0	137.1	190.2	68.7	63.6	98.4	69.6	100.8	81.9	77.6	1210.0		em61
			最大	4.9	7.0	6.5	8.2	8.9	6.5	4.6	6.7	5.5	4.9	4.1	3.2	8.9	0509	
			最小	1.1	2.2	0.1	1.5	1.0	0.1	0.1	0.1	0.4	0.4	0.6	1.5	0.1	0306	
4	60223503	三锅桩（溢流）	总量	72.9	122.2	127.0	137.1	190.2	68.7	63.6	98.4	69.6	100.8	81.9	77.6	1210.0		
			最大	4.9	7.0	6.5	8.2	8.9	6.5	4.6	6.7	5.5	4.9	4.1	3.2	8.9	0509	
			最小	1.1	2.2	0.1	1.5	1.0	0.1	0.1	0.1	0.4	0.4	0.6	1.5	0.1	0306	
6	60223630	海稍水库	总量	113.4	145.2	152.5	171.1	208.1	118.9	107.8	100.9	98.2	130.5	117.8	105.9	1570.3		E601型蒸发器
			最大	5.0	6.8	7.2	8.6	8.8	7.4	5.9	5.4	5.0	6.3	5.0	4.5	8.8	0520	
			最小	2.0	3.0	2.5	2.6	1.3	1.0	0.2	1.2	1.2	1.5	1.8	2.0	0.2	0722	
6	60223630	海稍水库	总量	172.8	226.4	238.4	262.3	321.3	189.0	203.1	180.1	156.4	191.2	184.7	166.8	2492.5		20cm口径蒸发器
			最大	7.4	11.0	11.3	12.5	13.3	11.8	11.4	10.8	9.0	7.9	8.1	7.2	13.3	0520	
			最小	2.5	5.6	2.3	3.5	0.7	0.5	1.4	1.2	0.5	1.1	2.3	2.5	0.5	0616	

图 10-41　水面蒸发量对照表

第 11 章　对照表模型的定制和应用

对照表由行组成,绝大部分的行是单个测站的年特征值,有些行是由多个测站的特征值合成的,对照表格式见图 11-1。

汾河水系各站月年平均流量对照表

2007年

序号	河名	站名	集水面积 (km^2)	月平 一月	二月	三月	四月	五月
1	汾河	河岔	3225	0.823	0.971	2.09	2.57	5.40
2	岚河	上静游	1140	0.268	0.438	0.384	0.530	0.471
3	涧河	娄烦	578	0.082	0.166	0.435	0.229	0.172
4		1+2+3		1.17	1.57	2.91	3.33	6.04
5	汾河	汾河水库(容积变量)		-1.39	-0.052	-13.2	0.85	4.26
6		4-5		2.56	1.63	16.1	2.48	1.79
7	汾河	汾河水库(坝下)	5268	0.082	0.085	14.0	0.240	0.060
8	〃	寨上(二)	6819	0.474	0.473	13.1	0.991	0.473
9	〃	兰村(四)	7705	0	0	6.45	1.46	0
10	〃	汾河一坝(东干渠)		0	0	2.21	0.202	0
11	〃	汾河一坝(西干渠)		0	0	3.86	1.04	0
12		9-10-11		0	0	0.380	0.218	0
13	冶峪沟	董茹(三)	18.9	0	0	0	0	0
14	风峪沟	店头(三)	33.9	0	0	0	0	0
15	汾河	汾河二坝(东干渠)		4.25	3.45	4.01	0	0
16	〃	汾河二坝(西干渠)		0	0	4.53	0	0
17		12+13+14-15-16		-4.25	-3.45	-8.16	0.218	0
18	汾河	汾河二坝(河道二)	14030	0	0	0	0	0
19	〃	汾河二坝(二)	14030	4.25	3.45	8.65	0	0

图 11-1　对照表格式

图 11-1 中横线标出部分,既有加,也有减;为实现以上目的,采用模型定制解决该问题。

流量对照表和输沙率对照表的操作方法相同,目前提供两种制作对照表的方法:一种是模型方法(可以解决合成问题),另一种是直接读取单站数据输出(不能解决合成问题)。

11.1　模型定义

通过对照表模型菜单进入模型定义功能(以流量为例),如图 11-2 所示。

• 模型定义菜单,如增加、修改、删除模型行都是下拉按钮,可以分别对模型行和模型头进行操作,见图 11-3。

• 建立新模型,程序界面如图 11-4 所示。

注意:模型编码必须是两位数字,名称不得超过 16 个汉字长。

• 建立模型行。首先用鼠标在模型表格上选择一个行记录,程序采取下插入的方式增

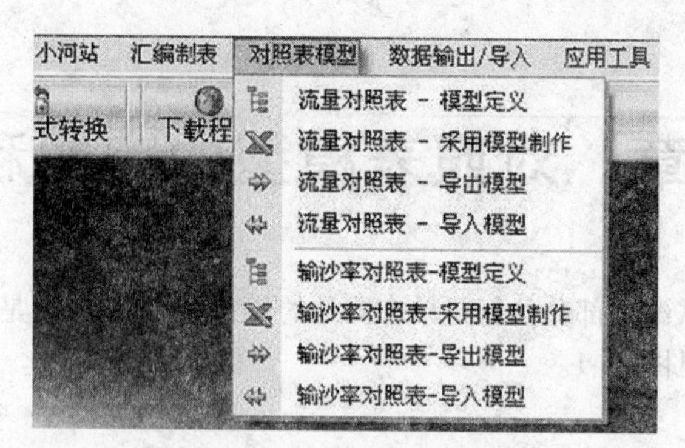

图 11-2　对照表模型菜单

模型定义—流量对照表

增加模型行　修改模型行　删除模型行　保存　撤销　关闭

01:taiyuan
02:忻州—平均悬
03:汾河03模型-流
04:大同—平均流

序号	测站组合公式	取蓄变量
1	+41000450	
2	+41004400	
3	+41004700	
4	+41000450+41004400+41004700	
5	+41000550	√
6	+41000450+41004400+41004700-41000550	
7	+41000600	
8	+41000800	
9	+41001000	
10	+41001100	
11	+41001200	
12	+41001000-41001100-41001200	
13	+41005000	

图 11-3　模型定义菜单

加模型行(注意:只有选择第一行时,为上插入),即整编人员可以在行集中插入、删除、修改模型行,插入、修改模型行的界面如图 11-5 所示。

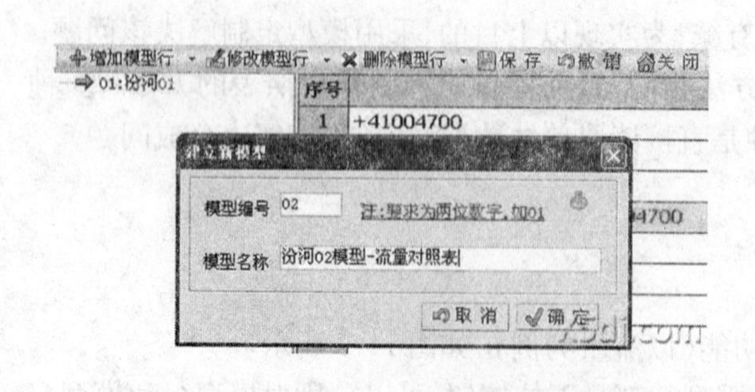

图 11-4　建立新模型

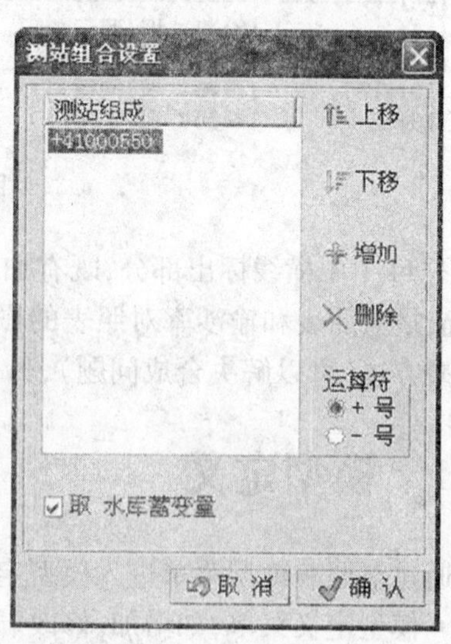

图 11-5　插入、修改模型行的界面

在该界面中,整编人员可以增加、删除测站,调整测站的位置和运算符。由于对照表中含有蓄变量记录,同一个测站在该表中可能同时输出蓄变量和流量,程序在模型行中增加了一个取值开关,如果打开则读取测站的蓄变量,否则读取测站的流量。在模型建好后,按“保存”即可。

11.2　采用模型制作对照表

- 首先选择模型,见图 11-6。
- 然后,输入对照表所属的卷、册、年份,见图 11-7。

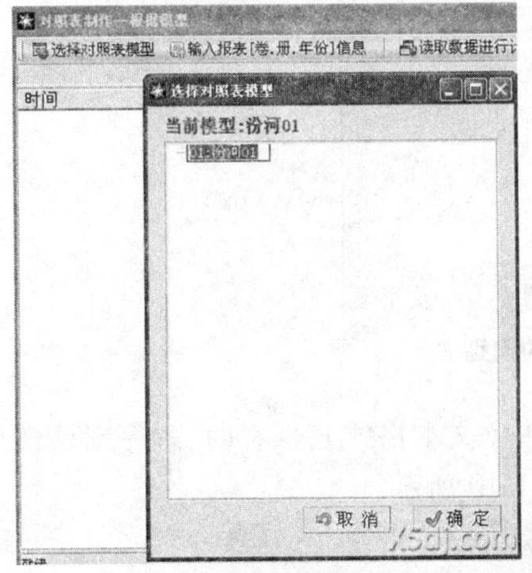

图 11-6　选择模型

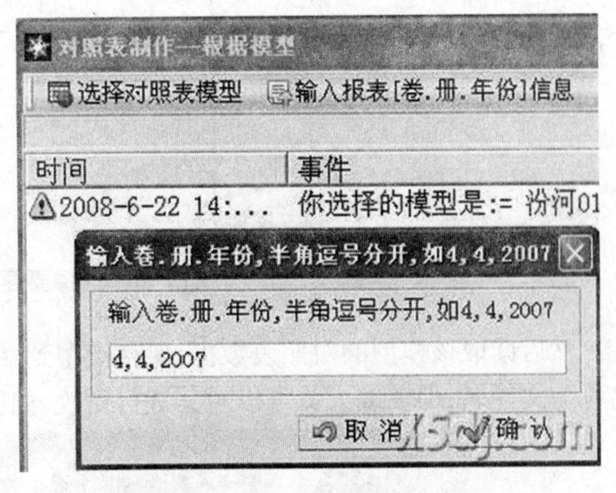

图 11-7　输入卷、册、年份信息

注意:卷、册、年份之间用半角逗号分隔。

- 以上信息确定后,统计成果信息,见图 11-8。

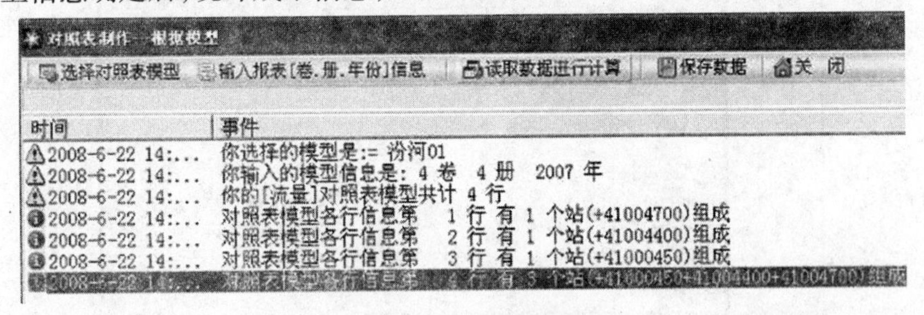

图 11-8　统计成果信息

- 按“保存数据”,将对照表保存到数据库中。

注意:本功能只是生成了表信息,并没有输出表,成果表的输出通过综合表输出程序实现。

11.3　对照表模型的备份和恢复

11.3.1　导出模型

首先选择要导出的模型,见图 11-9。

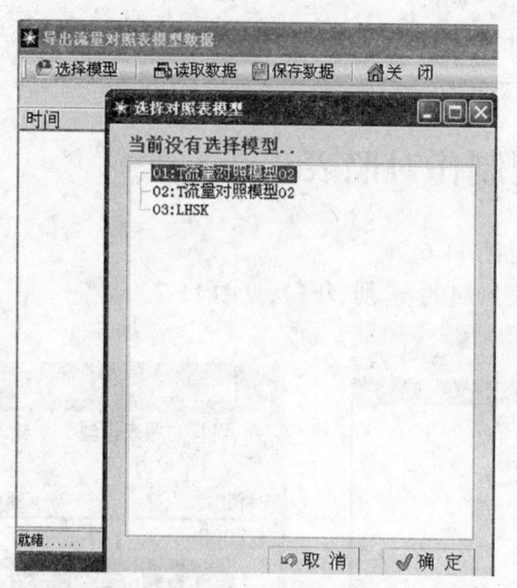

图 11-9 选择要导出的模型

然后读取该模型的对照表数据，保存模型到文件中(文本格式)，保存时，程序默认模型名称为文件名，但整编人员可以对其进行更改，如图 11-10 所示。

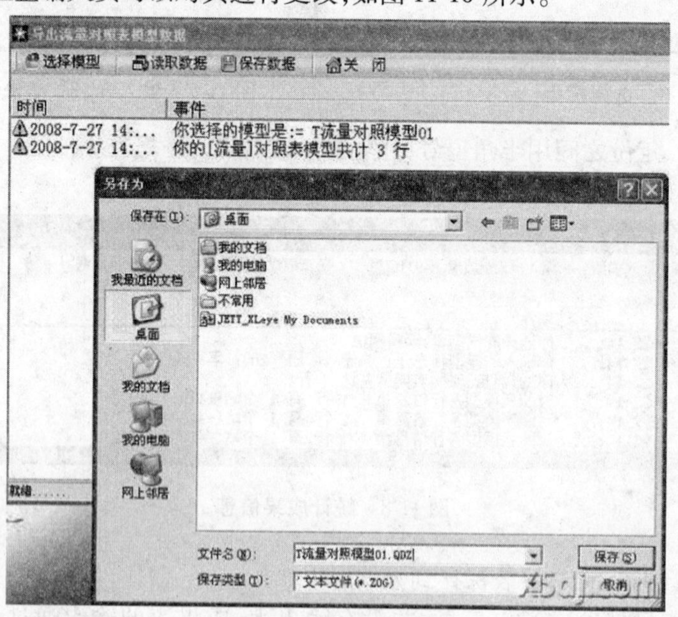

图 11-10 保存模型

注意：目前程序只提供一个文件保存一个模型的功能。

11.3.2 导入模型数据

首先选择要导入的模型文件，然后读取文件，再保存到数据库中。

注意：入库时，程序会根据模型编码检测数据库中是否有冲突数据，如果有冲突数据，程序会提示是否覆盖旧的模型数据。

第 12 章　数据输出及导入

首先,单站数据的输出、导入,即计算部分的原始数据和成果数据,都已放入各个整编模块中了,但是综合表(一个表包括多个测站)的数据无法分别放入。

其次,Excel 成果表的导出,虽然分别放到了各个模块中,但为了成果表的输出方便,即使在单站中不输出成果,也可以通过本功能在以后集中输出。

另外,综合表部分数据在单机录入后,也必须提供录入数据的转存功能,该功能也在本项目中实现。

为方便整编成果的合并,防止原始数据的重复处理计算,程序提供了数据输出/导入功能。

功能菜单如图 12-1 所示。

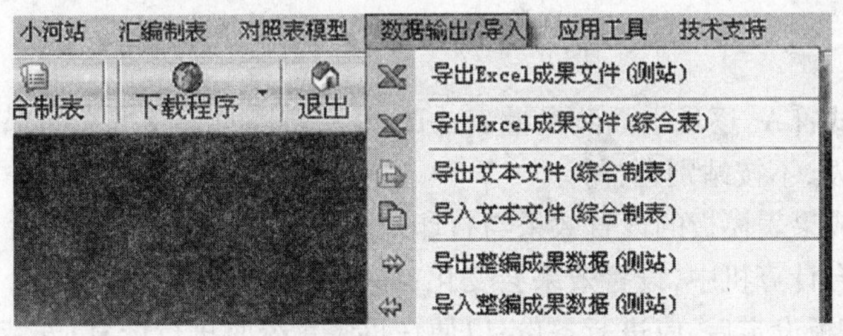

图 12-1　功能菜单

12.1　Excel 成果表导出(测站)

功能:批量导出测站的成果表(Excel 格式)。程序主界面、测站及导出项目选择界面如图 12-2 所示。

操作方法:

(1)选择测站,见图 12-2,系统提供单站、多站两种导出方式,由于单站导出操作简单,这里只对多站导出进行介绍。

通过左右箭头选择、删除要导出的测站,通过成果表名称前的检测框调整要导出的成果表。

原理:在基础信息成果输出表项中,对每个测站要输出的成果表都进行了配置,图 12-2 右下部分的导出项目即来自基础信息管理的配置信息。由于测站的某些成果表以前正确输出了,本次不再输出,即可通过检测框状态取消本次输出。

用鼠标选择右上方的测站,可以进行逐站配置。

确定要输出的测站和各站的成果表后,按“确定”返回主程序。输出信息会显示在主程序界面中。

(2)按“成果表项导出”,即可将选择成果表导出到系统配置的文件目录下。注意:如果导出的成果表在数据库中没有,可能导致程序异常。

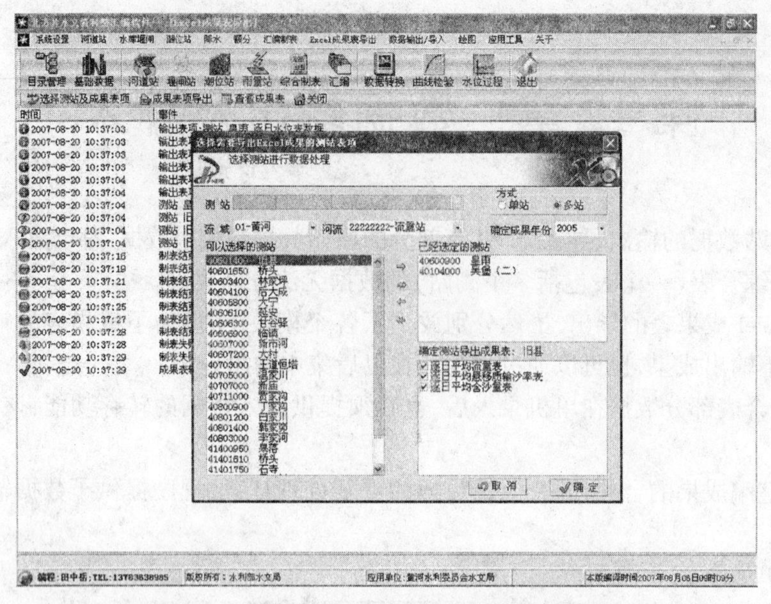

图 12-2　程序主界面、测站及导出项目选择界面

注意检索方式：[A]逐日水面蒸发量表、[B]蒸发场说明表及平面图根据观测项目选择测站（有降水、蒸发，不按站别选择）。

注意：Excel 成果表模板的设置效果与打印机驱动程序有关，如将一台计算机中设置的模板拷贝到另一台计算机中，设置效果会变化，如页出界或不满页。因此，如果指定了专用整编计算机，其模板设定后，应进行备份，以便在重装系统时进行恢复；安装程序自带的模板不一定完全适合用户的系统。

12.2　Excel 成果表导出（综合）

程序界面如图 12-3 所示。

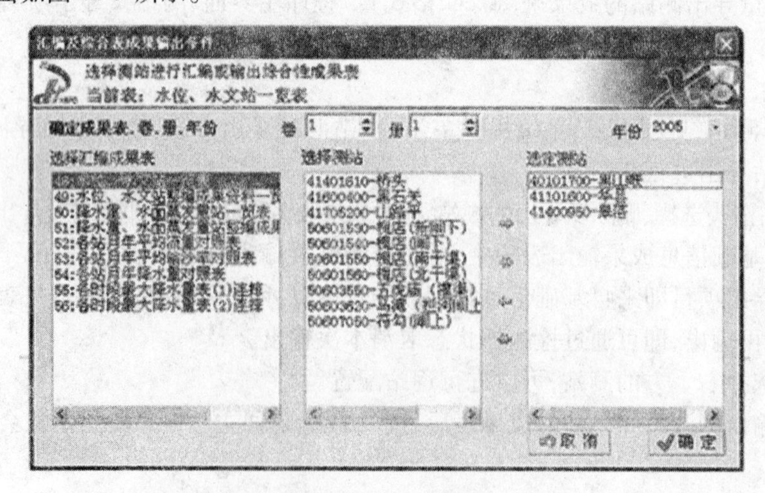

图 12-3　程序界面

操作方法：

(1)选择成果表及测站。

首先确定综合表所属测站的卷、册(在基础信息管理中配置)、年份;然后选择一个成果表,成果表选择后,程序自动搜索该成果表在数据库中的测站信息,并将其显示在中间的一个列表中;由于某些测站可能不需要导出,可以通过左右箭头调整要导出的测站。

在卷、册、年份、成果表名称、该成果表包含的测站确定后,按“确定”返回主程序。

(2)按“导出”即可将成果表保存到预先配置的文件目录中。

12.3　实测表的导出、导入

将单机中输入的实测表数据以文本格式文件的方式导出,以便在其他机器中导入该文件。导出数据界面如图 12-4 所示。

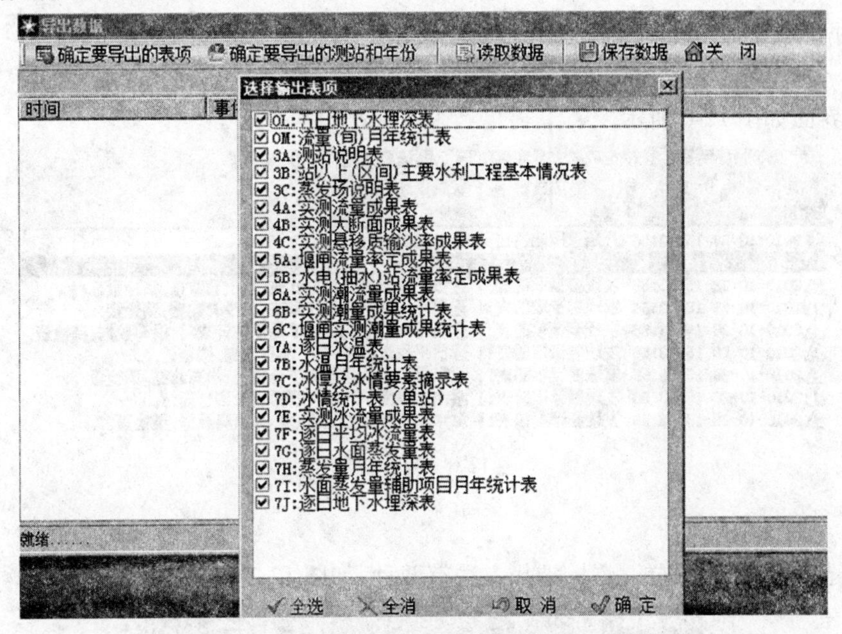

图 12-4　导出数据界面

首先确定要导出的成果表,然后再确定要导出的测站和年份。操作方法同计算部分原始数据的导出、导入,这里不再介绍。

12.4　整编成果的导出、导入

该功能用来实现数据库整编成果的备份和成果数据库的合并,从而避免在合并数据时重复对原始数据的整编处理,能够减少不少麻烦。

12.4.1　功能位置

功能位置如图 12-5 所示。

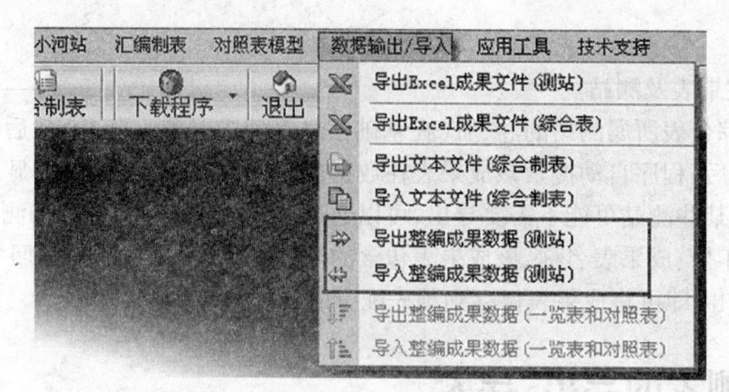

图 12-5　功能位置

12.4.2　导出整编成果数据

将数据库中的整编成果数据导出，保存到文本文件中。

12.4.2.1　程序界面

程序界面如图 12-6 所示。

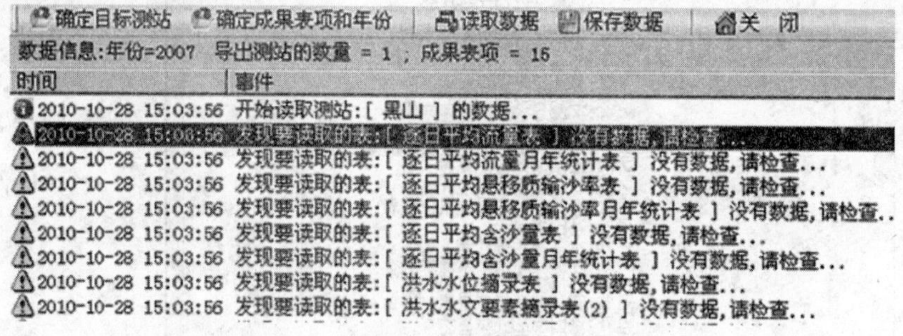

图 12-6　程序界面

12.4.2.2　操作方法

首先选择要导出数据的测站，选择方法有两种，如图 12-7 所示。

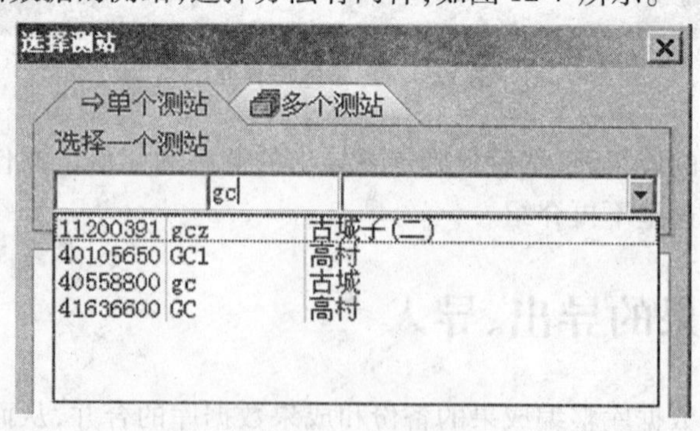

图 12-7　选择测站

（1）只选择一个测站，程序提供快速匹配检索功能，如图 12-7 所示。

（2）选择多个测站，点击编辑框右端按钮选择（也可以直接输入）测站编码，然后按“开始搜索”，程序将范围内测站列出，将要导出测站的检测框打钩。然后按“确定”返回，如

图 12-8所示。

(3)选择要导出的整编成果表项和年份,选择器为有条件的树状视图,在要导出的成果表项前打钩即可,如图 12-9 所示。输入年份,按“确定”返回。

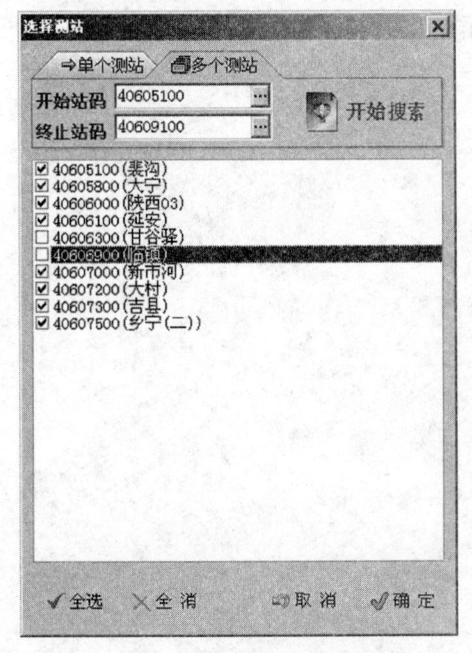

图 12-8 选择多个测站

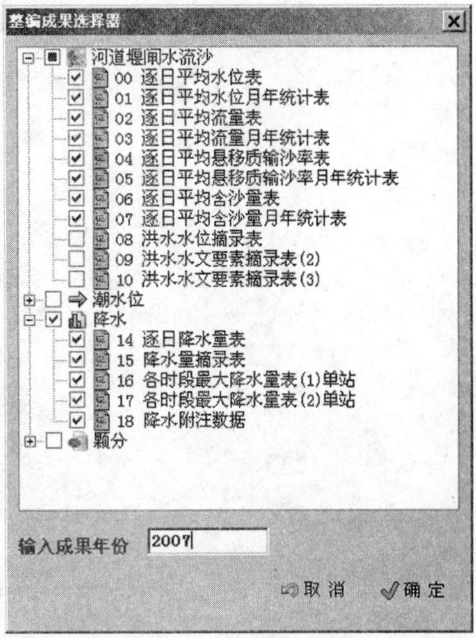

图 12-9 整编成果选择器

(4)在主程序中按“读取文件”按钮,则程序从数据库中读取所选测站相应项目的成果数据。

注意:如果测站没有要导出的表项,不影响数据读取。

(5)按“保存数据”将数据库中的数据保存到数据文件中。

12.4.2.3 导入整编成果数据

文件中的成果数据可以导入到水文整编数据库中,从而实现整编成果的合并。

程序界面如图 12-10 所示。

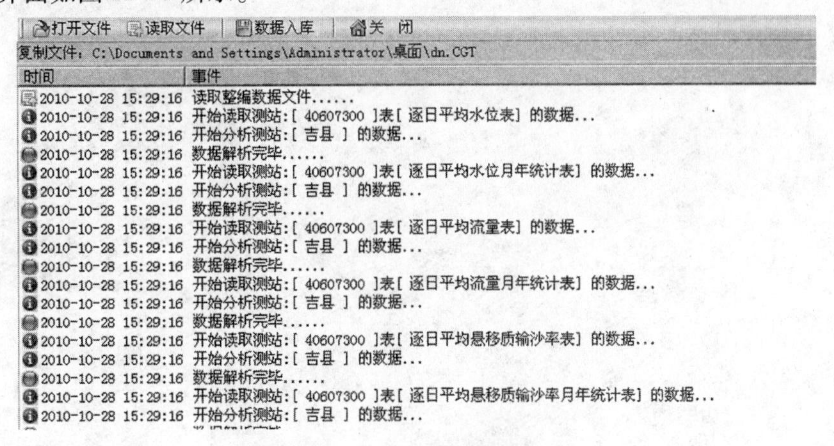

图 12-10 导入整编成果数据界面

操作方法如下：

(1)按“打开文件”，通过对话框选择文件；

(2)按“读取文件”，对文件中的数据进行解析；

(3)按“数据入库”，将数据保存到整编数据库中。

第 13 章　应用工具

应用工具部分包括多项功能,应用工具菜单如图 13-1 所示。

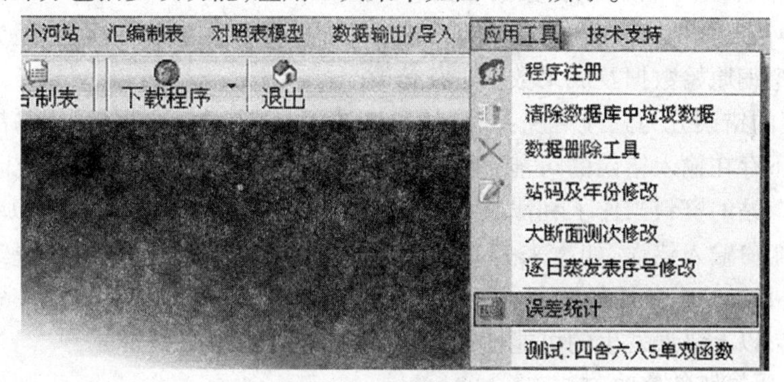

图 13-1　应用工具菜单

13.1　站码及年份修改

如果在数据加工时,将数据所属的站码和年份弄错了,则无法在数据录入功能中进行修改,因此系统增加这一功能供整编人员使用。

站码和年份的错误分为以下几种:

(1)在基础信息建库时将站码输错。

如艾山站的站码为 40104281,但是在建站时输成了 40104280,这时艾山站在数据库中的资料包括基础数据、原始数据(如果有的话)、成果数据(如果有的话)都以 40104280 站码标记。对这种类型的错误采用第一种修改方式,如图 13-2 所示,选择只对站码进行修改;然后点击原站码的右部按钮,选择一个测站(因为该测站已在数据库中存在,所以在这里为防止出错,是禁止输入的),选择好要修改的站码后,再输入新站码,因为这个新站码在数据库

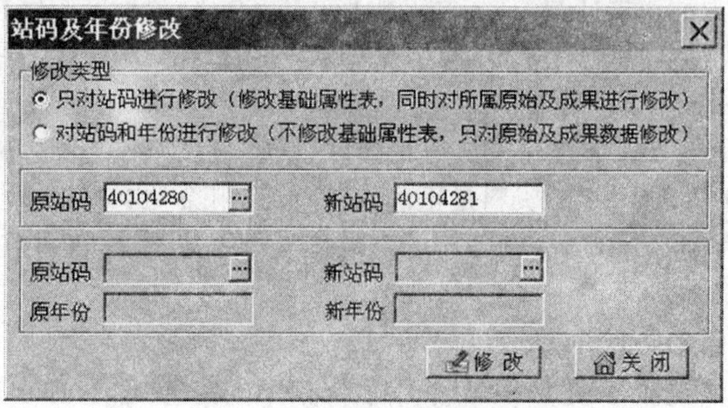

站码及年份修改
修改类型
只对站码进行修改(修改基础属性表,同时对所属原始及成果进行修改)
对站码和年份进行修改(不修改基础属性表,只对原始及成果数据修改)
原站码 40104280　新站码 40104281
原站码　新站码
原年份　新年份
修 改　关 闭

图 13-2　选择只对站码进行修改

中是不存在的，所以必须输入，如果输入的新站码在数据库中已经存在，程序是不允许修改的，并提示如图13-3所示的信息。

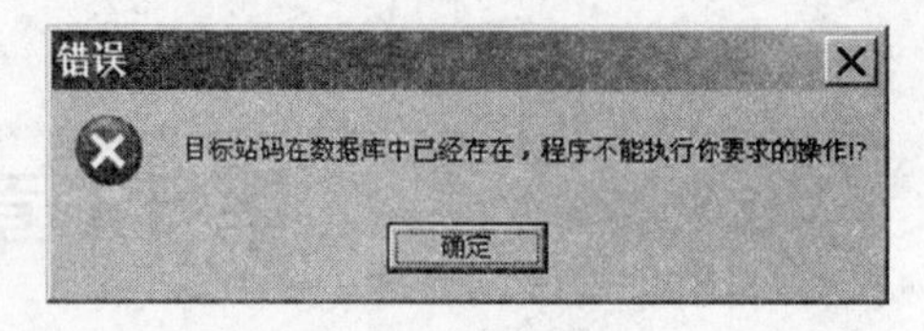

图13-3 错误提示

通过这种方式，程序会将数据库中所有的原站码更新为新站码，而其他的任何信息都保持不变。

(2)基础信息是正确的，但在数据加工时出错。

对于这种错误类型，程序在修改数据库时，不会修改测站基本属性表，因为它们没有错误，因此只对整编原始数据及成果数据进行修改。

这种类型的错误分为三种情况：一是站码搞错了（因为本系统中的站码都是通过选择得到的，所以不存在输入错误的可能，但是存在搞错站的可能），如在输入花园口站的数据时，错把花园口站的资料当作了利津站，结果在数据库中花园口站的数据就以利津站的数据存放了；二是年份输入错误，如本来是1998年的数据，结果输入成1999；三是站码和年份都搞错了，如高村站2001年原始资料，整编人员不小心将其作为兰州站2002年资料输入到数据库中。当然，以上错误发生的可能性很小，但不排除其可能性。

①对于站码搞错的修改方法。

首先选择原站码，然后选择新站码，因为新旧站码在数据库中都是存在的，所以程序禁止输入，只能选择，防止再次出错。对于年份，因为没有错误，新旧年份栏都输入正确的年份即可，见图13-4。

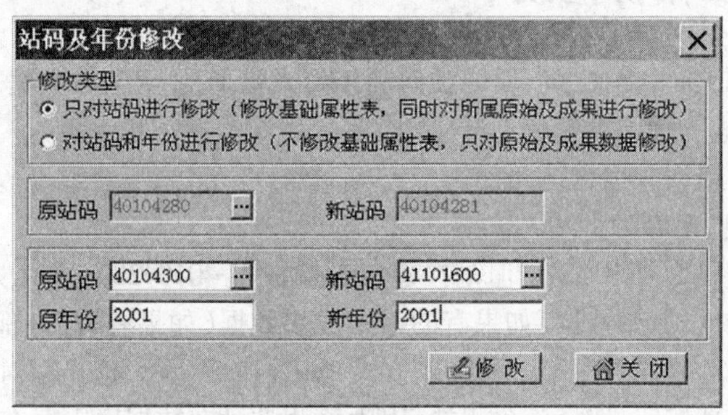

图13-4 站码修改

对于这种修改方式需要注意，如果新站码该年的资料在数据库中已存在，程序将禁止修改操作，如图13-4所示，41101600站2001年的资料在数据库中已经存在，后来又输入了40104300站2001年的资料，最后又发现40104300站2001年的资料应该是41101600站2001年的资料，在这种方式下程序没法进行修改，只能自己判断，首先删除一个，然后再修改。如果40104300站2001年的资料是正确的，应首先删除41101600站2001年的资料，然后再修改；如果认为41101600站2001年的资料是正确的，就直接将40104300站2001年的资料删除即可，不用修改。

②对于年份搞错的修改方法。

与①的修改方法类似，只是新旧站码相同，年份不同而已，如图13-5所示。

③对于站码、年份都搞错的修改方法。

如图13-6所示，新旧站码、年份都不同。

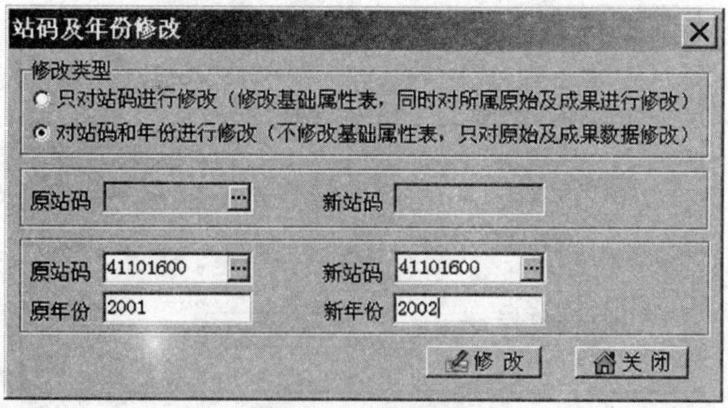

图 13-5　**年份修改**

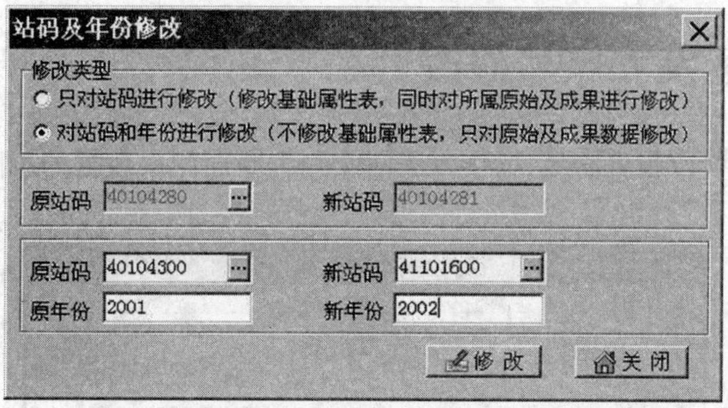

图 13-6　**站码及年份修改**

注意：无论采用哪一种修改方式，如果目标数据（即新站码、新年份的数据）在数据库中已经存在，程序都不会执行修改操作。在这种方式下，应该先删除冲突数据，然后再修改。这样可防止出错，如图 13-6 所示，假如 41101600 站 2002 年的资料是正确的，现在又选择了这种修改方式，如果程序加入了自动修改功能，即程序检索到数据库中存在 41101600 站 2002 年的资料，先删除该资料，然后再将 40104300 站 2001 年的数据改成 41101600 站 2002 年的资料，这样就会错上加错。

另外，还要注意，不同年份各月的天数可能不同，如 2 月有 28 天，也有 29 天，如果对年份进行了修改，程序在进行数据处理时，时间可能会出错。

13.2　大断面测次修改

在综合制表中不提供对测次的修改功能，如果要修改测次，应在系统的主菜单“应用工具”下的“大断面测次信息修改”中进行（也包括删除测次数据功能）。

大断面测次修改程序界面如图 13-7 所示。

删除操作：首先选择一个测站，然后输入年份、原测次号，按“删除本测次断面所有数据”即可。

修改操作：首先选择一个测站，然后输入年份、原测次号、新测次号，按“修改测次号”即可。

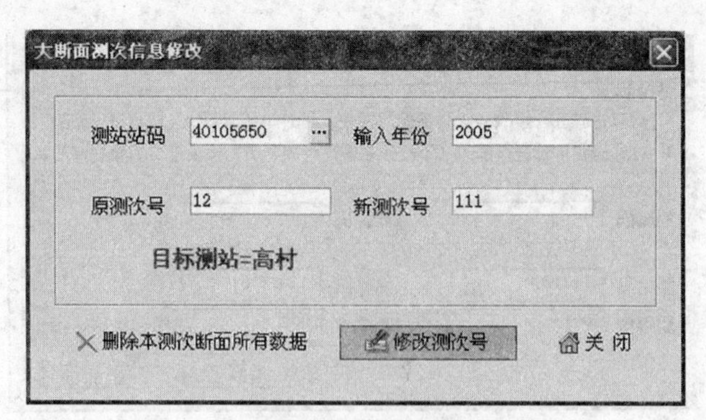

图 13-7　大断面测次修改程序界面

13.3　逐日蒸发表序号修改

功能是删除和修改报表序号,操作方法同实测大断面测次数据的删除和修改。界面如图 13-8 所示。

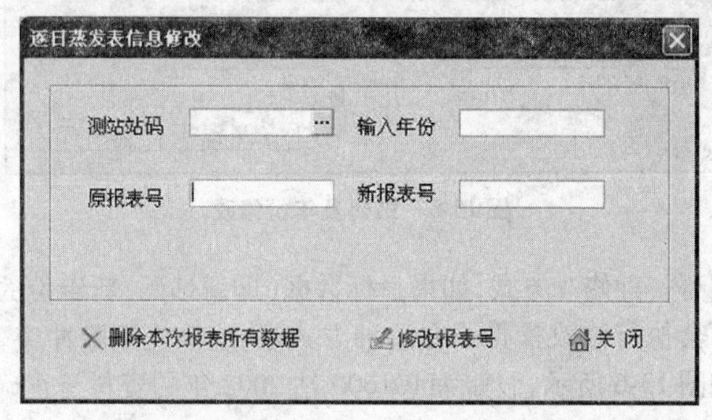

图 13-8　逐日蒸发表序号修改程序界面

13.4　清除数据库中的垃圾数据

整编数据在数据库中以关系表的形式存在,都具备站码、年份列,如果不具备,则该记录就不属于任何站年的资料,系统已经在保存数据时进行了控制,防止该种数据存入数据库,为以防万一,程序仍加入该功能,以清除垃圾数据。

点击清除数据库中的垃圾数据菜单,程序弹出一进程显示窗体,程序自动检索数据库中的每一个表,并清除垃圾记录。

13.5　数据删除工具

数据删除工具用于实现对数据库中的原始和成果数据的删除,本功能应谨慎使用。功能位置如图 13-9所示。

数据分为计算原始数据、综合表数据、成果数据三部分。

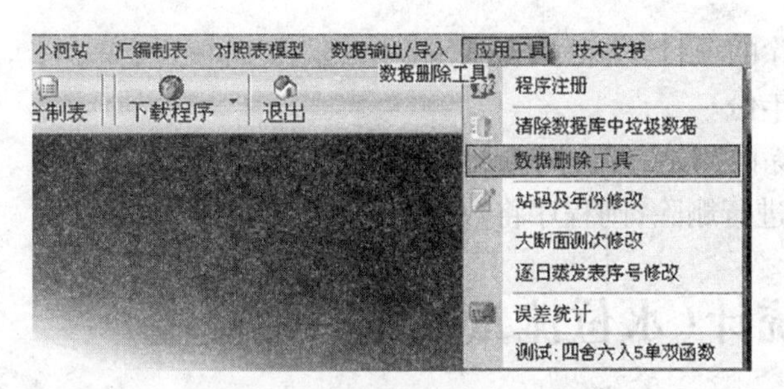

图 13-9 数据删除工具菜单

计算原始数据包括 5 项,如图 13-10 所示。

综合表数据如图 13-11 所示。

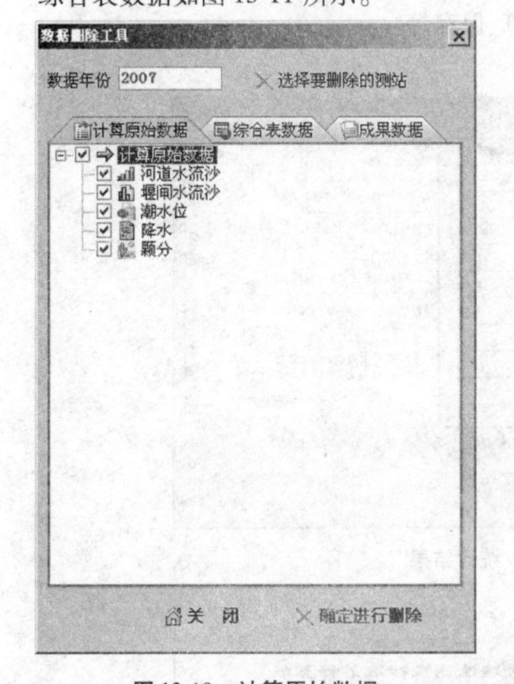

图 13-10 计算原始数据

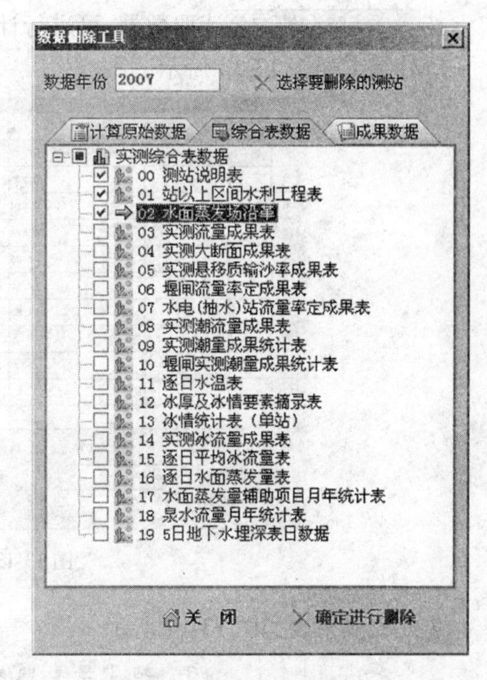

图 13-11 综合表数据

成果数据如图 13-12 所示。

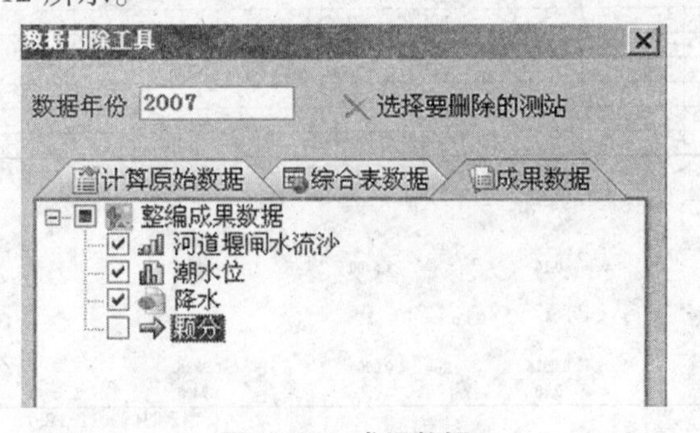

图 13-12 成果数据

操作方法如下:

(1)选择要删除的项目,注意:一次只能对一个页面进行操作。

(2)输入数据年份。

(3)选择要删除的测站,方法同测站选择器。

(4)按“确定”进行删除,则程序将数据库中的相应数据清除。

13.6 误差统计(水位流量关系曲线检验)

系统在水流沙数据加工中已提供该功能。为方便整编人员对整编数据库外的数据进行检验,在此增加对外部数据读入、检验功能。

操作方法:外部文件采用文本格式,两列、空格分隔。第一列为实测点,第二列为线上点。按[调入统计数据文件]读取数据,可进行计算、保存等。

统计结果如图 13-13 所示。

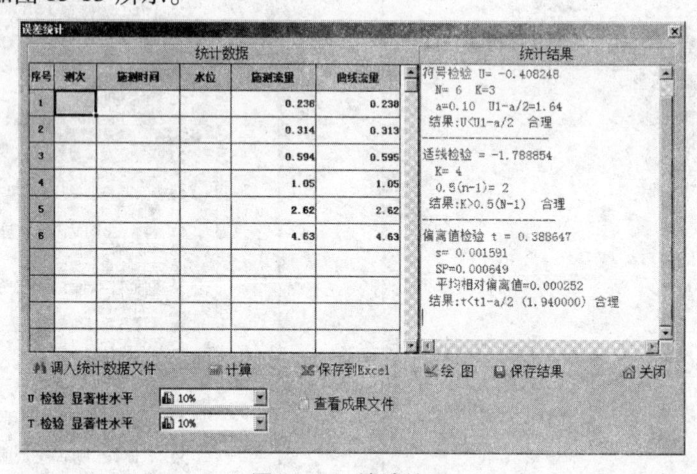

图 13-13 统计结果

生成的成果表如图 13-14 所示。

年 站 1 号线 曲线合理性测点标准差计算表

施测号数	施测时间	水位	实测流量	曲线流量	施测号数	施测时间	水位	实测流量	曲线流量
			0.238	0.238					
			0.314	0.313					
			0.594	0.595					
			1.05	1.05					
			2.62	2.62					
			4.63	4.63					
			第	1	页				
								检验结果	
标 准 差	SE=	0.0015							
符号检验	K=	3	N=	6	U=	-0.4082		合格	
	α =	0.10	$t_{1-a/2}$=	1.6400					
适线检验	K=	4	0.5(n-1)=	2				合格	
偏离检验	S=	0.0016	Sp=	0.0006	t=	0.3886		合格	
	α =	0.10			$t_{1-a/2}$=	1.9400			

制表时间2011-12-13 15:02:34

图 13-14 生成的成果表

第14章　水文数据处理工具软件

14.1　水文年鉴排版格式转换

程序功能是将《水文资料整编规范》中要求的成果表数据,按照水文年鉴排版系统要求的格式进行输出,供排版系统出版年鉴。

本功能的实现在水文资料整编辅助工具软件中。

在主菜单中选择 汇编 进入汇编程序,界面见图14-1。程序提供"选择"和"汇编"两个功能键,按"选择"程序弹出会话窗口,见图14-2,在这里确定汇编成果表类型、测站、年份、水文年鉴卷和册。确定汇编条件后,返回主程序,按进行汇编即完成工作。

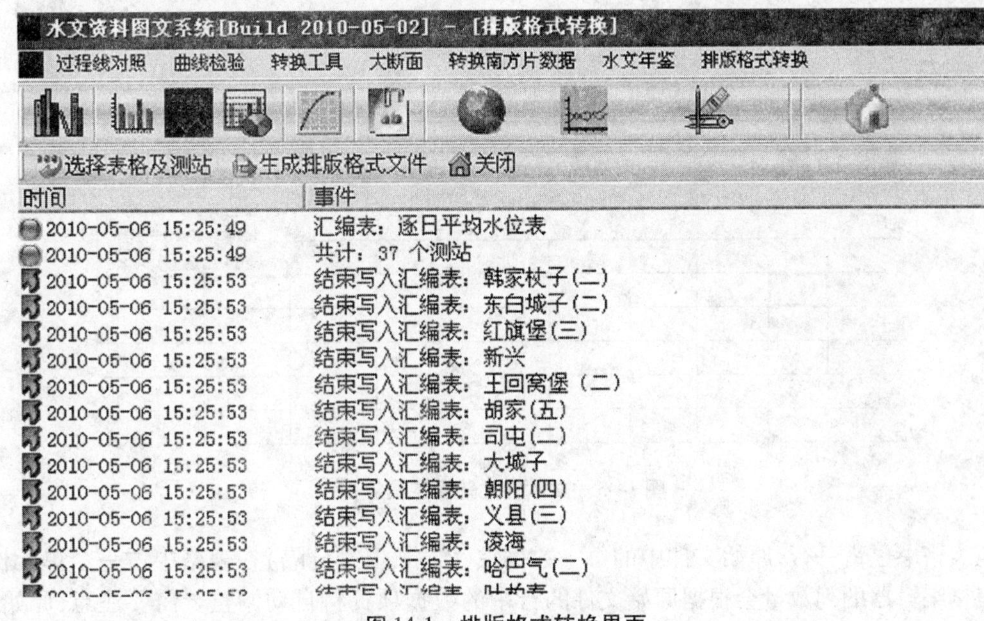

图14-1　排版格式转换界面

14.2　多功能文本格式转换工具

多功能文本格式转换工具是一个通用的转换程序,具备数据的行列转置、数据拆分组合、时间格式转换等多种功能。界面如图14-3所示。

14.2.1　打开文件并将资料转换为多列

程序读取原始数据文件时,对资料格式自动识别,目前的分隔符取空格、逗号两种(如有特殊格式,可以再增加)。原始文件资料与表格编辑器间的映射原则:原始文件中的每一

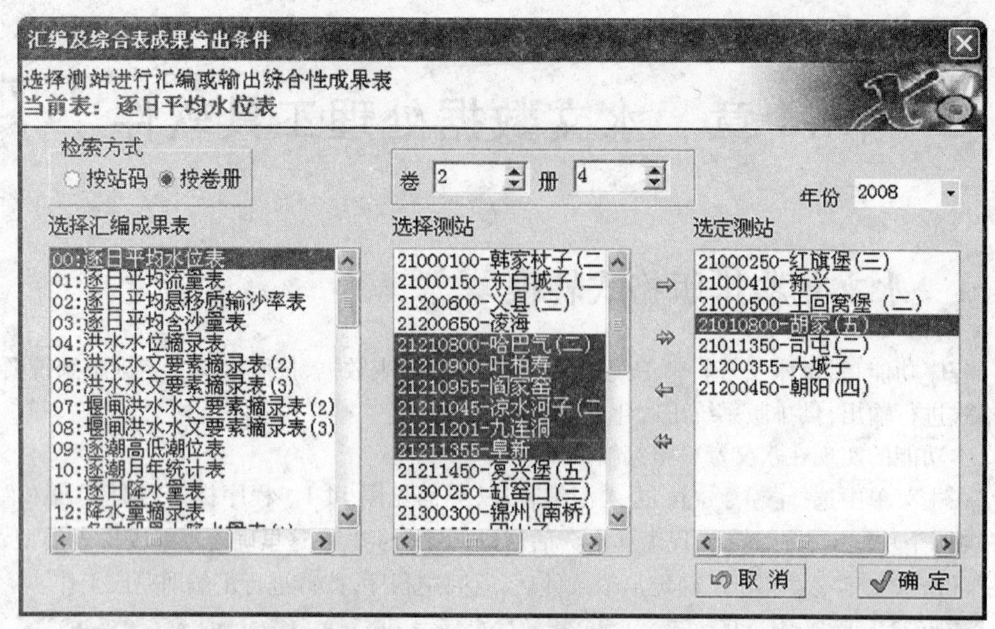

图 14-2　条件选择界面

图 14-3　文本格式转换工具界面

行在表格中也占一行，原始文件中的每一数据项（空格、逗号分隔）在表格中占一个单元格，本表格编辑器的列数量会根据原始文件的行中的数据项资料自动调整。需要注意，原始文本资料中的列不要太长，否则原始文件导入后，表格的列数太多，操作将非常不方便。解决方法：如果行太长，可以先按回车键断开为多行，然后再导入。

按，程序弹出一个会话窗口，如图 14-4 所示，选择一个文件，按"打开"；然后程序又弹出一个会话窗口，如图 14-5 所示，在参数输入栏中输入列号，按"确定"，按"取消"则程序默认为第一列。

输入起始列号的意义：本工具可以将多个文本文件组合为一个文件，在导入一个文件后，其资料在表格编辑器中会占用一定空间，如果再导入一个文件，应该确保后一个文件不能将表格编辑器中的前一个文件的资料覆盖掉，因此导入时需要对文件资料放入表格的起始位置进行定位。

本功能在颗分数据转换时经常使用。

图 14-4　选择文件会话窗口

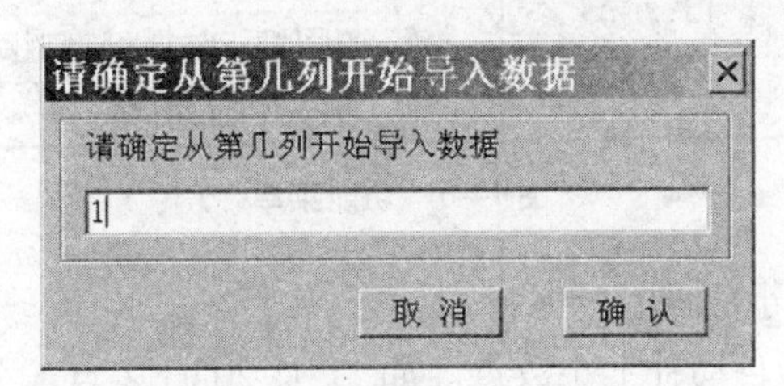

图 14-5　参数输入会话窗口

14.2.2　生成一列

程序读取原始数据文件时，将所有资料转换为一列，然后输入到表格编辑器中。本功能在转换过程资料时经常使用，如沙量过程，可以先将时间序列转换为 1 列放入表格，然后将含沙量序列转换为 1 列放入表格，这样表格中就存在时间、含沙量两列资料，这两列资料应是一一对应的。如果两列的行数不相同，则资料肯定有问题（注意：本功能只能正确处理未压缩的过程资料）。其他过程的处理方法相同。

本功能在水位过程、沙量过程转换时经常使用，DOS 数据格式一般是时间记录单独放在一块，水位（或沙量）记录单独放在一块，程序通过本功能将时间、水位（或沙量）组成一一对应的记录。

14.2.3　戳列转换

该功能主要用于降水过程的转换，在降水过程的 DOS 数据中，时间、降水是从头到尾连在一起的，本功能可以将其拉成两列。

14.2.4 保存

有两种方式:加分节符、不加分节符。分节符是本程序要求的特殊符号,可以理解为占位符。将当前表格中的资料保存为文本文件,数据项以空格分隔。在保存时,程序弹出一个会话窗口,整编人员在这里确定保存的文件名及保存位置。

14.2.5 预览打印

将当前的表格资料打印输出。

14.2.6 其他功能

其他的一些功能,如菜单内容,见图 14-6,功能简介如下。

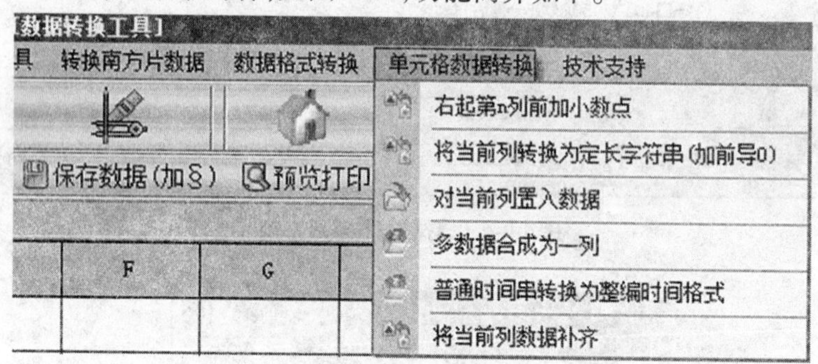

图 14-6 功能菜单

(1)右起第 n 列前加小数点。

对省略小数点的数据自动补上小数点。如 11 月 20 日 2 点 5 分(11200205),可以转换为 112002.05,当然也可转换其他数据。有些数据省略了小数点,采用本功能可以加上。

按菜单项,程序弹出一个对话框,如图 14-7 所示。

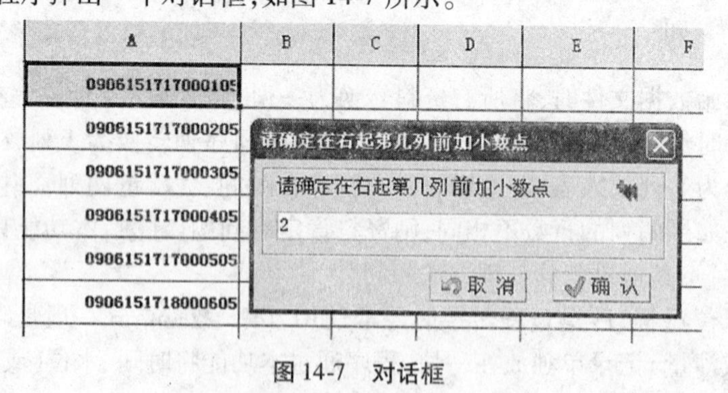

图 14-7 对话框

如图 14-7 所示,加上小数点后,数据变为如图 14-8 所示。

(2)定长字符串转换:对于省略前导 0 的数据,自动加上前导 0,使数据长度一致。

(3)将当前列数据补齐。

传统的整编格式 DOS 数据,在加工时省略了相同的数据,该功能是将省略的数据补齐。

(4)其他功能见菜单,如图 14-6 所示。

打开文件->多列　打开文件->一列　戳列转换为二列　保存数据　预览打印

	A	B	C	D	E	F
1	09061517170001.05					
2	09061517170002.05					
3	09061517170003.05					
4	09061517170004.05					
5	09061517170005.05					

图 14-8　加上小数点后的数据

14.2.7　表格编辑器的使用方法

本系统的表格编辑器功能非常强大,操作也很方便,与 Excel 相似。

主要具备以下功能:固定行、列的设置;表格线的属性设置;单元格字体的属性设置;字体的对齐方式设置;单元格的颜色设置;行、列的增加及删除;块的移动、剪切及复制;表格属性设置的导出及导入等功能。

鼠标右键菜单功能:表格的功能大部分是通过右键的弹出式菜单实现的,见图 14-9。

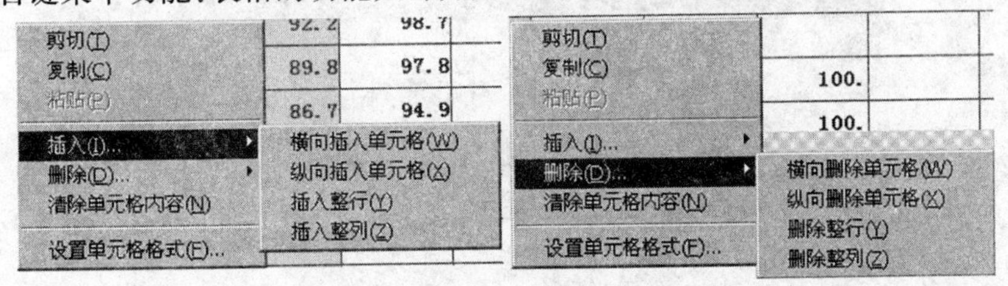

图 14-9　表格右键弹出式菜单

(1)剪切:首先按鼠标左键,在表格中选择一个数据块,选中的数据块会变为黄色,然后按"剪切"即可。

(2)复制:操作方法同上。

(3)粘贴:在表格上选择一个或多个单元格,按"粘贴"即可,程序自动调整粘贴占用的行列数,以左上角的单元格位置为准。

(4)插入:由图 14-9 中,可以看出功能分为四项。

①横向插入单元格:在表格中插入一空格,本行的数据由插入位置向右移一列。如果本行在插入位置右部的每一列都有数据,则无法插入,这是为防止数据丢失而设计的。

②纵向插入单元格:在表格中插入一空格,本列的数据由插入位置向下移一行。如果本列在插入位置下部的每一行都有数据,则无法插入。

③插入整行:从选择的行开始下移一行。

④插入整列:从选择的列开始右移一列。

(5)删除:操作与插入的方式相反。

(6)清除单元格内容:将表格选择的数据块中的内容清除。

(7)设置单元格格式:本功能会话窗口分为 4 页,见图 14-10。第一页为类型设置,单元格默认为常规格式。第二页为对齐方式,见图 14-11。第三页为字体设置,见图 14-12。第四页为其他设置,见图 14-13。

本功能在综合制表程序中被大量使用,整编人员可以根据自己的习惯定义资料录入模板,使资料录入界面更友好。

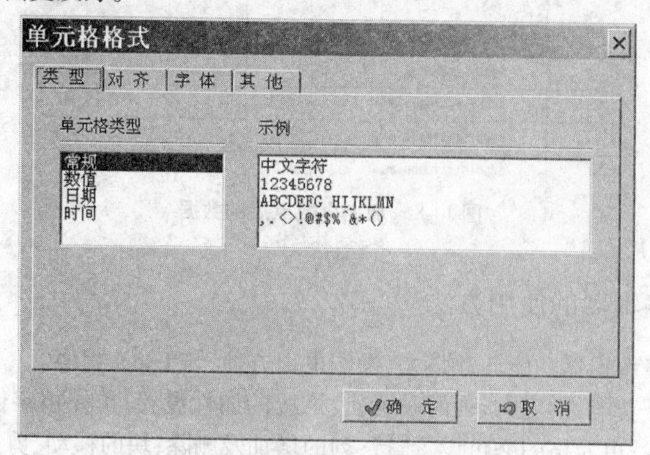

图 14-10 单元格格式设置(类型)

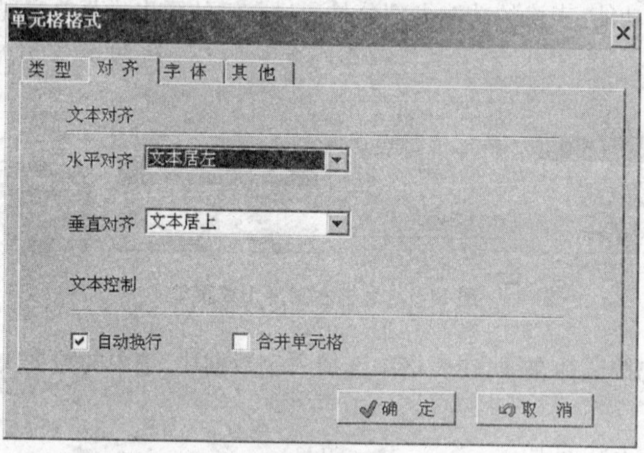

图 14-11 单元格格式设置(对齐)

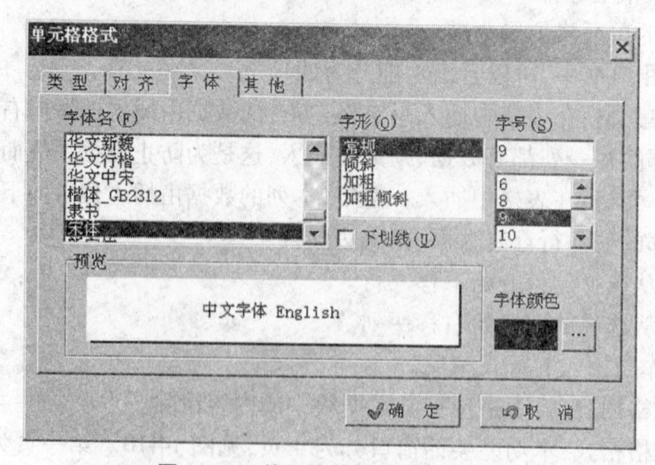

图 14-12 单元格格式设置(字体)

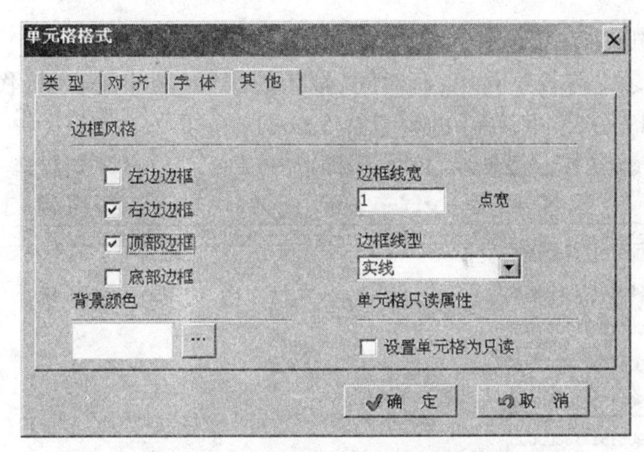

图 14-13　单元格格式设置(其他)

14.2.8　其他常用功能

(1)连续复制:本功能与 Excel 类似,在表格编辑器中选择一个块,将鼠标移动到块的右下角,当鼠标的形状变为时,按住鼠标左键往下拉,则被选择块的内容会往下连续复制。本功能在输入按规则段制观测时的资料时经常使用。

(2)块移动:在表格编辑器中选择一个块,将鼠标移动到块的边缘,鼠标的形状变为时,按鼠标左键,这时选择块会随着鼠标位置移动,释放鼠标则块移动到新的位置。

14.3　大断面数据管理程序

为方便大断面数据的检索、校核和应用,可以将数据导出到 Excel、删除大断面数据。程序界面如图 14-14 所示。

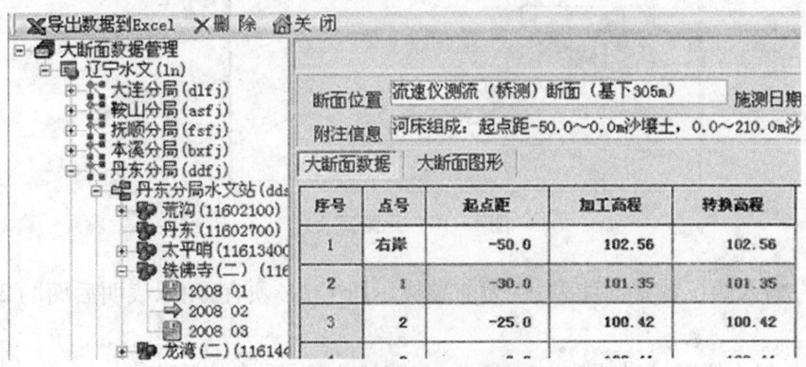

图 14-14　大断面数据管理程序界面

14.4　固态数据格式转换(公式法)

自记仪器的数据格式多种多样,想用一种程序处理所有的数据,很不现实,只有想办法做到尽可能通用。

下面是一个实例：

图 14-15 中，记录是等长字符串，有时间、翻斗的次数、翻斗的容量（图中记录表示 2009 年 6 月 15 日 17 时 17 分，5 斗，每斗的容量 0.5 mm）。

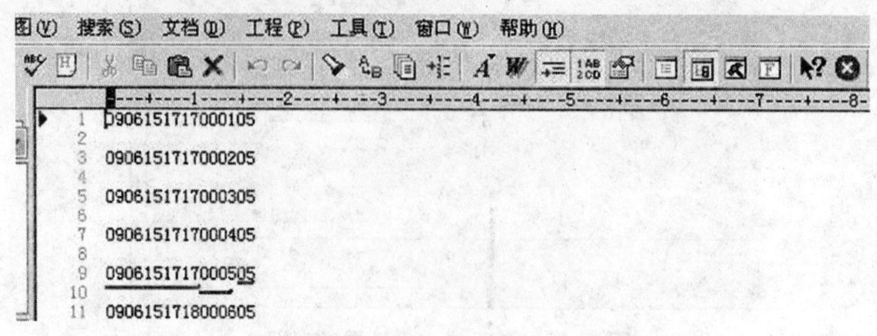

图 14-15　固态数据格式转换实例

为便于整编人员理解掌握，先介绍设计方案。

14.4.1　设计方案

将数据分成若干段，这些段可以任意组合，而且段段之间可以进行数学混合公式计算。

（1）给格式起个名称，格式编码为 3 位，第一位必须是 P，后两位为数字。

（2）进行元素的定义，图 14-16 对第一元素（年份）进行定义。

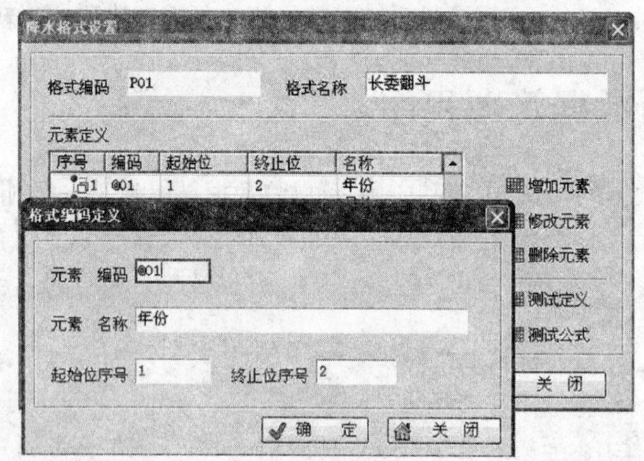

图 14-16　元素定义

- 编码：输入两位数字。注意：@ 为前导标示符号，必须有，用以表明后面的 2 位数字为段编码。
- 名称 、起止位序号：如图 14-16 所示，正确输入即可，无特殊要求。

图 14-17 对第六个元素（翻斗数量）进行定义。

（3）进行段的定义。

降水整编需要的数据由时间和降水量 2 个段组成。

时间段：由月日时分组成，格式为 MMDDHH. SS，如 010100. 00；因此段的原始组成可以表示如下：@ 02@ 03@ 04. @ 05。

注意：小数点要加上。

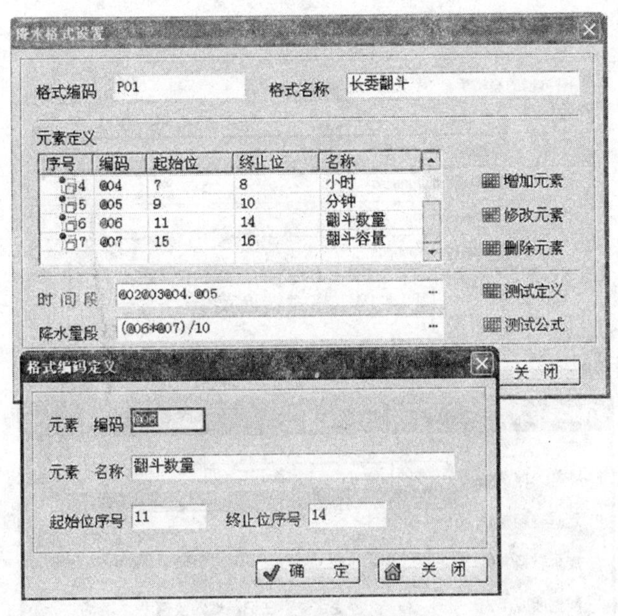

图 14-17　翻斗数量定义

降水量段:降水量的单位是 mm,在原始数据中,降水量的精度为 0.1 mm,因此需要转换为 mm。

公式如下:

$$(翻斗数量 \times 翻斗容量)/10$$

程序的表达如下:

$$(@06 * @07)/10$$

公式格式:要遵守合法的数学公式定义法则。由于可能定义错,程序提供测试功能。

14.4.2　使用方法

14.4.2.1　格式设置

进入程序的降水格式设置菜单,如图 14-18 所示。

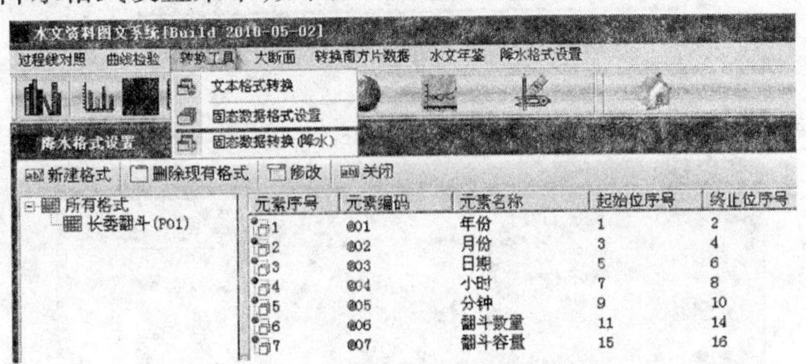

图 14-18　程序的降水格式设置菜单

程序提供格式的新建、删除、修改等功能,格式的设置见上文。

14.4.2.2　数据处理

进入格式转换菜单,如图 14-19 所示。

图 14-19　格式转换菜单

(1)读取格式设置数据,显示程序对话框界面,如图 14-20 所示。

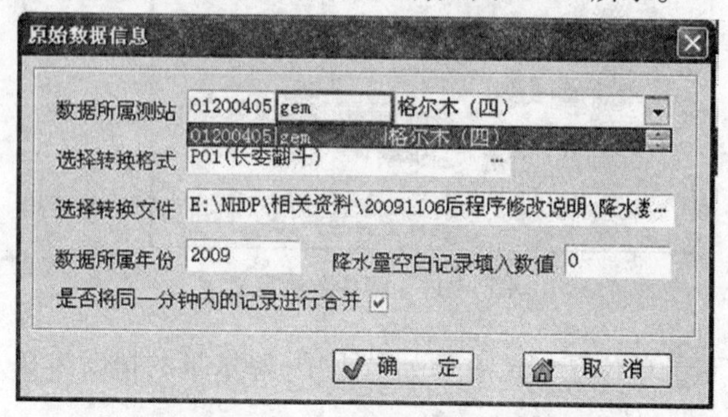

图 14-20　程序对话框界面

- 选择测站,指明处理的数据归属。
- 选择转换格式,按右边的按钮,选择一个格式,按“确定”,界面如图 14-21 所示。

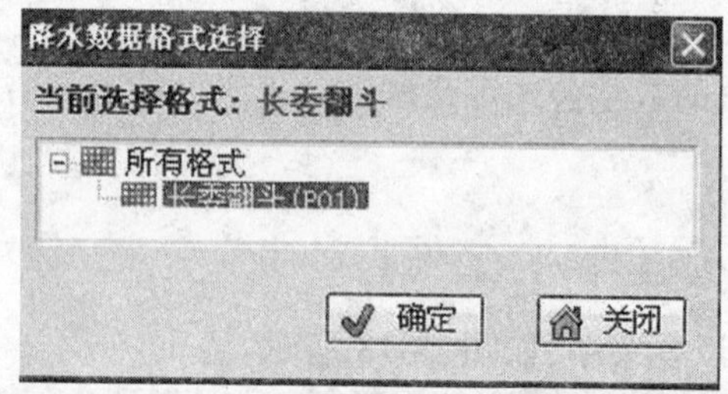

图 14-21　降水数据格式选择

- 选择固态数据,按右边的按钮,程序弹出对话框,如图 14-22 所示。

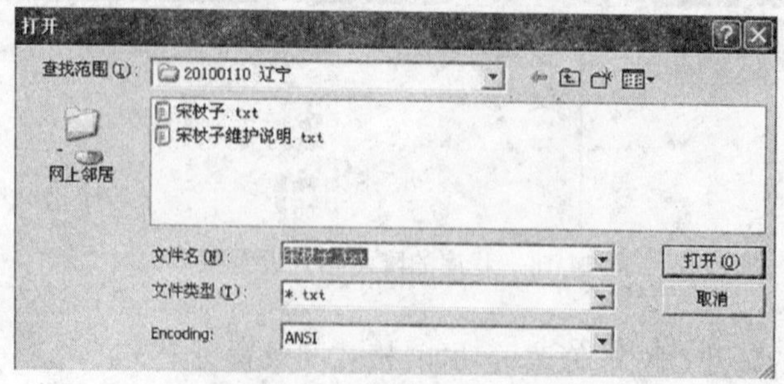

图 14-22　打开文件对话框

• 输入数据的归属年份。

• 空白记录为空,因为有的数据隔行有数据。

• 同时间记录合并。

因为有的数据同分钟有多个记录,程序只取最后一个。经过上述操作后,程序就解析原始数据,解析结果如图 14-23 所示。

降水数据格式转换

读取UnCode格式数据 | 读取格式设置数据 | 保存降水过程到文件 | 保

转换前的原始数据 | 转换后的结果数据

记录序号	标准格式时间	整编格式时间	降水量
1	2009-06-15 17:17:00	061517.17	2.5
2	2009-06-15 17:18:00	061517.18	5.0
3	2009-06-15 17:19:00	061517.19	7.5
4	2009-06-15 17:20:00	061517.20	9.5

图 14-23　解析结果

(2)将数据保存到文件中,启动降水整编程序,读取降水过程到数据库即可。

14.4.3　举例说明(1)

(1)如图 14-24 所示,格式定义为 6 个元素。

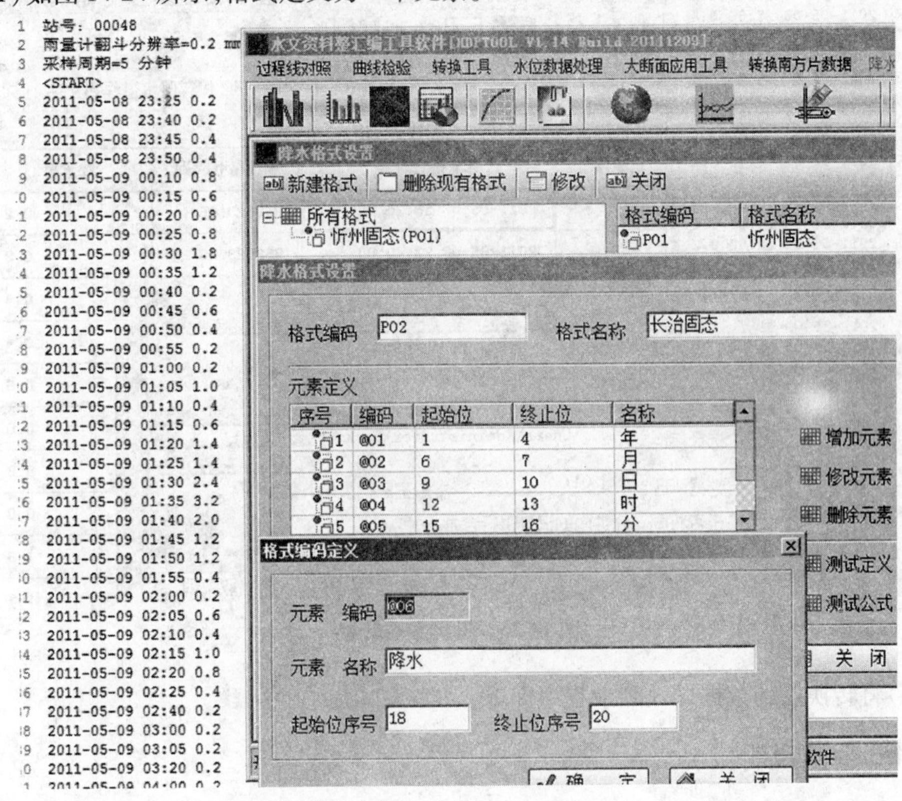

图 14-24　格式定义

(2)降水格式定义如图 14-25 所示。

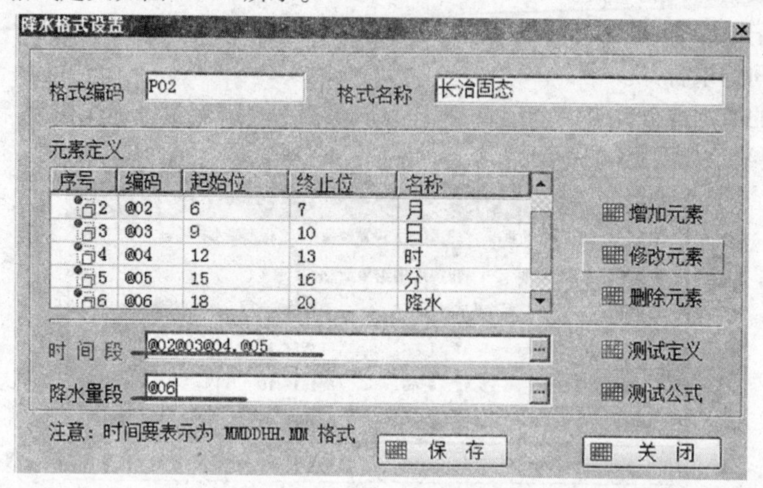

图 14-25 降水格式定义

(3)进行数据转换。

将原始数据中非记录部分删掉，只保留降水数据，如图 14-26 所示。

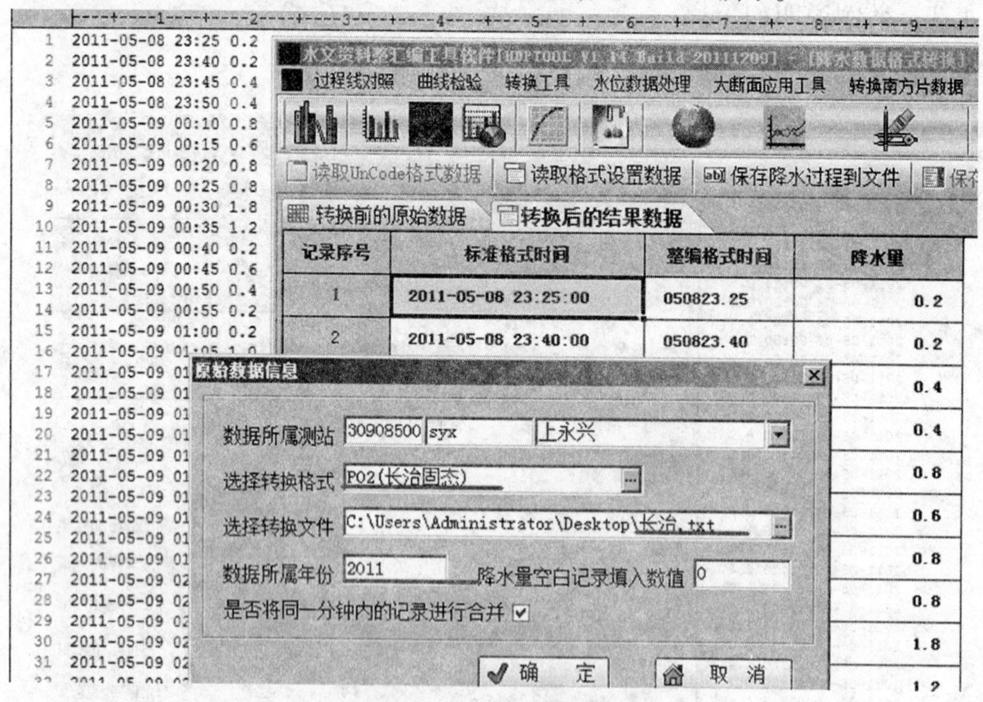

图 14-26 进行数据转换

(4)将转换后的数据导入降水程序即可。

14.4.4 举例说明(2)

有降水文件，第 2、4 列为时间和降水，其他部分是气温、气压等水情数据，如图 14-27 所示。

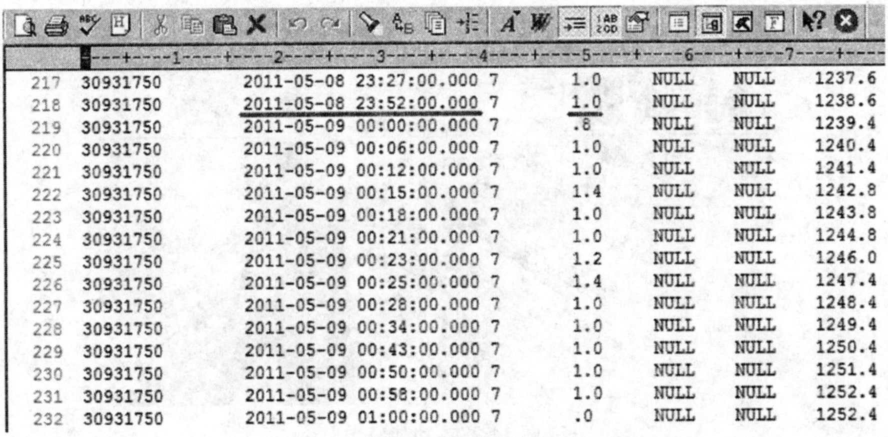

```
 ----+----1----+----2----+----3----+----4----+----5----+----6----+----7----+----
217  30931750          2011-05-08 23:27:00.000 7        1.0     NULL     NULL     1237.6
218  30931750          2011-05-08 23:52:00.000 7        1.0     NULL     NULL     1238.6
219  30931750          2011-05-09 00:00:00.000 7        .8      NULL     NULL     1239.4
220  30931750          2011-05-09 00:06:00.000 7        1.0     NULL     NULL     1240.4
221  30931750          2011-05-09 00:12:00.000 7        1.0     NULL     NULL     1241.4
222  30931750          2011-05-09 00:15:00.000 7        1.4     NULL     NULL     1242.8
223  30931750          2011-05-09 00:18:00.000 7        1.0     NULL     NULL     1243.8
224  30931750          2011-05-09 00:21:00.000 7        1.0     NULL     NULL     1244.8
225  30931750          2011-05-09 00:23:00.000 7        1.2     NULL     NULL     1246.0
226  30931750          2011-05-09 00:25:00.000 7        1.4     NULL     NULL     1247.4
227  30931750          2011-05-09 00:28:00.000 7        1.0     NULL     NULL     1248.4
228  30931750          2011-05-09 00:34:00.000 7        1.0     NULL     NULL     1249.4
229  30931750          2011-05-09 00:43:00.000 7        1.0     NULL     NULL     1250.4
230  30931750          2011-05-09 00:50:00.000 7        1.0     NULL     NULL     1251.4
231  30931750          2011-05-09 00:58:00.000 7        1.0     NULL     NULL     1252.4
232  30931750          2011-05-09 01:00:00.000 7        .0      NULL     NULL     1252.4
```

图 14-27　降水文件

对于降水整编,目前只需处理第 2、4 列(将来会考虑气温,程序自动加入降水物符号)。

• 元素定义方法:

编码	起始	结束	名称
@01	22	23	月
@02	25	26	日
@03	28	29	时
@04	31	32	分
@05	45	55	降水

• 段定义方法:

时间:@01@02@03.@04;

降水:@05。

数据转换参照上文。

14.5　JDZ-1 型固态存储雨量器数据转换

14.5.1　功能位置

对 JDZ-1 型固态存储雨量器的二进制数据进行转换,形成水文资料整编软件要求的数据格式。

本功能在水文资料整编工具软件中实现。

14.5.2　操作方法

从转换工具—JDZ-1 型固态数据转换菜单中进入,如图 14-28 所示。

程序界面由工具按钮栏、原始数据界面、转换后的结果数据界面(见图 14-29)三部分构成。

(1)选择"读取固态数据文件"。

程序显示文件信息界面,如图 14-30 所示。

图 14-28　功能菜单

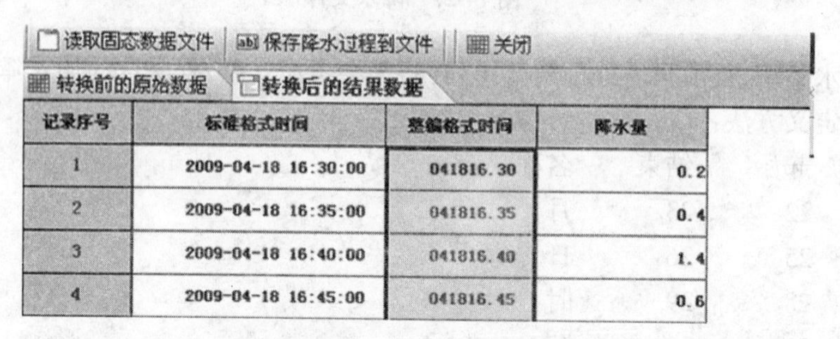

记录序号	标准格式时间	整编格式时间	降水量
1	2009-04-18 16:30:00	041816.30	0.2
2	2009-04-18 16:35:00	041816.35	0.4
3	2009-04-18 16:40:00	041816.40	1.4
4	2009-04-18 16:45:00	041816.45	0.6

图 14-29　转换后的结果数据界面

图 14-30　原始数据信息界面

在这里选择数据所属的测站、要转换的文件、输入数据年份和采样周期。

测站选择方法:同整编软件。

文件选择方法:点击编辑框右部的按钮(有三个点),程序显示文件选择对话框。

在信息完整后,按“确定”,程序对数据进行转换。

原始数据只供参考,程序将二进制数据用十六进制表示并显示。

(2)选择“保存降水过程到文件”。

程序显示另存为对话框,如图 14-31 所示。按“保存”即可。

保存的文件格式如图 14-32 所示。

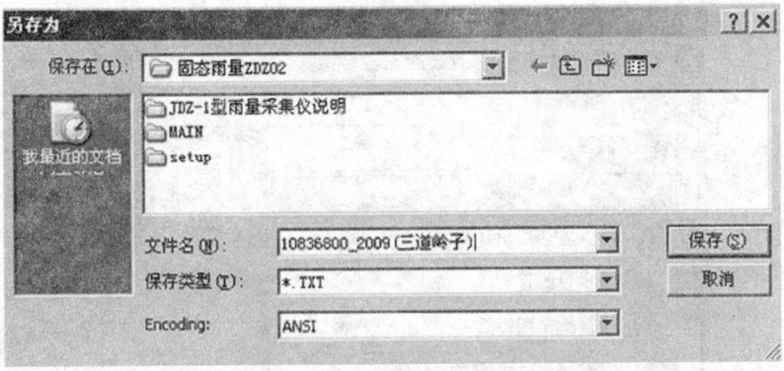

图 14-31 “另存为”对话框

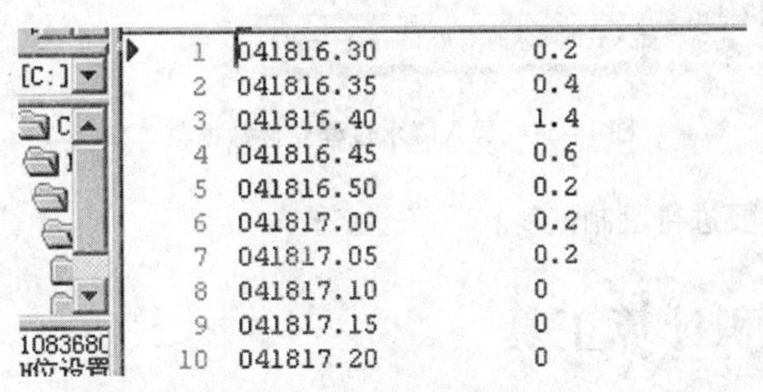

图 14-32 保存的文件格式

原始数据与转换数据对照图如图 14-33 所示。

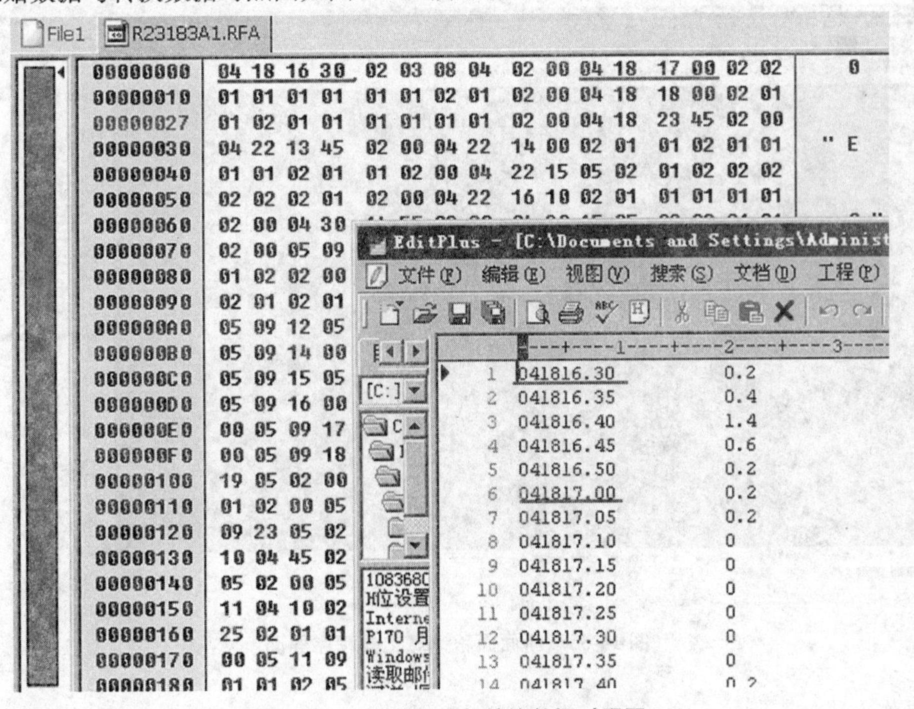

图 14-33 原始数据与转换数据对照图

(3) 进入整编软件，在菜单中选择“导入降水过程文件数据”即可，如图 14-34 所示。

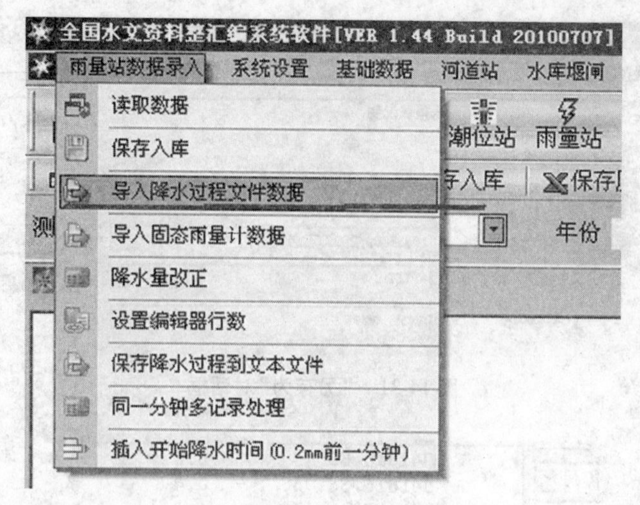

图 14-34　导入降水过程文件数据菜单

注意:导入后,需要进行段制恢复。

14.6　断面面积计算工具

程序可以对断面进行任意分割,并对各块的面积进行计算,本功能在断面分析时有用。程序界面如图 14-35 所示。

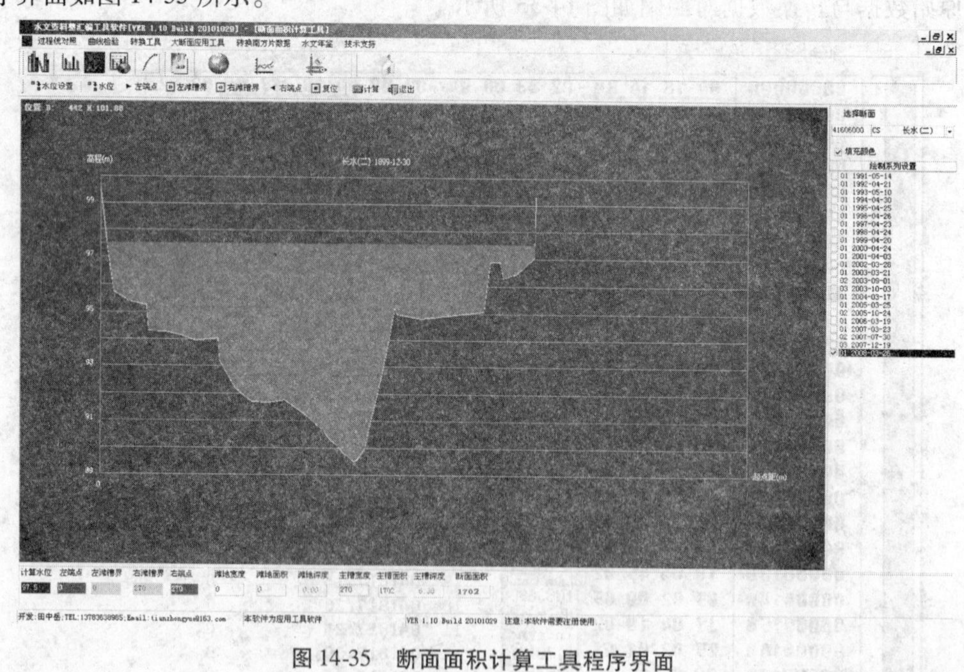

图 14-35　断面面积计算工具程序界面

操作方法如下:

确定要计算的断面,在 GC 高村（四） 中快速选择一个断面,程序自动将目标断面的数据索引显示在列表中,在列表中选择要分析的断面测次,则程序自动将该断面测次数据调入数据窗口。程序默认断面基本属性为初始参数,如果不能满足要求,则应重新定制。

工具栏(见图14-36)使用方法如下:

水位设置 | ▸左端点 左滩槽界 右滩槽界 ◂右端点 复位 | 计算面积 保存结果

图14-36 工具栏

水位设置:选择后,程序提示输入计算水位,如图14-37所示。

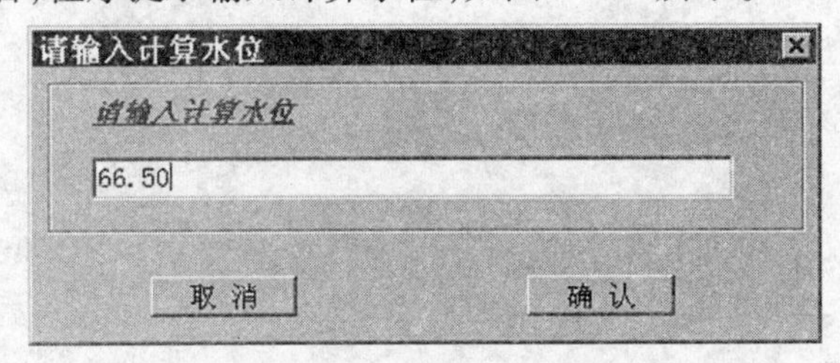

图14-37 输入计算水位

▸左端点:选择后,用鼠标在断面图形界面中移到设定位置,按左键即可。注意:鼠标在图形中移动时,程序实时捕获该点的断面坐标,并将其显示在图形左上角位置栏 位置 D: 3906 H: 55.87,D表示起点距,H表示高程。

左滩槽界:用鼠标在图形中设定左滩槽界,方法同上。

右滩槽界:用鼠标在图形中设定右滩槽界,方法同上。

◂ 右端点:用鼠标在图形中设定右端点,方法同上。

复位:用鼠标点击“水位设置”后,若要取消设置,可点击“复位”取消。

注意:计算前导数据设定后,设置数据自动在设置数据栏显示,程序对滩槽及过水断面用不同颜色区分,如图14-38所示。

图14-38 数据栏

计算面积:按照操作人员定制的分界标志及计算水位,分块计算面积,并显示在图14-39中。

滩地宽度	滩地面积	滩地深度	主槽宽度	主槽面积	主槽深度	断面面积
2587	9055	3.50	2307	6270	2.72	15325

图14-39 计算面积

保存结果:将计算成果保存到文本文件中。程序弹出文件保存对话框,操作人员指定保存文件夹,输入文件名即可。

14.7 大断面成果图绘制

操作方法如下:确定要计算的断面,在 GC 高村(四) 中快速选择一个断面,程序自动将目标断面的数据索引显示在列表中,在列表中要分析断面数据的检测框前打钩,则程序自动将该断面测次数据调入并绘制断面图,图形颜色由程序自动选择(注意:检测框和线的颜色一致,可以作为图例),如图 14-40 所示。

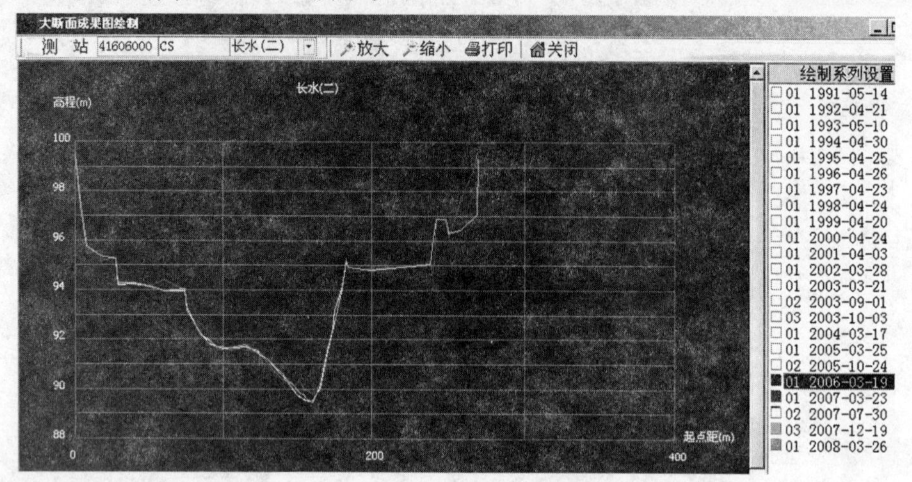

图 14-40　大断面成果图绘制

14.8　其他功能

其他功能有过程线绘制、南方片资料转换等,不再说明。

第 15 章　数据库应用工具软件

本程序采用的是 BDE 数据库引擎,因此需要先安装 BDE 驱动程序,并进行适当的配置,才能运行。

程序界面如图 15-1 所示。

图 15-1　程序界面

操作方法如下:

(1)从数据库列表中选择一个数据库,如图 15-2 所示。

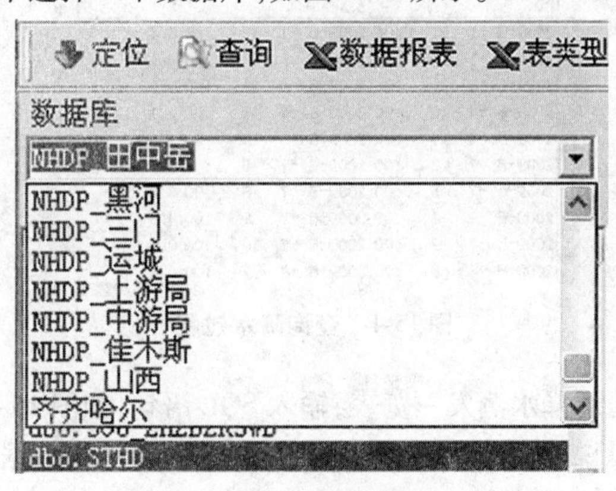

图 15-2　选择数据库

(2)选择数据库后,程序自动搜索数据库中的表,并将其显示在左部界面。

(3)用鼠标选择一个表,程序自动搜索表的数据,并将其显示出来。

程序的查询方法是通过 SQL 语句实现的,当选择一个表的时候,程序会自动生成一个检索所有数据的 SQL 语句(SQL * FROM *.*),因此整编人员可以在 SQL 语句输入窗口输入查询条件,然后按 查询 即可,如图 15-3 所示,只查询测站基础信息的 2 列数据。

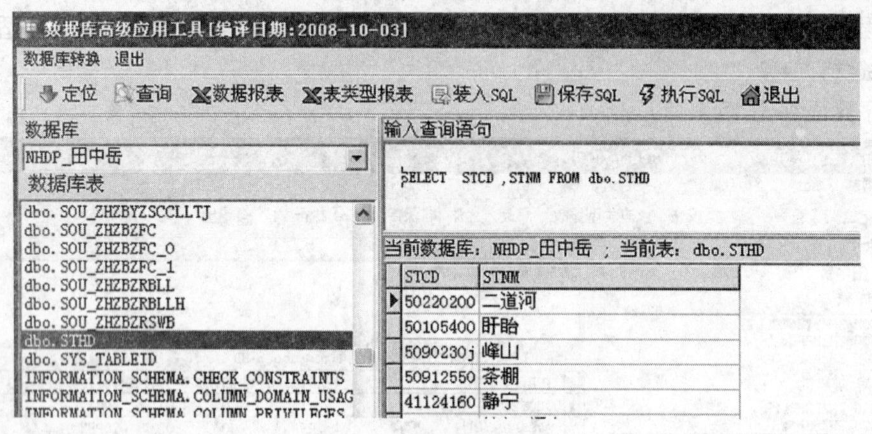

图 15-3 输入查询语句

如图 15-4 所示,查询小河站 11420410 在 2009 年的降水过程(在制作洪水特征值统计表时用到),显示降水过程的开始、结束时间和降水量。

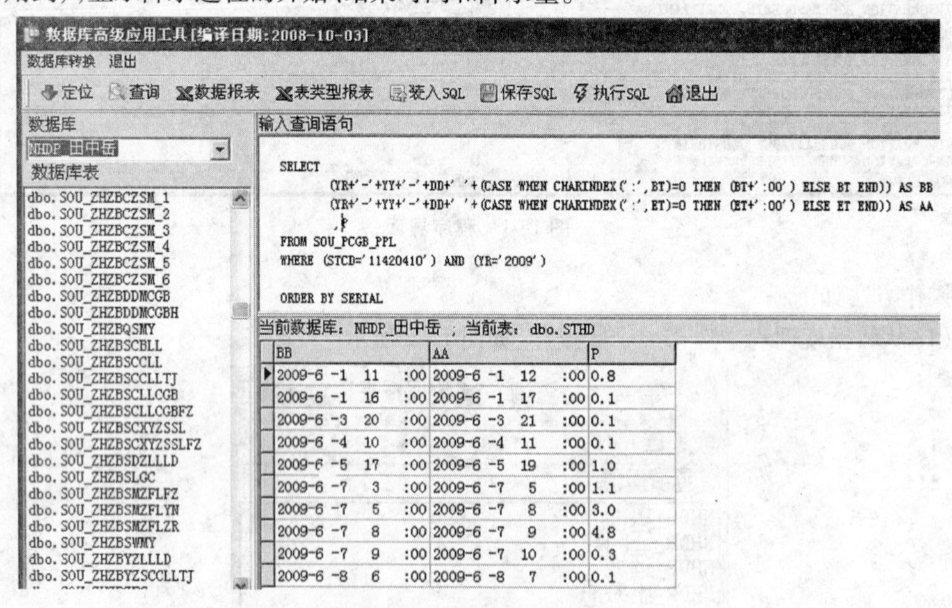

图 15-4 查询降水过程

例如,查询 4 卷 2 册的降水蒸发一览表,输入 SQL 语句,如图 15-5 所示。

通过以上示例,可以说明,水文资料整编程序中输出的所有数据,都可以通过本程序实现,而且更灵活。

(4)按 数据报表,可以将当前数据导出到 Excel 中。

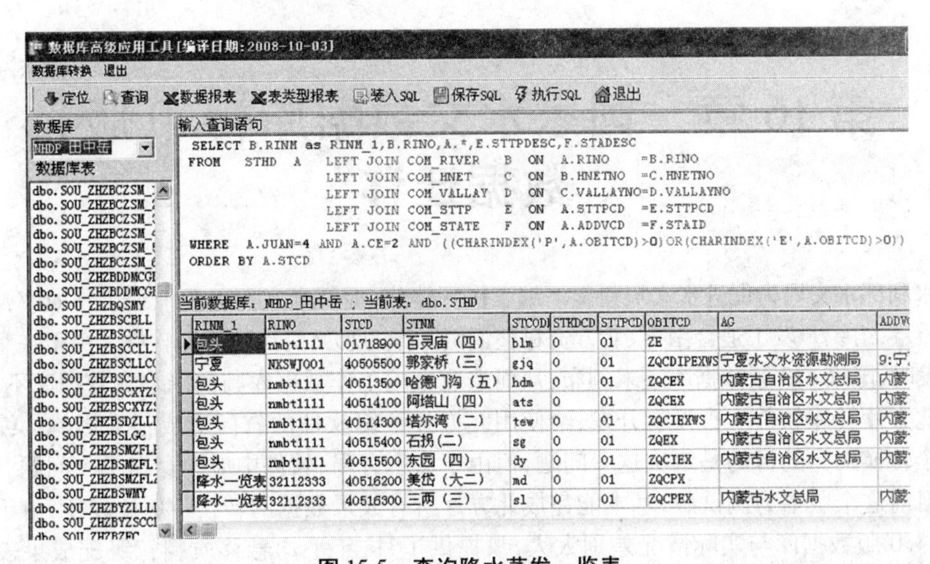

图 15-5　查询降水蒸发一览表

本程序的其他功能不再介绍，有兴趣的读者可以自己摸索。

第16章　国家水文数据库(4.0版)数据迁移

水利部水文局为促进水文资料整汇编工作一体化,提高水文资料整汇编工作效率及数据成果质量,组织开发了适合南方、北方资料整汇编工作的水文资料整汇编软件。由于在整编软件开发时,国家4.0版数据库还未颁布,从而造成整编工作数据库与国家水文数据库不一致。由于北方片转库软件一直没有开发,给使用北方片整编软件的省区造成很大影响。编者开发这个转换工具的目的是解决这一问题,但由于水平有限,软件中应该存在不少问题。

目前这个版本为测试版,基本能完成北方片所有成果数据的转换(40种表项,由于颗分部分,4.0版数据库与实际情况差别太大,只提供了月、年平均悬移质颗粒级配成果表的转换);希望应用单位提出修改建议。

16.1　运行环境

只要你的计算机能运行全国水文资料整汇编软件(北方版),这个程序的运行条件就能满足。

你的计算机应该在网络上运行,否则无法将水文整编工作数据库的成果数据迁移到国家水文数据库所在的服务器上;如果程序在服务器上运行,则不存在这一问题(即在服务器上进行资料整汇编工作)。

16.2　操作步骤

首先运行安装程序,根据提示安装即可。

16.2.1　操作界面

操作界面如图16-1所示。

16.2.2　源数据源设置

点击 连接北方片数据库 ,出现设置界面,如图16-2所示。

功能:源数据可能存放在本地计算机上,也可能存放在网络上的其他计算机上。在这里对要迁移成果数据所在的计算机和数据库进行设置。

16.2.2.1　选择服务器

1. 本地服务器

如果源数据在本地计算机上,点击 选择本地服务器 ,程序会将本地计算机的名称显示在右边的服务器列表中,如图16-3所示。

列表中的几项实际作用是一样的,最好选择第一项。

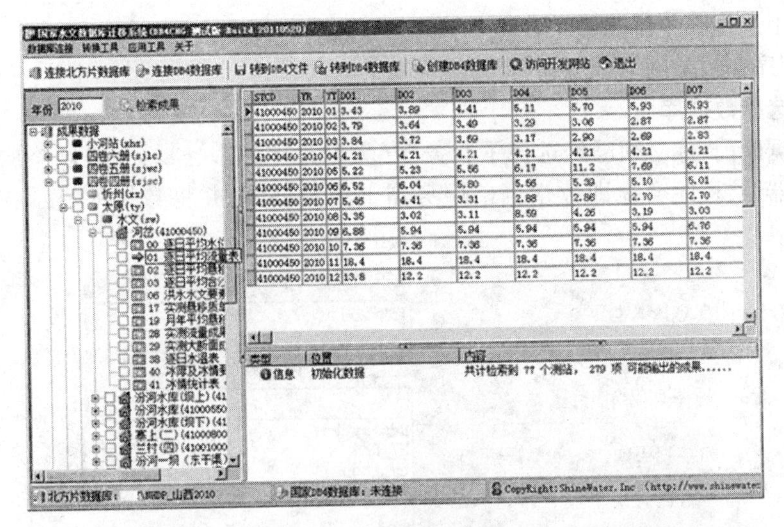

图 16-1　操作界面

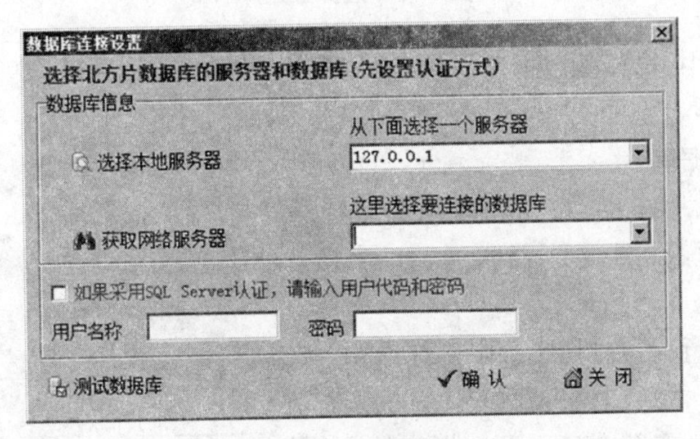

图 16-2　设置界面

图 16-3　选择本地服务器

2. 网络服务器

如果源数据在网络计算机上，点击 获取网络服务器，程序会枚举网络上的服务器，并将名称显示在右边的服务器列表中，如图 16-4 所示。

图 16-4　选择网络服务器

从列表中选择服务器即可。

注意:程序在枚举网络服务器时,可能需要的时间较长。

16.2.2.2　选择数据库

选择数据库前,你必须已经选择了服务器(无论是本地服务器,还是网络服务器)。在你选择服务器后,程序会立即枚举当前服务器上的数据库,并将数据库显示在列表中,如图16-5所示。

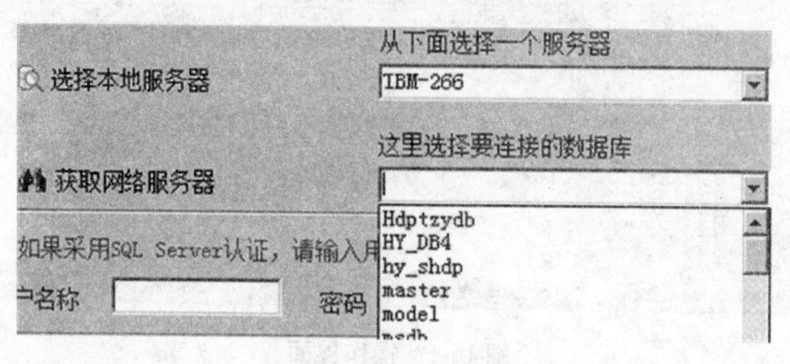

图16-5　选择数据库

从数据库列表中,选择源数据库。注意:如果为SQL Server认证,要设置数据库账户和密码。

16.2.2.3　测试数据库

测试数据库前,服务器、数据库必须都已选择好,点击 测试数据库 ,测试是否联通,如图16-6所示。

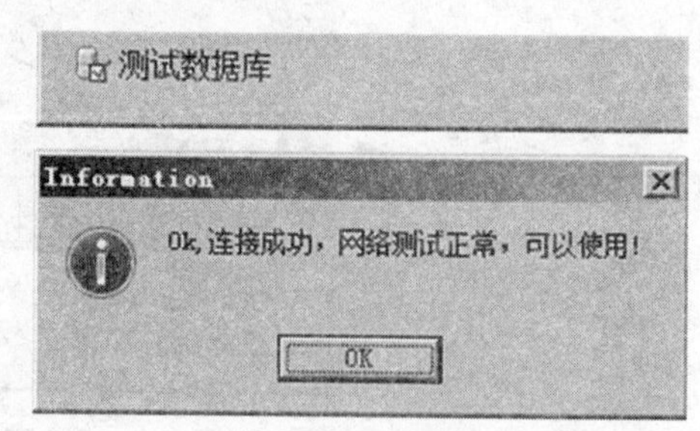

图16-6　测试数据库

这一步必须进行,否则,程序会限制你返回。

在测试联通正常后,按 ✔确认 返回主程序界面。在主程序界面的底部会显示源数据库信息,同时检索基础信息数据,以树状视图的形式显示,如图16-7所示。在这里是模仿北方片整编软件模式编写的,但速度比北方片整编软件快多了。

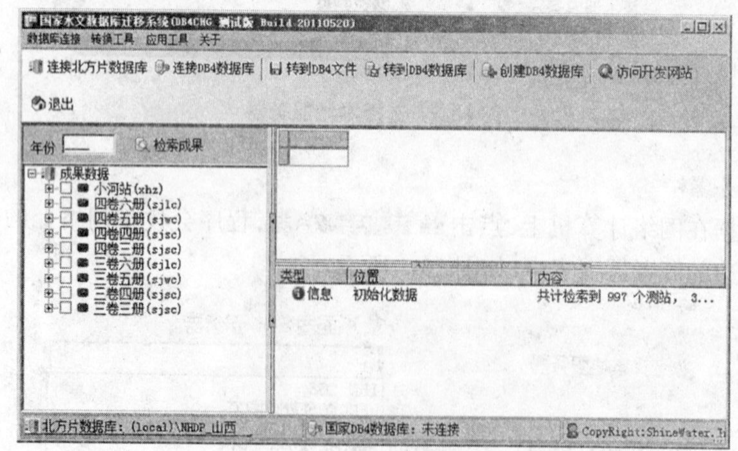

图16-7　主程序界面

16.2.3　目标数据源设置

目标数据源存放在国家 4.0 版水文数据库中,是北方成果数据库要转入的目标数据库。点击 连接DB4数据库,程序显示设置界面,如图 16-8 所示。

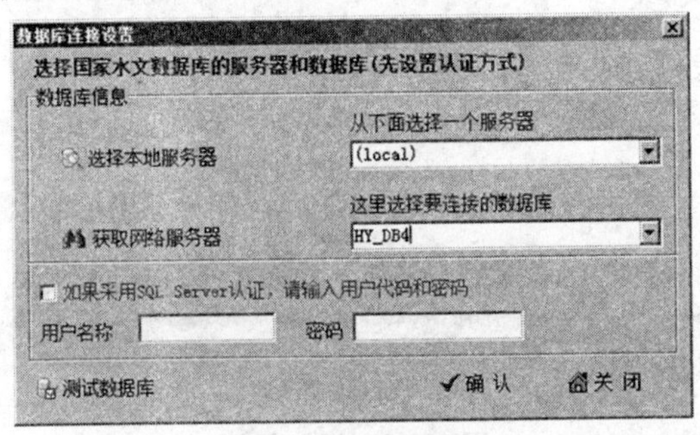

图 16-8　设置界面

可以发现设置方法与源数据源设置完全相同,但是要确保你选择的数据库是国家水文数据库。在测试、确认后,返回主程序界面,其底部显示如图 16-9 所示信息。

图 16-9　显示信息

16.2.4　创建国家标准水文数据库

如果你没有国家标准水文数据库,本程序提供了标准数据库 4.0 版的创建功能,点击 创建DB4数据库,进入创建功能程序,其界面如图 16-10 所示。

可以看出,其界面与前面的基本相同,但操作不同,这里只需选择服务器,不要选择数据库了,因为数据库还没有创建。

与前面的操作相同,选择要创建数据库的服务器。然后点击 创建国家数据库,即可创建数据库。一般需要进行以下几步,如图 16-11 所示:

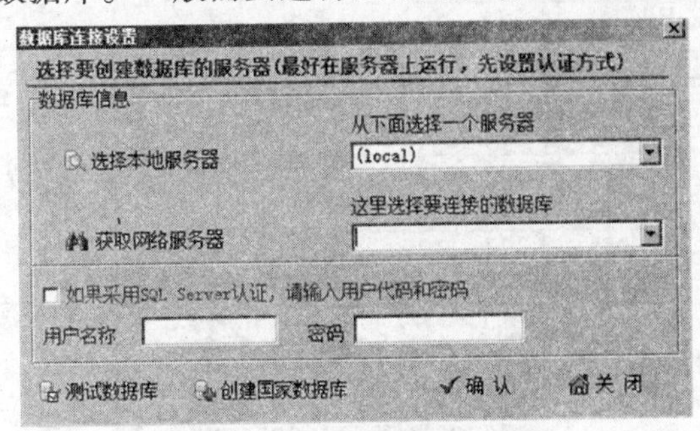

图 16-10　创建功能程序界面

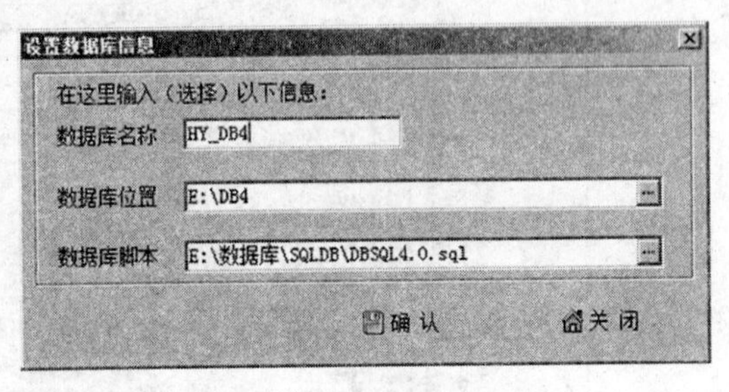

图 16-11　设置数据库信息

(1)数据库名称:给数据库起个名字,手工输入。

(2)数据库位置:点击编辑框右部的 ⋯,程序显示目录浏览器,选择一个即可。也可以手工输入,但要确保存在这个位置。

(3)数据库脚本:即创建数据库的 SQL 语句文件,在本程序的安装程序中有该文件,安装后,在安装位置按 ··· ,选择这个文件即可。

以上三步完成后,按确 认,程序即开始创建。

创建完成后,你可以点击连接DB4数据库,选择你刚刚创建的数据库。

16.2.5　直接数据迁移

16.2.5.1　确定年份

一次只能对一年的数据进行转换,在图 16-12 中输入年份。

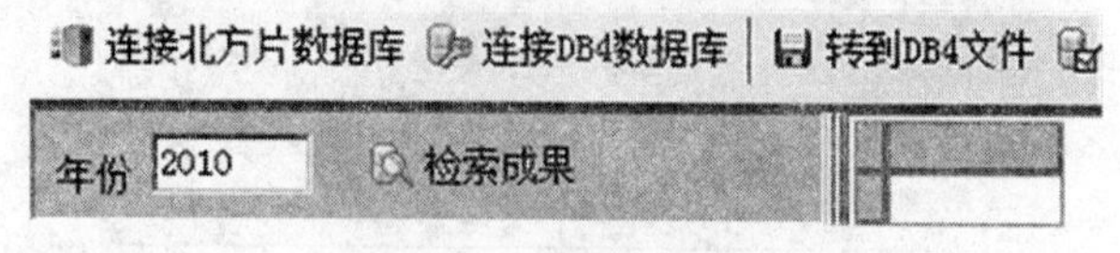

图 16-12　输入年份

输入完成后,按“检索成果”,程序搜索数据库,检查各测站是否具有该年份的数据。

检查标准:在测站基本信息中,对测站的成果表项进行了定义,程序根据这个判断测站的成果是否完整。

16.2.5.2　检索成果

检索成果后,程序以图形和数字两种方式报告结果,如图 16-13 所示。

数据库连接　转换工具　应用工具　关于

连接北方片数据库　连接DB4数据库　转到DB4文件　转到DB4数据库　创建DB4数据库　访问开发网站　退出

年份 2010　检索成果

成果数据
个河站(xhz)
四卷六册(zjlc)
四卷五册(sjwc)
四卷四册(sjsc)
忻州(xz)
太原(ty)
水文(sw)
降水(js)
河岔(41021220)
11 逐日降水量表
13 各时段最大降水量表
17 实测悬移质单样颗粒
19 月年平均悬移质颗粒
28 实测流量成果表
29 实测大断面成果表
38 逐日水温表
39 水温月年统计表
昔明(41021250)
阎家沟(41021300)
坪上(41021350)
白家庄(41021450)
桥子(41021500)
草城(41021600)
上静游(41021650)
米峪镇(41021750)
罗家岔(41021850)
盖家庄(41021900)
安倬(41021980)
汾河水库(41022000)
汾河水库(41022001)
岚上(41022100)
炉峪口(41022180)
天池店(41022200)
白家滩(41022250)

STCD	TR	SERIAL	TT	DD	DT	ET	P	W
41021220	2010	0	6	8	3	4	0.2	
41021220	2010	1	6	8	18	20	0.4	
41021220	2010	2	6	8	20	1	2.6	
41021220	2010	3	6	9	2	3	0.2	
41021220	2010	4	6	9	5	6	0.2	
41021220	2010	5	6	9	7	8	0.2	
41021220	2010	6	6	9	9	11	0.4	
41021220	2010	7	6	9	15	16	0.4	
41021220	2010	8	6	9	18	19	0.2	
41021220	2010	9	6	16	18	19	0.2	
41021220	2010	10	6	22	18	19	0.4	
41021220	2010	11	6	26	17	18	1.0	
41021220	2010	12	6	26	19	20	0.2	
41021220	2010	13	6	30	7	8	0.4	
41021220	2010	14	6	30	8	11	3.4	
41021220	2010	15	6	30	13	14	3.2	
41021220	2010	16	6	30	14	15	2.6	
41021220	2010	17	6	30	15	16	6.6	
41021220	2010	18	6	30	16	17	3.0	
41021220	2010	19	6	30	17	20	3.6	
41021220	2010	20	6	30	23	1	2.8	
41021220	2010	21	7	1	2	8	4.8	
41021220	2010	22	7	1	8	9	0.2	

类型	位置	内容
提示	成果核对	发现 [2010]年[北小店]站,没有[降水量...
提示	成果核对	发现 [2010]年[阳曲]站,没有[逐日降水...
提示	成果核对	发现 [2010]年[太原]站,没有[逐日降水...
提示	成果核对	发现 [2010]年[西峪]站,没有[逐日降水...
提示	成果核对	发现 [2010]年[西峪]站,没有[降水量摘...
提示	成果核对	发现 [2010]年[西峪]站,没有[各时段最...
信息	检索数据库	共计发现 239 项 能够转换的成果.
警告	检索数据库	共计发现 40 项 应该转移但数据库中没有的成...

北方片数据库: TZY\MZP_山西2010　国家DB4数据库: 未连接　CopyRight:ShineWater.Inc (http://www.shinewate

图 16-13　检索成果

图 16-13 中信息说明如下：

测站节点下，以红色叉号标记的成果表，说明在数据库中没有成果，而以标记的有成果，如图 16-14所示。

前 3 项“11、12、13”在数据库中有 2010 年的相应成果，后 6 项则没有。

数字统计说明如图 16-15 所示。

你可以浏览统计信息，对成果残缺的测站进行检查、处理，确保形成整编成果。

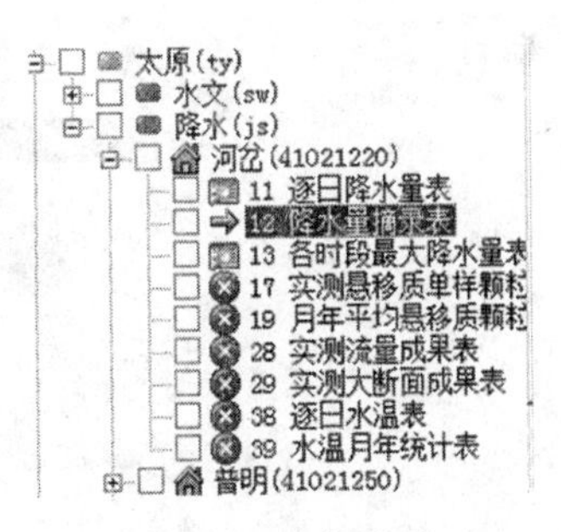

图 16-14　信息说明

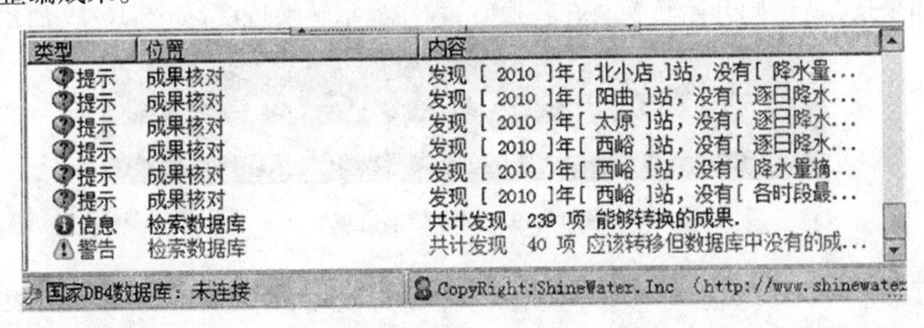

类型	位置	内容
提示	成果核对	发现 [2010]年[北小店]站，没有[降水量...
提示	成果核对	发现 [2010]年[阳曲]站，没有[逐日降水...
提示	成果核对	发现 [2010]年[太原]站，没有[逐日降水...
提示	成果核对	发现 [2010]年[西峪]站，没有[逐日降水...
提示	成果核对	发现 [2010]年[西峪]站，没有[降水量摘...
提示	成果核对	发现 [2010]年[西峪]站，没有[各时段最...
信息	检索数据库	共计发现　239 项 能够转换的成果.
警告	检索数据库	共计发现　40 项 应该转移但数据库中没有的成...

国家DB4数据库：未连接　CopyRight:ShineWater.Inc (http://www.shinewater

图 16-15　数字统计说明

16.2.5.3　选择要转换的成果表项

经过以上两步，从数据库调出了 2010 年度所有能转换的成果数据，但是你可能不想转换所有的数据，因此需要勾选要转换的数据。

在数据视图中，每个节点前都有一个检测确认框，使用方法如下：

(1)你勾选了一个节点，如果这个节点没有子节点，如图 16-16 所示，表示只对当前两个成果表进行转换；有叉号的，即使选了也不转换。

(2)如果这个节点有子节点，如图 16-17 所示，则其下所有的成果表都自动勾选。如果你勾选了根节点，则数据库中所有的成果都自动勾选。

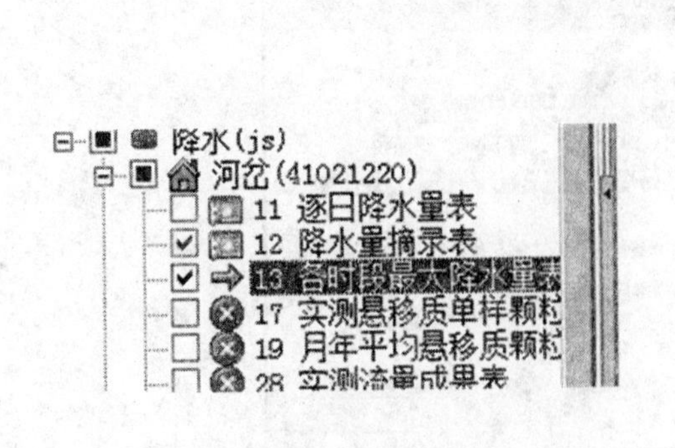

图 16-16　选择要转换的成果表(一)

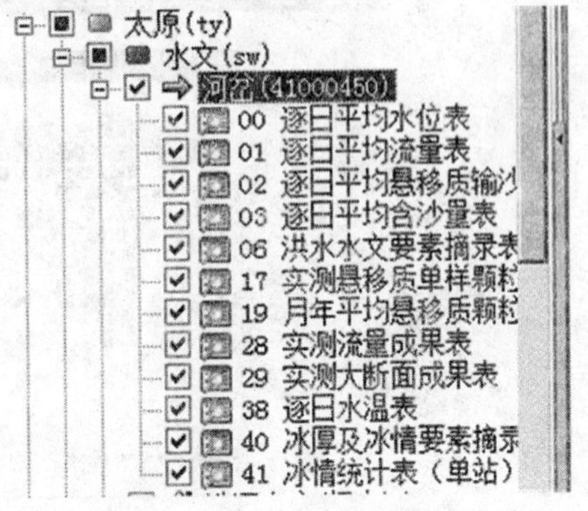

图 16-17　选择要转换的成果表(二)

16.2.5.4　转换成果表项

勾选了要转移的成果表后，按转到DB4数据库进行转移。程序会提示如图 16-18 所示的信息。

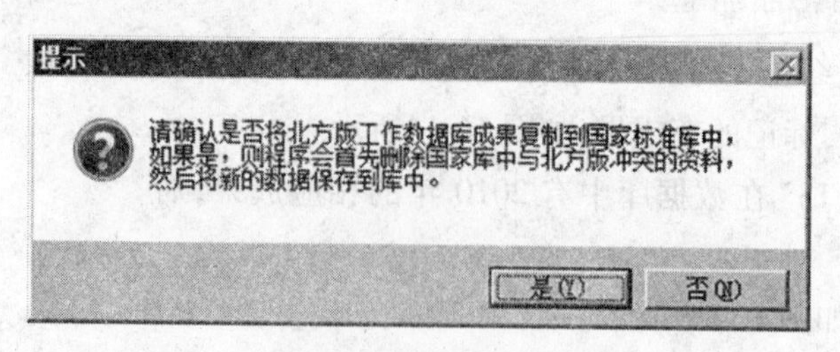

图 16-18　提示信息

(1)如果按“是”,则开始转换。在转换时,程序显示转换进度,如图 16-19 所示。

图 16-19　显示转换进度

(2)有异常时,程序会提示异常信息,如图 16-20 所示,表示在转换冰情统计表时出现问题,这种问题一般是由于国家数据库字段定义的长度不够,造成资料无法存入。这时你应该参照北方版资料库和国家库结构,仔细检查原因。

图 16-20　提示异常信息

(3)转换后,程序显示统计报告,如图 16-21 所示。

类型	位置	内容
警告	成果转换时核对	测站［西峪(41023850)］，成果[逐日降水量表]没有数据，但选择了输出，被强制作废...
警告	成果转换时核对	测站［西峪(41023850)］，成果[降水量摘录表]没有数据，但选择了输出，被强制作废...
警告	成果转换时核对	测站［西峪(41023850)］，成果[各时段最大降水量表(2)单站]没有数据，但选择了输出...
信息	成果转换时核对	共计选择了［239］个可输出成果表项...
警告	数据转换	实测悬移质单样颗粒级配成果表:DB4不适合转换
错误	数据转换	错误:表编码 No=41 :表名=SOU_ZHZBBQTJ(冰情统计表（单站）)，测站=41000450
错误	数据转换	错误:表编码 No=41 :表名=SOU_ZHZBBQTJ(冰情统计表（单站）)，测站=41000500
警告	数据转换	实测悬移质单样颗粒级配成果表:DB4不适合转换
警告	数据转换	实测悬移质单样颗粒级配成果表:DB4不适合转换
警告	数据转换	实测悬移质单样颗粒级配成果表:DB4不适合转换
错误	数据转换	错误:表编码 No=41 :表名=SOU_ZHZBBQTJ(冰情统计表（单站）)，测站=41004400
警告	数据转换	实测悬移质单样颗粒级配成果表:DB4不适合转换

图 16-21　显示统计报告

16.2.6　间接数据迁移

本方法对脱网计算机适用，步骤如下：

(1) 将北方版数据库数据转换为文本文件；按 转到DB4文件 开始转换。转换时显示进程，成功后显示如图 16-22 所示提示信息。

图 16-22　提示信息

(2) 将文本文件复制到国家 4.0 数据库所在的服务器上，运行 Bcp 命令，将数据手工导入数据库中。

在此不提倡这种做法，手工进行有太多的缺点，很容易出错，你可能搞不清哪里错了，是否有冲突，而且非常麻烦；而采用第一种方法，程序把这些事情都帮你做了，很方便。

文本文件清单如图 16-23 所示。

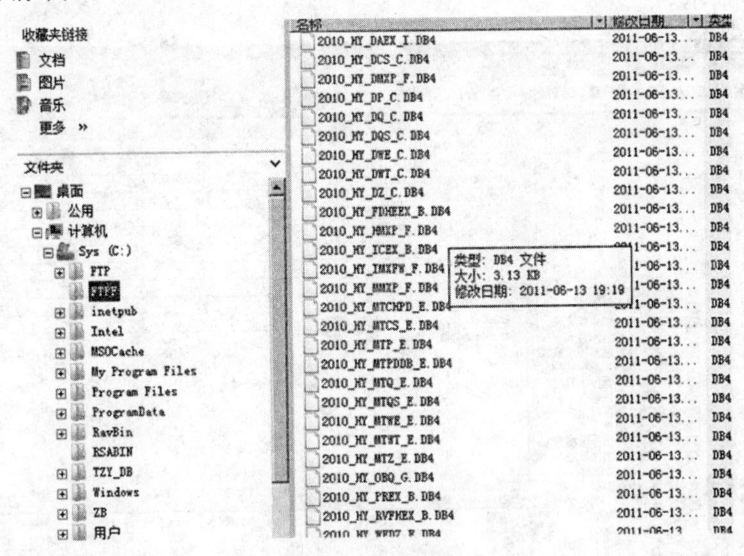

图 16-23　文本文件清单

文本内容如图 16-24 所示。

16.2.7　源数据浏览器

为方便浏览北方版整编成果数据库，本软件增加了数据检索功能，速度很快，也很方便。

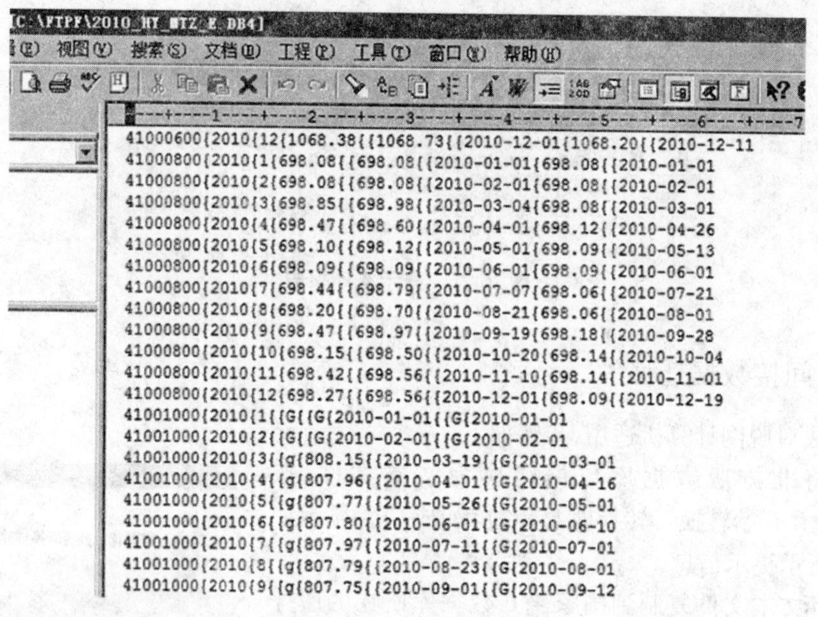

图 16-24 文本内容

操作方法:在得到检索成果后,就可以浏览数据了。成果数据的有无,通过节点表示就可区分。

用鼠标点击有数据的节点,则程序调取相应成果并显示,字段描述参阅北方版数据库档案,如图 16-25 所示。

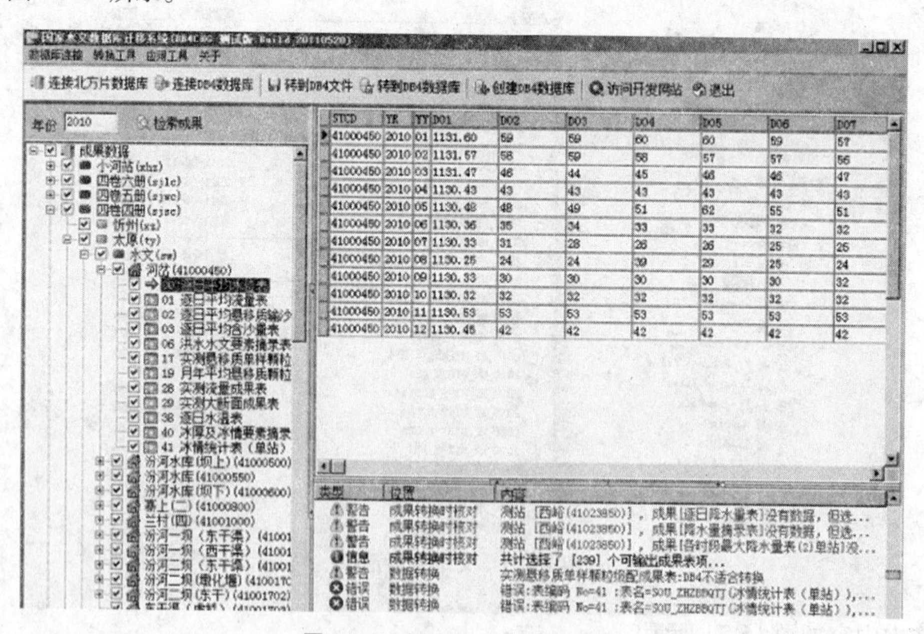

图 16-25 调取相应成果并显示

参考文献

[1] 中华人民共和国水利部水文司. 水文资料整编通用程序汇编(VAX 系列计算机)[M]. 南京:河海大学出版社,1991.

[2] 中华人民共和国水利部. SL 247—2012　水文资料整编规范[S]. 北京:中国水利水电出版社,2013.

[3] 中华人民共和国水利部. SL 460—2009　水文年鉴汇编刊印规范[S]. 北京:中国水利水电出版社,2009.